Allgemeine Geologie,
Geomorphologie
und Bodengeographie

Studienbücherei
Geographie für Lehrer
Band 4

Herausgegeben von
H. Harke (Leiter), H. Bramer, M. Hendl, F. Köhler, R. Ogrissek,
B. Zuckermann

Allgemeine Geologie, Geomorphologie und Bodengeographie

Mit 80 Abbildungen, 1 Beilage und 41 Tabellen

H. Kugler
M. Schwab
K. Billwitz

VEB Hermann Haack
Geographisch-Kartographische Anstalt
Gotha

Autoren:
Prof. Dr. sc. Hans Kugler (Martin-Luther-Universität Halle-Wittenberg) – Kapitel 2
Prof. Dr. habil. Max Schwab (Martin-Luther-Universität Halle-Wittenberg) – Kapitel 1
Prof. Dr. sc. Konrad Billwitz (Ernst-Moritz-Arndt-Universität Greifswald) – Kapitel 3

Lektor: Dr. K.-P. Herr

ISBN 3-7301-0510-8

LSV 5014
3. Auflage 1988
VLN 1001, 320/13/88, K2/64, 2/88
© VEB Hermann Haack, Geographisch-Kartographische Anstalt Gotha,
Justus-Perthes-Str. 3–9, Gotha DDR – 5800

Lichtsatz: Karl-Marx-Werk Pößneck V 15/30
Offsetdruck und Buchbinderei: Mühlhäuser Druckhaus
Einbandgestaltung: R. Wendt, Berlin
Hersteller: B. Klose

All rights reserved
Printed in the German Democratic Republic

Best.-Nr. 597 038 5 / Bodengeographie
01720

Inhaltsverzeichnis

	Vorwort	9
1.	Die Erdkruste – Struktur und Entstehung	11
1.1.	Die Erde als Himmelskörper	11
1.2.	Der Schalenbau der Erde	11
1.3.	Der Stoffbestand der Erdkruste und seine Genese	15
1.3.1.	Die Minerale	15
1.3.2.	Die Gesteine	20
1.3.2.1.	Die Magmatite (Eruptivgesteine)	21
1.3.2.2.	Die Tuffe (Pyroklastika)	24
1.3.2.3.	Vulkanismus und Plutonismus	25
1.3.2.4.	Die Sedimente (Ablagerungsgesteine)	29
1.3.2.5.	Die Metamorphite	39
1.3.2.6.	Die Residualgesteine	41
1.3.3.	Der Kreislauf der Stoffe	42
1.4.	Der tektonische Bau der Erdkruste und seine Genese	44
1.4.1.	Die tektonischen Bewegungen und Grundprozesse	44
1.4.2.	Die tektonischen Deformationen	46
1.4.3.	Die Grundformen der tektonischen Strukturen	48
1.4.3.1.	Klüfte, Spalten und Verschiebungen	48
1.4.3.2.	Falten, Beulen und Flexuren	51
1.4.3.3.	Decken	53
1.4.4.	Die geotektonischen Strukturen	54
1.4.4.1.	Kontinentale Strukturen	54
1.4.4.2.	Die ozeanischen Strukturen	57
1.4.5.	Die Plattentektonik	60
1.4.5.1.	Die geotektonischen Hypothesen	60
1.4.5.2.	Die plattentektonische Hypothese	60
1.4.6.	Die Erdbeben – rezente Krustenbewegungen	63
1.5.	Die erdgeschichtliche Entwicklung der Erdkruste	66
1.5.1.	Der Zeitbegriff in der Geologie	66
1.5.2.	Das aktualistische Prinzip	67
1.5.3.	Die Fazies	69
1.5.4.	Die geotektonischen Stockwerke und Faltungsphasen	71
1.5.5.	Die erdgeschichtliche Entwicklung Mitteleuropas	73

1.5.5.1.	Präkambrium	73
1.5.5.2.	Kambrium	73
1.5.5.3.	Ordovizium	74
1.5.5.4.	Silur	75
1.5.5.5.	Devon	75
1.5.5.6.	Karbon	75
1.5.5.7.	Perm	75
1.5.5.8.	Trias	77
1.5.5.9.	Jura	77
1.5.5.10.	Kreide	77
1.5.5.11.	Tertiär	79
1.5.5.12.	Quartär	79
2.	Die Oberflächenformung der Erdkruste	80
2.1.	Georelief und Morphosphäre der Landschaftshülle	80
2.2.	Die Skulptur des Georeliefs	85
2.2.1.	Die Arealstruktur des Reliefs	85
2.2.2.	Reliefgestalt, Merkmale und Kennwerte	89
2.3.	Genese und Dynamik des Georeliefs und der Morphosphäre	92
2.3.1.	Grundtatsachen der Reliefgenese	92
2.3.2.	Verwitterung	95
2.3.2.1.	Allgemeines	95
2.3.2.2.	Insolationsverwitterung	95
2.3.2.3.	Hydratation	96
2.3.2.4.	Salzsprengung	97
2.3.2.5.	Frostsprengung	97
2.3.2.6.	Sonstige Arten der mechanischen Verwitterung	98
2.3.2.7.	Verwitterung durch Lösung	99
2.3.2.8.	Kohlensäureverwitterung (Karbonatisierung)	100
2.3.2.9.	Hydrolyse (Silikatverwitterung)	101
2.3.2.10.	Oxydation und andere Verwitterungsvorgänge	102
2.3.3.	Reliefgestaltende Prozesse und korrelate Leitformen des Reliefs	104
2.3.3.1.	Tektogene und vulkanogene Prozesse und Formen	104
2.3.3.2.	Reliefformung durch Massenbewegungen	106
2.3.3.3.	Formenbildung durch fließendes Oberflächenwasser	114
2.3.3.4.	Glaziäre Formung des Reliefs	127
2.3.3.5.	Äolische Reliefformung	136
2.3.3.6.	Marine und limnische Prozesse und Formen	138
2.3.3.7.	Technogene (anthropogene) Reliefformung	144
2.3.4.	Lithofazielle Varianten der Reliefgestaltung	145
2.3.4.1.	Allgemeines	145
2.3.4.2.	Das Karstrelief	146
2.3.4.3.	Das Schichtstufenrelief	151
2.3.5.	Polygenetische Reliefformung in den Klimazonen der Erde	152
2.3.5.1.	Allgemeines	152
2.3.5.2.	Grundzüge der klimafaziellen Differenzierung der Reliefformung	155

3.	Die Bodenhülle der Erdkruste	159
3.1.	Der Boden als Komponente des Landschaftskomplexes	159
3.2.	Prozesse und Faktoren der Bodenbildung	160
3.2.1.	Die Bodenbildung als Funktion bodenbildender Faktoren	160
3.2.2.	Bodenbestandteile	161
3.2.2.1.	Feste Bodenbestandteile	161
3.2.2.2.	Flüssige Bodenbestandteile (Bodenwasser)	169
3.2.2.3.	Gasförmige Bodenbestandteile (Bodenluft)	171
3.2.3.	Das Bodenprofil als Grundlage der Bodengliederung	172
3.2.3.1.	Substrate und Substrattypen	173
3.2.3.2.	Bodenhorizonte	175
3.2.3.3.	Bodentypen	175
3.2.4.	Bodenbildende Prozesse	177
3.2.4.1.	Allgemeines	177
3.2.4.2.	Zonal gebundene Bodenbildungsprozesse	181
3.2.4.3.	Intrazonale Bodenbildungsprozesse	198
3.2.4.4.	Anthropogene Bodenbildung und -umformung	209
3.3.	Die räumliche (areale) Struktur der Bodendecke	212
3.3.1.	Allgemeine Wesenszüge und Gliederungsmerkmale der Bodenhülle	212
3.3.2.	Die topologisch-chorologische Raumgliederung der Bodendecke	213
3.3.3.	Die regionische Ordnung der bodengeographischen Areale	217
4.	Literaturverzeichnis	219
	Beilage	

Vorwort

Die Erdkruste mit ihrem tektonisch-lithologischen Aufbau, die Formgestaltung ihrer Oberfläche und die Bodenhülle der Erde sind drei in engem Zusammenhang stehende Komplexe. Über die vordergründige Gemeinsamkeit ihrer Bindung an lithosphärische Materie hinausgehend legen die natürlichen Zusammenhänge zwischen dem inneren Bau der Erdkruste und ihrer im Georelief deutlich werdenden Oberflächengestaltung sowie zwischen dem Charakter der Böden einerseits und den lithologischen Merkmalen der äußeren Bereiche der Erdkruste, dem Georelief und den reliefbildenden Prozessen andererseits die Darstellung in einem gemeinsamen Band nahe.

Dieses Verfahren steht im Einklang mit der Tatsache, daß das Georelief seine Formung und in besonderem Maße der Boden seine Prägung aus der Struktur und der Entwicklung der Landschaftshülle der Erde erfahren, für deren Verständnis die Kenntnis der hier zu behandelnden drei Sachkomplexe von gleicher Bedeutung ist wie das Wissen um die Lufthülle und die Gewässer, die Vegetation und die Tierwelt und die Einwirkungen der menschlichen Gesellschaft bei der Gestaltung der Landschaft.

Die vorliegende Darstellung der genannten drei Themenkreise ist bemüht, durch abgestimmte Behandlung der Themen und koordinierte Verwendung der Begriffe und Termini die natürlichen Zusammenhänge zu verdeutlichen und damit dem Anliegen der geographischen Ausbildung und Forschung, der komplexen Erkenntnis der Landschaften und Territorien als Existenzräume und Arbeitsfelder der menschlichen Gesellschaft, nahe zu kommen.

Die Stoffülle und Problemvielfalt erschweren die Schaffung einer trotz komplizierter Sachverhalte faßbaren Darstellung, die dem Charakter einer lehrbuchartigen Einführung gerecht wird. Die notwendig auswählende Darstellung konzentriert sich auf solche Themenkomplexe, die für das Verständnis der geowissenschaftlichen Grundlagen der allgemeinen physischen Geographie wichtig erscheinen. Knappe Hinweise auf Arealstruktur und Ressourcenfunktion der dargestellten „Komponenten" der Landschaftshülle und auf Tendenzen ihrer regionalen Wandlung wollen überleiten zu den in den Bänden 3, 6, 15 und 17 der „Studienbücherei Geographie" behandelten Themen. Wünschenswert wäre die unmittelbare Verbindung der objektspezifischen Untersuchungs- und Darstellungsmethoden mit der hier vorgelegten Gegenstandsbehandlung, da sie neben dem unmittelbaren Zweck der arbeitsmethodischen Einführung zugleich auch der Erleichterung des Zuganges zum Verständnis der Untersuchungsobjekte zu dienen vermag. Eine Darstellung für die physische Geographie wichtiger Arbeitsmethoden erfolgt im Band 1 der „Studienbücherei Geographie".

Über den Grad des Gelingens des in enger und verständnisvoller Zusammenarbeit der drei Autoren gestalteten vorliegenden Buches haben in besonderem Maße die künftig mit ihm arbeitenden Studierenden, Fachkollegen und Fachlehrer zu befinden. Ihnen danken die Autoren im voraus für weiterführende kritische Hinweise. Dem Herausgebergremium und dem Verlag gilt der Dank für die verständnisvolle Unterstützung bei der Realisierung des Buches.

Halle, im Juni 1981 *Im Namen der Autoren* *Hans Kugler*

1. Die Erdkruste – Struktur und Entstehung

1.1. Die Erde als Himmelskörper

Jeder geologischen Betrachtung der Erde liegt die Tatsache zugrunde, daß die Erde als Planet zu den Himmelskörpern gehört. In der Geschichte der Erde kann man *geologische Entwicklungsetappen* – die Erdzeitalter – und *vorgeologische Entwicklungsetappen* – die Sternenzeitalter – unterscheiden. Bestimmenden Einfluß auf die vorgeologische und die geologische Entwicklung hat die Zugehörigkeit der Erde zu dem Planetensystem im Anziehungsbereich der Sonne. Die ursprüngliche Erdoberfläche muß vor etwa 4,5 Milliarden Jahren aus gasförmiger oder flüssiger Materie erstarrt sein, d.h., damals begann die geologische Entwicklungsetappe. Die ältesten bisher nachgewiesenen Gesteine an der heutigen Erdoberfläche sind 3,8 Milliarden Jahre alt.

Vor rund 5 Milliarden Jahren breitete sich an Stelle des heutigen Sonnensystems ein rotierender Nebel aus Gas und Staub aus, der sich in einem Zentrum zur Ursonne verdichtete. In den äußeren Bereichen entstanden aus der Urmaterie auf kaltem Wege die Protoplaneten. Später erhitzte sich diese Materie durch Wärme radioaktiven Ursprungs, und im Innern der *Protoerde* bildeten sich glutflüssige Schmelzen. Danach erfolgte von außen die Abkühlung, die zu einer festen silikatischen Hülle führte. Zunächst war die *Urerde* noch von einer aus H_2, N_2, CO, CO_2, NH_3, CH_4 und C_2N_2 bestehenden Atmosphäre umgeben und von einer Eisschicht bedeckt. Später ermöglichten höhere Temperaturen fließendes Wasser. Eiweiße koagulierten abiotisch aus den Bestandteilen der Atmosphäre (vgl. Tabelle 14).

Feste Erdkruste, Atmosphäre und Hydrosphäre bilden die Grundlage für die die *geologische Entwicklungsetappe* bestimmenden Vorgänge. Sie werden durch das Wirken von endogenen (= innenbürtigen) und egogenen (= außenbürtigen) Kräften geprägt. Auf dem Mond fehlen Atmosphäre und Hydrosphäre und daher auch die geologische Etappe, dort ist das Ende der vorgeologischen Etappe konserviert. Erhalten blieben auf dem Mond auch die durch Einschläge interplanetarer Materie erzeugten Krater. Auf der Erde wurden diese Einschlagskrater – bis auf die der jüngsten Meteoriteneinschläge – durch die exogenen Kräfte weitgehend zerstört. Einer der besterhaltenen Krater dieser Art ist das Nördlinger Ries in der Schwäbischen Alb.

1.2. Der Schalenbau der Erde

Der stoffliche Aufbau und das physikalische Verhalten des Erdinnern sind nur über indirekte Informationen erfaßbar. Die auf 15 km projizierte (= 0,2% des Erdradius) derzeit tiefste Bohrung (Halbinsel Kola, UdSSR, 1985) erreichte bereits 13 km Tiefe. Die unterschiedlich tiefen Erosionsanschnitte und ihr geologischer Aufbau gestatten noch weitaus tiefer rei-

Tiefe km	Gliederung des Erdinnern, Erdschalen	Gliederung von Erdkruste und Erdmantel	Stoffliche Zusammensetzung	Zustand der Materie	Seismische Geschwindigkeiten Longitudinalwellen [km/s]	Transversalwellen [km/s]	Druck [10^8 Pa]	Temperatur [°C]	Dichte [g/cm³]
0 15	Obere Erdkruste	Lithospäre	Sedimente, Granite, Gneise, saure Silikatgesteine	fest *Conrad-Diskontinuität*	<4 ~6	2,4 3,6	>0 ~9	<25 ~700	2,65 2,75
30 70	Untere Erdkruste		Gabbro, basische Silikatgesteine	fest *Moho-Diskontinuität*	6,5 7,5	3,9	~15	<1000	3,33
100 300	Oberer Erdmantel	 Asthenospäre	Peridotit, ultrabasische Gesteine	fest fließfähig	8,1 (7,7)	4,65 (4,3)	 ~400	 >2000	 4,6
700		Mesospäre	Druckoxide	Übergangszone	11,4	6,4			
2900	Unterer Erdmantel		Hochdruckoxide	fest *Wiechert-Gutenberg-Diskontinuität*	13,6	7,3	>1300	~3000	>5,6
5000	Äußerer Erdkern		metallisch, liquid	flüssig	8,1 ~10,0	0			9,4
5120				Übergangszone	9,7			~3100	11,5
6370	Innerer Erdkern		metallisch, fest	fest	11,2 11,3		>3500	>5000	>15,0

Tabelle 1
Inneres der Erde – Schalenbau der Erde

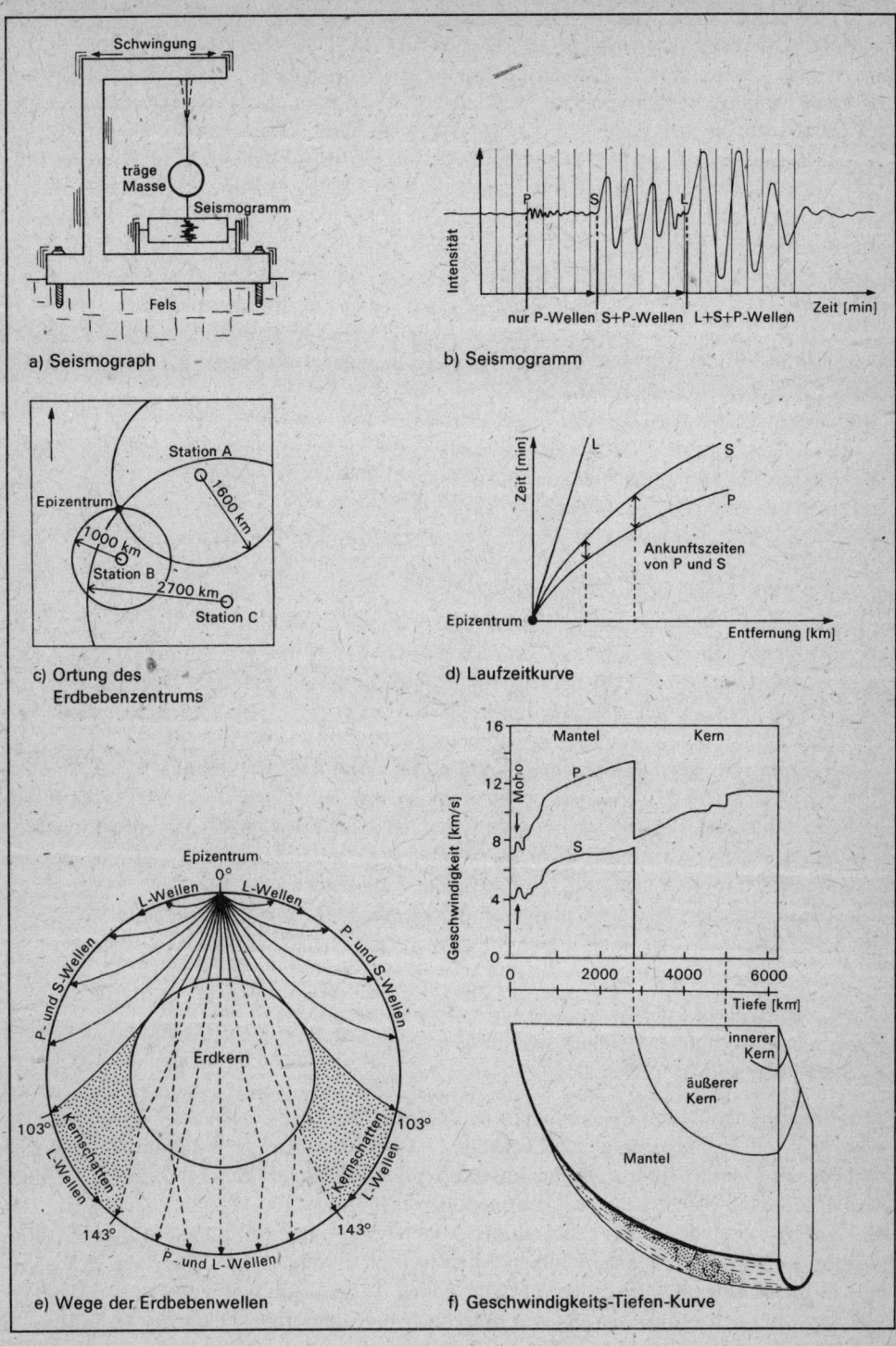

Abbildung 1
Erdbebenmessungen – Wege der Erdbebenwellen (nach STRAHLER 1973)

chende direkte Aussagen über den Gesteinsaufbau der äußeren Erdkruste. An ihnen können die indirekten Untersuchungsmethoden geeicht werden. Diese Methoden beruhen auf der Analyse von Anomalien, d.h. auf den Abweichungen der Meßwerte physikalischer Zustände. Zu ihnen gehört die Bestimmung von Abweichungen der Normalschwere im Schwerefeld der Erde beim Auftreten von Gesteinen höherer Dichte. Aus der Anziehung, die die Erde gegenüber anderen Himmelskörpern, z.B. dem Mond, ausübt, läßt sich die Gesamtmasse der Erde ($5,98 \cdot 10^{27}$ g) berechnen. Demnach beträgt die mittlere Dichte der Erde 5,52 g/cm³. Da die Erdkrustengesteine nur Dichten zwischen 2,2 und 3,5 g/cm³ (im Mittel 2,8 g/cm³) besitzen, müssen im Erdinnern weitaus höhere Dichten herrschen.

Andere Informationen liefert die Beobachtung von Erdbebenwellen. Ihre Fortpflanzungsgeschwindigkeit hängt von der stofflichen Beschaffenheit des Erdinnern ab. Beim Übergang von einem Gestein in ein anderes ändern sich die Geschwindigkeiten. Besonders deutliche Änderungen treten an den Grenzflächen zwischen Bereichen mit unterschiedlichen physikalischen Eigenschaften auf (Tabelle 1).

Aus dem Verhalten von Laufweg und Laufzeit der Erdbebenwellen (Abbildung 1d) lassen sich die Tiefen der Grenzflächen der Erdschalen, die Diskontinuitäten, bestimmen. Einige dieser Diskontinuitäten umgeben konzentrisch das Erdinnere, nach ihnen werden die Tiefen der Erdschalen festgelegt (Abbildung 1e, f). Die Conrad-Diskontinuität begrenzt die äußere Erdkruste gegen die innere Erdkruste. Sie liegt in Mitteleuropa zwischen 12 und 14 km Tiefe. An ihr steigen die Wellengeschwindigkeiten der Longitidualwellen von 5,0–6,0 km/s auf 6,0–6,5 km/s. Die Mohorovičić-Diskontinuität (= Moho-Diskontinuität) begrenzt die Erdkruste gegen den Erdmantel. Sie liegt in Mitteleuropa zwischen 28–30 km Tiefe, sinkt aber unter den Hochgebirgen bis auf 50–80 km Tiefe ab, d.h., im Bereich dieser Gebirgswurzeln wird die Erdkruste 50 km (Alpen) bis 80 km (Himalaja) mächtig. Dagegen liegt die Moho-Diskontinuität unter den Ozeanen nur in 8–15 km Tiefe. Die Wellengeschwindigkeiten steigen an ihr von 7,5 auf 8,1 km/s (Tabelle 1).

Weitere Hinweise über den Aufbau des Erdinnern vermitteln die Gesteine, die durch magmatische und tektonische Prozesse an die Erdoberfläche gelangten. Dennoch ist die bisherige Kenntnis von der stofflichen Zusammensetzung der Erdschalen weitgehend hypothetisch. Die Angaben über die stoffliche Zusammensetzung der Erdschalen sind nur aus den physikalischen Informationen und den Ergebnissen von Hochdruck- und Hochtemperaturexperimenten abgeleitet. Die Gesteine der Erdkruste sind Si- und Al-reich, während für die Erdmantelgesteine Si-, Fe- und Mg-Verbindungen charakteristisch sind. Als Typusgesteine gelten:

für die obere Erdkruste: Granite;
für die untere Erdkruste: Gabbro, Peridotit;
für den oberen Erdmantel: Eklogit.

Nach ihren physikalischen Eigenschaften werden *Erdkruste* und *Erdmantel* in *Lithosphäre, Asthenosphäre* und *Mesosphäre* gegliedert (Tabelle 1). Die Lithosphäre ist fest und umfaßt Kruste und obersten Mantel. Sie besteht aus unterschiedlich mächtigen Platten: ozeanischen Platten mit 70–80 km Mächtigkeit und kontinentalen Platten mit 100–120 km Mächtigkeit. Die Asthenosphäre besteht aus dem fließfähigen Material des oberen Erdmantels, ihre Mächtigkeit wird mit 100–300 km angenommen. Die Mesosphäre reicht bis 700 km tief. Erdbebenherde in ihrem Bereich belegen ihren inhomogenen Aufbau (vgl. Abschnitt 1.4.6.). Die Vorstellungen über den Aufbau der tieferen Erdschalen sind sehr unterschiedlich. Zwischen 400 und 900 km Tiefe liegt im *Erdmantel* eine Zone besonders stark steigender Wellengeschwindigkeiten und zunehmender Dichte. Der untere Erdmantel reicht bis 2900 km. Der *Erdkern* ist zweigeteilt. Nach dem Verhalten von Transversalwellen, die nicht in den Äußeren Erdkern eindringen, nimmt man einen flüssigen Zustand der metallischen Substanz an. Ab 5 120 km Tiefe wird ein fester metallischer Zustand im Inneren Erdkern vermutet.

1.3. Der Stoffbestand der Erdkruste und seine Genese

Die Erdkruste besteht aus Mineralen und Gesteinen. Die *Minerale* sind natürliche anorganische chemische Verbindungen mit kristalliner Struktur. Von den rund 2 000 bekannten Mineralarten sind nur etwa 50 gesteinsbildend. Als *Gesteine* bezeichnet man natürliche Gemenge von Mineralen, unabhängig davon, ob die Minerale aus einer Schmelze auskristallisierten (magmatische Gesteine), durch Druck- und Temperatureinflüsse aus vorhandenen Gesteinen umgewandelt wurden (metamorphe Gesteine), aus wäßriger Lösung ausfielen (chemische Sedimente) oder durch die Anhäufung von Mineral- und Gesteinsbruchstücken (klastische Sedimente) entstanden. Aber auch die natürliche Ansammlung tierischer oder pflanzlicher Reste kann zur Gesteinsbildung führen (biogene Sedimente). Als Residualgesteine bezeichnet man Gesteinsneubildungen oder Gesteinsumwandlungen, die unter exogenen Bedingungen durch Verwitterungsprozesse, z. B. Verkarstung, Vergrusung, Kaolinisierung, oder durch unterirdische Auslaugung, z. B. Subrosion, entstanden.

1.3.1. Die Minerale

Die Minerale unterscheiden sich durch ihre chemische Zusammensetzung und Kristallformen sowie durch einige physikalische Eigenschaften, wie Härte, Bruch, Spaltbarkeit, Farbe, Strich, Glanz und Durchsichtigkeit (Tabelle 2). Die meisten dieser Eigenschaften beruhen auf dem Feinbau der Kristalle, der durch die räumliche Anordnung von Ionen oder Atomen im sog. *Kristall-* oder *Raumgitter* bestimmt wird. Anionen und Kationen stellt man sich als starre Kugeln von verschiedener Größe (= Ionenradien) vor, die gesetzmäßig gruppiert sind (Abbildung 2). Am weitesten verbreitet ist die Viererkoordination im SiO_4^{4-}-Tetraeder. Die Raumgitter setzen sich aus eindimensionalen Punktreihen und zweidimensionalen Netzreihen zusammen, die aus den SiO_4^{4-}-Tetraedern bestehen. Der Abstand der Raumgitterelemente liegt in der Größenordnung der Angströmeinheit (1 Å = 10^{-8} cm). Der Nachweis der Raumgitterordnung geschieht mit Hilfe von Röntgenuntersuchungen.

Die Kristalle erhalten ihre Gestalt durch die Kombinationen von Flächen, Kanten und Winkeln, die für bestimmte Mineralarten spezifisch sind. Die Kristallflächen werden auf ein meist dreiachsiges Koordinatenkreuz bezogen (Abbildung 3), mit dessen Hilfe man alle Kristallflächen erfassen kann. Den Kristallflächen entsprechen die Gitterebenen der Raumgitter. Die Gesamtheit der Kristalle kann man 7 *Kristallsystemen* mit 32 Kristallklassen zuordnen. Die Einzelkristalle sind meist miteinander verwachsen. Sie bilden Kristallgruppen (unregelmäßige Verwachsungen) oder Zwillinge (gesetzmäßige Verwachsung von 2 oder mehreren Einzelkristallen). Die Gesamtheit der an einem Kristall entwickelten Flächen ist die Tracht, die Gestalt eines Kristalls ist sein Habitus (blättrig, tafelig, isometrisch, prismatisch, säulig).

Die *Härte eines Kristalls* ist der Widerstand, den eine Kristallfläche einem mechanischen Eingriff entgegensetzt (vgl. Tabelle 3).

Mineral-gruppe	Mineral	Farbe	Härte	Glanz, Durchsichtigkeit	Bruch/Spaltbarkeit, Oberfläche	Kristallsystem	Chemische Zusammensetzung	Kristallform
leukokrate Minerale	Quarz	farblos, weiß	7	Fettglanz, durchsichtig	muschlig, uneben	hex (α) trg (β)	SiO_2	körnig, gerundet
Feldspat	Orthoklas	rötlich, gelblich, weiß	6	Glasglanz, undurchsichtig	sehr gut, glatt	monoklin	$K[AlSi_3O_8]$	taflig, verzwillingt
Feldspat	Plagioklas	weiß, grünlich		Glasglanz, durchscheinend		triklin	$Na[AlSi_3O_8]$ (Albit), $Ca[Al_2Si_2O_8]$ (Anorthit)	
Feldspatvertreter	Leuzit	weiß, grau	5,5–6	Mattglanz, undurchsichtig	muschlig, uneben	tetragonal	$K[AlSi_2O_6]$	gerundet
Feldspatvertreter	Nephelin	farblos, weiß		Glasglanz, wasserklar bis undurchsichtig	schlecht, stufig	hexagonal	$KNa_3[AlSiO_4]_4$	kurzsäulig
Glimmer	Muskovit	farblos, silbrigweiß	2–2,5	Perlmuttglanz, durchsichtig	vollständig, glatt	monoklin	$KAl_2[(OH,F)_2/AlSi_3O_{10}]$	taflig, schuppig
Glimmer	Serizit	silbrigweiß, hellgrün		Perlmuttglanz, durchscheinend				
melanokrate Minerale	Biotit	schwarz, dunkelbraun	2,5–3				$K(Mg,Fe)_3[(OH,F)_2/AlSi_3O_{10}]$	
melanokrate Minerale	Augit	schwarz, grünlichschwarz	5–6	Glasglanz, undurchsichtig	gut, stufig	monoklin	$(Ca,Mg,Fe)_2[(Si,Al)_2O_6]$	taflig, säulig
melanokrate Minerale	Hornblende	schwarz, grünlichschwarz	5–6	Glasglanz, undurchsichtig	sehr gut, glatt	monoklin	$Ca_2(Mg,Fe)_5[(OH)_2(Si_6Al_2O_{22})]$	taflig, säulig
melanokrate Minerale	Olivin	flaschengrün	6,5–7	Glasglanz, durchscheinend	gut, stufig	rhombisch	$(Mg,Fe)_2[SiO_4]$	körnig, gerundet

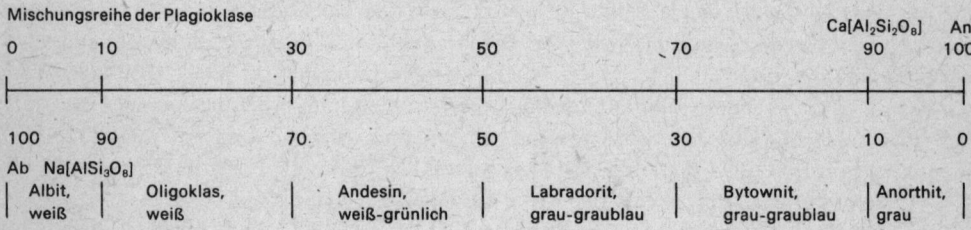

Tabelle 2
Gesteinsbildende Minerale

Die *Spaltbarkeit* eines Kristalls (Tabelle 2) ist die Eigenschaft, unter mechanischer Beanspruchung nach bestimmten Flächen zu spalten. Bei fehlender Spaltbarkeit spricht man von muscheligem Bruch. *Kristallfarben* und der *Glanz* der Minerale gehören zu den optischen Eigenschaften der Kristalle. Der Glanz beruht auf der Lichtbrechung und dem Reflexionsvermögen der Kristallflächen. Die kristalloptischen Eigenschaften sind wichtige diagnostische Merkmale für die Mineralbestimmung, da die optischen Eigenschaften in gesetzmäßiger

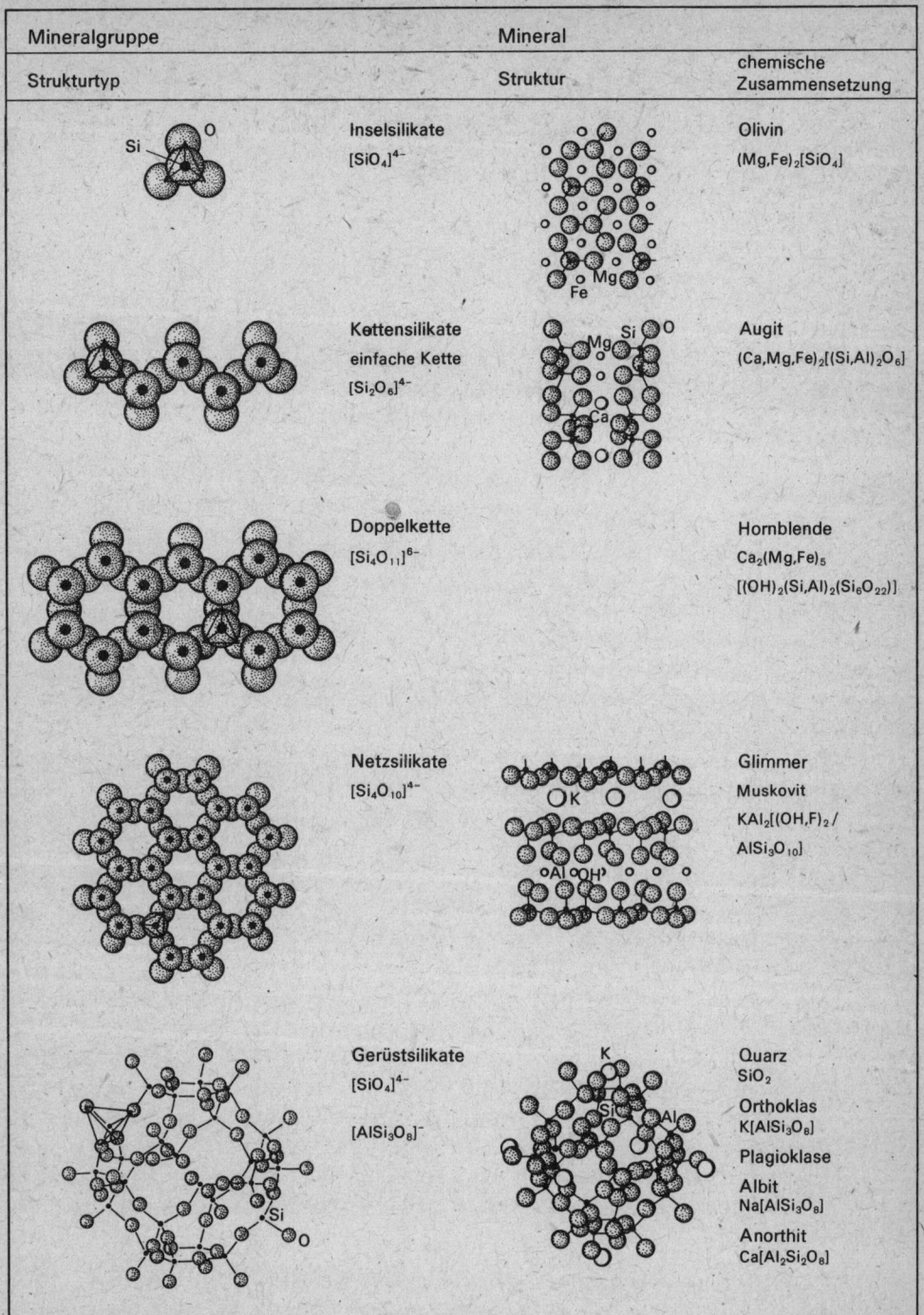

Abbildung 2
Strukturtypen von Mineralgruppen und gesteinsbildenden Mineralen
(nach MC ALESTER u. HAY 1975)

Tabelle 3
Härteskala nach Mohs
(das Standardmineral mit niedrigerer Härteziffer ist jeweils weicher als die in der Skala folgenden Minerale)

Standardminerale	Härteziffer	Prüfverfahren
Talk	1	vom Fingernagel leicht ritzbar
Gips	2	vom Fingernagel noch ritzbar
Kalkspat	3	von Eisennagel ritzbar
Flußspat	4	von Glasscherbe ritzbar
Apatit	5	von Messerstahl ritzbar
Feldspat	6	Mineral ritzt Messerstahl
Quarz	7	Mineral ritzt Glas
Topas	8	Mineral ritzt intensiv Glas
Korund	9	Mineral ritzt intensiv Glas
Diamant	10	Mineral schneidet Glas

Übereinstimmung zum Gitterbau stehen. Sie werden mit Hilfe des polarisierten Lichtes in Mikroskopen untersucht. Die licht- und röntgenoptischen Eigenschaften sind auch in Spaltstücken, Dünnschliffen oder Pulverpräparaten nachweisbar.

Die wichtigste Mineralgruppe sind die *Silikate*. Ihre Strukturen bauen sich aus SiO_4^{4-}-Tetraedern auf. Die Silikate unterscheiden sich nach der Art der Verknüpfung der Tetraeder (Abbildung 2). In den Inselsilikaten sind einzelne Tetraeder durch Kationen miteinander verbunden. Ketten bestehen aus linear angeordneten Tetraedern. Bänder entstehen durch benachbarte Ketten, deren Tetraeder ein gemeinsames Sauerstoffatom verbindet. Schicht- oder Blattstrukturen sind die unendliche Wiederholung von Ketten bzw. Bändern in einer Ebene. Bei den Gerüstsilikaten hat jedes Tetraeder mit allen benachbarten Tetraedern ein gemeinsames Sauerstoffatom.

Für die Sediment- und Residualgesteine sind die *Tonminerale* die wichtigsten silikatischen Gemengteile. Sie besitzen Schichtgitter. Zwischen den Schichten bestehen nur sehr schwache molekulare Bindungen. Die Bauelemente sind SiO_4-Tetraeder und $Al(O,OH)_6$-Oktaeder, die sich zu netzartigen Tetraeder- und Oktaederschichten verbinden (s. Abbildung 36). Jede Oktaederschicht kann über Brückensauerstoffmoleküle mit einer oder zwei Tetraederschichten zu Zweischicht- oder Dreischichttonmineralen verknüpft werden (vgl. Abschnitt 2.3.2.9.). Bei den Zweischichttonmineralen der Kaolinitgruppe sind eine Si-Tetraeder- und eine Al-Oktaederschicht kombiniert. Ihr Abstand beträgt 2,8 Å. Das Gesamtgitter ist elektrisch neutral. Die Dreischichttonminerale (Montmorillonit, Illit, Vermiculit) unterscheiden sich durch die Ionenbesetzung der Tetraeder- und Oktaederschichten. Der Abstand zwischen den Schichtpaketen schwankt zwischen 9,6 und 20 Å, der Ladungsüberschuß des Gitters ist negativ. Die Eigenschaft der Tonminerale, die Schichtabstände zu verändern, bezeichnet man als Quellfähigkeit.

Die Tonminerale werden röntgenographisch, elektronenoptisch und differentialthermoanalytisch untersucht. Die bei der Differentialthermoanalyse gewonnenen Erhitzungskurven sind mineralspezifisch. Auf den Eigenschaften der Tonminerale beruht die Plastizität der Tone. Die Tonminerale umgeben sich bei der Berührung mit Wasser mit einem dünnen Film, wodurch die Kohäsionskräfte vermindert werden. Die Reduzierung der elektrostatischen Bindekräfte und die Herabsetzung der Reibung macht feuchte Tone plastisch.

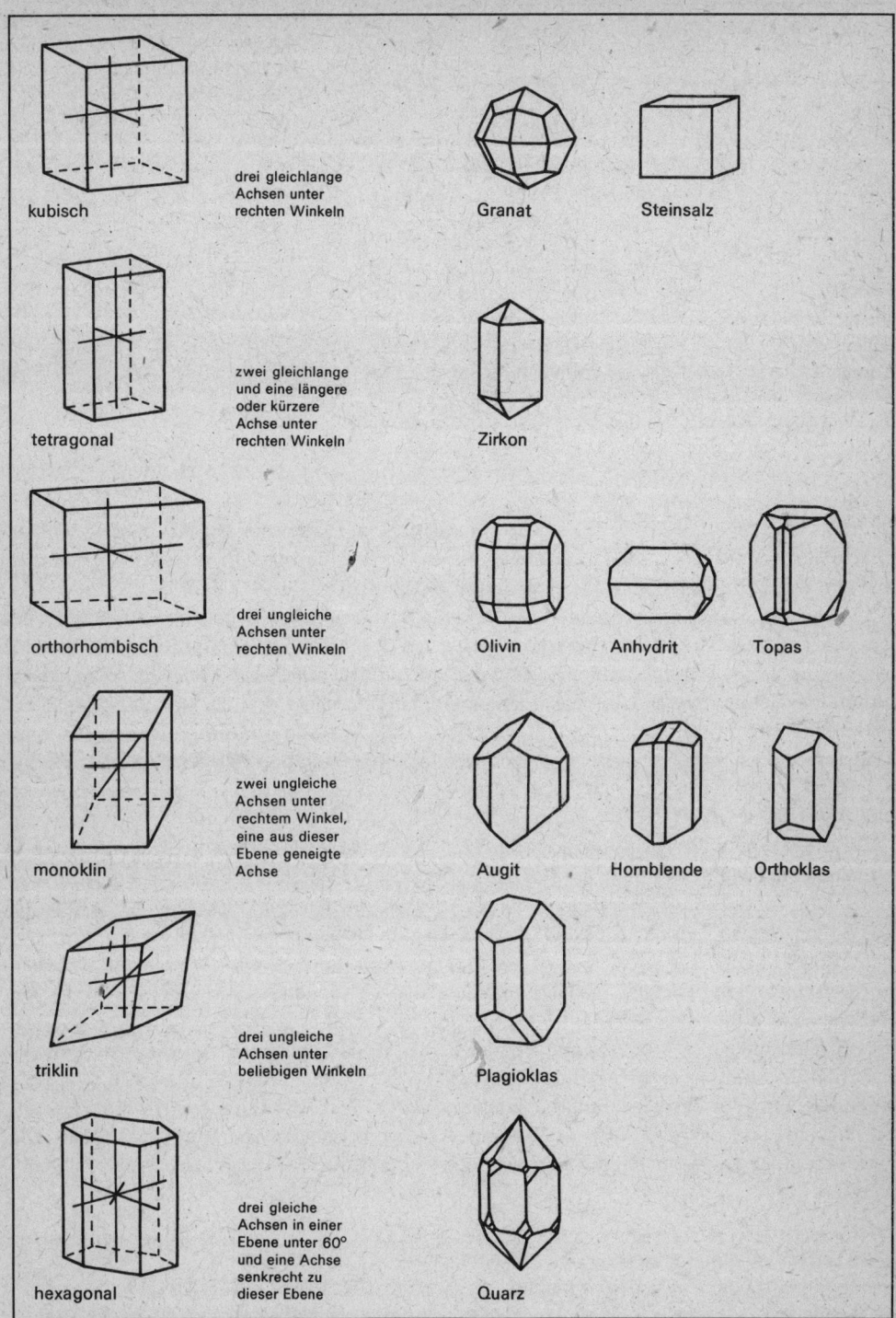

Abbildung 3
Die Kristallklassen der Minerale

1.3.2. Die Gesteine

Die Kenntnis der Gesteine ist Voraussetzung für das Verständnis der geologischen Prozesse. Die Ausbildung und räumliche Anordnung der Gesteinsbestandteile, d.h. das *Gesteinsgefüge*, ist abhängig von den sehr verschiedenen Bildungsbedingungen, die man in magmatisch, sedimentär und metamorph unterteilt. Es gibt demnach drei Gesteinshauptgruppen: *Magmatite, Sedimentite* und *Metamorphite*. Die Gesteinsgefüge werden durch die *Struktur* (= die Art und Ausbildung der Gesteinsbestandteile) und die *Textur* (= die Anordnung und Verteilung der Gemengteile im Raum) beschrieben. Das Gefüge der Magmatite und Metamorphite ist kristallin. Die Sedimente besitzen ein Einzelkorngefüge (klastische Sedimente) oder ein kristallines Gefüge (chemische Sedimente). Typisch für die Sedimente sind Schichtflächen und für die Metamorphite Scherflächen. Die Plutonite sind massig, sie werden durch kein besonderes Flächengefüge gekennzeichnet.

Tabelle 4
Magmatische Gesteine

Kalk-Alkali-Gesteine				
Erstarrungsort der Schmelzen	Gesteine			
Plutone	Granit, Granodiorit	Diorit	Gabbro	Peridotit, Dunit
Subvulkane	Granitporphyr	Dioritporphyrit	Gabbroporphyrit	
Gesteinsgänge aschist	Granitporphyr	Dioritporphyrit	Gabbroporphyrit	
Gesteinsgänge diaschist	Aplit, Pegmatit	Lamprophyr	Lamprophyr	
Vulkane alt	Quarzporphyr	Porphyrit	Diabas, Melaphyr	Pikrit
Vulkane jung	Rhyolith, Liparit	Andesit, Dazit	Basalt	Basalt
Chemismus der Schmelzen [SiO_2 in %]	sauer >65	intermediär $52-65$	basisch $45-52$	ultrabasisch <45
Hauptgemengteile leukokrat (hell)	Quarz Orthoklas	(Quarz)		
Plagioklase An (%)	Oligoklas Albit $0-30$	Andesin $30-50$	Labradorit Bytownit $50-80$	
melanokrat (dunkel)	Biotit (Muskovit) Hornblende	Biotit Augit Hornblende	Augit	Augit Olivin
Gesteinsfarben	hellgrau, rötlich	grau, violettrot	dunkelgrau, dunkelgrün, schwarz	schwarz

	Alkali-Gesteine			
Erstarrungsort der Schmelzen	Gesteine			
Plutone	Alkaligranit	Alkalisyenit	Essexit	
Subvulkane	Granitporphyr			
Gesteinsgänge aschist				
Gesteinsgänge diaschist		Lamprophyr		
Vulkane alt	Quarzkeratophyr	Keratophyr, Spilit		
Vulkane jung		Phonolith	Tephrit	Nephelinbasalt
			Basanit	Leuzitbasalt
Chemismus der Schmelzen [SiO$_2$ in %]	sauer >65	intermediär 52–65	basisch 45–52	ultrabasisch (foid) <45
Hauptgemengteile				
leukokrat (hell)	Quarz Orthoklas	(Quarz) Orthoklas		
Plagioklase An (%)	Albit 0–10	Oligoklas 10–30	Labradorit 50–70	
Feldspatvertreter (Foide)		Nephelin	Nephelin Leuzit	Nephelin Leuzit
melanokrat (dunkel)	Biotit	(Biotit) Hornblende Augit	Augit Olivin	Augit Olivin
Gesteinsfarben	hellgrau, rötlich	grau, violett	schwarz, dunkelgrün	schwarz, dunkelgrau

1.3.2.1. Die Magmatite (Eruptivgesteine)

Die Magmatite entstammen einer sich abkühlenden Schmelze, dem unterirdischen Magma oder der an der Erdoberfläche erstarrenden Lava. In den Tiefen der Erdkruste und des oberen Erdmantels bilden sich die Tiefengesteine oder Plutonite, an der Erdoberfläche entstehen die Ergußgesteine oder Vulkanite (Tabelle 4). Die Gesteinsbildung folgt physikochemischen Gesetzmäßigkeiten, die vom Chemismus der Schmelzen und den Druck- und Temperaturbedingungen abhängig sind. Die Kristalisation der Schmelzen ist mit einer Aufspaltung in Teilschmelzen von unterschiedlicher Zusammensetzung verbunden. Man bezeichnet diesen Vorgang als *Differentiation der Schmelze*. Sie vollzieht sich auf verschiedene Weise: durch Liquidation (= Aufspaltung in silikatische und nichtsilikatische Teilschmelzen), Gravitation (= Absinken bereits früher kristalisierter Minerale in die Restschmelze), Pneumatolyse (= Abspaltung von Flüssigkeiten und Gasen) oder durch Assimilation (= Aufschmelzung von Nebengestein). Vermischen sich zwei verschiedene Schmelzen, so spricht man von Hybridisierung.

Die chemische Zusammensetzung der Magmatite besteht im wesentlichen aus: SiO_2, Al_2O_3, Fe_2O_3, FeO, MgO, MnO, CaO, Na_2O, K_2O, TiO_2. Der Chemismus ist für die Eintei-

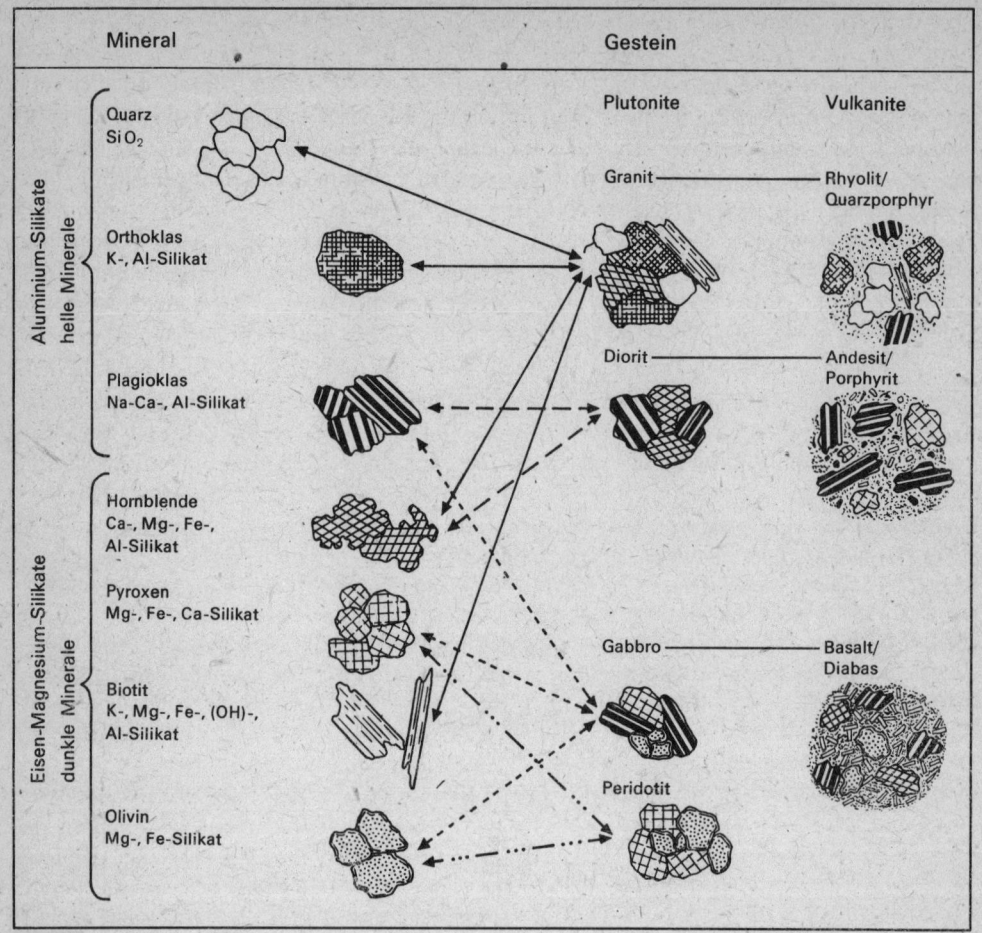

Abbildung 4
Korngefüge magmatischer Gesteine (nach STRAHLER 1973)

lung der Magmatite bedeutsam. Nach dem Anteil an SiO_2 unterscheidet man saure Magmatite ($SiO_2 > 65\%$), intermediäre Magmatite (SiO_2 52–65%), basische Magmatite ($SiO_2 < 52\%$) und ultrabasische Magmatite ($SiO_2 < 45\%$). Magmatite mit Ca-Vormacht heißen Kalk-Alkali-Gesteine der „pazifischen Sippe", mit Na-Vormacht Alkaligesteine der „atlantischen Sippe" und mit K-Vormacht Alkaligesteine der „mediterranen Sippe".

Für basische Schmelzen sind ein hohes spezifisches Gewicht ($> 2,9$ g/cm³) infolge ihres höheren Gehaltes an schweren Metalloxiden (FeO, Fe_2O_3, MgO), dunkle Farben (grün, schwarz) und gute Fließfähigkeit (geringe Viskosität) charakteristisch. Gabbro (Plutonit) und Basalt (Vulkanit) sind die Typusgesteine (vgl. Abbildung 4). Saure Magmen sind leichter (spezifisches Gewicht 2,7 g/cm³), heller (grau, rot) und schwerflüssig (hohe Viskosität). Typusgesteine sind Granit (Plutonit) und Rhyolith (Vulkanit). Diese Eigenschaften beeinflussen sehr stark die Platznahme der Schmelzen (vgl. Abschnitt 1.3.2.3.).

Die Ausscheidungsfolge der Minerale aus der Schmelze führt von den dunklen, basischen Mineralen (= melanokrate Minerale) zu den hellen, sauren (= leukokraten) Mineralen (vgl.

Abbildung 4). Quarz steht am Ende dieser Abfolge. Bei Kieselsäurearmut, z. B. in basischen Schmelzen, fehlt Quarz (SiO_2). Statt der Feldspäte (z. B. Orthoklas $K[AlSi_3O_8]$) bilden sich bei SiO_2-Mangel die Feldspatvertreter (z. B. Leuzit $K[AlSi_2O_6]$). Bei Kieselsäureüberschuß führen die Gesteine freies SiO_2, also Quarz. Die sauren Restschmelzen, aus denen sich große Feldspat- und Quarzkristalle noch nach Erstarrung der Hauptschmelzen ausscheiden können, nennt man pegmatitisch, die Gesteine Pegmatite. Bestimmte Mineralgemenge (= Gesteine) erhalten spezielle Namen. Es wird dabei berücksichtigt, ob die Gesteine zu den *Plutoniten* (Peridotit, Gabbro, Diorit, Granit) oder zu den *Vulkaniten* (Basalt, Andesit, Rhyolith) gehören (Tabelle 4). Diese Unterscheidung ist nicht schwierig, da sich Plutonite und Vulkanite nach ihrem Gefüge leicht auseinanderhalten lassen. Plutonite besitzen eine einheitliche körnige Struktur mit annähernd gleich großen, miteinander richtungslos verwachsenen Kristallen. Vulkanite bestehen aus einer feinkörnigen bis dichten Grundmasse, in die die Einsprenglinge eingebettet sind (Abbildung 4). Die vulkanischen Gesteinsgefüge sind vielgestaltig. Im porphyrischen Gefüge sind die Einsprenglinge Einzelkristalle, die bis zur Erkaltung der Lava und Kristallisation der Grundmasse frei wachsen konnten. Die Einsprenglinge sind Feldspat, Quarz und Glimmer. Die Grundmasse besteht aus den gleichen Mineralen, doch sind sie mikroskopisch klein. Daneben besteht die Grundmasse aus Kristallkeimen und Gesteinsglas (= amorphe, d. h. gestaltlose Substanz).

Manche charakteristische Gesteinsgefüge, wie das des Granites (lateinisch granum = Korn), wurden für Gesteine namengebend. Einige Gefüge hingegen erhielten ihren Namen von den Gesteinen, z. B. porphyrisches Gefüge von Porphyr (griechisch porphyra = purpur). Für die Benennung der Gesteinsgefüge sind die mannigfaltigen Verwachsungs- und Durchdringungsverhältnisse der Kristalle ausschlaggebend: porphyrisch: deutliche Trennung von Einsprenglingen und Grundmasse; intersertal: balkenförmige Verschränkung der Minerale (Basalt, Gabbro); Implikationsgefüge: gegenseitige Durchdringung der Kristalle (z. B. Pegmatit, Schriftgranit) – (Abbildung 4).

Mineralbestand und Gefüge der Gesteine werden unter dem Polarisationsmikroskop mit Hilfe von durchscheinenden Gesteinsdünnschliffen oder von polierten Anschliffen bestimmt. Der Mineralbestand wird statistisch erfaßt (Modalbestand) oder nach den Ergebnissen chemischer Analysen berechnet (Normbestand). Nach Modus und Norm lassen sich die Gesteinsnamen standardisieren und in Diagrammen erfassen. Da in der Natur fast lückenlose Übergänge zwischen den Gesteinstypen bestehen, beruht die Festlegung von Grenzen in den Diagrammen auch auf durch Erfahrungen gewonnenen Übereinkünften. Einige Minerale sind gesteinstypenspezifisch. So bilden die Plagioklase Mischungsreihen aus Na-reicher (= Albit) und Ca-reicher (= Anorthit) Substanz. Reiner Anorthit tritt in ultrabasischen Tiefengesteinen auf. Albit ist für die sauren Restschmelzen (z. B. Pegmatit) charakteristisch. Die Mischungsglieder dieser Plagioklasreihe treten im Gabbro, Diorit, Granit bzw. ihren Ergußgesteinsäquivalenten auf (Abbildung 4 und Tabelle 4). Die Übergänge zwischen zwei Gesteinstypen deuten sich in manchen Gesteinsnamen an, z. B. Granodiorit, einem Granit mit Orthoklas und Plagioklas, wobei im Gegensatz zum Granit der Plagioklas an Menge überwiegt.

Meist stehen die Gesteinsnamen in keiner Beziehung zur Substanz. Sie werden von Ortsnamen (Gabbro, Basalt, Syenit), von Gebirgen (Andesit, Dunit), von Landschaften (Dazit) oder Inseln (Liparit) abgeleitet. Manchmal stehen die Namen in Verbindung zu gesteinsbildenden Prozessen, z. B. Rhyolith (griechisch rhein = fließen), häufiger in Verbindung zu Mineralen (Peridotit: Peridot = Varietät des Olivins) bzw. zu ihren Eigenschaften (Lamprophyr, Melaphyr). Üblich ist es, die Gesteinsnamen durch die Bezeichnungen wichtiger Hauptgemengeteile zu ergänzen: *Quarz*diorit, *Hornblende*granit, *Zweiglimmer*granit, *Quarz*porphyr.

Gesteinsnamen wie Granitporphyr oder Dioritporphyrit verweisen auf Übergänge hinsichtlich des Erstarrungsortes der Schmelzen. Granitporphyre entstanden unter Bedingungen, die

die Ausbildung von Einsprenglingen in einer Grundmasse erlaubten, ohne daß das körnige Gefüge der Plutonite verloren ging. Solche Plutonitporphyre bilden sich in Subvulkanen und Gesteinsgängen. Bei den Gesteinsgängen trifft man zwei Gruppen an: die *aschisten* Gänge, deren Füllung die gleiche chemische Zusammensetzung wie das Muttergestein besitzt, z. B. Granitporphyr, und die *diaschisten* Gänge (gespaltene Ganggesteine) mit einem vom Muttergestein abweichenden Chemismus, z. B. die sauren Ganggesteine, Pegmatit und Aplit, und die Gruppe der basischen Lamprophyre.

1.3.2.2. Die Tuffe (Pyroklastika)

Die Tuffe oder Pyroklastika treten ausschließlich in Verbindung mit dem Vulkanismus auf. Es handelt sich um die Auswurfmassen der Vulkane, die nach dem Niederfall abgelagert werden. Substantiell stehen die Tuffe in enger Beziehung zu den Laven, mit denen sie gemeinsam gefördert werden. Die Verwendung der Bezeichnung Asche für die Tuffe sollte vermieden werden, da mit den vulkanischen Prozessen keine Verbrennungsrückstände (= Aschen) entstehen. Vermischen sich die Tuffe mit Sedimenten, so spricht man von Tuffiten. Zwischen Laven, Tuffen und Tuffiten bestehen Übergänge. Charakteristisch für die Tuffe sind besondere Gefügemerkmale, wie Glas- und Kristalltrümmer oder glasige Substanz als Bindemittel. Schmelztuffe, die auch als Ignimbrite bezeichnet werden, sind Absätze vulkanischer Glutwolken. Bomben und Lapilli (italienisch = Steinchen) sind isolierte Vulkanauswürflinge, d. h. explosiv zersprengte Lavateilchen. Die Bomben werden im glutflüssigen, plastischen Zustand ausgeworfen, sie besitzen daher aerodynamische Gestalt. Bimsstein ist schaumiges vulkanisches Glas, das infolge hoher Porosität so leicht ist, daß es schwimmt. Kompakte natürliche Gesteinsgläser heißen Obsidian oder Pechstein. Die schwarzen bis dunkelgrünen Gläser finden sich als Einlagerungen in den Tuffen saurer Laven. Schlotbrekzien sind Gemenge eckiger Lava- und Nebengesteinsbruchstücke, die nach erfolgtem Ausbruch die vulkanischen Schlote füllen.

Tabelle 5
System der Zentralvulkane (nach Rittmann 1960)

Qualität des Magmas	Qualität der Lava klein ⟶ groß			Art der Tätigkeit
dünnflüssig, sehr heiß, basisch	Einzelner Lavastrom	Schildvulkane		effusiv
		Island-Typ	Hawaii-Typ	
zähflüssig, relativ kühl, sauer	Lockerkegel mit Lavastrom Staukuppen	Stratovulkane mit		gemischt
		überwiegenden Tuffen	überwiegenden Lavaströmen	
äußerst zähflüssig	Maare Gasmaare (Diatrem)		Explosionskrater Esplosionskessel	explosiv explosiv (nur Gase)

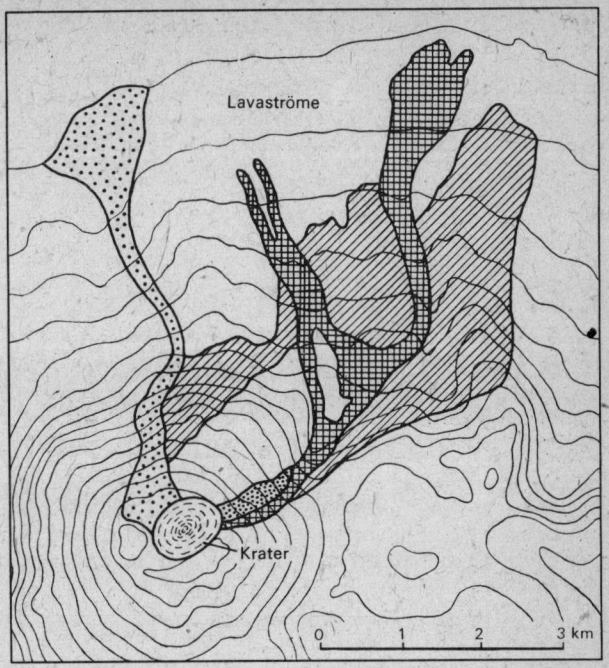

Abbildung 5
Lavaströme am Hang eines Stratovulkans
(nach MACDONALD 1972)

Die fossilen Tuffe werden nach den Vulkaniten benannt, mit denen sie gemeinsam vorkommen, z. B. Basalttuff, Porphyrtuff. Brekzienartige Diabastuffe, die im Wechsel mit Lapillituffen und Tuffiten auftreten, heißen Schalstein. Verkieselter feinkörniger Tuff wird, wenn er polierfähig ist, als Jaspis, Bandjaspis oder Jašma (Ural) bezeichnet.

1.3.2.3. Vulkanismus und Plutonismus

Die Art und Weise des Magmenaufstieges (Plutonismus) und der Lavaförderung (Vulkanismus) ist eine Folge der physikochemischen Eigenschaften der Schmelzen. Vorkommen, Form, Bauplan und Tätigkeit der Vulkane stehen in ebenso enger Beziehung zur stofflichen Ausbildung der Laven wie die im Erdinnern erstarrenden Plutonkörper. So wird das saure Magma durch seine Zähflüssigkeit am Aufstieg gehindert, obwohl sein geringes spezifisches Gewicht ihm einen günstigen Auftrieb verleiht. Saure Magmen können deshalb nur allmählich in höhere Krustenteile eindringen (intrudieren). Sie bilden hier nach der Erstarrung die gewaltigen Gesteinskörper der Plutone. Nur ein geringer Anteil dieser Schmelzen erreicht als Lava die Erdoberfläche (Rhyolithe). Dagegen werden riesige Areale auf den Kontinenten (Plateaubasalte) und am Boden der Ozeane von den Ergüssen der leicht fließfähigen basischen Laven (Basalte) eingenommen. Für die Lavaförderung spielt auch die Gasführung eine außerordentliche Rolle. Man kennt das an Gasen übersättigte Pyromagma, das untersättigte Hypomagma und das entgaste Epimagma. Nach dem Magmenzustand bzw. der Beschaffenheit der Lava ist die vulkanische Tätigkeit bei Gasarmut effusiv oder bei Gasreichtum explosiv (vgl. Tabelle 5), d. h., bei effusiver Tätigkeit (lateinisch effusio = Erguß) fließen gasarme, geringviskose, basische Laven aus.

Der vulkanische Formenschatz läßt sich nach verschiedenen geologischen und geomorphologischen Gesichtspunkten gliedern: Beschaffenheit der Schmelze, Form des Lavaförder-

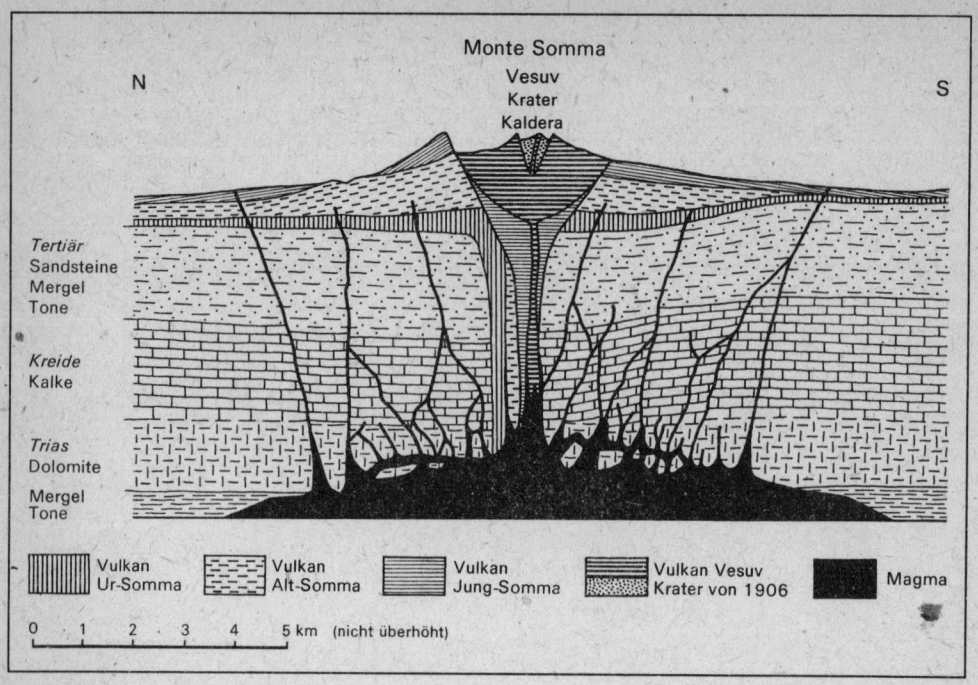

Abbildung 6
Schnitt durch den Monte Somma/Vesuv (nach RITTMANN 1981)

kanals – Spalte oder Schlot –, Zahl der Ausbrüche, Form der Vulkanberge. RITTMANN unterscheidet folgende Vulkangruppen:
- Zentralvulkane mit einem röhrenförmigen Schlot und
- Linear- oder Spaltenvulkane mit spaltenförmigem Schlot;
- monogene Vulkane mit einmaligem Ausbruch und
- polygene Vulkane mit mehrmaligen Ausbrüchen.

Nach dem geförderten Material und dem Ausbruchsmechanismus kann man unterscheiden:
- Lavavulkane mit effusiver Tätigkeit,
- gemischte Vulkane mit effusiver und explosiver Tätigkeit,
- Lockervulkane mit explosiver Tätigkeit,
- Gasausbrüche oder Maare.

Schildvulkane sind Lavavulkane mit flacher, schildförmiger Gestalt und basischen Laven. Es gibt zwei Typen, den kleineren Islandtyp und den gewaltigen Hawaiityp, dem die größten Vulkanbauten der Erde zuzuordnen sind. Der größte Schildvulkan ist der Mauna Loa (Hawaii). Am Meeresgrund beträgt sein Durchmesser 150 km, und er erhebt sich trotz 5000 m Wassertiefe noch 4200 m über den Meeresspiegel. Seine Lavamenge von 40000 km^3 würde ausreichen, eine Fläche von 250000 km^2 mit einer Basaltdecke von 150 m Dicke zu überziehen. Die Gipfelplateaus der Schildvulkane besitzen mehrere Krater, die Neigung der Hänge liegt im Mittel unter 5°.

Schicht- oder *Stratovulkane* sind kegelförmige Vulkanberge mit einem Gipfelkrater und gemischter Förderung von Laven und Tuffen (Abbildung 5). Die Zentralvulkane besitzen neben dem Gipfelkrater auf ihren Flanken sog. parasitäre (= Seiten-) Krater mit Flankenausbrüchen. Die Gipfelkrater unterliegen ständigen Veränderungen. Bei explosiven Ausbrüchen

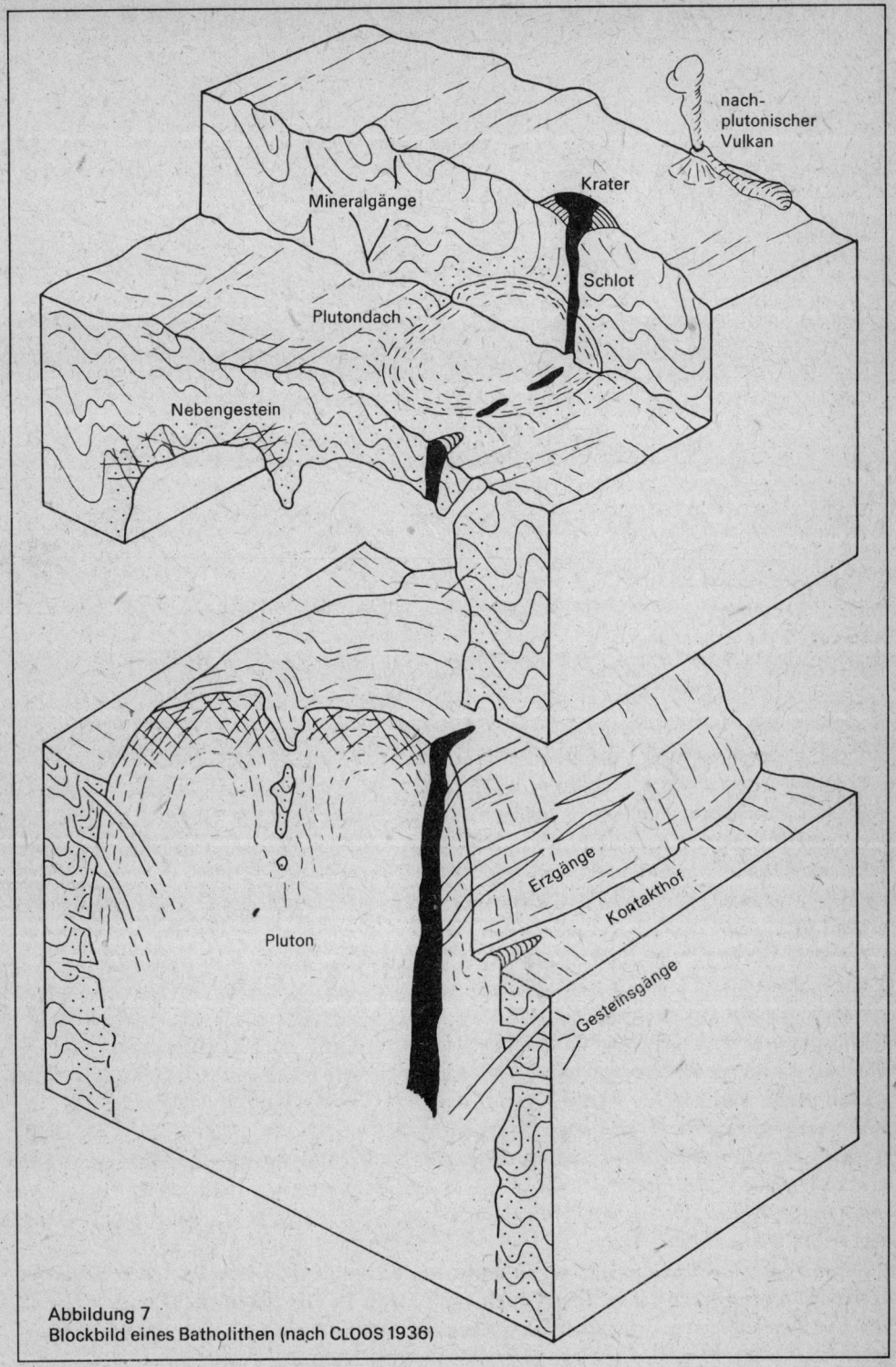

Abbildung 7
Blockbild eines Batholithen (nach CLOOS 1936)

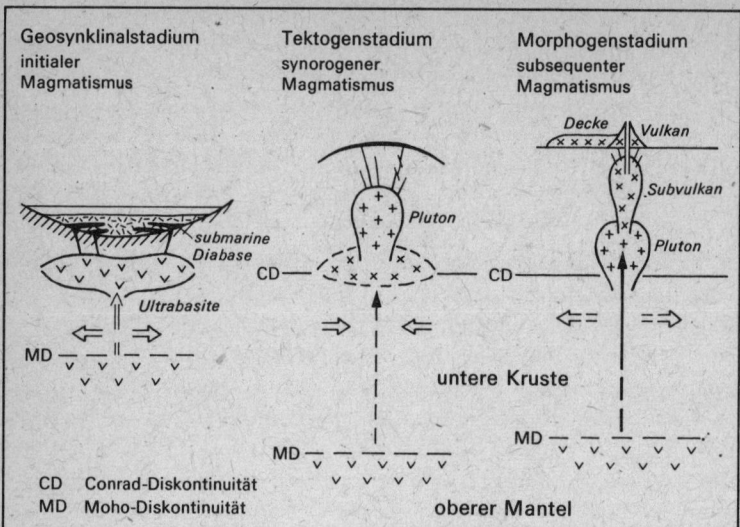

Abbildung 8
Geotektonische
Gliederung des
Magmatismus
(nach BAUMANN
und TISCHENDORF
1976)

werden sie erweitert, bei effusiver Förderung füllen sie sich auf. Über entleerten oberflächennahen Magmenkammern brechen die Gipfel ein, es entstehen die Einsturzkrater oder Kalderen (Abbildung 6). In ihnen kann sich erneut ein Vulkan bilden. Der Vesuv entstand in der Gipfelkaldera des Monte Somma. Der Vulkankomplex des Monte Somma – Vesuv ist das bekannteste Beispiel für einen polygenen Vulkan, der sich seit dem Pleistozän in vier Perioden entwickelte. Die Tätigkeit war zunächst explosiv, später gemischt und dann effusiv.

Die Förderprodukte der Vulkane sind Gase, Laven und Tuffe. Die Gase bestehen zu 80% aus Wasserdampf. Die Laven bilden Lavaströme mit Temperaturen zwischen 1100 °C und 700 °C und Lavadecken. Häufig erkennt man in den Vulkaniten das Fließgefüge der Laven (Fluidaltextur). Sehr zähe Laven bilden *Staukuppen*. Infolge von Schrumpfungen bei der Abkühlung reißen senkrecht und parallel zu den Abkühlungsflächen Klüfte auf. Fließfähige Laven besitzen glatte oder wellige Oberflächen (Stricklaven), zähflüssige Laven zerbrechen (Blocklaven).

Die beobachtbare vulkanische Tätigkeit ist vielgestaltig:
- strombolianische Tätigkeit: rhythmisches Ausstoßen von Dampf- und Staubwolken, Auswurf von Schlacken und Bomben;
- Hawaiitätigkeit: ruhiges Ausfließen großer Lavaströme;
- Vesuvtätigkeit: stürmische Eruptionen mit gewaltiger Wolkenbildung;
- Pelétätigkeit: Ausbruch von Glutwolken;
- Krakatautätigkeit: Gasexplosionen.

Tritt die Lava mit dem Grundwasser in Berührung oder verdampft Wasser bei untermeerischen Ausbrüchen, dann entstehen helle Wasserdampfwolken (phreatische Ausbrüche). Wird differenzierte Lava gefördert, heißt der Ausbruch nach dem beim Vesuvausbruch von 79 u. Z. ums Leben gekommenen römischen Naturwissenschaftler C. PLINIUS SECUNDUS MAIOR „plinianisch". Nach dem heutigen Zustand teilt man die Vulkane in tätige, untätige und erloschene Vulkane ein. Die Zahl der aktiven Vulkane (tätig und untätig) übersteigt 500. Sie sind vor allem auf den zirkumpazifischen Raum konzentriert. Neue Vulkane bilden sich sehr selten, in historischer Zeit wurden nur drei Beispiele bekannt.

Die nachvulkanische Tätigkeit ist mit der Förderung mineralisierter Dämpfe und heißer Wässer verknüpft. Schwefelreiche Exhalationen heißen Solfataren, Kohlensäureexhalationen Mofetten, und als Fumarolen werden Dämpfe gefördert. Die periodisch aufsteigenden Geysire sind Kochquellen, aus denen unter Überdruck stehender Wasserdampf ausgeschleudert wird.

Im Gegensatz zur vulkanischen Tätigkeit bleiben die plutonischen Prozesse der Beobachtung verborgen. In manchen Fällen führen die Vulkane (Abbildung 7) überschüssige Gase und leichtere Schmelzen plutonischer Schmelzherde an die Oberfläche. Erstarren diese Schmelzen noch vor Erreichen der Erdoberfläche, so bilden sie die Subvulkane (Abbildung 8). Die Mehrzahl der *Plutone* besteht aus sauren Gesteinen (Graniten), d. h. Produkten der Differentiation von Magmen. Die Magmenbewegungen aus tiefer liegenden Magmenherden in die Bereiche späterer Erstarrung, die Plutone, beruhen in erster Linie auf Massenströmungen aus Stockwerken mit höheren Drücken in solche mit niedrigeren Drücken. Die intrudierenden Schmelzen schaffen sich Raum durch die Aufschmelzung von Nebengestein (Anatexis, vgl. Abschnitt 1.3.2.5.) bzw. durch Erweiterung von Spalten, da in der tieferen Erdkruste keine Hohlräume existieren. Die Bewegungen und die bei der Abkühlung herrschenden Spannungszustände führen zur Ausbildung eines rechtwinklig aufeinander stehenden Systems von Klüften und Teilbarkeiten. Auf ihnen beruht die quaderförmige Absonderung der Plutonite (Granitwürfel bzw. Granitpflastersteine).

Die Gestalt der Plutone ist abhängig von der chemischen Zusammensetzung der Magmen. Die *Batholithe*, mächtige, sich nach der Tiefe verbreiternde Körper (Abbildung 7), bauen sich aus sauren Magmen auf (Abbildung 8). Die linsenförmigen *Lakkolithe*, die muldenförmig eingebogenen *Lopolithe* und die trichterförmigen *Ethmolithe* werden sowohl von basischen als auch sauren Gesteinen gebildet. Die Begrenzung der verschiedenen Plutone gegenüber dem Nebengestein ist unterschiedlich. Die Batholithen schneiden die Nebengesteinsstrukturen diskordant, d. h. winklig ab. Die Lakkolithe und Lopolithe passen sich mit konkordanten, d. h. parallelen Kontakten ihrer Umgebung an.

Der Aufstieg der Schmelzen durch Auftrieb oder durch Auf- und Umschmelzung dauert im Gegensatz zum kurzzeitigen Vulkanismus bis zu Jahrmillionen. Die eigentliche Plutonbildung erfolgt relativ rasch. In der Tiefe sind die Grenzen zwischen Aufschmelzungsprodukten und dem Nebengestein fließend (Angleichungskontakt). In der Dachregion der Plutone sind die Kontakte scharf, d.h., die Plutonite sind gegenüber den Gesteinen des Kontakthofes deutlich abgegrenzt (vgl. Abschnitt 1.3.2.5.).

1.3.2.4. Die Sedimente (Ablagerungsgesteine)

Die Sedimente sind Ergebnisse der exogenen Prozesse an der Erdoberfläche. Sie sind die wichtigsten Urkunden für die Rekonstruktion der paläogeographischen Verhältnisse im Abtragungs- und im Ablagerungsraum der Gesteine. Das Sedimentationsmaterial wird durch Verwitterung und Abtragung von bereits vorhandenen Gesteinen bereitgestellt. Durch fließendes Wasser, strömendes Gletschereis, den Wind und in gewissem Umfang auch durch den Menschen (z. B. Bergbau- und Deponiehalden) wird es zum Ablagerungsort transportiert. Hier lebende Tiere und Pflanzen werden in die Sedimentation einbezogen. Als Fossilien geben sie später Kunde von den Umweltbedingungen während der Ablagerung und vom Alter des Sedimentes.

Terrigene (lateinisch terra = Erde) Sedimente setzen sich aus kontinentalen Abtragungsprodukten zusammen. Sie können sowohl auf dem Festland (terrestrische Sedimente) als auch im Meer (marine Sedimente) abgelagert werden. Aus Mineralen und Gesteinsbruch-

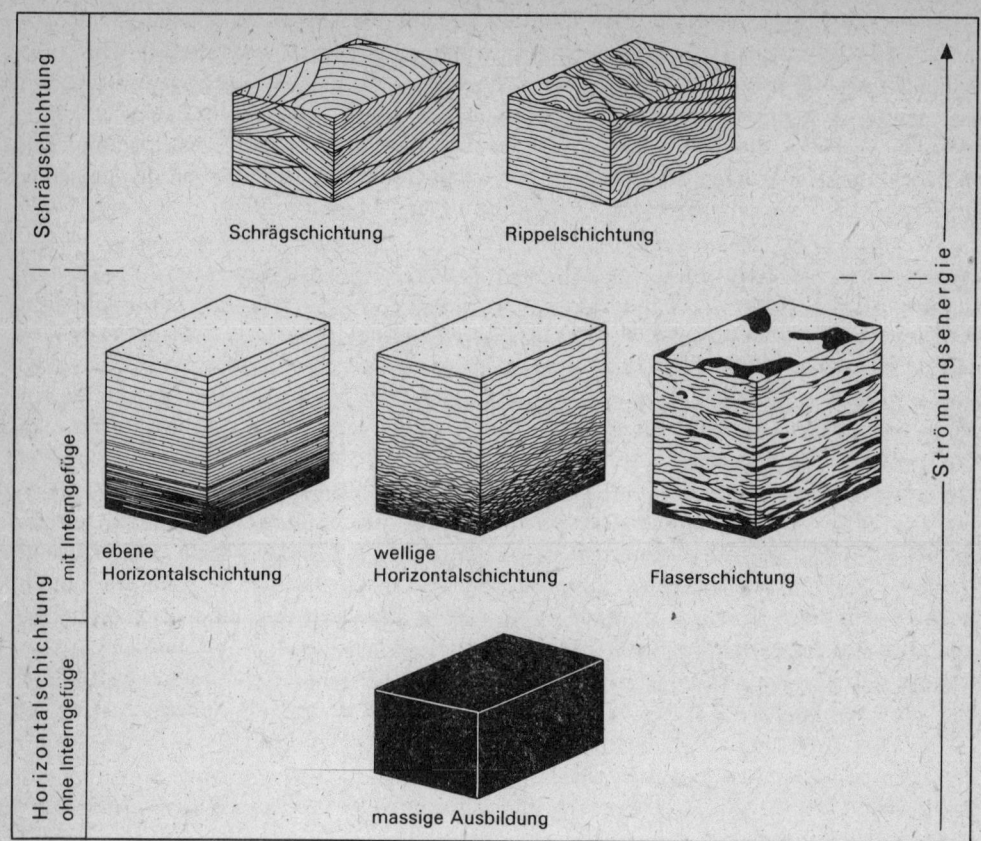

Abbildung 9
Schichtungstypen von Sedimenten
(nach GRUMBT 1971)

stücken bestehen die *klastischen Sedimente*. Die *chemischen Sedimente* bilden sich aus den kristallisierten Lösungsprodukten der chemischen Verwitterung. Die *biogenen Sedimente* entstehen als Ergebnis biologischer Prozesse. Man unterscheidet dabei *organische Sedimente*, die aus tierischer bzw. pflanzlicher Substanz bestehen (z. B. Kohlen), und *organogene Sedimente*, die Produkte von Lebensvorgängen sind (z. B. Korallenriffkalke).

Die Gefügeeigenschaften der Sedimente sind von der Transportart und den Ablagerungsbedingungen abhängig. Solche wichtigen Merkmale sind die Korngrößenverteilung, die Paralleltextur, die Geröllform und die Schichtung. Die *Schichtung* (Abbildung 9) ist für die Sedimente typisch. Eine Schicht ist ein plattenförmiger Gesteinskörper, der in vielfacher Wiederholung auftritt (Schichtung, Schichtfolge). Die Schichtung oder Schichtbänke werden durch Schichtfugen voneinander getrennt. Die Schichtmächtigkeit ist der senkrechte Abstand zweier Schichtfugen. Die Schichtfolgen können rhythmische (ab-ab) oder zyklische (abcba-bcba) Wiederholungen sein, z. B. Ton- (a-) Sand- (b-) Rhythmen oder Ton- (a-) Mergel- (b-) Kalk- (c-) Zyklen. Bei ungestörten Lagerungsverhältnissen ist die liegende Schicht stets älter als die hangende Schicht. Häufig sind die Schichtfolgen Ausdruck wechselnder Korngrößen, z. B. Sand-Kies-Wechsellagerungen.

Bei Parallelschichtung liegen die Schichten parallel. Verlieren sich einzelne Schichten, spricht man von auskeilenden Schichten. In strömenden Medien entstehen linsenförmige Schichtkörper, die jeweils in Richtung der Strömung geneigt sind. Die Abfolgen solcher Linsen ergeben die Schräg- oder Diagonalschichtung (Abbildung 9) oder, sind die Schichtkörper gegenläufig geneigt, die Kreuzschichtung. Ebbe und Flut führen zu Gezeitenschichtung. Jahresschichtung oder Warven bilden sich in stehenden Gewässern als Folge von rhythmischen, jahreszeitlichen Schwankungen von Wasserführung und Materialzufuhr.

Die klastischen Sedimente

Die klastischen Sedimente (Trümmergesteine) sind die aus Mineral- oder Gesteinskörnern zusammengesetzten Sedimente (Tabelle 6). Nach den Korngrößen unterscheidet man Tone und Tonsteine *(Pelite)*, Schluffe und Schluffsteine *(Aleurolithe)*, Sande und Sandsteine *(Psammite)* sowie Kiese, Konglomerate, Schutt und Brekzien *(Psephite)*. Die zuerst genannten Gesteine sind Lockersedimente, die jeweils zweitgenannten gehören als „Sedimentite" zu den Festgesteinen. Die Abgrenzung der klastischen Sedimente geschieht an genormten Grenzen der *Korngrößen,* die durch Schlämm- oder Siebanalysen bestimmt werden (Abbildung 10, 64 und Tabelle 27). Die 6 Hauptbereiche der Korngrößen werden dreigeteilt und die Gesteine entsprechend als fein-, mittel- und grobkörnig bezeichnet, z.B. Fein-, Mittel- und Grobsand. Die Kies-Sand-Grenze liegt bei 20 mm, die Sand-Schluff-Grenze bei 0,063 mm Korndurchmesser (Abbildung 10). Zur allgemein- und angewandtgeologischen und -geomorphologischen Beschreibung der klastischen Sedimente ermittelt man vor allem die stoffliche Zusammensetzung, die Korngrößenverteilung, die Sortierung, Gestalt, Rundung und Oberflächenbeschaffenheit (glänzend, matt u. a.) der Körner. Die Untersuchungen werden mit Hilfe von

Tabelle 6
Klastische Sedimente

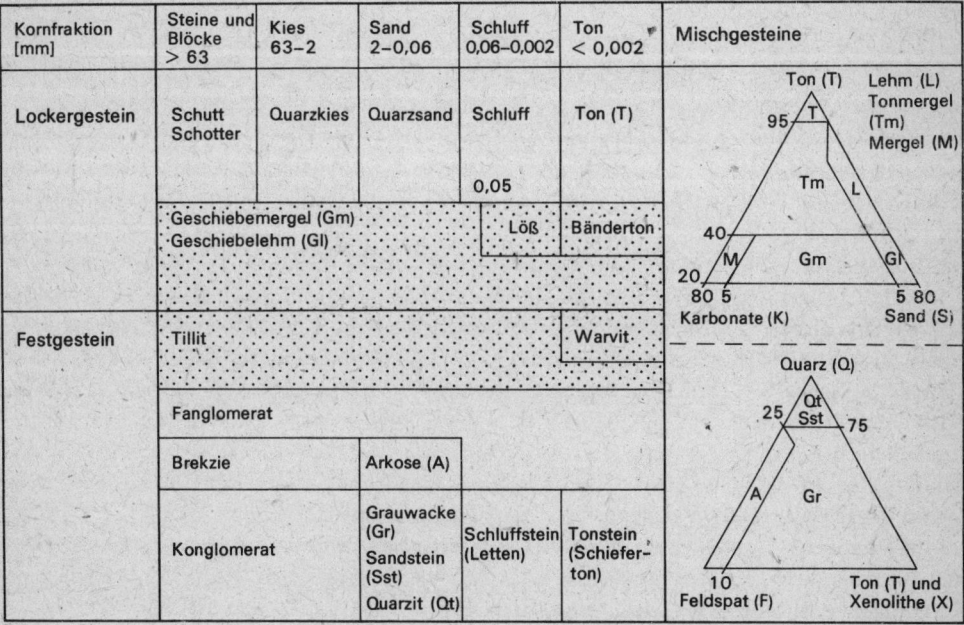

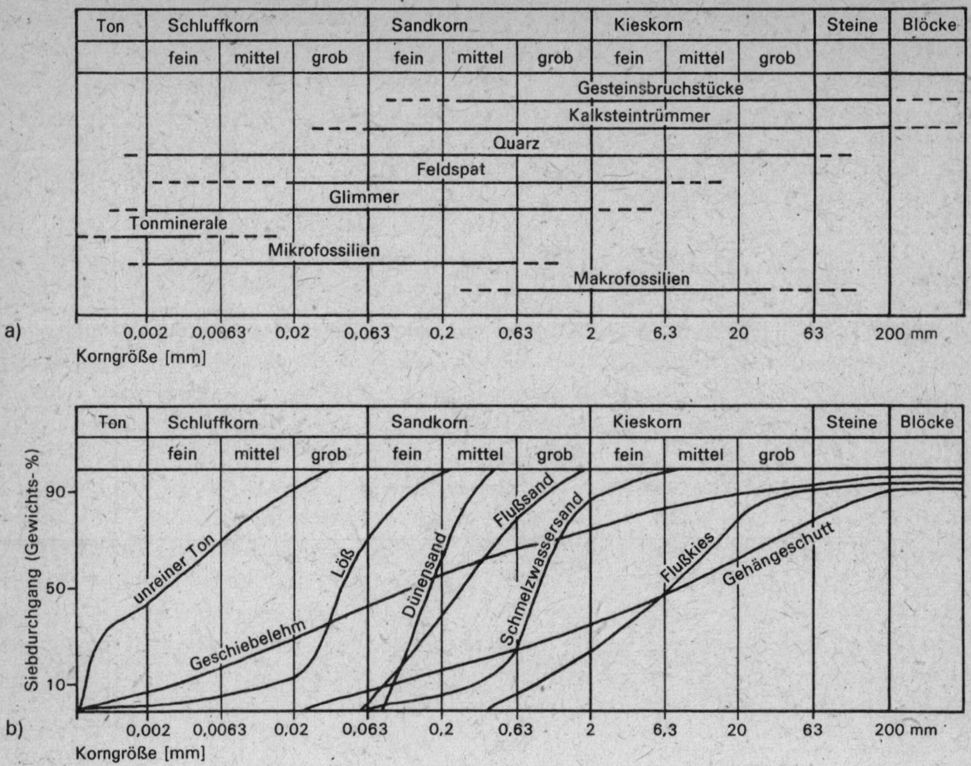

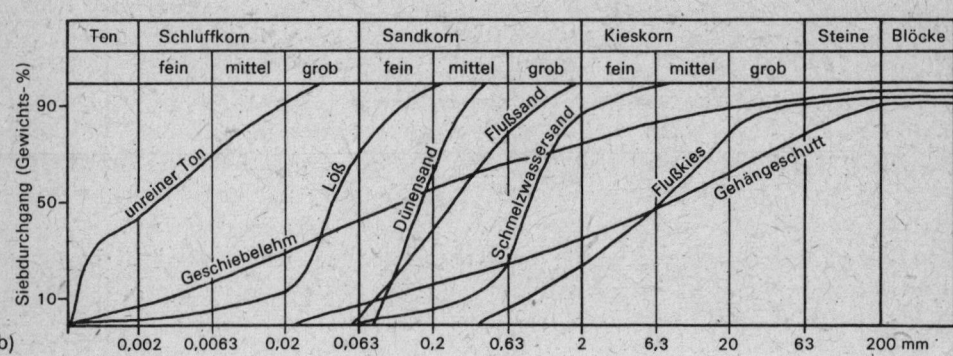

Abbildung 10
Mineralbestand und Korngrößen klastischer Sedimente
a) Mineralbestand der klastischen Sedimente
b) Beispiele von Korngrößenverteilungen klastischer Sedimente

Schub- und Radiuslehren, Meßlupen und Mikroskopen durchgeführt. Die stoffliche Klassifizierung kennzeichnet man am besten im Dreiecksdiagramm (Tabelle 6). Für die Benennung der klastischen Sedimente ist es wesentlich, daß zwischen diesen Gesteinen gegenseitige Übergänge vorkommen.

Die stoffliche Zusammensetzung der klastischen Sedimente besteht aus den Komponenten *Körner, Matrix, Zement* oder Bindemittel. Die feinere Matrix befindet sich zwischen den gröberen Körnern. Man spricht von Sandkörnern in toniger Matrix oder von Geröllen in sandiger Matrix. Dünensand besitzt keine Matrix, er ist gleichkörnig. Die Mineralart der Körner und der Matrix ist von der Korngröße abhängig (Abbildung 10a). Quarz- und Feldspatkörner beherrschen die Sand- und Schlufffraktionen. Die Tonminerale dominieren in der Tonkorn-

Reife	Lockersediment	Festgestein	Form der Gerölle
unreif	Schutt	Brekzie	kantig, eckig
	Moränengeschiebe	Tillit	kantig, konvexe Flächen
	Fanger	Fanglomerat	kantengerundet
reif	Schotter, Geröll	Konglomerat	gerundet, konkave Flächen

Tabelle 7
Grobsedimentarten

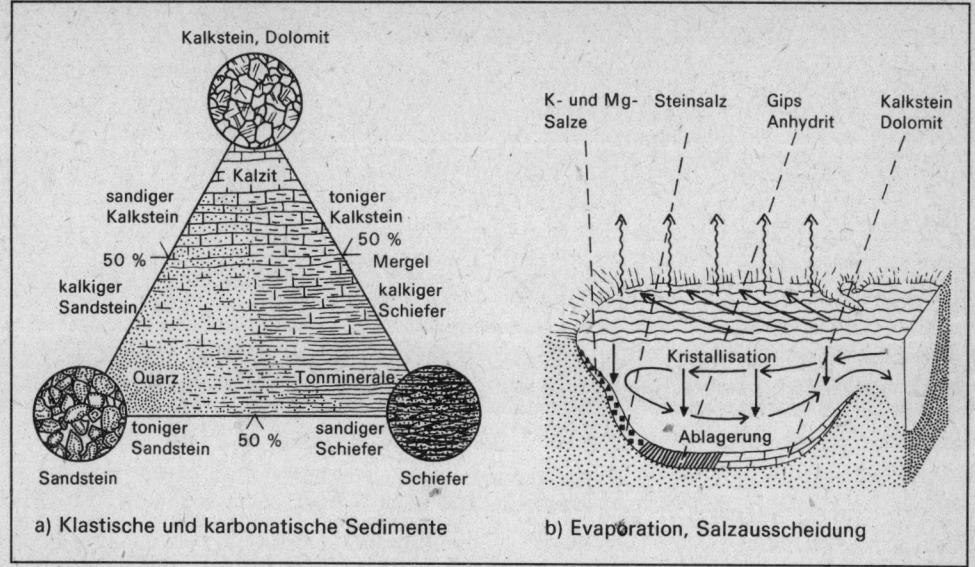

Abbildung 11
Chemische und klastische Sedimente (nach MC ALESTER u. HAY 1975)
a) Die Stoffbeziehungen zwischen Sedimentgesteinen
b) Schema der Salzausfällung

fraktion (= „Feinstes"). Die prozentuale Kornzusammensetzung der Sedimente (vgl. die Dreiecksdiagramme in Tabelle 6) ist abhängig von der im verwitterten und dann abgetragenen Gestein ursprünglich vorhandenen Art und Menge an Mineralen (= Ausgangsmaterial) sowie von den Umlagerungsprozessen, besonders vom Transport des Ausgangsmaterials in Wasser, Luft und Eis, und von den Ablagerungsbedingungen (= Sedimentation) in fließenden oder stehenden Gewässern, an den Küsten, am Meeresboden oder an den Tal- und Berghängen der Gebirge, in kalten oder heißen Wüsten der Festländer, im Inlandeis oder in Gletschern und anderenorts. Ein Bindemittel tritt nur in den Festgesteinen auf, die Lockergesteinskomponenten werden durch Wasserentzug und Ausscheidung des Zements verfestigt (Diagenese = Verfestigung). Die Bindemittel sind kieselig, karbonatisch oder tonig. Sie entstammen entweder der verfesteten Gesteinssubstanz oder werden von außen zugeführt. Die *Korngrößenverteilung* der Gesteine hängt von der Art und der Strömungsgeschwindigkeit der Transportagenzien ab. Je größer die Transportenergie, desto gröber ist die Fracht der transportierenden Agenzien (vgl. Abschnitt 2.3.3.3. und Abbildung 40). Die *Kornform* wird durch den Abrieb während des Transports (Korrasion) erzeugt. Da auch die Kornsubstanz die Kornform beeinflußt, wird die ideale Kugelform nicht immer erreicht. In Abhängigkeit vom Material gibt es Kugeln, Ellipsoide, Walzen und Platten. Während des Transportes werden die Körner zerkleinert und nach ihrer Widerständigkeit verteilt. Widerständige Minerale und Gesteinsbruchstücke, vor allem aber Quarz und Quarzit, werden angereichert. Sandstein und Kalksteingerölle werden nach 10–15 km Weg, Quarzite und Magmatite nach 100–300 km Weg auf das halbe Volumen reduziert. Anreicherungen von wirtschaftlicher Bedeutung sind Mineralseifen, z. B. Gold- und Diamantseifen. Neben der Geröllfracht transportieren die Flüsse den Schweb (Flußtrübe) aus mineralischen und organischen Teilchen und die Lösungsfracht.

Tabelle 8
Stoffliche Zusammensetzung der sandigen klastischen Sedimente

Sediment		Stoffliche Zusamensetzung [%]		
locker	verfestigt	Quarz	Feldspat	Gesteins-bruchstücke
Quarz-sand	Quarzsandstein, Quarzit	90–100	0–10	0–10
	feldspathaltiger Sandstein	75–90	5–25	0–12
Grus	Arkose	0–75	15–100	0–10
	feldspathaltige Grauwacke	0–75	12–90	10–50
	Grauwacke	0–75	0–50	10–100

Unter den physikalischen Eigenschaften der Sedimente sind hervorzuheben die *Porosität*, d. h. der Porenraum zwischen den Körnern, der für die Speicherung von Flüssigkeiten (Grundwasser, Erdöl) und Gasen notwendig ist, und die *Permeabilität*, d. h. die Durchlässigkeit, die die Voraussetzung für die Migration der Flüssigkeiten und Gase im Gestein und damit für deren Lagerstättenbildung ist. Die Grobsedimentarten werden nach dem *Reifegrad* der Gesteine unterschieden (Tabelle 7). Die Reife eines Gesteins wird bestimmt durch die Rundung der Gerölle, die Sortierung nach der Kornform und die Auslese der Minerale, d. h. den Einfluß des Transports auf die Kornkomponenten.

Schutte sind nach mechanischer Zerstörung, z. B. durch Frostsprengung, Insolation, ungeschichtet gelagerte grobe Gesteinsmassen. Eckiger Schutt verblieb am Ort seiner Bildung (Verwitterungs- und Frostschutt, Karstscherben, Steinpflaster usw.) oder wurde, wie der Fanger, gravitativ bewegt (z. B. Hang-, Steinschlag- oder Solifluktionsschutt, Blockströme, Schwemmschutt). Gerölle erhielten ihre Form in Flüssen oder in der Brandung (vgl. Abschnitte 2.3.3.3. und 2.3.3.6.). Gruse sind die nach mechanischer Zerstörung aus magmatischen oder metamorphen kristallinen Gesteinen hervorgegangenen, nicht umgelagerten Lockergesteinsmassen der Sandkornfraktion. Sie besitzen im wesentlichen die Zusammensetzung ihrer Ausgangsgesteine, z. B. bei Granitgrus, Feldspat und Quarz.

Die sandigen klastischen Sedimente zeigen ihre unterschiedliche Reife vorrangig in ihrer stofflichen Zusammensetzung (vgl. Tabelle 8).

Die ausgezeichnet sortierten, reifen Quarzsande sind äolische Ablagerungen (Wüstensande) oder Bildungen flacher Meere (Schelfe). Feldspathaltige Sande entstanden oft unter semiariden Bedingungen. Die Feldspate stammen aus mechanisch verwitterten Magmatiten. Arkosen sind der Grus von Graniten. Grauwacken sind die Ablagerungen mariner Trübeströme, in denen die Dichte des Wassers durch aufgewirbelte Trübe erhöht ist. So steigt einerseits die Transportkraft, andererseits werden aber die Teilchen schlechter sortiert. Die Grauwacken besitzen deshalb einen sehr heterogenen Aufbau (geringe Reife). Sie bilden Wechsellagerungen von grauen bis grüngrauen feinkiesigen Konglomeraten, grob- bis feinkörnigen, feldspathaltigen Sandsteinen sowie schluffigen Tonsteinen. Grauwacken sind die Typusgesteine der variszischen Geosynklinale und deshalb in unseren Schiefergebirgen weit verbreitet.

Zu den Gesteinen der Grobschlufffraktion (0,06–0,02 mm) gehört der *Löß*, ein unter trokkenkalten Bedingungen abgelagerter, mehr oder weniger ton- und sandhaltiger Flugstaub mit mehr oder weniger hohem Gehalt an feinverteiltem oder durch posthume Lösungs- und Ausscheidungsvorgänge konkretionär angereichertem Kalk (Lößkindl). Maßgeblich für Kalkgehalt und Anteil an Sand und Ton des Lößes sind die als Materiallieferanten dienenden Lokkergesteine der Ausblasungsgebiete (Moränen, Verwitterungsmaterial und Solifluktionsdekken, Schotterterrassen) und die Transportweglänge. Schluffige Ablagerungen in Seen oder am Meeresboden sind der Schlick und bei höherem Anteil organischer Beimengungen die Mudde. Lehm ist ein Gemisch aus Sand, Schluff und Ton in wechselndem Verhältnis. Mergel sind Gemische unterschiedlicher Genese aus Ton, Schluff, Sand und Kalk ($>25\%$ Kalkanteil – Abbildung 11a). Die Absätze aus Moränen sind Geschiebemergel, Geschiebelehm und Geschiebesand. Tone sind vorwiegend aus Tonmineralen bestehende bindige, im feuchten Zustand plastische und manchmal quellfähige Sedimente. Ist der Schluffanteil höher, liegen magere Tone vor. Beimengungen färben die Tone braun (Brauneisen), dunkelbraun (kohlige Substanz) oder rot (Roteisen).

Für paläogeographische Aussagen werden vor allem die Schichtungsarten, die Sedimentationsmarken und die Lebensspuren herangezogen. Sedimentationsmarken sind anorganische Bildungen auf den Schichtflächen, wie Rippelmarken, Rieselmarken, Schleifspuren, Erosionsfurchen und Regentropfeneindrücke. Zu den Lebensspuren rechnen Tierfährten, Fraßspuren, Skelett- und Pflanzenreste, Schalen usw. Aus den Sedimentmächtigkeiten kann man die Absenkungsgeschwindigkeiten eines Sedimentationsraumes bestimmen, kennt man den Zeitraum, in dem sich eine Schicht mit bestimmter Mächtigkeit abgelagert hat (Sedimentationsrate). Die Einheit der Sedimentationsrate ist das Bubnoff (B): $1 \text{ B} = 1 \text{ mm}/1000$ Jahre. Aus den Schichtungsarten (vgl. Abbildung 9) kann man auf die Ablagerungsgebiete schließen (Faziesanalyse, vgl. Abschnitt 1.5.3.):

Schichtungsart	Ablagerungsgebiet
Linsen- und Flaserschichtung	Gezeitenbereiche im Flachmeer, Überflutungsgebiete von Flüssen
Horizontalschichtung	Flachmeerküsten, Deltas
Schrägschichtung	
Schichtdicke bis 2 cm	Deltas, Flußmäander, Überschwemmungsgebiete
Schichtdicke 2–200 cm	Flach- und Schelfmeerablagerungen, Flußablagerungen
Schichtdicke 200–2000 cm	Hochwasserablagerungen von Flüssen, Deltarändern

Die chemischen Sedimente

Die chemischen Sedimente sind die Ausfällungen chemischer Verbindungen – Karbonate, Sulfate, Chloride – aus dem Meerwasser und dem Wasser kontinentaler Seen. Sie entstehen bei Erhöhung der Ionenkonzentration. Setzt man einen einheitlichen Chemismus voraus, dann sind es der Salzgehalt, die Gehalte an CO_2, O_2 und H_2S sowie die Wassertemperaturen, die die Art der Ausfällungsprodukte bestimmen. Wenn z. B. durch Verdunstung die Konzentration an Gelöstem steigt, dann fallen bei mehreren gelösten Substanzen die Verbindungen in der Reihenfolge von der schwereren zur leichteren Löslichkeit aus (Abbildung 11b). Das Ergebnis sind Zyklen chemischer Sedimente, die im Idealfall von Kalk ($CaCO_3$) über Anhydrit ($CaSO_4$) zum Steinsalz ($NaCl$) und zu den Kalisalzen (KCl) führen (vgl. Tabelle 9, Abbildung 11b).

Die *Karbonatgesteine* setzen sich im wesentlichen aus den Karbonaten Kalzit und Dolomit mit wechselnden Mischungsverhältnissen zusammen (Tabelle 9). Bei ihrer Bildung im Süß-

Tabelle 9
Wichtigste chemische Sedimente

Gestein	Chemische Zusammensetzung	Mineralbestand
Kalk, Kalkstein	$CaCO_3$	Kalkspat (= Kalzit)
Mergel	$CaCO_3$ und Tonsubstanz	Kalkspat, Tonminerale, Quarz
Dolomit	$CaMg[CO_3]_2$	Dolomit, Kalkspat
Anhydrit	$CaSO_4$	Anhydrit
Gips	$CaSO_4 \cdot 2 H_2O$	Gips
Steinsalz	$NaCl$	Steinsalz
Kalisalze:		
Sylvinit	$KCl \cdot NaCl$	Sylvin, Steinsalz
Hartsalz	$KCl \cdot NaCl \cdot CaSO_4$	Sylvin, Steinsalz, Anhydrit
Carnallitit	$KCl \cdot NaCl \cdot MgCl \cdot 6 H_2O$	Carnallit, Steinsalz

und im Salzwasser spielen von Temperatur, Salinität und Tiefe beeinflußte biochemische Prozesse die Hauptrolle. Besonders günstige Bedingungen herrschten seit dem Kambrium in den flachen Schelfmeeren der subtropisch bis tropischen Klimabereiche mit den optimalen Bedingungen für karbonatskelettausscheidende Lebewesen, z.B. riffbildende Korallenstöcke.

Der komplizierte Prozeß der Kalkausfällung ist im wesentlichen an den Verlust von undissoziiertem CO_2 des Wassers durch Erhöhung der Wassertemperatur oder Erniedrigung des hydrostatischen Druckes im Flachwasser gebunden. Er kommt auch bei Erniedrigung des Salzgehaltes und durch Photosynthese (CO_2-Entzug durch die Pflanzen) vor. Kalkausfällung tritt aber auch dann ein, wenn die Konzentration an Kalzium- und Karbonationen durch Verdunstung steigt. Die Übersättigung des Meereswassers an Kalziumionen ist die Voraussetzung für den Aufbau von Skeletten, Schalen, Wohnbauten aus Kalk durch Muscheln, Schnecken, Cephalopoden, Armfüßer, Korallen, Ostrakoden und Foraminiferen. In Kalken und Kalksteinen sind deshalb Fossilien häufig erhalten.

Die kontinentalen Kalke entstehen bei Erwärmung kalkhaltiger Quellwässer und bei CO_2-Entzug durch pflanzliche Assimilation. Die organische Substanz wird durch Karbonatausscheidung überkrustet und es erhalten sich nach dem Vergehen der organischen Substanz Abdrücke von Blättern und Hohlräume statt Pflanzenstengeln. Kontinentale Kalke sind Süßwasserkalk (grobkörnig, porös, locker), Travertin (grobkörnig, porös, fest), Seekreide (feinkörnig, dicht, locker).

Die marinen Kalke sind zumeist biogener Natur. Sie werden entweder im Flachwasser von den Invertrebraten des Benthos ausgeschieden oder am Boden tieferer Meeresteile von den dort abgelagerten Schalen pelagischer Organismen, z.B. den Foraminiferen, gebildet. Marine Kalkgesteine sind die flaserigen Knotenkalksteine mit gelängten Kalkknoten in tonig-kalkiger Substanz, die schichtigen Wellenkalksteine mit Wellenrippeln, Muschelpflastern und Wurmspuren auf den Schichtflächen, die massigen Riffkalksteine, die porösen Schaumkalksteine, die durch Verwitterung von Ooiden (s. u.) entstehen. Mergelkalke sind tonreiche Schlammkalke und Kalkmergel karbonatreiche Tongesteine.

An der Zusammensetzung der Karbonatgesteine sind anorganische Anteile, Skelettfragmente, Matrix und Bindemittel beteiligt. Die anorganischen Karbonate liegen häufig als Ooide vor, das sind rundliche Körper mit einem Kern (Quarzkorn oder Karbonatteilchen), um den sich konzentrisch-schalenförmig karbonatische Substanz ausgeschieden hat. Die aus Ooiden zusammengesetzten Gesteine heißen Oolithe (Ooiddurchmesser < 2 mm) oder Pisolithe (Ooiddurchmesser > 2 mm). Sie entstehen vor allem im bewegten Wasser der Gezeitenflächen. Die Skelettfragmente der Lebewesen sind oft für die Karbonatgesteine namengebend: Schalenkalke, Schillkalke, Muschelkalk, Algenkalk (= Stromatolith), Schwammkalk usw. Die Matrix heißt Mikrit. Sie besteht aus feinkörnigem Kalzit mit z. B. pillenförmiger Struktur (= Pellets). Die Karbonatpartikeln – Ooide, Skelettfragmente, Pellets – werden durch das Bindemittel – Zement oder Sparit – zusammengehalten, das sowohl biogener Natur – Biosparit – als auch anorganischer Herkunft – Pelsparit, Oosparit – sein kann. Sparit ist spätig ausgebildeter Kalzit.

Die Nomenklatur der Karbonatgesteine ist kompliziert. Verwendet für die Klassifikation wird z. B. die Struktur des Partikelnverbandes: Grainstone – Partikelnkalk ohne Matrix, Packstone – Partikelnkalk mit Matrix, Wackestone – Kalk mit in Matrix schwimmenden Partikeln. Für die Korngrößen der Partikeln gelten die Bezeichnungen Kalkrudit (>2 mm), Kalkarenit (2–0,063 mm) und Kalklutit ($<0,063$ mm).

Als die eigentlichen *Salzgesteine* (= Evaporite) bezeichnet man die Sulfat- und Chloridgesteine. Ihre Bildung ist auf abgeschlossene Meeresteile (Buchten, Lagunen) und festländische Salzpfannen und Salzseen beschränkt. Die mächtigen Salinarfolgen (oft mehrere 1000 m) entstanden in zeitweise abgetrennten Meeresbuchten oder Meeresteilen (Abbildung 11b). Rezente Beispiele sind das Rote und das Tote Meer. Die Bildung der Salzgesteine wird mit der Barrentheorie von OCHSENIUS erklärt, für die eine Lagune am Ostufer des Kaspischen Meeres als Modell gilt. Diese Lagune ist mit dem Meer nur durch einen schmalen und wenige Meter tiefen Kanal verbunden. Infolge der hohen Verdunstung in der Lagune sinkt der Wasserspiegel jährlich hier um 3 m, so daß in die Kara-Bogas-Gol ständig Salzwasser nachströmt. Bei entsprechend höheren Salzkonzentrationen werden in der Lagune Sulfate und Chloride aufgefüllt. Die Löslichkeit der Salzgesteine in Wasser hat zur Folge, daß Stein- und Kalisalze nur unter ariden Klimabedingungen an der Erdoberfläche beständig sind und in den Salzdiapiren als Salzgletscher austreten. In den humiden Klimabereichen können sich nur Sulfatgesteine behaupten, doch wird an der Oberfläche Anhydrit durch Wasseraufnahme in Gips umgewandelt (vgl. Abschnitt 2.3.4.2.).

Die biogenen Sedimente

Es werden organogene und organische Sedimente unterschieden. Eine Reihe organogener Kalksteine wurde bereits bei den chemischen Sedimenten genannt. Eine andere Gruppe der organogenen Sedimente sind die kieseligen Sedimente. Das bekannteste Beispiel ist der *Feuerstein* oder Flint. Er besteht aus amorpher Kieselsäure teils anorganischer, teils organischer (Kieselschwämme, Seeigel) Herkunft. Die Organismen entzogen dem Meerwasser die Kieselsäure für ihre Skelette. Die Kieselsäure wurde dem Meer durch Flüsse vom Festland her zugeführt, dort wurde sie durch die Hydrolyse (vgl. Abschnitt 2.3.2.9) silikatischer Minerale freigesetzt. Zur „Feuersteinbildung" kam es häufiger im Verlauf der Erdgeschichte, meist spricht man von Hornsteinen oder beim Auftreten von Radiolarien (kieselsäureschalentragende Einzeller) von Radiolariten. In den schwarzen *Kieselschiefern* (Lyditen) erhielt sich organischer Kohlenstoff. Die *Hornsteine* sind harte und splittrig brechende Gesteine.

In tertiären Seen entstand der „Polierschiefer" aus Anhäufung von Diatomeenskeletten. Auch die *Kieselgur*, die sich in warmzeitlichen Seen im Pleistozän bildete, besteht aus den Schalen dieser Kieselalgen. Durch ihr hohes Porenvolumen und ihr Absorptionsvermögen wird die Kieselgur als Isoliermittel verwendet.

Die wichtigsten organischen Sedimente sind die *Kohlen* und das *Erdöl*. Kohlen sind die Produkte der Akkumulation unvollständig zersetzter Pflanzenteile. Die Existenz verschiedener Kohlenarten beruht einerseits auf den Unterschieden zwischen den kohlenbildenden Substanzen (z. B. Algenkohlen, Humuskohlen), und andererseits auf dem Grade der Umwandlung oder Inkohlung (Torf, Braunkohlen, Steinkohlen und Anthrazit). Die Inkohlung vollzieht sich unter Sedimentbedeckung. Steigender Druck und Temperaturerhöhung führen zur Konzentration des Gehaltes an organischem Kohlenstoff und zur Abnahme des Gehaltes an Wasser, Kohlenwasserstoffen und Stickstoff. Die bei der Verbrennung der Kohlen in den Aschen verbleibenden Rückstände sind Verunreinigungen durch anorganische Einlagerungen, die während des Sumpf- und Moorstadiums in das absinkende Becken eingeschwemmt oder eingeweht wurden. Zu den Braunkohlen gehören sehr verschiedene Kohlenarten. Die in der DDR verbreiteten Braunkohlen sind vorwiegend Humuskohlen vom Typ der erdigen Braunkohlen, sog. Weichbraunkohlen. Entsprechend ihrer wirtschaftlichen Verwendung unterscheidet man *Schwelkohlen* (Teergehalt 12–18%), *Brikettierkohlen* ($\approx 15\%$ Asche, $\approx 12\%$ Teer) und *Kesselkohlen* (15–30% Asche). In den Salzkohlen liegt der NaCl-Gehalt bei ungefähr 2%, wodurch der Schmelzpunkt der Aschen so stark herabgesetzt wird, daß durch die Schlacken schwierige feuerungstechnische Probleme auftreten.

Nach Ansicht der Mehrzahl der Forscher ist das *Erdöl* eine biogene Bildung, die aus der Substanz mariner planktonischer Organismen entsteht. Die Organismenreste unterliegen in sauerstoffarmer Umgebung der Fäulnis, es bildet sich Faulschlamm oder Sapropel. Nach die-

Abbildung 12
Druck- und Temperaturabhängigkeit der Metamorphite

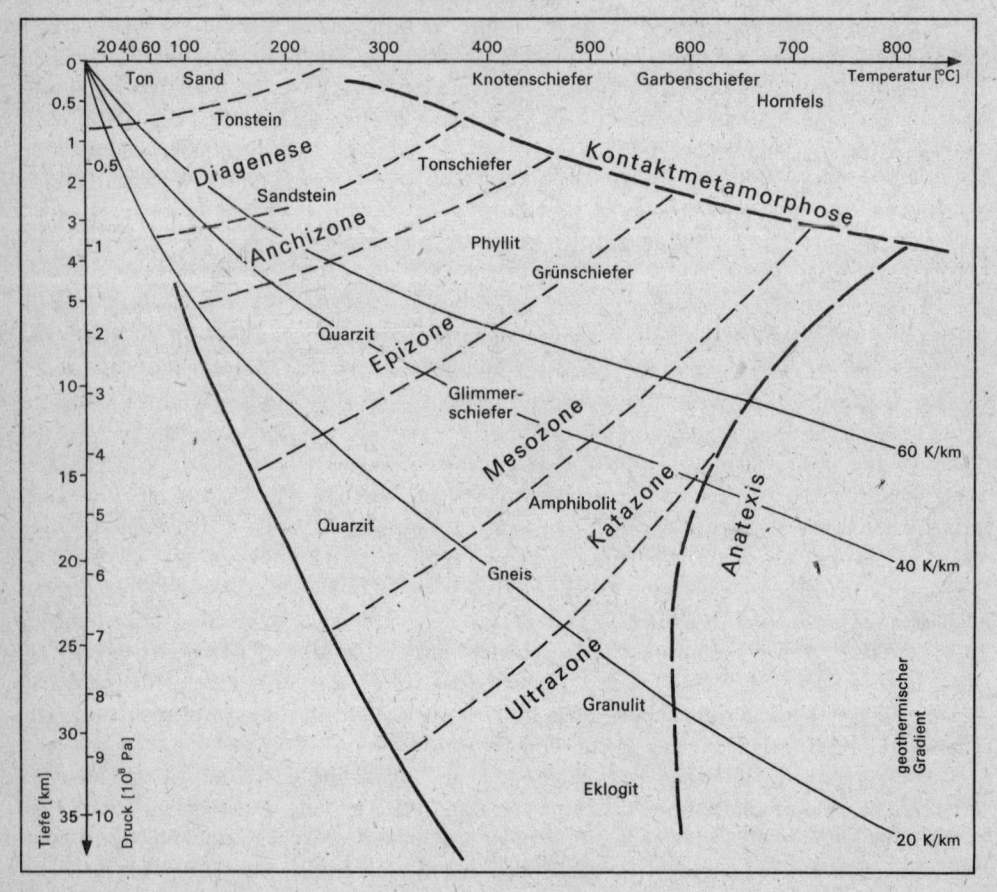

sem dunklen, fauligen Schlamm werden alle aus ihm hervorgehenden Gesteine als Sapropelite bezeichnet. Das bei der Fäulnis entstehende Sumpfgas kann sich unter günstigen Umständen zu Erdgaslagerstätten anreichern. Oft aber werden diese Gase an die Atmosphäre abgegeben. Die Erdgaslager sind meist Abkömmlinge der Inkohlung, d. h. die Akkumulationen der bei der Inkohlung freiwerdenden Kohlenwasserstoffgase. Andere Erdgase führen einen so hohen Stickstoffanteil, daß andere, heute noch ungeklärte Bildungsmechanismen angenommen werden müssen.

Theoretisch lassen sich die Kohlenwasserstoffe auch von anorganischen Prozessen ableiten. Hingewiesen sei auf den Nachweis von Kohlenwasserstoffen in den Meteoriten und Planetoiden. Eine Minderheit von Forschern vertritt deshalb auch die anorganische Genese von Erdöl. Tatsache ist aber, daß bisher alle bekannten Erdöllagerstätten nach Kriterien gefunden und erkundet wurden, denen die organische Theorie der Erdölentstehung zugrunde liegt.

Gebildet wird das Erdöl in einem marinen planktonreichen Sediment, dem Erdölmuttergestein. Besitzt das umgebende Sediment eine gute Durchlässigkeit (Permeabilität) für das bewegliche Erdöl, dann wandert es von Bereichen mit einem Überdruck in solche mit geringeren Drücken (Migration). Hier kann es sich in Gesteinen mit einem hohen Porenvolumen (Sandstein, Kalkstein) zu einer Lagerstätte anreichern (Erdölspeicher). Gelangt das Erdöl in die Oxydationszone der Erdoberfläche, dann wandelt es sich durch Entweichen der leichtflüchtigen Bestandteile in Erdwachs oder in Asphalt um.

Bitumenreiche Sedimente sind u. a. die Stinkschiefer, Stinkkalke und die Ölschiefer. In ihnen ist die bituminöse Substanz nicht migrationsfähig (Festbitumen). Dennoch ist die volkswirtschaftliche Bedeutung der Ölschiefer sehr groß, auch wenn sie heute noch in geringerem Umfang für die Kohlenwasserstoffgewinnung genutzt werden. Zu den bitumenreichen Schiefern gehören auch die kohlenstoffreichen Alaunschiefer, die gelegentlich abbauwürdige Anreicherungen uranhaltiger Minerale aufweisen (z. B. die Graptolithenschiefer des Thüringer Schiefergebirges). Nicht selten stehen die Erdöllagerstätten in Zusammenhang mit *Riffkalken*, die sowohl als Muttergestein als auch als Speichergestein in Frage kommen. Die letztgenannte Eigenschaft verdanken die heterogen aufgebauten Riffkalke ihrer porösen Struktur und der linsenartigen Gestalt der Riffkomplexe (Bioherme). Besonders geeignete Faziesanzeiger sind die Riffkorallen, die in Symbiose mit Grünalgen leben, die zur Assimilation Licht benötigen. So liegen die optimalen Bedingungen für das Riffwachstum zwischen 4 und weniger als 30 m Wassertiefe und bei Temperaturen von 25 °C.

1.3.2.5. Die Metamorphite

Magmatische und sedimentäre Gesteine unterliegen in den Tiefen der Erdkruste (Abbildung 12) der Umwandlung (Metamorphose), die sowohl die Minerale als auch die Gefüge der Gesteine betreffen. Die Metamorphose ist an gebirgsbildende Prozesse (*Regional-* oder *Dynamometamorphose*) oder an die Intrusion von magmatischen Schmelzen *(Kontaktmetamorphose)* gebunden. Stets sind die metamorphen Prozesse die Folge hoher, auf die Gesteine einwirkender Drücke und Temperaturen. Die Metamorphite sind kristalline Gemenge, deren Komponenten aus bestimmte Druck- und Temperaturbedingungen charakterisierenden Mineralen oder Mineralkombinationen („kritische" Minerale, „Mineralfazies") bestehen. Bei der Regionalmetamorphose muß man mit einem nach der Tiefe kontinuierlich von der Zeolith- zur Eklogitfazies zunehmenden Belastungsdruck (Auflast = hydrostatischer Druck) und einem regional wirksamen, gerichteten tektonischen Druck sowie mit Temperaturzunahme rechnen (Tabelle 10).

Die Umwandlungen der Ausgangssubstanzen, der *Edukte,* sind entweder nur mit Veränderungen der Gefüge und Minerale verbunden (statische Metamorphose), oder es erfolgen Stoffverschiebungen durch Materialverlagerungen aus den umgebenden Gesteinen (kinetische Metamorphose). Die stofflichen Umsetzungen sind mit der Ausbildung von Scherflächen, z.B. der Schieferigkeit, verbunden. Diese Scherflächen sind für die Metamorphite charakteristisch (kristalline Schiefer). Sie sind Flächen der besten Wegsamkeit und die Ebenen, in denen die neuen Minerale sprossen und sich regeln. Das Ergebnis ist das ebenfalls für die Metamorphite charakteristische Parallelgefüge.

Die Ausgangsgesteine bestimmen die weitere stoffliche Entwicklung der Metamorphite ebenso wie mögliche Substanzzufuhr von außen. Tabelle 11 zeigt die Entwicklung eines Tons zum Metamorphit.

Ähnliche Reihen könnte man für andere sedimentäre Metamorphite (Paragesteine) aufstellen. Ohne Stoffzufuhr bliebe jedoch ein reiner Quarzsand (100% SiO_2) auch unter der Einwirkung ultrametamorpher Bedingungen ein Quarzit. Aus Kalk entwickeln sich nacheinander Kalkstein (Diagenese – Anchizone), Marmor (Epizone) und Kalksilikatfels (Meso- bis Katazone), wenn der ursprüngliche Kalk einen Prozentteil toniger Substanz (Mergel) enthielt. Reiner Kalk (100% $CaCO_3$) bleibt ohne Stoffzufuhr auch unter katazonalen Bedingungen ein Marmor.

Komplizierter ist die Ableitung der Metamorphite aus den magmatischen Gesteinen (Orthogesteine). Aus einem Granit entwickelt sich ein gestreckter Granit (Anchizone), ein Gneisgranit (Epi- bis Mesozone), ein Granitgneis = Orthogneis (Katazone) und der Granulit (Ultrazone). Eine Diabas-Diabastuff-Serie ist die Ausgangssubstanz für den Grünschiefer (Epizone) und den Amphibolit (Meso- bis Katazone).

Tabelle 10
Metamorphosezonen und ihre Gesteine

Metamorphosezonen	Belastungsdruck [kp/cm^2]	Gerichteter Druck [kp/cm^2]	Temperatur [°C]	Mineralfazies	Faziestypische Minerale	Typische Gesteine
Anchizone	niedrig	hoch	niedrig < 400	Zeolithfazies	Chlorit, Albit, Quarz	Tonschiefer
Epizone	hoch 1000–3000	hoch	mittel 400–500	Grünschieferfazies	Chlorit, Albit, Quarz, Biotit, Muskovit	Phyllite, Glimmerschiefer
Mesozone	hoch 2000–4000	sehr hoch	sehr hoch 550–700	Amphibolitfazies	Hornblende, Plagioklas, Augit, Glimmer	Glimmerschiefer, Amphibolit, Gneis
Katazone	sehr hoch 4000–15000	sehr hoch	sehr hoch 700–900	Granulitfazies	Plagioklas, Orthoklas, Granat, Hornblende	Gneis, Granulit
Ultrazone	sehr hoch > 15000	sehr hoch	extrem hoch > 900	Eklogitfazies	Olivin, Granat, Disthen	Eklogit

Gestein		Bildungsprozeß	Mineralbestand (Zone)	Gefüge
	Ton	Sedimentation	Tonminerale	Schichtung
	Tonstein	Diagenese (Entwässerung)	Tonminerale	Schichtung
	Tonschiefer	Faltung-Schieferung	Glimmer, Quarz (Anchizone)	Schichtung/ Schieferung
metamorphe Gesteine	Phyllit	Mineralumwandlung	Chlorit, Glimmer (Epizone)	Schieferung
	Glimmerschiefer	Regionalmetamorphose (Sammelkristallisation)	Muskovit, Quarz (Mesozone)	Scherflächen
	Paragneis	Regionalmetamorphose (Sammelkristallisation)	Feldspat, Quarz, Muskovit, Biotit (Katazone)	Scherflächen
	Granulit	Ultrametamorphose (Sammelkristallisation)	Feldspat, Quarz, Granat, Disthen	Scherflächen

Tabelle 11
Umwandlung eines Tons zum Metamorphit

Die Metamorphite entstehen während der Gebirgsbildung (Tektogenese). Die Eklogitfazies kennzeichnet als Hochdruckmineralfazies die Tektogenzonen mit den stärksten gerichteten Drücken. Im Zentrum des Tektogens erreichen die Temperaturen Beträge, durch die es zur Aufschmelzung (Anatexis, Palingenese) von Krustengesteinen kommt (sekundäre magmatische Schmelzen). Die Schmelztemperaturen werden durch einen hohen Porenwassergehalt der Edukte stark herabgesetzt, so daß bei Abkühlung und fehlenden gerichteten Drücken ein Granit aus dieser Schmelze kristallisiert, bei stark gerichteten Beanspruchungen aber ein Orthogneis die Folge ist. Trockene Schmelzen, d.h. Schmelzen mit fehlendem Porenwasser, können sich erst bei extrem hohen Temperaturen bilden. Sie erstarren jedoch bereits unter ultrametamorphen Bedingungen, so daß aus ihnen der Granulit hervorgeht. Die Geschichte der Metamorphite kann man am besten dann rekonstruieren, wenn sich Relikte der Ausgangsgesteine in den Metamorphiten finden.

Ein Sonderfall der statischen ist die *Kontaktmetamorphose* (Abbildungen 7 und 12). Unter dem Einfluß des heißen, in der Erdkruste erstarrenden Magmas der Plutone wandeln sich die Nebengesteine im Kontakthof des Plutons um. Am unmittelbaren Kontakt des Magmas mit dem Nebengestein bilden sich die Hornfelse (innerer Kontakthof). Im weiter nach außen sich erstreckenden äußeren Kontakthof führt die Kontaktmetamorphose zu den Garben-, Frucht- und Knotenschiefern. Während letztere Gesteine nur eine fleckenhafte Neubildung von Al-reichen Mineralen zeigen (Andalusit, Cordierit), die je nach Größe und Form als Knoten (Durchmesser bis 2 mm) oder Garben (Länge bis 10 cm) bezeichnet werden, sind die Hornfelse weitgehend umkristallisiert. Für sie ist ein dichtes, massiges Gefüge typisch.

1.3.2.6. Die Residualgesteine

Die Residualgesteine sind die nicht umgelagerten Produkte der chemischen Verwitterung (vgl. Abschnitte 2.3.2.7. bis 2.3.2.9.). Ausgangsgesteine sind vorwiegend Magmatite, deshalb kommt für die Bildung der Residualgesteine der Verwitterung der Feldspäte und anderer Silikate die größte Bedeutung zu (vgl. Abschnitt 2.3.2.9.). An der Wende Kreide/Tertiär herrschte in Mitteleuropa tropisch-humides bis semihumides Klima. Es hatte die über große Flächen durch silikatische Verwitterung verbreitete Kaolinisierung und die Bildung der *Kaolintone* zur Folge. Die Kaolinisierung reicht von der Erdoberfläche nur wenige Meter tief. Unter der Kaolinhaube folgt eine Bleich- und Zersatzzone und erst dann das frische Ausgangsgestein, meist Granite oder Rhyolithe. Der weiße Porzellanrohstoff Kaolin ist kieselsäurefrei. Die gelöste und weggeführte Kieselsäure verfestigt benachbarte Sande zu sog. Tertiärquarziten.

Roterden, Rotlehme und Laterit (lateinisch later = Ziegel) entstehen bei der allitischen Verwitterung, d.h. bei Mangel an Huminsäuren und schwach sauren Reaktionen. Das im Boden zurückgehaltene Fe^{3+} färbt die Residualgesteine rot. *Bauxit* ist das extremste Glied der allitischen Verwitterung. Der wichtige Aluminiumrohstoff ist ein Gemenge von Al- und Fe-Hydroxiden (50–70% Al_2O_3). Er bildet sich vor allem über basischen Magmatiten und Kalksteinen.

1.3.3. Der Kreislauf der Stoffe

Der geologische Stoffkreislauf vollzieht sich in der Zeit als historischer Vorgang und führt stets zu einer erdgeschichtlichen Weiterentwicklung. Die treibenden Kräfte und Energien sind endogener und exogener Natur. An der Erdoberfläche direkt nachweisbar und durch endogene Kräfte hervorgerufen sind der Vulkanismus und die Krustenbewegungen (Hebungen und Senkungen). Exogener Natur sind die Verwitterung, die Abtragung, der Transport, die Ablagerung und die Verfestigung (Diagenese) der Gesteine, die sich im Grenzbereich der Erdkruste zu den anderen Komponenten der Landschaftshülle der Erde vollziehen und mit der Herausbildung des Georeliefs und der Böden verbunden sind (vgl. Abschnitt 2 und 3). Die im Abschnitt 2.3.2. zusammenfassend behandelte Verwitterung der Gesteine nimmt die Rolle eines wichtigen Zwischengliedes zwischen Festgestein und exogen verlagerungsfähigem Gesteinssubstrat ein. In der Erdkruste wirksam und durch endogene Kräfte hervorgerufen sind die Faltung (Tektogenese), Umwandlung (Metamorphose), Aufschmelzung (Anatexis) und der Plutonismus. Diese Vorgänge bilden den *geologischen Kreislauf* (Abbildung 13).

Neben der *stofflichen Entwicklung* existiert auch eine *strukturelle Entwicklung*, die sich am Beispiel der Gebirgsbildungsprozesse zeigen läßt. Die Gebirgsbildung (Orogenese) vollzieht sich über die Stadien Geosynklinale – Tektogen – Morphogen. Im Kratonstadium wird das Orogen entweder endgültig konsolidiert oder durch eine nachfolgende Regenerierung einem orogenen Zyklus unterworfen:

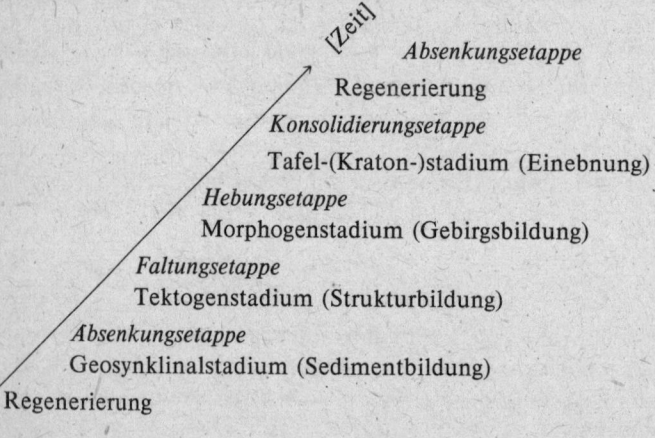

[Zeit]

     Absenkungsetappe
     Regenerierung
    Konsolidierungsetappe
    Tafel-(Kraton-)stadium (Einebnung)
   Hebungsetappe
   Morphogenstadium (Gebirgsbildung)
  Faltungsetappe
  Tektogenstadium (Strukturbildung)
 Absenkungsetappe
 Geosynklinalstadium (Sedimentbildung)
Regenerierung

Die Kontinente werden durch diese Entwicklung geprägt. Die Folge der Etappen wiederholt sich, doch sind Zeitpunkt und Dauer nicht einheitlich. Während in einem Erdkrustenabschnitt schon nach dem Morphogenstadium eine Regenerierung mit nachfolgendem Geosynklinalstadium sich anschließt, verharrt in einem anderen Krustenabschnitt die Erdkruste langzeitig im Kratonstadium. Die Alpengeosynklinale entstand im Anschluß an die variszische Orogenese und über dem variszischen Orogen. Der Untergrund der Russischen Tafel wurde schon im Präkambrium konsolidiert, und der kratone Zustand blieb auch in Zeiten erhalten, da an den Rändern der Tafel der variszische orogene Zyklus (mitteleuropäische Variszien, Ural) und später der alpidische orogene Zyklus (Karpaten, Balkan, Kaukasus) ablief. Global gesehen, existieren stets gleichzeitig Strukturen der verschiedenen Entwicklungsetappen und verleihen der Erdkruste die Vielgestaltigkeit, die sich im Nebeneinander von Hochgebirgen (Morphogenstadien), Rumpfgebirgen (jungen Kratonstadien), Tafeln (alten Kratonstadien) und Intrakontinentalmeeren (Geosynklinalstadien) ausdrückt.

Abbildung 13
Kreislauf der Stoffe – Gesteinsbildungsprozesse

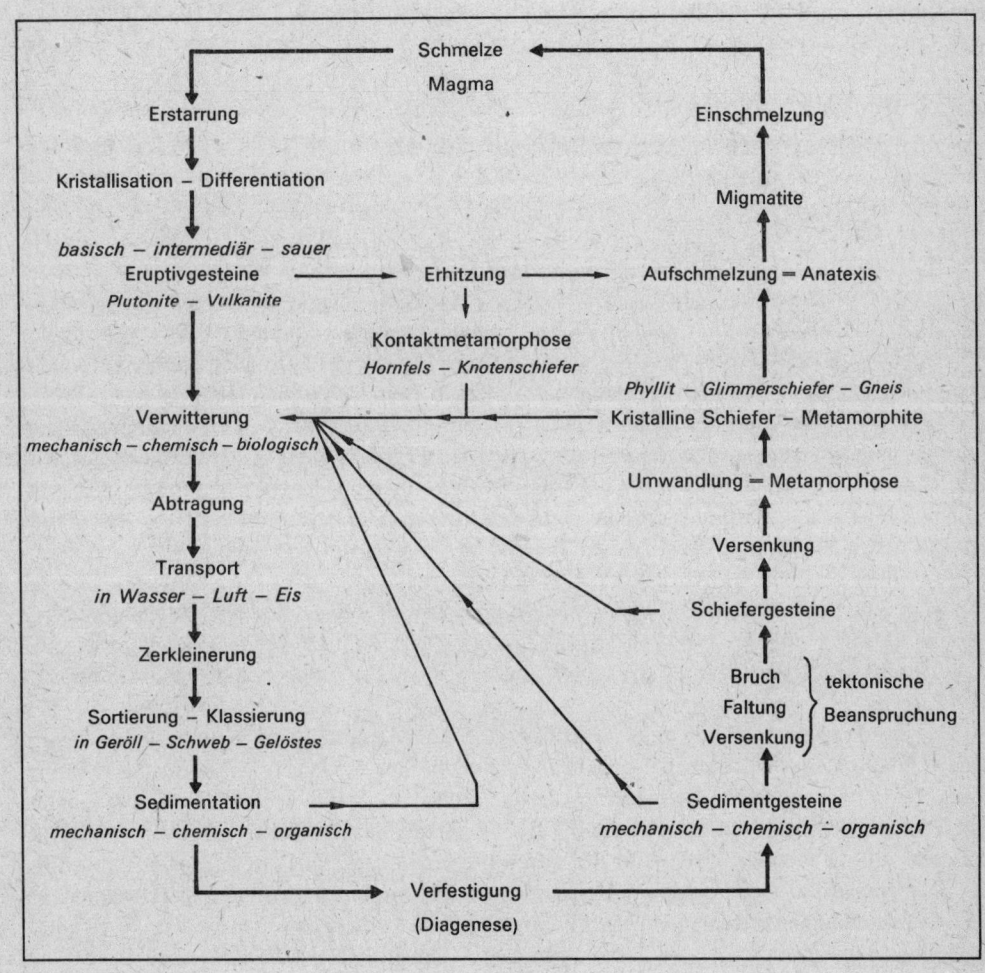

Die Entwicklung des Magmatismus vollzieht sich ebenfalls im Verlaufe der Erdkrustenentwicklung zyklisch (Abbildung 8). Jedes magmatische Gestein besitzt im erdgeschichtlichen Ablauf seinen festen Platz:

Gebirgs-bildungs-stadium	Bezeichnung des Magmatismus	Chemismus der Schmelzen	Bewegungs-tendenz der Kruste	Charakter der Plutone
Tafel-(Kraton-)stadium	*finaler* Magmatismus	basisch	Dehnung	fehlen
Morphogen-stadium	*subsequenter* Magmatismus	sauer bis basisch	Hebung	postkinematisch diskordant
Tektogen-stadium	*synorogener* Magmatismus	sauer	Einengung, Faltung	synkinematisch konkordant
Geosynklinal-stadium	*initialer* Magmatismus	basisch	Dehnung	präkinematisch konkordant

1.4. Der tektonische Bau der Erdkruste und seine Genese

1.4.1. Die tektonischen Bewegungen und Grundprozesse

Die Erdkruste befindet sich in einem globalen Spannungsfeld, in dem durch die Störung der Gleichgewichte die tektonischen Bewegungen ausgelöst werden. Die Bewegungen sind auf den Ausgleich dieser Anomalien gerichtet, sie konservieren sich in den tektonischen Strukturen und in den Gefügen der metamorphen Gesteine. Die tektonischen Bewegungen setzen immer dann ein, wenn durch die erdgeschichtlichen Prozesse die Voraussetzungen geschaffen wurden. Ein Erdbeben ist die Folge bereits abgelaufener oder aktiver geologischer Vorgänge. Die Bebenherde sind die Folge von Gleichgewichtsstörungen, deren Natur erkennbar ist. Sie gestatten deshalb, wichtige Schlüsse auf den tektonischen Zustand bestimmter Krustenabschnitte zu ziehen. Die tektonischen Bewegungen lassen sich zu den fünf tektonischen Grundprozessen *Tektogenese, Morphogenese, Epirogenese, Rhegmagenese* und *Taphrogenese* zusammenfassen. Der Begriff Orogenese (griechisch oros = Gebirge) besitzt übergeordnete Bedeutung als Gebirgs*struktur*bildung, nicht im Sinne der reliefmorphologischen Gebirgsbildung.

Die *tektogenetischen Bewegungen* verändern die Gesteinsgefüge und rufen Faltung und Überschiebung der Schichten bei seitlicher Einengung hervor. Die Tektogenese wirkt im Inneren der Kruste. Die *morphogenetischen Bewegungen* sind vorwiegend mit vertikalen Verstellungen verbunden und die Voraussetzung für die Heraushebung der Orogene und ihre Umformung zu den Hochgebirgen. Nur die durch die tektogenetischen Bewegungen deformierten Gesteine steigen zu morphologisch sichtbaren Gebirgen aus den Geosynklinalmeeren auf. Sie werden von vertikalen Brüchen begrenzt. Die Geschwindigkeiten für die Vertikalverstellungen schwanken zwischen 1 und 10 mm pro Jahr (= 1000–10000 B – vgl. S. 35).

Die Meeresspiegel- bzw. Küstenlinienverschiebungen in den flachen Tafel- und Schelfbereichen haben ihre Hauptursache in der *Epirogenese* (griechisch epeiros = Festland). Epirogenetische Bewegungen sind weitspannige vertikale Krustenbewegungen, durch die das innere Gesteinsgefüge nicht verändert wird. Es sind umkehrbare vertikale isostatische Ausgleichsbewegungen, die vor allem die Verteilung von Land und Meer beeinflussen, indem sie Überflutungen (Transgressionen) abgesunkener Gebiete und Meeresrückzüge von gehobenen Gebieten (Regressionen) hervorrufen. Sie überführen Abtragungsgebiete in Sedimentationsräume und umgekehrt und bewirken die Ausbildung charakteristischer Schichtfolgen. Die weitspannigen Verbiegungen von Tafelbereichen zu Anteklisen und Syneklisen sind ebenfalls die Wirkungen der Epirogenese. Die epirogenetischen Bewegungen sind aber auch ein wesentlicher Faktor für die paläogeographische Entwicklung kleinerer Krustenabschnitte, wie etwa für das mitteleuropäische Germanische Becken im Mesozoikum und im Tertiär. Ein modellhaftes Beispiel für epirogene Bewegungen ist die nacheiszeitliche Aufwölbung Skandinaviens (vgl. Abbildung 55) zu einer Geantiklinale, deren Scheitel in ca. 10000 Jahren sich um 300 m heraushob. Das Gegenstück zur schildförmigen Aufwölbung Fennoskandiens ist die schüsselförmige Einwölbung des Nordseebeckens um etwa 50 m im gleichen Zeitraum.

Es wäre aber ein Fehler, alle Küstenverschiebungen allein auf die Epirogenese zurückzuführen. Höhenänderungen der Meeresoberfläche oder eustatische Spiegelschwankungen hängen auch von Änderungen in der Verteilung des Wassers zwischen Meer und Festland durch Orogenesen und Klimaschwankungen ab.

Die tangentialen Verspannungen der Kruste werden längs vertikaler Fugen ausgeglichen. Durch die *Rhegmagenese* (griechisch rhegma = Spalt, Kluft), entstehen tiefreichende Spalten und Scherklüfte mit Vertikal- und Horizontalverschiebungen. Sie gliedern die Erdkruste in ein komplexes Schollenmosaik. Die großen Horizontalverschiebungen und Tiefenbrüche, sog. Lineamente, reichen bis zum Erdmantel hinab. An ihnen erfolgen über lange Zeiträume hinweg – oft hunderte Millionen Jahre – Bewegungen. Mit Bezug auf die äquatoriale Ost-West-Richtung werden diagonale, meridionale und äquatoriale Tiefenbrüche unterschieden. In diese Richtungen verlaufen auch die rhegmagenen Klüfte.

Bedeutende Tiefenstörungen liegen in der Umrandung des Pazifiks, z. B. die kalifornische San-Andreas-Störung mit 3 400 km Länge und horizontalen Verschiebungsbeträgen von gegenwärtig 5 cm pro Jahr. Auf dem Staatsgebiet der DDR befindet sich das diagonale Elblineament, ein bis in variszische Zeit (vor 300 Mio Jahren) zurückzuverfolgender und heute noch aktiver Tiefenbruch, an dem der Elbtalgraben bei Dresden noch jährlich um 1 mm absinkt.

Die Grabenbildung (Abbildung 15d) gehört zu den Vorgängen der *Taphrogenese* (griechisch taphros = Graben). Die Großgräben der Erde – Ostafrikanischer Graben, Jordangraben, Oberrheintalgraben usw. – werden auf radiale Spannungen im Scheitel von Gewölben zurückgeführt, die zum Einbruch der Grabenschollen an vertikalen Brüchen Anlaß geben. Die Großgräben können aber auch durch seitlichen Zug entstehen, die Kruste spaltet sich auf, und das Spalteninnere sinkt grabenförmig ab. Die Rifte (vgl. Abschnitt 1.4.5.2.) in den Zentralzonen der Mittelozeanischen Rücken sind Grabenbrüche, die ihre Entstehung dem Divergieren zweier Lithosphärenplatten verdanken. Sie werden nicht wie die kontinentalen Gräben mit Sedimenten aufgefüllt, sondern sind Förderspalten basaltischer Lava. Der Baikalsee ist das eindrucksvollste Beispiel für ein kontinentales Rift. Die Tiefseegräben an den Rändern der Kontinente befinden sich über Verschluckungszonen, in die Lithosphärenmaterial eintaucht. Die Tiefe der 9–11 km tiefen „Gesenke" zeigt, daß die Absenkung nicht durch die Akkumulation von Sedimenten kompensiert werden kann.

1.4.2. Die tektonischen Deformationen

Gesteine und die aus ihnen gebildeten geologischen Körper, z.B. Schichtfolgen oder magmatische Körper, werden durch endogene Kräfte tektonisch deformiert. Die Krafteinwirkungen (s. Abbildung 16h) gliedern sich in die Vorgänge Einengung (Pressung), Ausweitung (Dehnung) und die stets vertikal wirkende Schwerkraft (Gravitation). Die tektonischen Kräfte haben ihre Ursache in horizontalen Verschiebungen und vertikalen Verstellungen von Krustenschollen und Krustenblöcken, die durch passives Absinken oder aktives Verschlucken von Gesteinsmaterial in tiefere Bereiche der Erdkruste hervorgerufen werden. Die tektonischen Deformationen sind eine Funktion der Zeit, d.h., über längere Dauer einwirkende Beanspruchungen führen zu intensiveren Deformationen als kurzzeitige Druck- und Temperatureinflüsse. Zugleich besitzt die Ausbildung der Gesteine Einfluß auf die Deformationen, d.h., der Widerstand massiger Gesteine gegenüber Krafteinwirkungen ist größer als derjenige geschichteter Gesteine.

Das Ergebnis der tektonischen Beanspruchungen sind die *tektonischen Gefüge* und *Strukturen* (s. Abbildung 15 und 16). Die tektonische Gefügebildung ist mit metamorphen Umwandlungen verbunden. Durch die „innere Deformation" entstehen die Schiefergesteine aus pelitischen Sedimenten. Dabei wird den Gesteinen ein zusätzliches Flächengefüge aufgeprägt, die Schieferung. Die tektonischen Strukturen entstehen durch Lagerungsstörungen, d.h. Abweichungen von der normalen Lagerung durch Verschiebungen, Verbiegungen (Faltung) oder Verstellungen. Es gibt Lagerungsstörungen, die durch exogene Prozesse erzeugt werden (atektonische Störungen), z.B. durch den Eisdruck von Gletschern oder durch das Fließen plastischer Salzmassen (halokinetische Bewegungen), die zur Bildung von Salzstöcken oder Salzdiapiren (Abbildung 17) führen. Man spricht dann von paratektonischen Strukturen. Tektonische Gesteinsgefüge und Strukturen gehören zusammen. Gesteinsgefügeprägung und Strukturbildung sind geomechanischen und geometrischen Gesetzen unterworfen, die die exakte Bestimmung von Ausweitungs- und Einengungsbeträgen, von Richtungen und anderen Größen gestatten. Aus der Vielfalt der Gesteine, Schichtfolgen, Falten, Klüfte, Spalten und Verwerfungen gelingt es, mit der tektonischen Analyse ein verständliches Bild des zeitlichen Ablaufs, der Art und Verteilung der tektonischen Kräfte sowie der Intensität der Deformationen zu gewinnen. Hierfür werden spezielle Arbeitsmethoden angewandt, z.B. Fels- und Gebirgsmechanik, mikroskopische Gefügeanalyse oder die Vermessung mit dem Geologenkompaß. Die Gesteinsgefüge bilden sich im mm-bis-cm-Bereich ab, die Größe der tektonischen Strukturen reicht vom m- bis zum km-Bereich.

Bei der Kartierung der Gefüge und Strukturen wird deren räumliche Lage statistisch erfaßt. Es gibt flächige Gefügeelemente (Schicht-, Schiefer-, Kluft- und Störungsflächen) und lineare Gefügeelemente (Schnittkanten von Flächen, Faltenachsen, Streifungen). Die Raumlage dieser Elemente wird durch ihr *Streichen* und *Fallen* bestimmt (Abbildung 14). Das Fallen ist der zwischen Schicht- (oder Kluft-)fläche und Horizontalebene gebildete Winkel (= Fallwinkel) und die auf die Nordrichtung bezogene Richtung (= Fallrichtung) der stärksten Neigung der Schicht- (oder Kluft-)flächen. Das Streichen (= Streichrichtung) ist die rechtwinklig zur Fallrichtung liegende, auf Nord bezogene horizontale Richtung einer geneigten ebenen Fläche oder einer Linearen. Die Angabe der Streichrichtung (s. Abbildung 14) erfolgt in Grad (N über E nach S: 0–90–180°) oder nach Hauptrichtungen, die nach der Längsrichtung von Oberrheintalgraben, Harz, Erzgebirge und Eggegebirge benannt sind: meridional (NS), rheinisch (10–20°), erzgebirgisch (40–50°), äquatorial (90°), herzynisch (100–120°) und eggisch (160–170°).

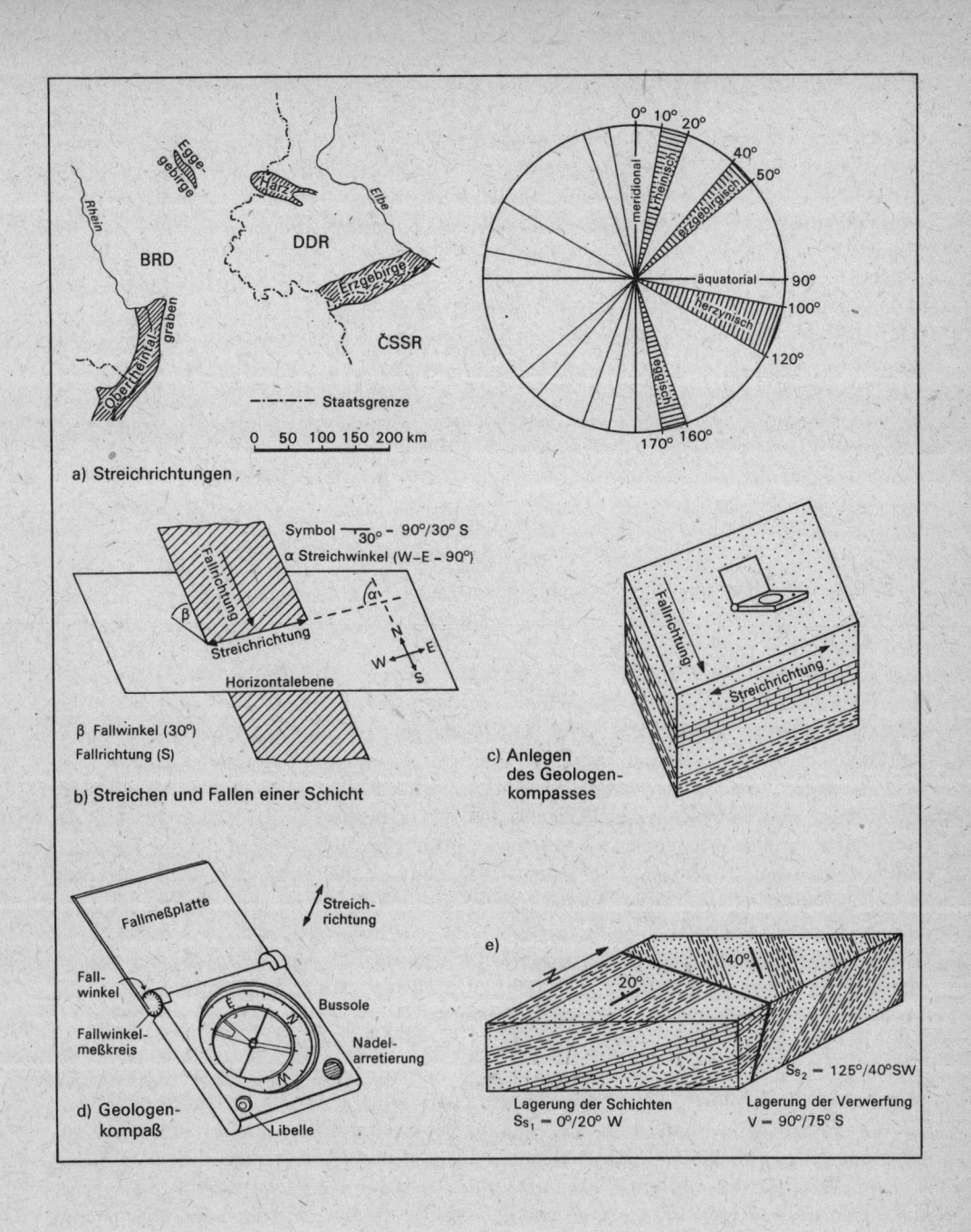

Abbildung 14
Streichen und Fallen tektonischer Flächen

1.4.3. Die Grundformen der tektonischen Strukturen

Es gibt *bruchlose Verformungen* und *Bruchdeformationen*. Bruchlose Verformungen sind Verkrümmungen von Schichtflächen zu Falten. Die Bruchdeformationen sind Klüfte und Verschiebungsflächen. Auf die Deformationsarten Zug, Druck, Scherung folgen Brüche. Biegung und Scherung erzeugen Falten. Spröde Gesteine verhalten sich wie plastisches Material, wenn sie den Deformationen länger ausgesetzt werden. Neubildungen von Glimmer und anderer Minerale erfolgen in Richtung senkrecht zur stärksten Beanspruchung und führen zur Ausbildung der Schieferung und von Schieferflächen.

Die tektonischen Strukturen gliedern sich in Bruch- und Biegungserscheinungen (Abbildungen 15 und 16):
I. Brucherscheinungen
  1. Klüfte – keine Lageänderung der Kluftflächen,
  2. Spalten – mit trennender Bewegung der Spaltflächen,
  3. Verschiebungen – mit gleitender Bewegung der Verschiebungsflächen.
II. Biegungserscheinungen
  1. Beulen – Wölbung ohne seitliche Verkürzung,
  2. Falten – Faltung mit seitlicher Verkürzung,
  3. Flexuren – s-förmige Verbiegung bei vertikaler Verschiebung.

1.4.3.1. Klüfte, Spalten und Verschiebungen

Brüche, d. h. Klüfte, Spalten und Verschiebungen, prägen das tektonische Formenbild in allen Felsaufschlüssen, unabhängig davon, ob magmatische oder sedimentäre Gesteine aufgeschlossen sind. Die anscheinend regellosen Fugen sind trotz ihrer unterschiedlichen Ausbildung meist die Folge definierter Spannungen, deren Richtungen sich rekonstruieren lassen, hat man die zusammengehörigen Flächen einer Generation erkannt. Brüche unterschiedlichen Alters verschiedener Genese können sich überlagern. Die meisten Brüche entstehen durch tektonische Spannungen (Abbildung 15h). Andere Brüche entstehen bei Einbrüchen von Hohlräumen oder bei Massenverlagerungen an Talhängen oder Felswänden als Folge gravitativer Prozesse.

Die Schrumpfung bei Entwässerung von Sedimenten bei der Diagenese oder bei der Abkühlung von magmatischen Schmelzen führt zu *Kontraktionsbrüchen*. Risse und Fugen, die bei der Frostsprengung durch gefrierendes Wasser entstehen, können im Gestein vorhandenen Rissen folgen.

Klüfte oder Fugen bilden meist senkrecht zueinander stehende Paare. In Hinblick auf die erzeugenden Kräfte unterscheidet man *Längs-, Quer-* und *Diagonalklüfte*. Längs- und Querklüfte bedingen die quaderförmige Absonderung der Gesteinsbänke, die Voraussetzung zur Gewinnung von Werksteinen (Pflastersteine, Bordsteine u. a.). Die Spalten, die oft klaffende Bewegungsflächen sind, sind im Gegensatz zu den Klüften oft mineralisiert (Mineralgänge, z. B. Flußspat-, Kalkspat-, Schwerspat- und Quarzgänge). Sie können auch Gesteinsmaterial aufnehmen (Gesteinsgänge, z. B. Zufuhrspalten magmatischer Schmelzen wie Porphyr- oder Basaltgänge). Die Spalten sind nicht paarweise entwickelt. Sie verlaufen richtungskonstant und schneiden ältere Kluftsysteme winklig. Die Spaltenfüllungen sind parallel und senkrecht zu den Begrenzungsflächen (= Salbänder) geklüftet.

Die Flanken der Verschiebungen/Verwerfungen bewegen sich gleitend aneinander vorbei. Je nach der Verschiebungsrichtung spricht man von *Auf-, Ab-, Horizontal-* oder *Diagonalverschiebungen* (Abbildung 15a, b). Der Bewegungssinn ist nach der Ausbildung der Verschie-

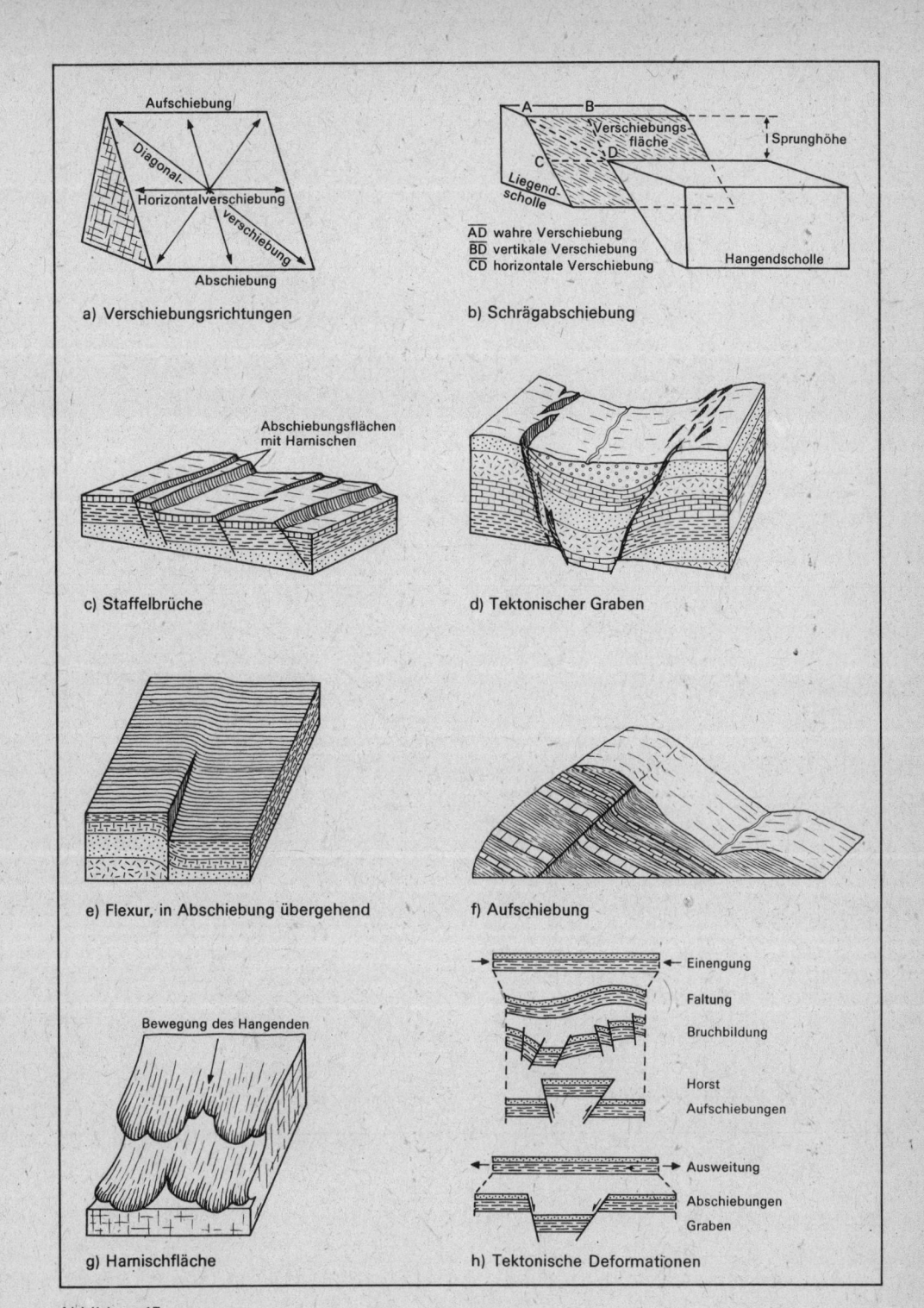

Abbildung 15
Tektonische Verschiebungen/Verwerfungen

a) Faltengeometrie

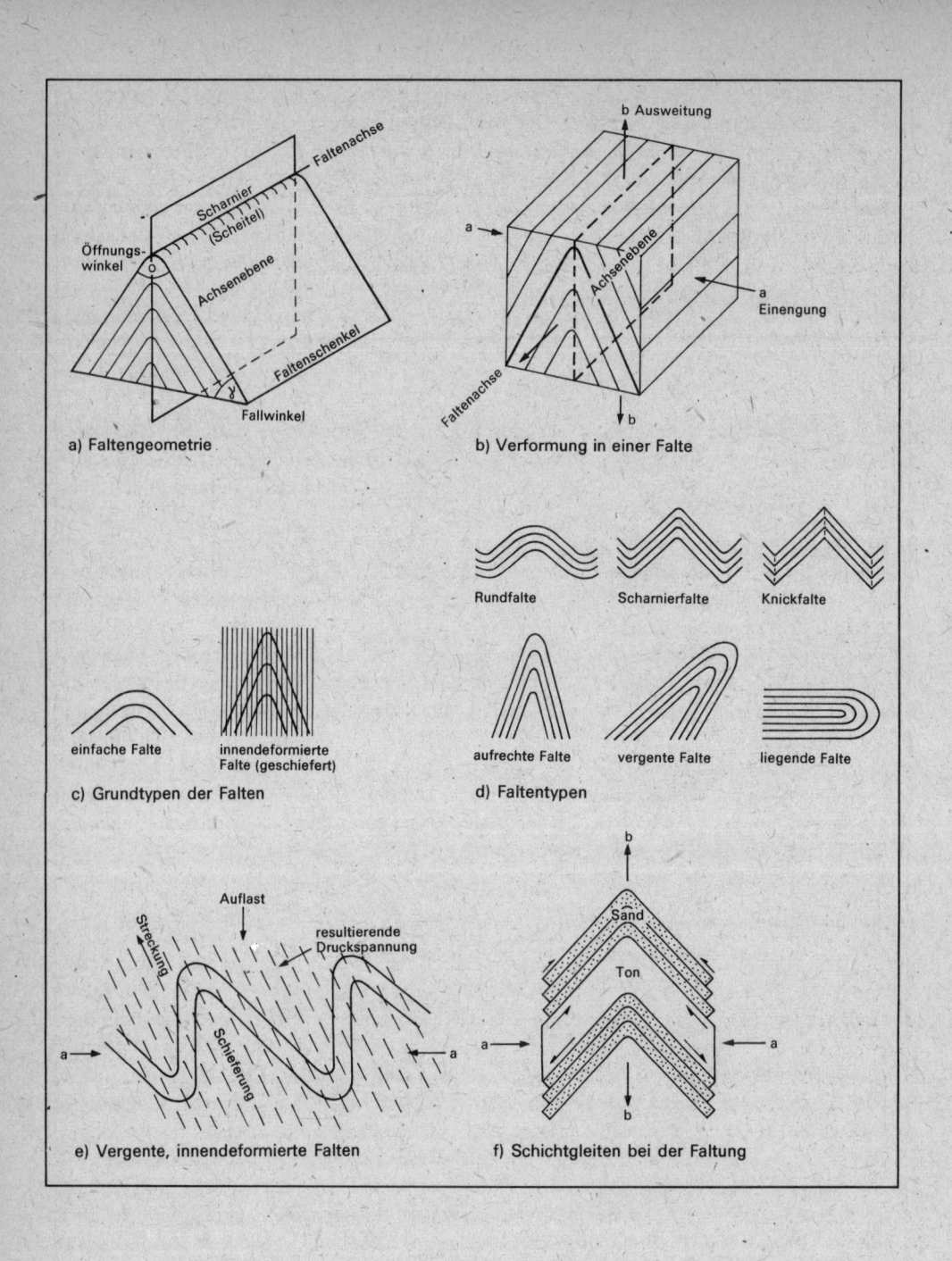

Öffnungswinkel, Scharnier (Scheitel), Faltenachse, Achsenebene, Faltenschenkel, Fallwinkel

b) Verformung in einer Falte

b Ausweitung, Achsenebene, Einengung, Faltenachse

c) Grundtypen der Falten

einfache Falte, innendeformierte Falte (geschiefert)

d) Faltentypen

Rundfalte, Scharnierfalte, Knickfalte

aufrechte Falte, vergente Falte, liegende Falte

e) Vergente, innendeformierte Falten

Streckung, Auflast, resultierende Druckspannung, Schieferung

f) Schichtgleiten bei der Faltung

Sand, Ton

Abbildung 16
Bildung der Falten

bungsflächen oder an Verbiegungen (= Schleppung) in Richtung der Bewegungen zu erkennen. Oft werden die Verschiebungen von Scherklüften begleitet (Fiederklüfte), die einen spitzen Winkel mit der Verschiebungsfläche bilden und ebenfalls zur Analyse der Bewegungsrichtung herangezogen werden können.

Abschiebungen sind Ausweitungsstrukturen. Sie sind u. a. für die Ränder von Gräben charakteristisch. An den Abschiebungen ist jeweils eine Scholle abgesunken. Sie heißen deshalb auch Sprung. Die parallele Folge gleichgerichteter Abschiebungen nennt man *Staffelbruch*. Meist stehen die Abschiebungen saiger (Einfallen = 90°), sie können auch steil einfallen (89–50°). Der Versatz für die Abschiebung der hangenden Fläche ist vertikal (normaler Sprung) oder diagonal (Schrägabschiebung), dargestellt in Abbildung 15 b. Die durch die Abschiebungen bedingte Ausweitung wird durch Einengung in benachbarten Bereichen kompensiert.

Aufschiebungen sind Einengungsstrukturen. Sie werden durch eine seitliche Verkürzung der Kruste hervorgerufen. Die zur Verschiebungsfläche hangende Scholle ist entweder vertikal (normale Aufschiebung oder Wechsel) oder diagonal (Schrägaufschiebung) nach oben bewegt. Die Aufschiebungen fallen flach (bis 30° = Überschiebung) oder steil (bis 80° = Aufschiebung) ein.

Die Schichten der verworfenen Bereiche können gleichsinnig mit den Verschiebungen einfallen (homothetische Verwerfungen) oder widersinnig, d. h. entgegengerichtet geneigt sein (antithetische Verwerfungen).

Die *Horizontal-* oder *Seitenverschiebungen* gehören meist zu überregionalen Beanspruchungsplänen. Bei ihnen bewegen sich zwei Gesteinsschollen aneinander vorbei. Unter Berücksichtigung des Streichens dieser Schollen unterscheidet man Längsverschiebungen, Quer- oder Transversalverschiebungen und Diagonalverschiebungen. Die Verschiebungsflächen stehen saiger oder fallen steil ein. Sie werden auch als Blattverschiebungen bezeichnet. Sehr große Horizontalverschiebungen nennt man Paraphoren oder Lineamente. Sie besitzen oft Längen von mehreren 1 000 km. Die Unterscheidung von Links- und Rechtsstörungen bezieht sich auf den relativen Bewegungssinn der verschobenen Schollen.

1.4.3.2. Falten, Beulen und Flexuren

Die Falten (Abbildung 16) sind das Ergebnis seitlicher Verkürzung bei der tektonischen Kompression. Es sind stets Abfolgen von Falten – Sättel und Mulden – vorhanden. Durch die Faltung werden vor allem geschichtete Gesteine deformiert. Die Schichtfugen ermöglichen das für die Faltung notwendige Schichtgleiten bei der Verbiegung. Die gewöhnlichste Faltung ist die *Biegefaltung*. Sie tritt bei freier Bewegung der gefalteten Schichten, d. h. in Oberflächennähe auf. In größeren Teufen bilden sich unter dem Einfluß höherer, gerichteter Drücke *Scherfalten*. Sie beruhen auf plastischem Materialfließen an senkrecht zu den angreifenden Kräften entstehenden Flächen, den Schieferflächen. Bei der *Fließfaltung* fließt das Material längs der Schichtflächen, und es kommt zu einer Flächenneubildung. Fließfaltung ist als atektonischer Prozeß in den plastischen Salzen bekannt (Halokinese). Sie tritt auch bei der Formung des kristallinen Grundgebirges mit Scherfaltung kombiniert auf. Jede Falte besteht aus zwei *Schenkeln* und der Umbiegung, dem *Scharnier*. Die Schenkel fallen entweder aufeinander zu (Mulde = Synklinale) oder weisen voneinander weg (Sattel = Antiklinale). Sie schneiden sich in einer Geraden, der Faltenachse, um die die Schenkel bei der Faltung rotieren. Die Umbiegungsfläche eines Sattels heißt Scheitel (Abbildung 16 a).

Die Falten zeigen häufig Abweichungen von der *aufrechten*, symmetrischen Falte (Abbildung 16 f). Die *geneigten* oder *vergenten* Falten entstehen bei einseitig gerichtetem Druck. Die

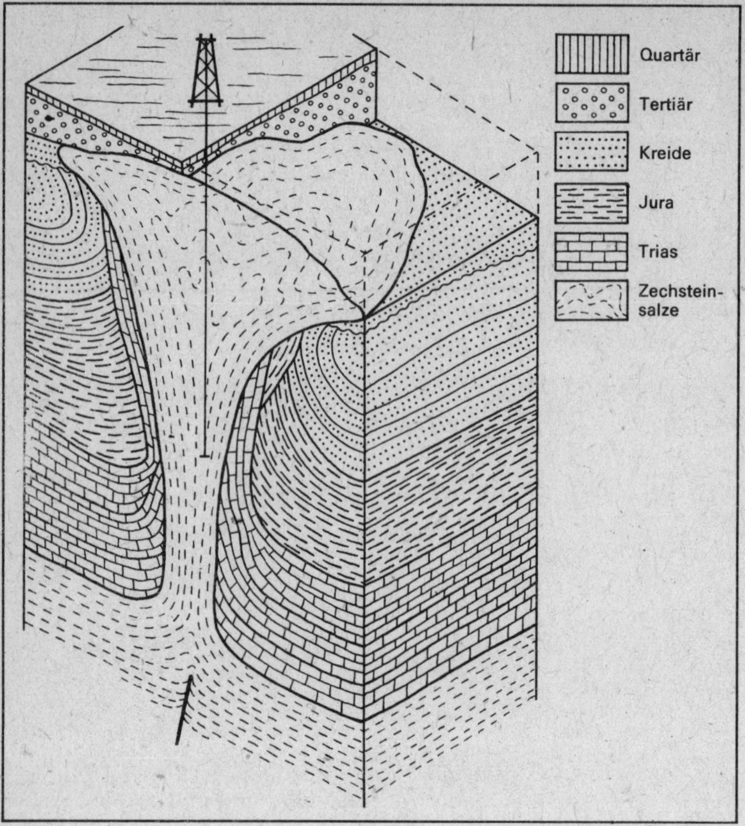

Abbildung 17
Blockbild eines
Salzdiapirs
(nach Atlas der
Geologie 1968)

Quartär
Tertiär
Kreide
Jura
Trias
Zechsteinsalze

Lage der Falten bestimmt man mit Hilfe der Symmetrieebene = Achsenebene der Falten. Liegt die Achsenebene horizontal, spricht man von einer *liegenden* Falte. In den geneigten Falten ist jeweils ein Schenkel überkippt, d. h., im liegenden Schenkel ist die Abfolge der Schichten invers. Vom gefalteten Material sind die Faltenformen – Rund-, Scharnier- und Knickfalten – abhängig. Bei starren, gleichartig ausgebildeten Schichten entstehen die konzentrischen Rundfalten mit konstanten Schichtmächtigkeiten (Abbildung 16d). Bei Einschaltung plastischer Lagen erfolgen in diesen Schichten Ausgleichsbewegungen, und es entstehen die kongruenten Falten, die durch einen gleichen Krümmungsradius, aber unterschiedliche Mächtigkeiten einer Schicht gekennzeichnet sind. Scherfaltung mit Schieferung tritt nur in den kongruenten Falten auf. Die Schieferflächen verlaufen annähernd parallel zur Achsenebene der Falten (Abbildung 16c). Da bei der Ausbildung der Scherfaltung die Schichten mit unterschiedlichen Winkeln geschnitten werden, ist die Schieferung als Parallelschieferung (Schichtung parallel zur Schieferung) oder als Transversalschieferung (Schichtung mehr oder weniger senkrecht zur Schieferung) ausgebildet. Die Schieferflächen sind oft so engständig, daß die ursprüngliche Schichtung verlorengeht. Solche Gesteine finden als Dachschiefer Verwendung.

Die Faltengröße (Amplitude, Wellenlänge) ist von der ursprünglichen Schichtdicke abhängig. Sie bestimmt den Krümmungsradius. Die absoluten Faltengrößen liegen in mm-bis-km-

Bereich. Oft überlagern sich die Falten verschiedener Größenordnung. Die elementaren Falten bilden parallele, sich örtlich verzopfende Faltenstränge, die in Luftbildern arider Gebiete den Eindruck erstarrter Meereswellen hinterlassen. Die Faltenstränge sind entweder gerade, gestreckt oder verbogen. Sie laufen in Scharungen zusammen und trennen sich in Virgationen. Stimmt die Richtung der Einzelfalten nicht mit der Richtung des Gebirgsstranges überein, spricht man von Staffelung.

Die Vielfalt der Faltenformen findet sich in den *Faltengebirgen.* In dem an pelitischen Gesteinen reichen Variszischen Gebirge Mitteleuropas dominiert die Scherfaltung, daher die Bezeichnung „Schiefergebirge". Im Baustil der an massigen Kalksteinen reichen alpinen Gebirge überwiegt die Biegefaltung. Die Scherbewegungen drücken sich hier in weiten Überschiebungen und in tektonischen Decken aus. Faltungs-, Überschiebungs- und Deckentektonik ist für die Orogene spezifisch, und sie erhielt den Namen *alpinotype* Tektonik. Die Kombination von Pressungs- und Zerrungsstrukturen wird als *germanotype* Tektonik bezeichnet. Sie ist für das Tafelstockwerk charakteristisch (vgl. Abschnitt 1.5.4.).

Beulen sind Aufwölbungen oder Einbiegungen der Kruste, zu deren Bildung keine seitliche Einengung erforderlich ist. Ihr Krümmungsradius ist groß und ihre flächige Ausdehnung oft gewaltig. Beulenförmige Aufwölbungen haben großen Anteil am Aufbau der tieferen Kruste, wo sie sich über den empordrängenden Schmelzen im kristallinen Grundgebirge bilden und als Gneis- und Granulitgewölbe vorliegen (z. B. Gneiskuppeln des Erzgebirges, Granulitgebirge).

Andere weitspannige beulenartige Strukturen sind die auf epirogene Bewegungen zurückzuführenden Tafelstrukturen, die Anteklisen und Syneklisen. Mit ihnen sind keine gefügeändernden Prozesse verbunden (vgl. Abschnitt 1.4.4.1. – Kratone).

Im saxonischen Bruchschollenfeld bilden sich Beulen über dem halokinetisch aufsteigenden Salz. Veranlaßt durch sein geringes spezifisches Gewicht gegenüber den überlagernden Sedimenten und durch Druck, steigt das Salz in Schwächezonen des Deckgebirges – oft diapirartig – auf (Abbildung 17). Nach der Subrosion entstehen weitspannige Senken. Auch bei diesen atektonischen Formen fehlen die Gefügeänderungen der Gesteine.

Die *Flexuren* (Abbildung 15e) sind ebenfalls das Ergebnis vertikaler Krustenverstellungen. Sie entstehen durch Schleppung an den Grenzen sich verstellender Schollen. Die s-förmigen Schichtverbiegungen erfolgen ohne größere Brüche, doch können die Flexuren in Abschiebungen übergehen. Im Schnitt ergibt sich oft das Bild einer einschenkeligen Falte, daher stammt der Name Monoklinale.

1.4.3.3. Decken

Für den orogenen Gebirgsbau besitzen Verschiebungen großer Gesteinskomplexe an flachen Gleitflächen eine außerordentliche Bedeutung. Sie sind im Flyschstadium (vgl. Abschnitt 1.5.3.) häufig anzutreffen. Der Bewegungsimpuls für die oft 100–200 km weiten Verschiebungen mehrere Kilometer mächtiger Deckenschollen liegt sowohl in endogen verursachten Abscherungen und Überschiebungen im Gefolge der tektonischen Kompression als auch in der Schwerkraft. Zum Wesen einer tektonischen oder gravitativen Decke gehört, daß sich die verschobenen Gesteinskomplexe wurzellos über einer fremden, oft jüngeren Unterlage befinden. Die Deckenbewegungen stehen mit der Verlagerung der „Faltungswelle" in den Tektogenen von innen nach außen in Verbindung. Die Deckenverschiebungen sind deshalb auf die Vorländer der Orogene gerichtet. Ein Teil der Deckenbewegungen ist stets passive Gleitung unter dem Einfluß gravitativer Kräfte.

1.4.4. Die geotektonischen Strukturen

Unabhängig von ihrer gegenwärtigen morphologischen Ausbildung und ihrem geologischen Alter lassen sich alle Bereiche der Erdoberfläche bestimmten geotektonischen Strukturen zuordnen. Es gibt kontinentale und ozeanische geotektonische Strukturen, die sich in Hinblick auf den Aufbau und die Mächtigkeit der Lithosphäre grundsätzlich unterscheiden (vgl. Abschnitt 1.2.).

1.4.4.1. Kontinentale Strukturen

Die kontinentalen geotektonischen Strukturen gliedern sich in die *orogenen Strukturen* und die *Tafelstrukturen*. Die orogenen Strukturen treten heute meist in Rumpfgebirgen (ältere Strukturen) oder in Hochgebirgen (jüngere Strukturen) auf. Die Tafeln tragen Flachländer oder Hochebenen, sie entwickelten sich aus den Orogenen.

Die Orogene
Die Orogene sind Teile der kontinentalen Erdkruste, die einer komplizierten Entwicklung ihre Entstehung verdanken, welche das Geosynklinal-, das Tektogen- und das Morphogenstadium umfaßt (vgl. Abschnitt 1.3.3.). Die Folge dieser Stadien wird auch als *orogener Zyklus*, der gesamte Prozeß als *Orogenese* bezeichnet. In diesem Sinn ist das Orogen eine deutlich abzugrenzende Krusteneinheit mit einem einheitlichen Bauplan. Typisch für die Form der Orogene ist, daß sie, wie an den Kettengebirgen erkennbar, stets länger als breit sind. Ihre tektonischen Strukturen – Falten, Überschiebungen, Decken – entstehen durch seitliche Einengung quer zur Längserstreckung. Im Idealfall besteht das Orogen aus zwei durch eine zentrale Scheitelung getrennten Stämmen, deren Strukturen nach außen gegen die Vorländer

Orogenzonen		Beispielsgebiete in Mitteleuropa
Allgemeines Orogen	Variszisches Orogen	
Interniden (Zwischengebirge)	Moldanubische Zone	Böhmische Masse, Schwarzwald, Vogesen
Metamorphiden	Saxothuringische Zone	Erzgebirge, Lausitz, Sudeten, Odenwald, Pfälzer Wald
Molasseinnensenken	Saar-Saale-Trog	Saaletrog, Saargebiet
Externiden	Rhenoherzynische Zone	Rheinisches Schiefergebirge, Harz
Molassevorsenke	Subvariszische Saumsenke	Ruhrgebiet, Oberschlesien
Vorland	Osteuropäische Tafel	Untergrund der nordöstlichen Norddeutsch-Polnischen Senke

Tabelle 12
Die räumliche Zuordnung der orogenen Zonen zum Variszischen Orogen (vgl. auch Abbildung 18 b)

gerichtet sind, d. h., die Bewegungen zielen in diese Richtung (Vergenzen). Die *Innenzone des Orogens* (Abbildung 18 a) liegt meist als starres Zwischengebirge vor, das auch als Narbenzone gedeutet wird, d. h., hier geriet Krustenmaterial in einen Abstrom (Verschluckungszone), der zu enormer Krustenverdickung (50–80 km, vgl. Abschnitt 1.2.) führte. An diese *Interniden* schließen sich beidseitig die Zentraliden, Metamorphiden und Externiden nach außen an. Die *Zentraliden* sind aus dem Zwischengebirge abgespaltene metamorphe Schubmassen (Decken). Die intensiv gefalteten *Metamorphiden* werden von zumeist syn- und postkinematischen Magmen (vgl. Abschnitt 1.3.3.) durchsetzt. Die gefalteten und geschieferten Gesteine der *Externiden* bilden die Außenzonen des Orogens. Sie werden teilweise bis auf die orogenen Vorsenken deckenförmig überschoben. In den *Vorsenken* sammelt sich im Morphogenstadium der Abtragungsschutt (Molasse) der zu Hochgebirgen sich heraushebenden Orogene. Deshalb werden die Vorsenken auch als Molassevorsenken bezeichnet. Kleinere, im Innern des Orogens angesiedelte Molassesenken heißen *Innensenken*. Die Vorländer eines zweiseitigen Orogens befinden sich im Kratonstadium eines älteren orogenen Zyklus. Im Falle eines einseitigen Orogens spricht man von Vor- und Rückland, wobei auch hier die tektonischen Bewegungen auf das Vorland gerichtet sind (vgl. auch Tabelle 12).

Die Geosynklinalen
Die Orogene haben ihren Ursprung in den Geosynklinalen (Abbildung 18). Es sind langgestreckte, vom Meer bedeckte Senkungszonen, die durch Schwellen gegliedert sind. Das rasch wechselnde Relief, das nur in den Schwellen zeitweilig über den Meeresspiegel reicht, ruft eine fazielle Differenzierung der sedimentären Ablagerungen hervor (vgl. Abschnitt 1.5.3.). Der Bauplan und die Entwicklung der Geosynklinalen werden durch die zeitliche und räumliche Gliederung in eu- und miogeosynklinale Zonen und Stadien gekennzeichnet.

Die *eugeosynklinalen Zonen* sind die inneren Bereiche der Geosynklinalen mit vorwiegend pelagischer Fazies und deutlichem basischen, submarinem Vulkanismus. Die *miogeosynklinalen Zonen* liegen in den äußeren, vorlandnäheren Bereichen der Geosynklinalen mit überwiegend neritischer Fazies und untergeordnetem initialen Vulkanismus.

Die *orogenen Zwischengebirge* bilden bereits die zentralen Achsen der Geosynklinalen. Das ältere kristalline Fundament der Interniden sowie weiterer geantiklinaler Schwellen liefern, wie die kratonischen Vorländer, die in den geosynklinalen Sedimenten aufgearbeiteten Abtragungsprodukte. Sie finden sich besonders in den im Miogeosynklinalstadium abgelagerten Grauwacken, d. h. in der sog. Flyschfazies. Kalkige Sedimente bilden sich vorzugsweise auf und an untermeerischen Schwellen. Die Grenzbereiche zwischen Trögen und Schwellen sind bevorzugte Förderzonen für die initialen Laven (Diabase).

Die Entwicklung einer Geosynklinale geht von innen nach außen vor sich, nachweisbar am Wandern der Sedimentationströge und der Faltung in diese Richtung. Dieser Bewegungssinn stimmt mit der Vergenz der tektonischen Bewegungen im Tektogenstadium überein. Man bezeichnet die eugeosynklinalen Zonen als innere und die miogeosynklinalen Zonen als die äußeren Zonen der Geosynklinalen (Abbildung 18a, b). Beide Zonen werden durch Geantiklinalen getrennt. Entsprechend dem Bau der Geosynklinalen gibt es auch ein- und zweiseitige Orogene. Ferner ist zwischen intrakontinentalen Geosynklinalen (beide Vorländer sind kontinentale Kratone) und randkontinentalen Geosynklinalen (das Rückland ist eine ozeanische Tafel) zu unterscheiden. Für den ersten Fall gilt der Ural, für den zweiten Fall gelten die Anden/Kordilleren als Beispiel.

Zeitlich gesehen reicht das *geosynklinale Stadium* von der Anlage der Geosynklinale bis zur Hauptfaltung. Das *Tektogenstadium* umfaßt die Hauptfaltung. Das *Morphogenstadium* schließt sich – oft nach einer größeren Zeitlücke – an die Hauptfaltung an.

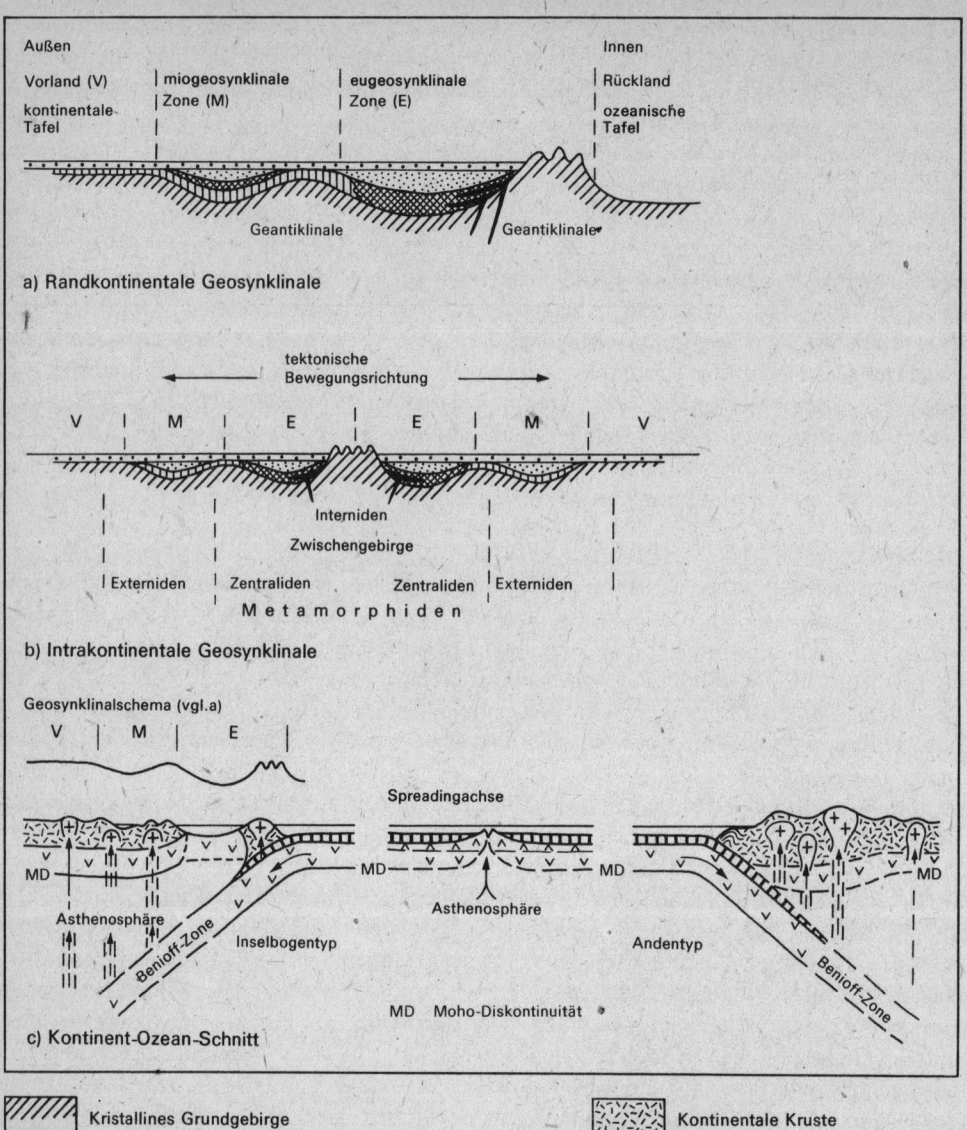

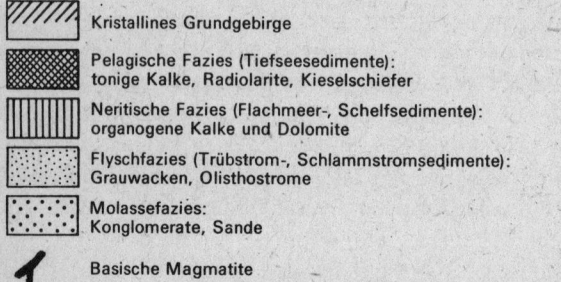

a) Randkontinentale Geosynklinale

b) Intrakontinentale Geosynklinale

c) Kontinent-Ozean-Schnitt

MD Moho-Diskontinuität

- Kristallines Grundgebirge
- Pelagische Fazies (Tiefseesedimente): tonige Kalke, Radiolarite, Kieselschiefer
- Neritische Fazies (Flachmeer-, Schelfsedimente): organogene Kalke und Dolomite
- Flyschfazies (Trübstrom-, Schlammstromsedimente): Grauwacken, Olisthostrome
- Molassefazies: Konglomerate, Sande
- Basische Magmatite
- Kontinentale Kruste
- Ozeanische Kruste: Sedimente
- Saure Magmatite (intrusiv)
- Ozeanische Kruste: Basalte
- Untere Lithosphäre: basische Magmatite

Abbildung 18
Schematische Schnitte durch Geosynklinalen
(nach BAUMANN und TISCHENDORF 1976)

Die mitteleuropäische Variszische Geosynklinale läßt sich den orogenen Zonen wie folgt zuordnen (vgl. Abbildung 18 b, linke Hälfte):

Eugeosynklinale Tröge	Saxothuringische Zone	Thüringer Schiefergebirge, Vogtland
Miogeosynklinale Tröge	Rhenoherzynische Zone	Rheinisches Schiefergebirge, Harz
Geantiklinale Schwellen	Fichtelgebirgs-Erzgebirgs-Zone	Erzgebirge,
	Mitteldeutsche Kristallinzone	Kyffhäuser, Ruhlaer Sattel

Die Orogen- und Geosynklinaldarstellungen werden von den Vertretern der Plattentektonik, vgl. Abschnitt 1.4.5.2., kritisiert. Sie bringen die Gebirgsbildungsvorgänge mit den plattentektonischen Prozessen in Verbindung (Abbildung 19c).

Die Kratone oder Tafeln

Die *Kratone* oder *Tafeln* sind orogen konsolidierte kontinentale Krustenteile mit vorwiegend rundlichen Konturen und gewaltiger Ausdehnung. Sie bestehen aus dem *Tafelfundament* und dem darüberliegenden *Tafeldeckgebirge*, das auch als Plattform bezeichnet wird. Das Tafelfundament ist der orogen verfestigte Unterbau aus metamorphen, magmatischen u. a. Gesteinen, die älteren Orogenen angehören. In den Schilden tritt das Tafelfundament an die Oberfläche (z. B. Baltischer Schild, Ukrainischer Schild). Sie sind seit ihrer präkambrischen Konsolidierung Abtragungsgebiete. Sie bilden die Kerne der Kontinente (z. B. Ureuropa). Das Tafeldeckgebirge baut sich aus mächtigen, kaum tektonisch beanspruchten sedimentären Folgen auf. An Bereichen stärkerer tektonischer Aktivität – Tiefenbrüche – tritt basischer Vulkanismus auf. Diese Plateaubasalte (z. B. Ostsibirische Tafel, Dekanplateau/Indien) nehmen riesige Areale ein.

Es gibt Alte Tafeln und Junge Tafeln. Die *Alten Tafeln* besitzen ein proterozoisches bis riphäisches Tafelfundament und ein Tafeldeckgebirge (Plattform) aus Sedimenten des Riphäikums bis zur Gegenwart (z. B. Osteuropäische Tafel). Die *Jungen Tafeln* besitzen ein variszisches Tafelfundament und ein Tafeldeckgebirge aus Sedimenten des Oberperms bis zur Gegenwart. Die Westeuropäische Tafel ist eine Junge Tafel. Ihr Fundament tritt in den Mittelgebirgen (z. B. Harz) zutage, und das Tafeldeckgebirge ist in weitspannigen Mulden (Senken) verbreitet (z. B. Thüringer Becken, Norddeutsch-Polnische Senke, Pariser Becken).

Das Tafeldeckgebirge der Alten Tafeln besitzt eine Anzahl besonderer tektonischer Strukturen:

Anteklisen – weitspannige Aufwölbungen, deren Kerne vom Tafelfundament gebildet werden, z. B. Anteklise von Woronesh.

Syneklisen – weitspannige Senkungsgebiete mit terrestrischen bis flachmarinen Sedimenten, z. B. Moskauer Syneklise.

Lineamente, Tiefenbrüche – präkambrisch angelegte Störungszonen, die im Verlauf der Erdgeschichte immer wieder reaktiviert werden, z. B. Elblineament.

Aulakogene (griechisch Aulax = Furche) – im Tafelfundament angelegte, langgestreckte Furchen mit Grabencharakter und mächtiger Sedimentfüllung. An den Randstörungen Aufstieg basischer Schmelzen, z. B. Dnepr-Donez-Aulakogen.

Tafelrandsenken – Senkungsfelder im Grenzbereich von Orogen und Tafel. Größte Absenkungen in Richtung auf das Orogen mit extrem mächtigen Sedimenten (ca. 12 km), z. B. Kaspisenke.

1.4.4.2. Die ozeanischen Strukturen

Die ozeanischen Strukturen gliedern sich in die Strukturen im Grenzbereich von Kontinent und Ozean und die eigentlichen ozeanischen Strukturen. Charakterisiert wird die ozeanische

Lithosphäre durch die geringmächtige Erdkruste (max. 10 km) und die erdoberflächennahe Position der Moho-Diskontinuität bzw. des Erdmantels (vgl. Abschnitt 1.2.).

Strukturen im Grenzbereich von Kontinent und Ozean
Im Grenzbereich von Kontinent und Ozean liegen der Festlandsschelf, die Tiefseegesenke und Inselbögen. Nach dem Krustenaufbau gehört dieser Bereich noch zu den Kontinenten; deren Flächenanteile betragen: kontinentale Festländer 29%, Kontinentalhang 10% und Schelf 5%. Demnach stehen 44% kontinentaler Erdkruste 56% ozeanischer Kruste gegenüber.

Der *Festlandsschelf* umgibt die Küsten der Kontinente 15 km bis mehrere 100 km breit. Das Schelfplateau taucht bis auf etwa 200 m Meerestiefe unter. Es gibt Erosions- und Aufschüttungsschelfe, d. h., manche Schelfküsten besitzen Hebungs- und andere Senkungstendenz. Festlandsschelfe boten verschiedentlich Raum für geosynklinale Entwicklungen.

Der *Kontinentalhang* im Grenzbereich zwischen dem Schelf und der Tiefsee liegt zwischen 200 und 2500 m Wassertiefe, die Hangneigung beträgt bis zu 10°, in der Regel aber 3–5°. Im Horizontalschnitt beträgt seine Breite etwa 100 km. Submarine Cañons, tiefe Quertäler, geben den Kontinentalhängen eine an subaerische Verhältnisse erinnernde Morphologie. Sie sind die Folge der Erosion durch sog. Trübeströme, d. h. turbulent fließende Strömungen mit sehr hohem Trübeanteil.

Inselbögen und *Tiefseegesenke* begleiten häufig die Ozeanränder (s. Abbildung 19a). Die bogenförmige Anordnung der Inselgirlanden steht im Zusammenhang mit der Bogenform der kontinentwärtigen Gebirgsketten. Ozeanwärts folgen die oft mehr als 100 km breiten Tiefseegesenke mit einem Breiten-Höhen-Verhältnis von max. 10:1. Sie sind im Gegensatz zu den Inselbögen frei von Vulkanismus. An der Außenseite der Inselbögen (s. Abbildung 19a) liegt eine Zone oberflächennaher Erdbebenherde. Gegen die Kontinente tauchen die Bebenherde immer tiefer, d. h. bis auf Herdtiefen von 600–700 km ab. Die Bebenherde liegen auf einer 35–50° landeinwärts geneigten Ebene, der Benioffzone. An dieser Zone wird die Subduktion, d. h. eine Unterschiebung der ozeanischen unter die kontinentale Lithosphäre angenommen (s. Abschnitt 1.4.5.). Die zum Kontinentalschelf gehörenden Flachmeere über den Subduktionszonen, z. B. Ochotskisches, Japanisches, Chinesisches Meer, werden durch die Ablagerung terrigener Sedimente gekennzeichnet. Der sie unterlagernde Krustenabschnitt wird als Akkretionskeil (= Anlagerungskeil) bezeichnet. Die hier auftretenden Magmatite gehören zur kontinentalen Lithosphäre.

Die ozeanischen Strukturen
Der Untergrund der küstenfernen Ozeanböden besteht aus basaltischer ozeanischer Kruste. Gesteine mit saurer Zusammensetzung kommen erst in den Inselbögen vor, oder sie finden sich in Verbindung mit isolierten kleinen kontinentalen Bruchstücken im Untergrund der Ozeane, den Mikrokontinenten oder Terranes. Über den Basalten liegen die Tiefseesedimente: der weißlich-braune Globigerinenschlamm (in 2–5 km Wassertiefe), der weißlichgelbliche Diatomeenschlamm (in 3–5 km), der rotbraune Radiolarienschlamm (in 5,3 km Durchschnittswassertiefe) und der Rote Tiefseeton (in 5,4 km), in dem die organische Substanz weitgehend oxydiert ist. Die Kontinentalhänge werden vom Blauschlick bedeckt (reduzierendes Milieu).

Die *Tiefseetafeln* bestehen aus den Tiefsee-Ebenen und dem Tiefsee-Hügelbereich. Die Oberflächenformen entstanden durch vulkanische Ergüsse, tektonische Verstellungen und submarine Erosionen. Die zahlreichen vulkanischen Kegel sind abgestumpft. Die eingeebneten Plateaus tragen kreidezeitliche und tertiäre Flachmeersedimente wie auch Korallenriffe, die auf 1 bis 1,5 km tiefes Absinken der Vulkankegel oder Guyots schließen lassen.

a) Ozeanische tektonische Strukturen und Erdbebenherde

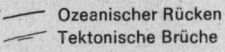

— Ozeanischer Rücken
|| Tektonische Brüche
▬ Tiefseegesenke
··· Erdbebenherde

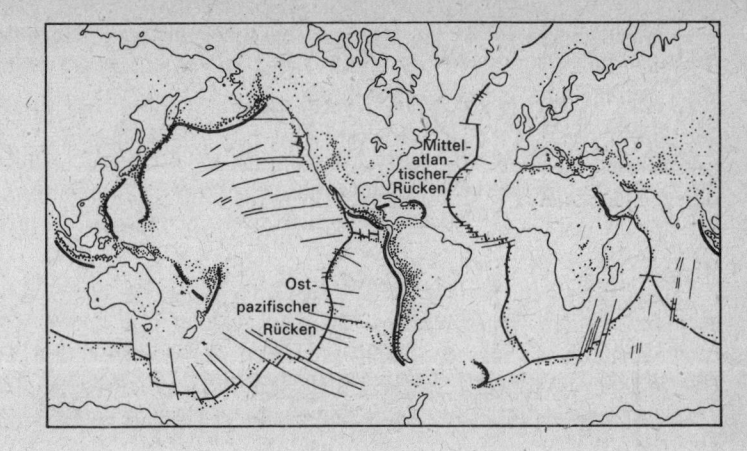

Mittelatlantischer Rücken
Ostpazifischer Rücken

b) Lithosphärenplatten

— Riftzone
--- Subduktionszone
← Bewegungsrichtung der Platten

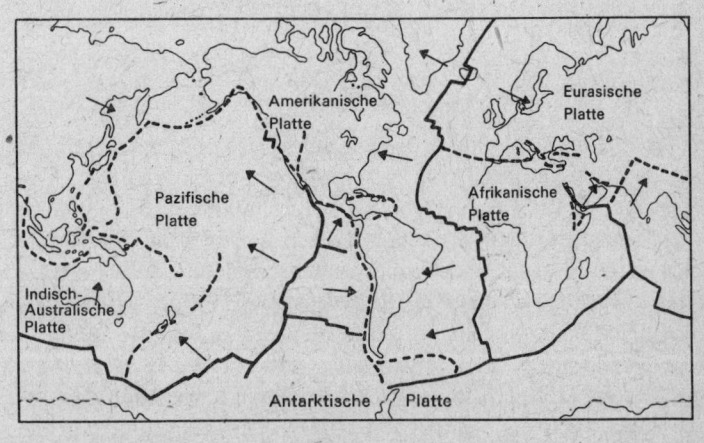

Amerikanische Platte
Eurasische Platte
Pazifische Platte
Afrikanische Platte
Indisch-Australische Platte
Antarktische Platte

c) Alter von Ozeanböden
(Auswahl für Quartär, Tertiär und Kreide)

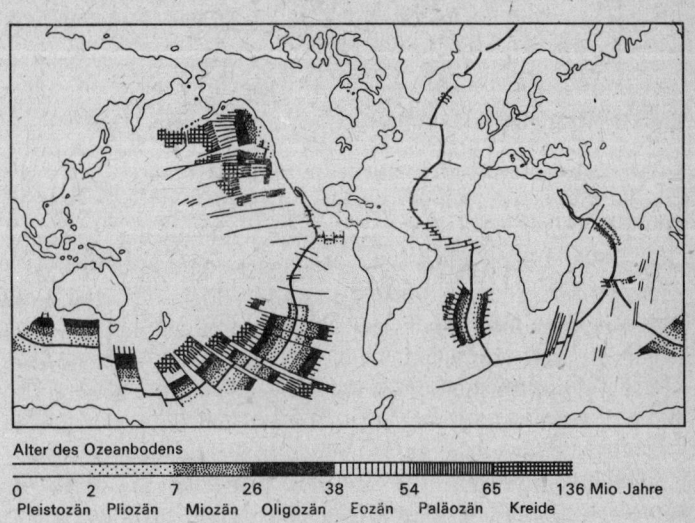

Alter des Ozeanbodens

0	2	7	26	38	54	65	136 Mio Jahre
Pleistozän	Pliozän	Miozän	Oligozän	Eozän	Paläozän	Kreide	

Abbildung 19
Geotektonische Erdkarten (nach BEISER und KRAUSKOPF 1975)

Die *ozeanischen Rücken* sind langgestreckte, gebirgsartige Hochgebiete. Der Mittelatlantische Rücken ist 20 000 km lang und hebt sich 2–4 km über den 4 000–5 000 m tiefen Meeresboden seiner Ränder heraus (Abbildung 19a). Der Kamm des Rückens ist 100 km breit. Er wird durch einen bis 40 km breiten und 3 km tiefen zentralen Scheitelgraben, das *Rift*, in zwei parallele Kämme geteilt. Der gesamte Rücken baut sich aus Basalt auf. Das Rift (Abbildung 20) ist der Scheitelbruch eines Gewölbes, der zur Förderspalte der basischen Schmelze wurde. Teils bilden die Rücken mittelozeanische Schwellen, teils liegen sie exzentrisch (ostpazifischer Rücken).

Die Ozeanböden werden durch Verschiebungen verstellt (Abbildung 19c). Es sind meist Horizontalverschiebungen mit Verschiebungsbeträgen von hunderten Kilometern. Besonders ausgeprägte ozeanische Lineamente durchziehen in NS-Richtung den Indischen Ozean. Die ozeanischen Rücken werden durch Transformbrüche senkrecht zu ihrer Längsachse versetzt.

1.4.5. Die Plattentektonik

1.4.5.1. Die geotektonischen Hypothesen

Es gibt zahlreiche, auf sehr unterschiedlichen Voraussetzungen beruhende geotektonische Hypothesen. Eine Gruppe geht von der unveränderlichen Verteilung der Kontinente und Ozeane aus (fixistische Hypothesen), während eine andere die stetige Veränderung der Position von Kontinenten und Ozeanen zur Grundlage hat (mobilistische Hypothesen). Den Kontraktionshypothesen liegt eine schrumpfende Erdoberfläche zugrunde, den Expansionshypothesen ein wachsender Erdradius. Gegenwärtig wird die Hypothese der Plattentektonik diskutiert. Von ihr gehen ungewöhnlich starke Impulse auf alle geologischen Wissenschaften aus, weil sie wie keine andere Hypothese in der Lage ist, die unterschiedlichsten Prozesse und Erscheinungen aus mobilistischer Sicht zu erklären. Mit ihrer Hilfe läßt sich die Gestaltung des meso- und känozoischen Erdbildes sehr gut deuten, es bestehen aber für die Erklärung des geotektonischen Geschehens in den paläozoischen und älteren Perioden gegenwärtig noch erhebliche Schwierigkeiten.

1.4.5.2. Die plattentektonische Hypothese

Die 1967/68 formulierte plattentektonische Hypothese geht von geophysikalischen Beobachtungen aus, die im heutigen geotektonischen Geschehen ihre Ursache haben. Sie erklärt die geotektonischen Strukturen nach einem einheitlichen Konzept. Die Lithosphäre baut sich aus 6–9 starren *Großplatten* auf, die als lose aneinandergefügte Kalotten die Asthenosphäre überlagern (Abbildung 19b). In dem fließfähigen Material der Asthenosphäre werden Wärmebewegungen, sog. Konvektionsströme vermutet, die als Ursache für die tektonischen Bewegungen der Lithosphärenplatten gelten. Die Konvektionsströmungen bilden weitspannige Konvektionszellen mit auf- und absteigenden sowie horizontal gerichteten Strömen, die in der Lage sind, Lithosphärenmaterial entsprechend zu transportieren. Dabei werden die Platten passiv, teils gleitend, teils rotierend, gegeneinander verschoben. Die tektonischen Deformationen konzentrieren sich auf die Plattengrenzen, die bei aufsteigender Konvektion als Riftzonen, bei absteigender Konvektion als Subduktionszonen oder als Horizontalverschiebungen ausgebildet sind.

Als direkte Folge der aufsteigenden Konvektionsströmungen in den Riftzonen treten dort gewaltige submarine vulkanische Spaltenausbrüche auf, die zur Neubildung von ozeanischer

Abbildung 20
Ozeanspreading und Plattentektonik (nach BEISER und KRAUSKOPF 1975)

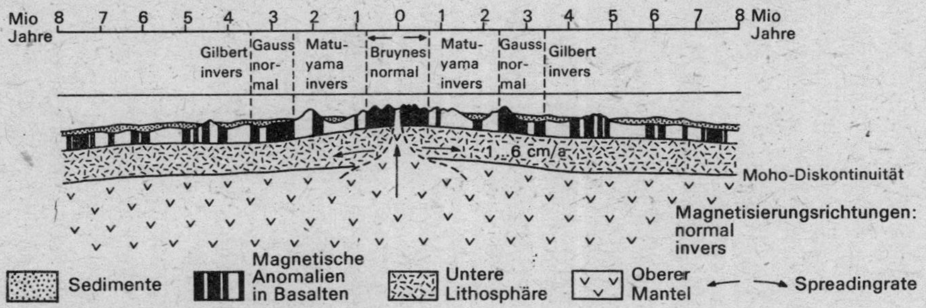

a) Schnitt durch einen ozeanischen Rücken

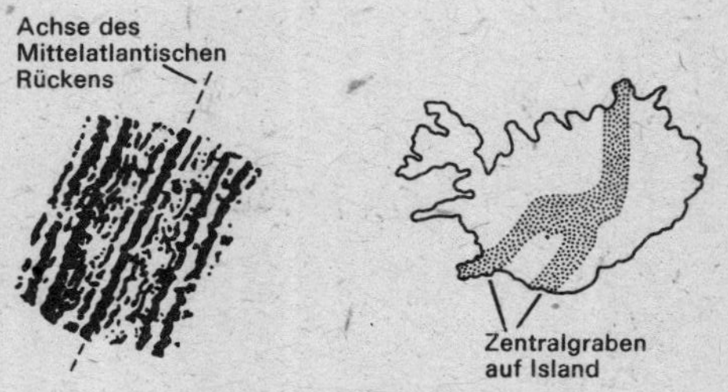

b) Magnetische Anomalien südwestlich Island (Reykyanes-Rücken)

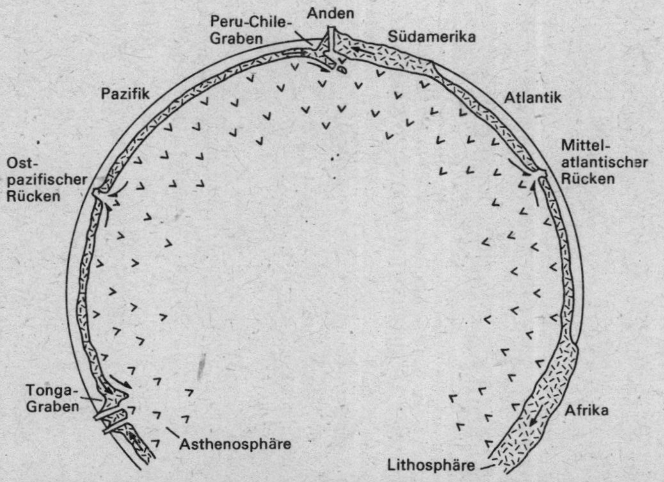

c) Breitenkreisparalleler Schnitt durch die Erde bei ca. 20° südl. Breite

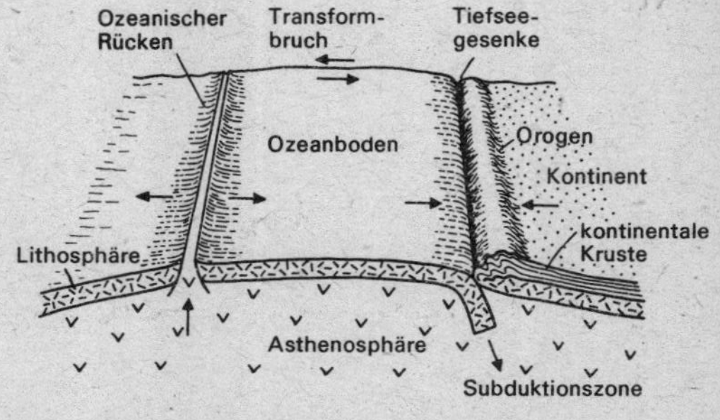

d) Schema der Plattenbewegungen

Kruste zu beiden Seiten der Spalten führen. Die Spalten erneuern sich ständig durch eine durch Wölbung verursachte Dehnung. Den Vorgang der Aufspaltung bezeichnet man als „sea floor spreading" (Abbildung 20), den Betrag, um den die Grabenflanken sich jährlich voneinander trennen, als Spreadingrate. Der quantitative Nachweis für die Aufspaltung des Meeresbodens wurde geomagnetisch geführt, die Beträge für die Spreadingrate liegen zwischen 1 und 6 cm pro Jahr.

Die Ergebnisse der geomagnetischen Untersuchungen beruhen auf folgenden Erkenntnissen: Bei der Erstarrung der Laven orientieren sich die magnetischen Minerale (z. B. Magnetit Fe_3O_4) nach dem jeweils herrschenden Magnetfeld. Dieses magnetische Erdfeld kehrt in mehr oder weniger regelmäßigen Abständen seine Vorzeichen um. Da diese Vorzeichenwechsel erdweit gleichzeitig auftreten, gelang es, eine geomagnetische Zeitskala aufzustellen, der die Epochen mit vorherrschend normaler bzw. inverser Magnetisierung zugrunde liegen (Abbildung 20a). Die geomagnetischen Kartierungen der Ozeanböden ergaben flächenhafte Abweichungen vom normalen magnetischen Feldverlauf, sog. Anomalien. Diese Anomalien bilden streifenförmige Muster (Abbildung 19c) mit den Riftzonen als Symmetrieachsen. Die Ursachen für die Anomalienstreifen liegen in Umkehrungen des magnetischen Feldes.

Beim Spreading wandern die magnetisierten Laven von den Riftzonen nach außen. Normal magnetisierte Anomalien folgen auf inverse Anomalien und umgekehrt. Sie lassen sich bis etwa 170 Mio Jahre zurückverfolgen (Abbildung 19c). Es wird angenommen, daß die Gesteine der heutigen Ozeanböden in den letzten 170 Mio Jahren entstanden. Die Ozeane werden als intrakontinentale Meere verstanden, die durch immer fortschreitende Erweiterung aus kontinentalen Bruchzonen hervorgingen. Man kann 6 Stadien unterscheiden:

1. embryonales Stadium   – Ostafrikanisches Grabensystem
2. junges Stadium   – Rotes-Meer-Stadium
3. reifes Stadium   – Atlantik-Stadium
4. absinkendes Stadium   – Pazifik-Stadium
5. geschlossenes Stadium – Mittelmeer-Stadium
6. vollständige Schließung – Narben-Stadium, z. B. Ural.

Die Stadien 1–3 unterliegen dem Spreading (Öffnung). Bei den Stadien 4–6 spricht man vom Closing (Schließen). Die beim Spreading entstehende ozeanische Kruste wird in den Subduktionszonen wieder vernichtet, d.h., beim Absinken der Platten in den Subduktionszonen geht Lithosphäre verloren. Sie wird aufgeschmolzen und steigt in Form intrusiver und effusiver Magmen in die kontinentale Lithosphäre wieder auf (Abbildungen 18c, 20c und 20d).

Die *Subduktionszonen* sind Kollisionszonen zwischen Platten und stehen als solche in Verbindung mit der Geosynklinalentwicklung und der Orogenbildung. Man kennt die A-Subduktion der ozeanischen Lithosphäre unter eine gegen sie vorrückende kontinentale Platte, z. B. der nach W sich bewegende südamerikanische Kontinent, und die B-Subduktion der ozeanischen Lithosphäre unter eine stationäre kontinentale Platte, z. B. die Asiatische Platte mit ihren kontinentalen Randmeeren. Es können so folgende Orogentypen unterschieden werden (s. Abbildung 18c): Orogene der Kontinentalränder (Andentyp), Orogene der Inselbögen (Japantyp), intrakontinentale Orogene (Himalajatyp, Uraltyp) und Orogene zwischen Kontinent und Inselbogen (Neuguineatyp). Grenzen die Lithosphärenplatten an Horizontalverschiebungen miteinander, so gleiten sie aneinander vorbei, ohne daß Lithosphäre entsteht oder vernichtet wird. Die San-Andreas-Störung (Kalifornien), an der sich die pazifische und die amerikanische Platte aneinander vorbeibewegen, stellt dabei eine Ausnahme dar, denn in der Regel treten diese Störungen nur im ozeanischen Bereich auf (Abbildung 19b).

Durch die plattentektonischen Prozesse wurde vor 225 Mio Jahren die universelle *Pangaea* in die Superkontinente *Laurasia* im Norden und *Gondwana* im Süden aufgespalten. Das Spreading im Bereich der heutigen Rifte rief die Trennung der Kontinente hervor und führte zum gegenwärtigen Erdbild, das aber nur als ein vorübergehender Zustand anzusehen ist. So wie sich Nordamerika und Europa durch die Bildung des Nordatlantiks, Südamerika und Afrika durch die Bildung des Südatlantiks trennten sowie Australien und Indien sich von Antarktika lösten, wird Arabien sich von Afrika entfernen und das Rote Meer zum Ozean aufreißen. So wurden die zentralasiatischen Hochgebirge vor dem nach Norden wandernden Subkontinent Indien aufgetürmt. Die Alpen entstanden im Scharnier zwischen dem von Ost nach West rotierenden Afrika und dem sich in der Gegenrichtung bewegenden Europa.

1.4.6. Die Erdbeben – rezente Krustenbewegungen

Die Ursachen der meisten *Erdbeben* liegen in den endogenen Kräften. Folgen der Erdbeben sind Verschiebungen, Senkungen, Bodenrisse, Bergstürze, Rutschungen u. a. Die *Seebeben* lösen verheerende Flutwellen, die Tsunamis, aus. Die Erdbeben ereignen sich meist ohne spürbare Ankündigung, eine wirksame Erdbebenvorhersage ist bisher nur in Ausnahmefällen gelungen.

Erd- und Seebeben sind natürliche Erderschütterungen, die von einem in der Tiefe gelegenen Herd ausgehen und sich durch Wellen ausbreiten. Die *tektonischen Beben* entstehen, wenn durch endogene Ereignisse wie Vulkanismus, Krustenverschiebungen, Energien frei werden. Erdbebenartige Erscheinungen sind die Folge von Meteoriteneinfällen oder von unter- bzw. oberirdischen (Kern-)Explosionen. *Einsturzbeben* werden durch den Einbruch unterirdischer Hohlräume, z.B. Karsthöhlen, hervorgerufen. Ist menschliches Wirken auslösender Faktor, so spricht man von *„man-made"-Erdbeben*. Massenverlagerungen, wie sie bei der Anlage großer Stauseen entstehen, lösen erdbebenartige Erscheinungen aus. Nach der Herdtiefe gliedern sich die Beben in *Flachbeben* (bis 20 km Herdtiefe), *Normalbeben* (flacher als 70 km), *mitteltiefe* (70–300 km) und *tiefe Erdbeben* (300–750 km). Die Bezeichnungen Orts-, Nah- und Fernbeben beziehen sich auf die Herdentfernung vom Beobachtungspunkt. Nach der

Tabelle 13
Erdbebenstärken

Intensitätsskala nach MERCALLI-SIEBERG		Magnitude nach RICHTER	Energie [J]
I	unmerklich		
II	sehr leicht	$< 3,0$	$< 10^8$
III	leicht	$3,0 - 3,9$	10^8
IV	mäßig	$4,0 - 4,9$	10^{10}
V	ziemlich stark	$5,0 - 5,9$	10^{12}
VI	stark		
VII	sehr stark	$6,0 - 6,9$	10^{14}
VIII	ziemlich zerstörend		
XI	zerstörend	$7,0 - 7,9$	10^{16}
X	schwer zerstörend		
XI	vernichtend	$8,0 - 8,9$	10^{18}
XII	katastrophal	$> 9,0$	10^{20}

Physikalisches Alter (Beginn vor Mio a)	Gruppe (Ära)	System (Periode)	Abteilung, Serie (Epoche)	
2,5	Känozoikum	Quartär	Holozän	
			Pleistozän	
		Tertiär	Neogen	Pliozän
25				Miozän
			Paläogen	Oligozän
				Eozän
65				Paläozän
95	Mesozoikum	Kreide	Oberkreide	
130			Unterkreide	
150		Jura	Malm	
180			Dogger	
204			Lias	
220		Trias	Keuper	
239			Muschelkalk	
245			Buntsandstein	
250	Paläozoikum	Perm	Zechstein (Oberperm)	
290			Rotliegendes (Unterperm)	
320		Karbon	Siles (Oberkarbon)	
360			Dinant (Unterkarbon)	
375		Devon	Oberdevon	
385			Mitteldevon	
400			Unterdevon	
418		Silur		
495		Ordovizium		
530		Kambrium		
1000	Kryptozoikum	Riphäikum (Algonkium)		
2000		Proterozoikum		
2800		Archaikum		
4000		Katarchaikum		
4500	Urzeit	Azoikum		
5000	Sternenzeit			

Tabelle 14
Stratigraphische Einheiten, geotektonische Entwicklung und organische Evolution in Europa

Geotektonische Entwicklung, Gebirgsbildungsphasen in Europa	Organische Evolution	
	Faunenentwicklung	Florenentwicklung
rezente Krustenbewegung	rezente Flora und Fauna Entwicklung der Menschen erste Menschen Entfaltung der Paarhufer	Herrschaft der Angiospermen-flora
pyrenäische Phase		
Alpidische	Entfaltung der Säugetiere Entfaltung der Vögel	Braunkohlenwälder
Faltungsära subherzynische Phasen	Aussterben der Saurier Aussterben der Ammoniten	Entfaltung der Bedecktsamer
und austrische Phase	Riesensaurier	
Geosynklinal- kimmerische Phasen	erste Vögel Archaeopteryx	
entwicklung	Entfaltung der Saurier	
		Entfaltung der Nacktsamer
Entwicklung des Germanischen Beckens	erste Säugetiere	Entfaltung der Gingkogewächse
	Entfaltung der Reptilien	Aussterben der Farnsamer
		Entfaltung der Sporenpflanzen
saalische Phase	Aussterben der Trilobiten	erste Koniferen
Variszische		erste Nacktsamer
Faltungsära sudetische Phase	erste Reptilien	
		erste Moose
und bretonische Phase	erste Amphibien	erste Farnsamer
Geosynklinal-	Entfaltung der Goniatiten	erster Schachtelhalm
entwicklung	Korallen	erster Bärlapp
	Fische	erste Psilophyten
	Graptolithen	erste Gefäßpflanzen
Kaledonische	kieferlose Fische	
Faltungsära und	erste Korallen, Muscheln, Seeigel	
Geosynklinal-	erste Panzerfische	
entwicklung	erste Kopffüßer (Cephalopoden)	
	erste Schnecken	
Cadomische = Assyntische oder	erste Hohltiere, Armkiemer, Gliedertiere	
Baikalische Faltungsära		
Moldanubische Faltungsära Dalslandidische Faltungsära Gotidische Faltungsära Karelidische Faltungsära	älteste Eukaryonthen, Algen, Pilze (vor 1,2 Mia a) freier Sauerstoff biogene Kohlenwasserstoffe	
Belomoridische Faltungsära	Blaualgen, Dinoflagellaten,	
Saamidische Faltungsära	Grünalgen Eisenbakterien (vor 2,5 Mia a)	
	Beginn der Sauerstoffanreicherung in der Atmosphäre Beginn der Photosynthese (vor 3 Mia a) erste Blaualgenriffe erste biogene Kohlenwasserstoffe	
Ende des 1. orogenen Zyklus älteste Gesteine	anaerobe Bakterien (vor 3,5 Mia a) ältester organischer Kohlenstoff	
Differenzierung von Erdmantel und Erdkruste	erstes fließendes Wasser Entwicklung der reduzierenden Atmosphäre aus H_2, CH_4, NH_3	
Protoplanet Erde Gaskondensat aus Fe, Si, Mg	Eisschicht auf Erdoberfläche, Gasatmosphäre aus C, O, H, N in einfachen Verbindungen	

Stärke unterscheidet man Lokal-, Mittel-, Groß- und Weltbeben. Auf stärkere Beben folgen meist zahlreiche Nachbeben. Die Erdbebenherde untergliedern sich in den *Herd* in der Tiefe, das *Hypozentrum,* und das senkrecht darüber befindliche *Epizentrum.* Die Bebenstärken werden empirisch nach den an der Erdoberfläche auftretenden Veränderungen und Schäden erfaßt (12teilige Mercalli-Sieberg-Skala), oder man bestimmt sie aus der maximalen Beschleunigung der Bodenbewegung mit Hilfe von Seismographen, die die Erschütterungen registrieren (Seismogramme; s. Abbildung 1a). Auf dieser Grundlage wird die Magnitude als Maß für die Bebenintensität bzw. den Energieaufwand berechnet (Richter-Skala; s. Tabelle 13). Die stärksten Beben besaßen eine Magnitude von $M = 8{,}6$. Karten mit Linien gleicher Bebenstärke (Isoseisten) kennzeichnen Lage, Form und Struktur des Herdes.

Die Erdbebenwellen (Abbildung 1b, e) bestehen aus Longitudinalwellen (Verdichtungswellen = P-Wellen) und Transversalwellen (Scherungswellen = S-Wellen). Die Wellen breiten sich sowohl an der Erdoberfläche als auch im Erdinnern aus. Ihre Ankunftszeiten werden in den seismischen Stationen registriert. Diese Observatorien sind in der Lage, aus dem Verhältnis von Laufweg (Entfernung Herd−Station) und Laufzeit der Wellen das Epizentrum zu orten (Dreipunktmethode; s. Abbildung 1c, d).

Als *seismische Gebiete* werden Regionen bezeichnet, in denen Beben mit Magnituden > 5 auftreten, z. B. Plattengrenzen, Rifte, Orogene im Molassestadium. Zu den *aseismischen Gebieten* gehören die Tafeln. Hierzu zählt auch Mitteleuropa mit Ausnahme einiger weniger tektonisch aktiver Zonen, so dem Oberrheintalgraben. Auf dem Territorium der DDR gibt es nur im Vogtland unbedeutende Schwarmbeben (wenige schwache Stöße ohne Hauptbewegung), deren Ursachen unbekannt sind. Die geringen vertikalen und horizontalen rezenten Krustenbewegungen sind epirogenen Ursprungs und in der DDR nicht mit Erdbeben verbunden.

1.5. Die erdgeschichtliche Entwicklung der Erdkruste

1.5.1. Der Zeitbegriff in der Geologie

Die Gesteins- und die Strukturbildung sind erdgeschichtliche Prozesse. Dabei besteht das Problem, aus faßbaren Befunden den zeitlichen Ablauf zu bestimmen. Da gesteinsmäßige Gleichheit nicht Gleichzeitigkeit bedeuten muß, sind die Gesteinsarten als solche nicht grundsätzlich als Zeitindikatoren verwendbar. Auch der Gesteinszuwachs, die Sedimentationsrate, kann nicht als Zeitmaß gelten, da sowohl die Geschwindigkeit der Absenkung des Sedimentationsraumes als auch die Menge der Materialzufuhr stets Änderungen unterworfen sind. Im Gegensatz zu vielen geologischen Vorgängen ist die organische Evolution ein irreversibler Prozeß, der global gleichartig abläuft. Die Spanne der zeitlichen Verschiebung bei der Evolution einer Art ist in Hinblick auf die geologischen Zeiträume so gering, daß der Beginn und das Aussterben bestimmter Arten − der Leitarten oder Leitfossilien − als Zeitmarken einer *biologischen Zeitrechnung* Verwendung finden können. Enthalten also bestimmte Schichten Leitfossilien, so ist der Zeitraum der Gesteinsbildung bekannt, d. h. im Sinne einer *relativen Altersbestimmung* datierbar, da dem biologischen Zeitbegriff keine physikalische Zeiteinheit zugrunde liegt. Mit Hilfe biologischer Datierungen können nur etwa 15% der Erdgeschichte erfaßt werden. Die modernen Methoden der Radiochronologie gestatten die Angabe *absoluter Datierungen* und ermöglichen, die Erdgeschichte bis zum Zeitpunkt der Bildung der festen Erdkruste zurückzuverfolgen (s. Tabelle 14).

Tabelle 15
Methoden der
Radiochronologie

Mutter-isotop	Halbwertszeit in Jahren	Stabiles Endprodukt	Methode	Zeitspanne für Datierungen in Jahren
^{87}Rb	$5{,}0 \times 10^{10}$	^{87}Sr	Rb–Sr	10^6–10^{10}
^{238}U	$4{,}51 \times 10^9$	^{206}Pb	U –Pb	10^6–10^9
^{40}K	$1{,}27 \times 10^9$	^{40}Ar	K –Ar	10^6–10^9
^{14}C	$5{,}6 \times 10^3$	^{14}N	^{14}C	10^3–10^4

Die *Radiochronologie* beruht auf dem Vorkommen von radioaktiven Elementen und Isotopen in Mineralen und Gesteinen. Da der radioaktive Zerfall unabhängig von den äußeren Bedingungen während der gesamten Erdgeschichte mit gleicher Geschwindigkeit vor sich ging, kann man das Alter der Minerale und Gesteine unmittelbar aus dem Verhältnis der Menge der ursprünglichen Substanz und der vorhandenen Zerfallsprodukte errechnen. Die Zerfallsgeschwindigkeit der Radioisotope wird durch die Halbwertszeit ausgedrückt (s. Tabelle 15).

Die Lehre von der geologischen Zeitbestimmung ist die *Stratigraphie*. Sie ist vor allem eine Biostratigraphie, da sie die wesentlichsten Daten durch paläontologische Untersuchungen erhält (Paläontologie = Lehre von der fossilen Lebewelt). Die wertvollsten Leitfossilien sind die Tier- und Pflanzenarten mit einer kurzen Lebensdauer, d. h. von weniger als 10^6 Jahren. Da in den älteren Zeiten erhaltungsfähige Organismen fehlten, wird die Biostratigraphie erst ab Kambrium praktikabel. Die besten *Leitfossilien* gehören im Paläozoikum zu den Trilobiten, Graptolithen und Goniatiten, im Mesozoikum zu den Ammoniten und im Känozoikum zu den Säugern (Abbildung 21, 22).

Die biostratigraphischen Einheiten werden mit den Schichtfolgen korreliert (vgl. Tabelle 16).

1.5.2. Das aktualistische Prinzip

Die ursprüngliche Auffassung, daß auf Grund der Wirkung der Naturgesetze die geologische Vergangenheit nur eine abgewandelte Gegenwart sei (HOFF 1822 u. LYELL 1830), ist überwunden. Die aktualistische Methode, einen Vergleich der gegenwärtigen geologischen Prozesse mit erdgeschichtlichen Vorgängen zu führen, ist jedoch nach wie vor anwendbar. Die Verknüpfung des Entwicklungsgedankens mit dem aktualistischen Prinzip und die Anerken-

Tabelle 16
Korrelation der biostratigraphischen Einheiten mit den Schichtfolgen (je ein Beispiel für die Trias und das Quartär)

Chronologische Einheit	Stratigraphische Einheiten	Beispiel	
Ära	Gruppe	Mesozoikum	Känozoikum
Periode	System	Trias	Quartär
Epoche	Abteilung	Buntsandstein	Pleistozän
Alter	Stufe	Unterer Buntsandstein	Altpleistozän
Phase	Unterstufe	Bernburg-Folge	Saalekaltzeit
Zone	Schichten	Rogensteinzone	Basalvorstoß
Moment	Schicht	Rogensteinbank	Bänderton

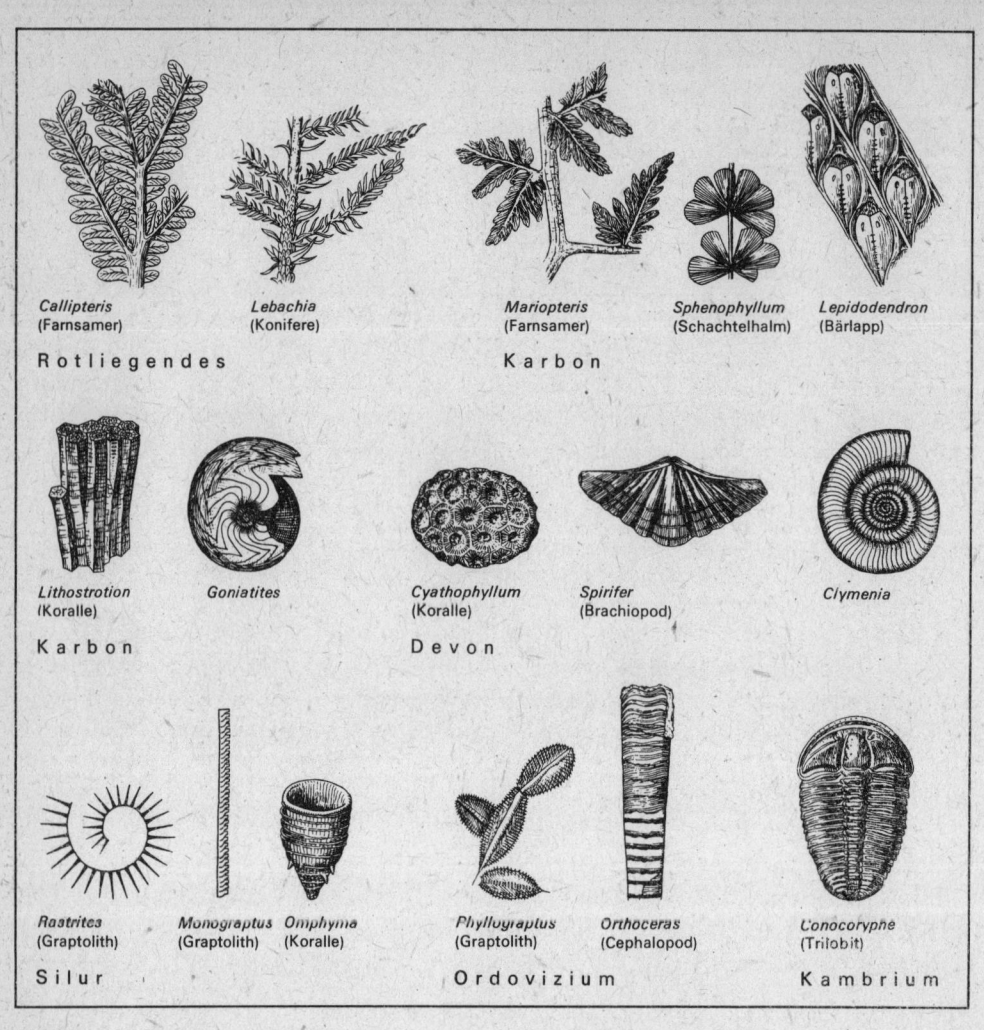

Callipteris (Farnsamer)   *Lebachia* (Konifere)   *Mariopteris* (Farnsamer)   *Sphenophyllum* (Schachtelhalm)   *Lepidodendron* (Bärlapp)

Rotliegendes   **Karbon**

Lithostrotion (Koralle)   *Goniatites*   *Cyathophyllum* (Koralle)   *Spirifer* (Brachiopod)   *Clymenia*

Karbon   **Devon**

Rastrites (Graptolith)   *Monograptus* (Graptolith)   *Omphyma* (Koralle)   *Phyllograptus* (Graptolith)   *Orthoceras* (Cephalopod)   *Conocoryphe* (Trilobit)

Silur   **Ordovizium**   **Kambrium**

Abbildung 21
Beispiele für Leitfossilien des Paläozoikums (nach BRINKMANN u. a. 1967–1974)

nung der Eigengesetzlichkeit der geologischen Systeme durch JOHANNES WALTHER (1860 bis 1937) bedeutet einen frühen Versuch dialektischer Analyse. HANS STILLE (1876–1967) stellte für die geotektonischen Prozesse den Wechsel evolutionärer und revolutionärer Phasen, die Einheit der Kontinuität (Epirogenese) und Diskontinuität (Orogenese) sowie die Irreversibilität der Krustenentwicklung heraus. SERGE V. BUBNOFF (1888–1957) wies die Zusammenhänge zwischen der Sedimentbildung und der tektonischen Strukturbildung nach.

Gleichzeitig mit der Entwicklung der Erdkruste entwickelte sich auch die Atmosphäre. Aus dem Einfluß des Zustandes der Atmosphäre auf die Hydro-, die Bio- und die Lithosphäre folgt die Existenz einer voraktualistischen Zeit. Erst in der jüngeren aktualistischen Zeit entsprach das paläogeographische Geschehen prinzipiell den noch heute wirksamen Geosystemen.

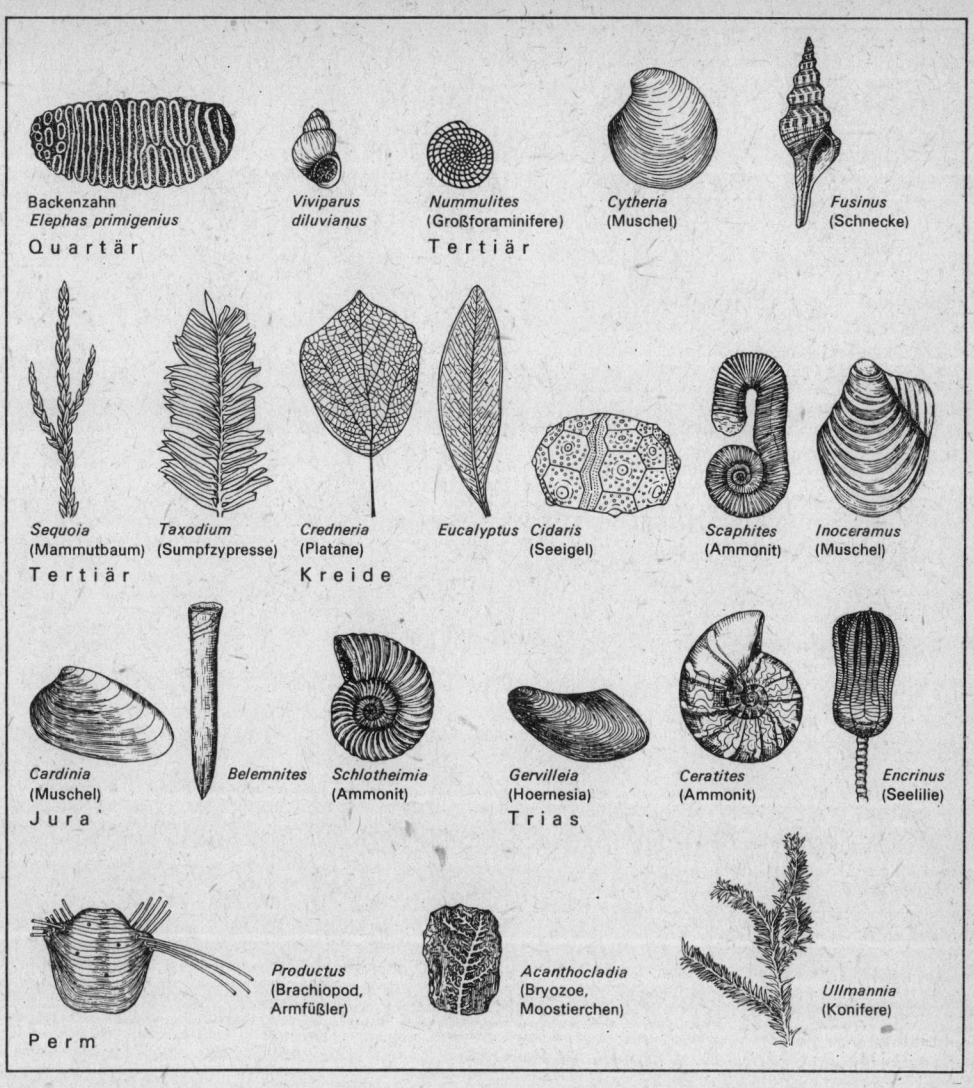

Abbildung 22
Beispiele für Leitfossilien des Meso- und Känozoikums (nach BRINKMANN u. a. 1967–1974)

1.5.3. Die Fazies

Die physisch-geographischen Verhältnisse, die zur Bildung eines Sedimentgesteins führen, bezeichnet man als die *Fazies* des Gesteins. Die Faziesregel von WALTHER besagt, daß übereinander nur solche Gesteine vorkommen können, die sich auch nebeneinander bilden könnten. Faszieszonen lassen sich in marinen Ablagerungsräumen nach Landnähe und Wassertiefe, auf dem Festland nach Transportart, Ablagerungsraum und Klimazone gliedern. Die Daten kann man aus der Zusammensetzung der Sedimente und ihrem Fossilinhalt ableiten. Im Litoral (Küstenzone) sind die größten Fazieswechsel festzustellen. Die Veränderung des

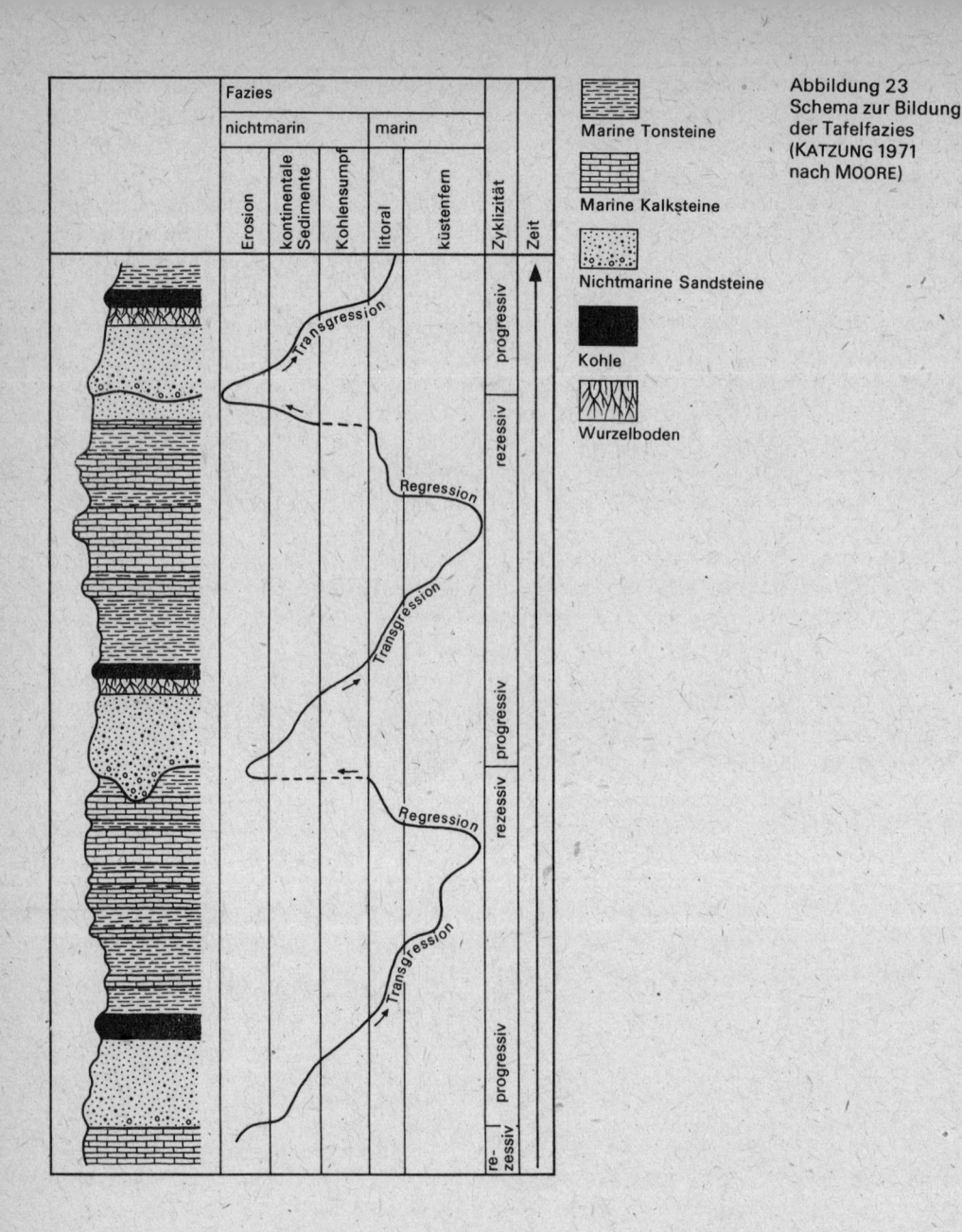

Abbildung 23
Schema zur Bildung
der Tafelfazies
(KATZUNG 1971
nach MOORE)

Marine Tonsteine

Marine Kalksteine

Nichtmarine Sandsteine

Kohle

Wurzelboden

Wasserstandes bedingt das landwärtige Wandern der litoralen Fazies (Transgression) oder ihr meerwärtiges Zurückweichen (Regression; s. Abbildung 23). Meerwärts folgt auf das Litoral die neritische Region. Sie ist auf den Schelf beschränkt. Schelfmeere vom Typ der Nordsee (intrakontinental) oder des Südchinesischen Meeres (randkontinental) spielen für die Sedimentbildung in der Erdgeschichte eine große Rolle. Typische Flachmeersedimente sind Quarzsande, Mergel und Kalke mit den Resten einer am Boden lebenden (Benthos), frei schwimmenden (Nekton) oder schwebenden (Plankton) Fauna. Korallen und andere Riffbildner leben im Übergangsbereich Litoral-Neritikum. Die neritische Fazies wird durch das

Bodenrelief (Schwellen und Becken) und durch die Zufuhr von Sinkstoffen vom Lande, z. B. durch Deltaaufschüttungen an Flußmündungen, beeinflußt. Typische Schelfsedimente entstanden im Zechstein und im Mesozoikum des Germanischen Beckens.

Die Tiefseesedimente bezeichnet man als landferne (= pelagische) oder nach der Wassertiefe als bathyale (bis 4000 m) oder abyssische (bis 5500 m) Sedimente. Ein rezentes Binnenmeer mit pelagischer Sedimentation ist das Schwarze Meer. In den Geosynklinalen werden die pelagischen Sedimente durch Kieselschiefer, Radiolarite und anorganische tonige Kalke vertreten.

Ausdruck besonderer geotektonischer Bedingungen sind die Flysch-, die Molasse- und die Tafelfazies. Die Flyschsedimente – Grauwacken und sandige Kalke – bilden sich im Miogeosynklinalstadium als Ablagerungen von senkrecht und parallel zu den Küsten fließenden Trübströmen. Daneben bilden sich Schlammströme, die sich aus den Hebungsgebieten direkt meerwärts bewegen. Aus ihnen lagern sich die sehr mächtigen, chaotisch aufgebauten und sich aus riesigen Blöcken zusammensetzenden Olisthostrome ab (sog. Wildflysch). Die *Flyschfazies* findet sich besonders in den Ablagerungen des Unterkarbons unserer Mittelgebirge.

Die *Molassefazies* entsteht im Morphogenstadium. Molassen sind terrigene grobe bis feinkörnige Klastika, in die häufig Steinkohlenflöze eingeschaltet sind. Der Nachweis, daß die Molassen der Abtragungsschutt von Hebungsgebieten sind, ist aus der Zusammensetzung der Gesteinskomponenten zu führen. Im Variszischen Orogen tritt die Molassefazies im Oberkarbon und im Rotliegenden auf. Typisch sind die kontinentalen Rotsedimente, die unter semiaridem Klima entstanden. In der kohlenführenden Fazies wasserführender Senken sind die roten Fe(III)-Oxide zu grauen Fe(II)-Oxiden reduziert, d. h., die Kohlenbegleitgesteine sind grau gefärbt.

Die *Tafelfazies* gehört zum Tafel- bzw. Kratonstadium. Die Ablagerungen – sandige Klastika, organogene Kalke, Anhydrite und Salzgesteine – sind die Bildungen kontinentaler Flachmeere. Sie sind weitflächig verbreitet, z. B. auf der Russischen Plattform.

Die einer Fazies zuzuordnende Gesteinsassoziation wird auch als *Formation* bezeichnet. Formationsgrenzen können mit stratigraphischen Grenzen zusammenfallen. Solche Übereinstimmungen zeigen sich in der Systemtabelle. So entsprechen den Abteilungen Rotliegendes, Zechstein, Buntsandstein, Muschelkalk und Keuper in Mitteleuropa bestimmte Formationen.

1.5.4. Die geotektonischen Stockwerke und Faltungsphasen

Die geotektonischen Stockwerke sind das Ergebnis der sedimentären, tektonischen und magmatischen Entwicklung eines Krustenabschnittes.

Die Stockwerksgliederung entspricht einer zeitlichen Folge (vgl. Tabelle 17 und Abbildung 24).

Die Stockwerke werden durch Diskordanzen getrennt (Abbildung 25). An *Diskordanzen* grenzen übereinanderlagernde Gesteinskomplexe winklig gegeneinander.

Erlitten ältere (= tiefere) Schichtkomplexe vor der Überlagerung durch jüngere Schichten tektonische Verstellungen, z. B. durch Faltung, so werden beide Komplexe durch eine Winkeldiskordanz voneinander getrennt. Wurden vor der Ablagerung jüngerer Gesteine die älteren erodiert, so spricht man von einer Erosionsdiskordanz. Meist sind die Diskordanzen mit Schichtlücken, die Zeitabschnitten ohne Sedimentation entsprechen, verbunden. Mit Hilfe der Winkeldiskordanzen kann man das tektonische Geschehen rekonstruieren. STILLE leitete von ihnen die Folge der tektonischen Faltungsphasen ab. Er defi-

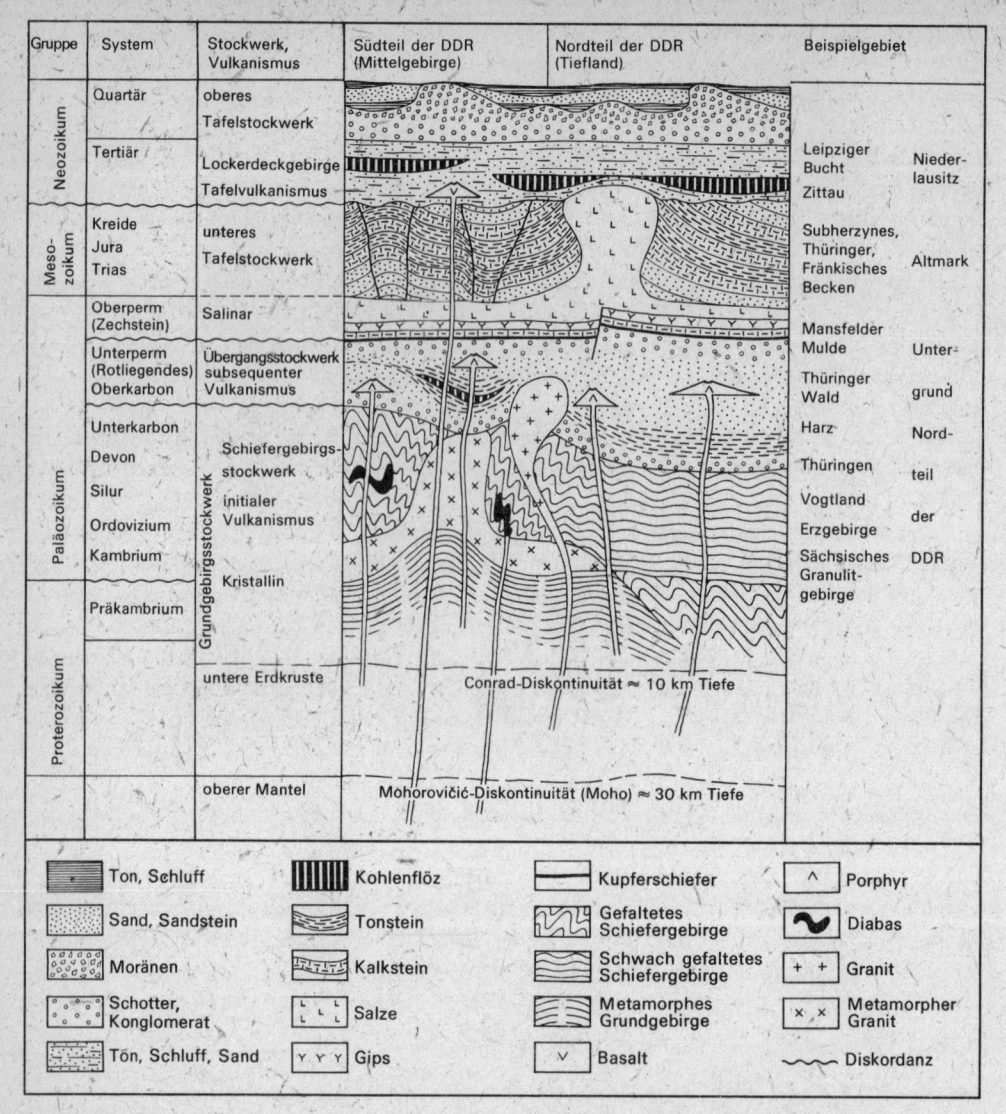

Abbildung 24
Schematischer Schnitt durch die tektonischen Stockwerke der Erdkruste im Gebiet der DDR

nierte diese Phasen als Zeiten besonders verstärkter tektonischer Aktivitäten, die längere Ruhepausen unterbrechen. In den Orogenen sind die Faltungsphasen das Ergebnis der gebirgsbildenden Prozesse. Hier können sie zur Gliederung der verschiedenen Entwicklungsetappen herangezogen werden. Für die zeitliche Einstufung besitzen die Faltungsphasen nur beschränkte Bedeutung, da sie – überregional gesehen – nicht gleichzeitig wirken.

Das Territorium der DDR bietet ein gutes Beispiel für den tektonischen Stockwerksbau, der das Ergebnis der erdgeschichtlichen Entwicklung vom Proterozoikum bis zur Gegenwart ist (Abbildung 24). Die endgültige Differenzierung von Grundgebirgs- und Geosynklinalstockwerk erfolgte durch die variszische Gebirgsbildung im Unterkarbon. Zuvor gehörten Ge-

Tabelle 17
Stockwerksgliederung
für Mitteleuropa

Systeme	Strukturstockwerk	Gesteinsstockwerke
Quartär – Tertiär	Oberes Tafelstockwerk	Lockergebirgsstockwerk
Kreide – Zechstein	Unteres Tafelstockwerk	Deckgebirgsstockwerk
Rotliegendes – Oberkarbon	Übergangsstockwerk	Molassestockwerk
Unterkarbon – Kambrium	Grundgebirgsstockwerk	Schiefergebirgsstockwerk
Präkambrium		Kristallin

steine des späteren Kristallins noch zu den geosynklinalen Ablagerungen. Sie wurden erst im Verlauf der variszischen Faltung in die regionale Metamorphose (vgl. Abschnitt 1.3.2.5.) einbezogen und in das kristalline Grundgebirge umgewandelt. Daneben existierten bereits Metamorphite älterer Orogene im tieferen Untergrund. Die höheren Teile des Geosynklinalstockwerks wurden nur gefaltet und geschiefert. Am Ende der variszischen Orogenese entstand das Übergangsstockwerk. Damit war das variszische Orogen konsolidiert und das Tafelstadium erreicht. Infolge der unterschiedlichen Verfestigung der Sedimente (Fest- und Lockergesteine) lassen sich das untere und obere Tafelstockwerk trennen. Am Ende des unteren Tafelstadiums ereigneten sich die saxonischen tektonischen Bewegungen, die sich durch eine Anzahl von Winkeldiskordanzen im Zeitraum Oberjura bis Oberkreide auch im Raum der DDR manifestierten (subherzynische Phasen). Die saxonischen tektonischen Bewegungen ereigneten sich im nördlichen Vorfeld der alpidischen Orogenese im Alpenraum.

1.5.5. Die erdgeschichtliche Entwicklung Mitteleuropas

1.5.5.1. Präkambrium

Die ältesten bekannten Gesteine Nordeuropas sind katarchaisch (3000 Mio Jahre). Es existierten bis zum Proterozoikum mindestens sieben orogene Zyklen. Die damals gebildeten Gesteine liegen heute fast ausschließlich als Metamorphite (vorwiegend Gneise und Glimmerschiefer) und Magmatite (vorwiegend Granite) vor. Diese Gesteine finden sich z. B. als Nordisches Kristallin unter den Geschieben in den eiszeitlichen Sedimenten Mitteleuropas.

Die ältesten in Mitteleuropa anstehenden Gesteine gehören zum oberen Proterozoikum und Riphäikum. Sie entstanden im moldanubischen und im assynitischen (= baikalischen) orogenen Zyklus. Moldanubische Gesteine finden sich im Kern des Sächsischen Granulitgebirges und im Ruhlaer Sattel. Riphäische Sedimente, vorwiegend Grauwacken, sind in der Nordlausitz, im Erzgebirge und im Schwarzburger Sattel verbreitet. Obwohl im Riphäikum bereits horn- und kalkschalentragende Metazoen auf der Erde lebten, fehlen bis auf Algensporen Lebensreste in den genannten Gesteinen.

1.5.5.2. Kambrium

Die DDR lag im kaledonischen Geosynklinalbereich. Sedimente sind aus dem Schwarzburger Sattel und der Lausitz bekannt, zwischen Halle und Cottbus wurden sie erbohrt. Es sind Sand- und Tonsteine bzw. Quarzite und Tonschiefer sowie Kalksteine und Dolomite. Die biostratigraphische Gliederung erfolgt mit den zu den Arthropoden gehörenden Trilobiten.

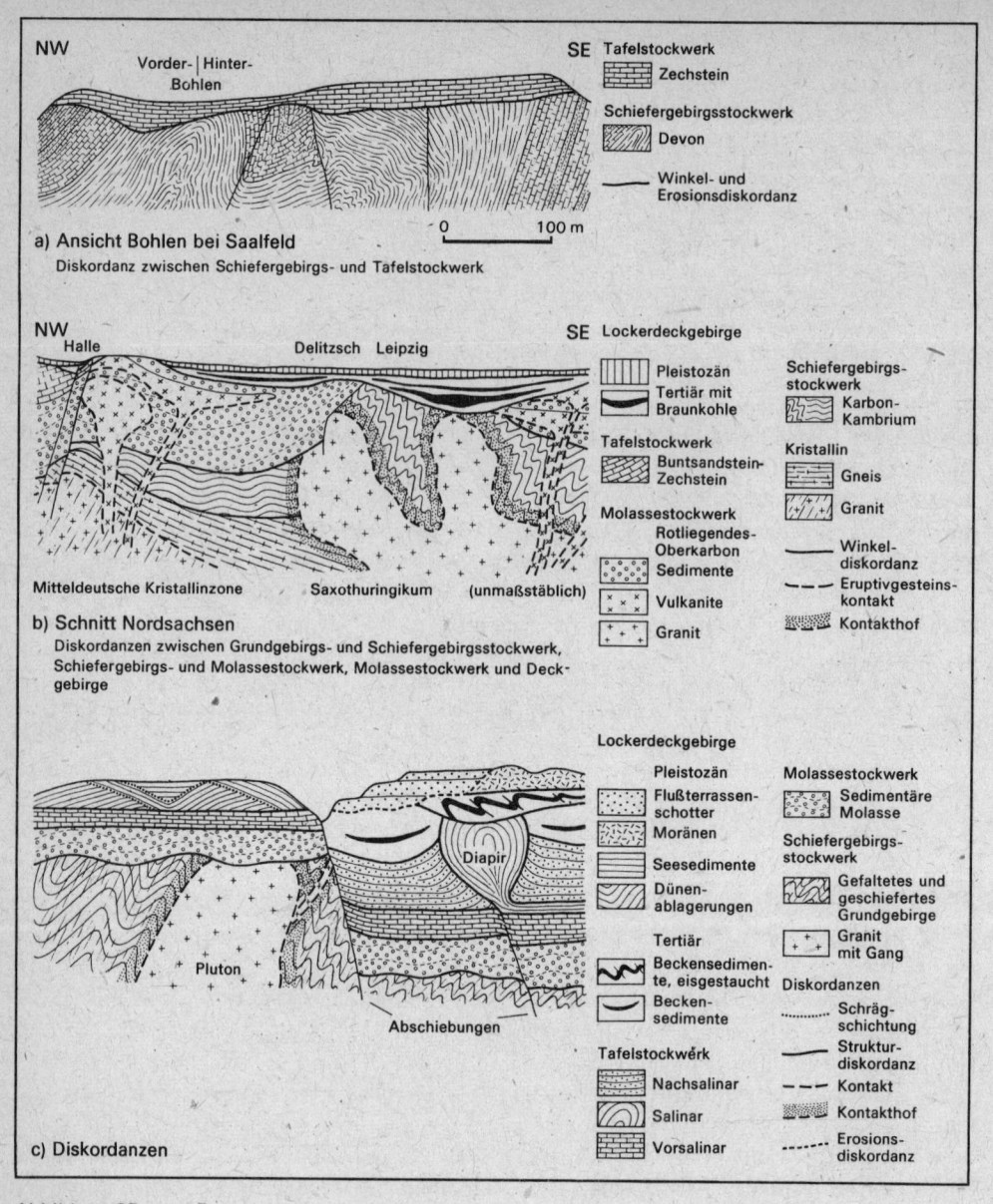

Abbildung 25
Beispiele für diskordante Lagerungsverhältnisse

1.5.5.3. Ordovizium

Klastische Sedimente in Geosynklinalfazies (Quarzite, Tonschiefer) sind in Thüringen und Sachsen (Saxothuringikum) weit verbreitet. Auch im Untergrund des Nordens der DDR (Rügen) wurde sandig-toniges Ordovizium erbohrt. Wirtschaftliche Bedeutung hatten sedimentäre Eisenerze in der Umgebung von Schmiedefeld bei Saalfeld. Die biostratigraphische Gliederung erfolgt durch Graptolithen.

1.5.5.4. Silur

Geosynklinale Sedimente finden sich als dunkle Tonschiefer, als Kieselschiefer und als Kalksteine im Thüringer Schiefergebirge und im Harz. Geringfügige kaledonische Bewegungen sind nachweisbar. Die kaledonische Hauptfaltung erfolgte in Nordwesteuropa, ein Gebirgsstrang verlief im Untergrund der Norddeutschen Senke nach Polen. Wirtschaftliche Bedeutung besitzen Uranvorkommen in den Graptolithenschiefern. Leitfossilien bleiben Graptolithen. Die silurische Lebewelt zeichnet sich durch großen Artenreichtum und hohe Besiedlungsdichte aus.

1.5.5.5. Devon

In Mitteleuropa erlebte die variszische Geosynklinalentwicklung im Devon ihren Höhepunkt. Die Geosynklinale gliederte sich in die von der Mitteldeutschen Schwelle getrennten Rheinischen und Thüringischen Tröge. Die Sedimente sind tonig-kalkig und tonig-sandig, der initiale submarine basische Vulkanismus war weit verbreitet. Wirtschaftliche Bedeutung besitzen die mächtigen Riffkalke und Schwefelkiesvorkommen von Elbingerode im Harz. Wichtige Leitfossilien sind die Goniatiten und die Brachiopoden.

1.5.5.6. Karbon

Die variszische Geosynklinale erreichte im Unterkarbon das Miogeosynklinalstadium (Abbildung 26.1.d, 26.2.d). Für die Flyschfazies sind Grauwacken und im Harz die Olisthostrome typisch. Durch die variszische Faltung wurde das Tektogenstadium mit alpinotyp gefalteten, geschieferten und metamorph umgewandelten Gesteinen in der Saxothuringischen und der Rhenoherzynischen Zone geschaffen. Synorogene Granite sind sowohl in Thüringen als auch in Sachsen vertreten. Im nördlichen Vorland bildete sich ein Schelf mit kalkigen Sedimenten.

Im Anschluß an die variszische Faltung begann die Molassesedimentation (Oberkarbon). Sie besitzt durch ihre Steinkohlenführung in der Subvariszischen Saumsenke (Ruhrgebiet) und in den Innensenken (Saargebiet, Zwickau) wirtschaftliche Bedeutung. Als Leitfossilien finden im Unterkarbon vor allem Goniatiten und Foraminiferen, im Oberkarbon die Pflanzen Verwendung.

1.5.5.7. Perm

Während das variszische Morphogen eingeebnet (Molassestadium) und das Tafelstadium mit der Anlage des vom Flachmeer bedeckten Germanischen Beckens erreicht wurde, begann südlich des sächsisch-böhmischen Landes die Entwicklung der alpidischen Geosynklinale. Im Gebiet der DDR herrschte der subsequente Vulkanismus. Er erlosch noch vor dem Einbruch des von Norden eindringenden Zechsteinmeeres. Im Germanischen Becken bildeten sich der Kupferschiefer und vier salinare Zyklen mit Riffen (Thüringen) und Anhydritwällen (Südharz, Thüringen) an den Rändern und Stein- und Kalisalzlagern im Beckeninnern. Die wirtschaftliche Bedeutung der permischen Ablagerungen ist groß: Erdgaslager (Altmark), Kupferschiefer, Gips, Anhydrit, Stein- und Kalisalze. Die Riffe werden von den Moostierchen aufgebaut (Bryozoen). Biostratigraphisch leitend sind Brachiopoden, Reptilien und Pflanzen (Farnsamer, Koniferen u. a.).

a) Eozän

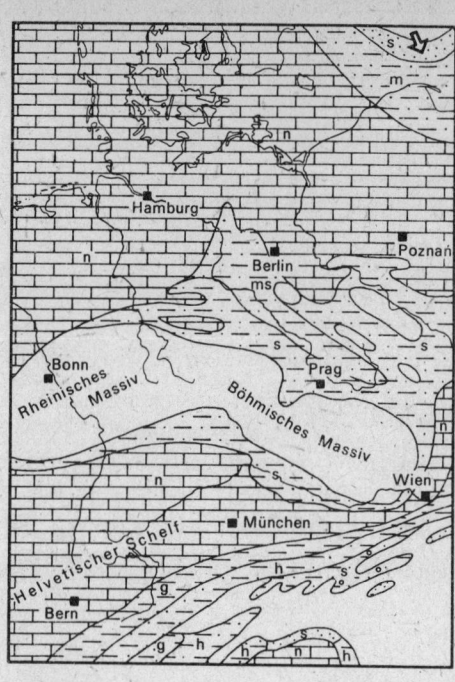

b) Kreide

c) Buntsandstein

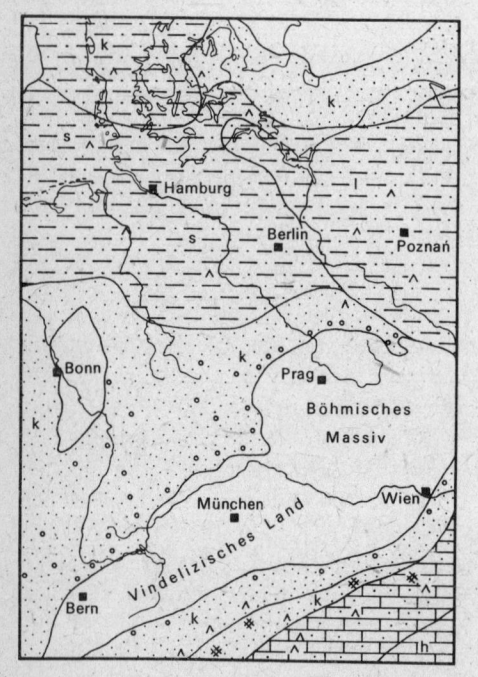

d) Unterkarbon

76

Sand, Sandstein
Ton, Tonstein
Kalk, Kalkstein
Sand (Sandstein) im Wechsel mit Kies (Konglomerat)
Sand (Sandstein) im Wechsel mit Ton (Tonstein)
Braunkohlen
Steinsalz
Gips, Anhydrit
Abtragungsgebiet – Inseln
Abtragungsgebiet – Festland
0 100 200 300 km

Marine Ablagerungen
s   Küsten- und Deltabildungen
h   Schelfsedimente, karbonatisch
l   Schelfsedimente, tonig
m   Tiefseesedimente, tonig
n   Tiefseesedimente, klastisch (Flysch)
g   Geophysikalische Ablagerungen

k   Kontinentale Ablagerungen
⊥   Überschiebungsfront des Alpen-Orogens
↗   Transportrichtung klastischer Ablagerungsmassen
↗   Richtung mariner Einströmungen (Transgressionen)

Abbildung 26.1.
Paläogeographische Karten Mitteleuropas
(nach ZIEGLER 1982)

1.5.5.8. Trias

In Südeuropa nahm die alpidische Geosynklinalentwicklung ihren Fortgang. Im Germanischen Becken wechselten die faziellen Bedingungen mehrfach. Unter warm-aridem Klima entstand der klastische Buntsandstein als Ablagerung der vom sächsisch-böhmischen Massiv und vom vindelizischen Land kommenden Flüsse (Abbildung 26.1.c, 26.2.c). Der Muschelkalk bildete sich in einem Flachmeer. Im Keuper dominierten wieder klastische Ablagerungen (Tonsteine, Mergel). Die größte wirtschaftliche Bedeutung besitzt der Muschelkalk als Zementrohstoff. Biostratigraphisch leitend sind die Ceratiten.

1.5.5.9. Jura

Die Dreiteilung des Juras in die dunklen Tongesteine des Lias, die brauneisenreichen Sandsteine des Doggers und die weißen Kalke des Malms gilt auch für das Germanische Becken. Die jurassischen Sedimente sind in der DDR im Untergrund der Norddeutschen Senke verborgen. Kleinere Vorkommen finden sich in Thüringen und im Subherzynen Becken. Der Beginn gebirgsbildender Bewegungen im Alpenraum machte sich durch Spaltenbildung und Mineralisationen von Fluß- und Schwerspat bemerkbar. Die wichtigsten Leitformen sind Ammoniten und Belemniten.

1.5.5.10. Kreide

Das Gebiet der DDR wurde in der Kreidezeit mehrfach vom Meer überflutet (Abbildung 26.1.b, 26.2.b). Am südlichen Beckenrand (Erzgebirge, Elbsandsteingebirge) und in der Umgebung des Harzes (Ohmgebirge, Subherzynes Becken) überwiegen sandige Kreideschichten. Im Beckeninnern sind die unter den tertiären Lockergebirgsschichten verborgenen Unterkreideschichten sandig-tonig und die Oberkreideschichten vorwiegend kalkig entwickelt (Schreibkreide auf Rügen). Tektonische Bewegungen im Gefolge der Alpenfaltung manifestieren sich in zahlreichen Diskordanzen (subherzyne Phasen). Die nicht vom Meer bedeckten Landoberflächen wurden tiefgründig kaolinisiert. Sedimentäre Eisenerze (Salzgitter, BRD), Uranseifen, Bausandsteine (Elbsandsteingebirge), Schreibkreide (Rügen) sind von wirtschaftlicher Bedeutung. Leitfossilien sind die Ammoniten, Belemniten und Foraminiferen.

a) Eozän   b) Kreide

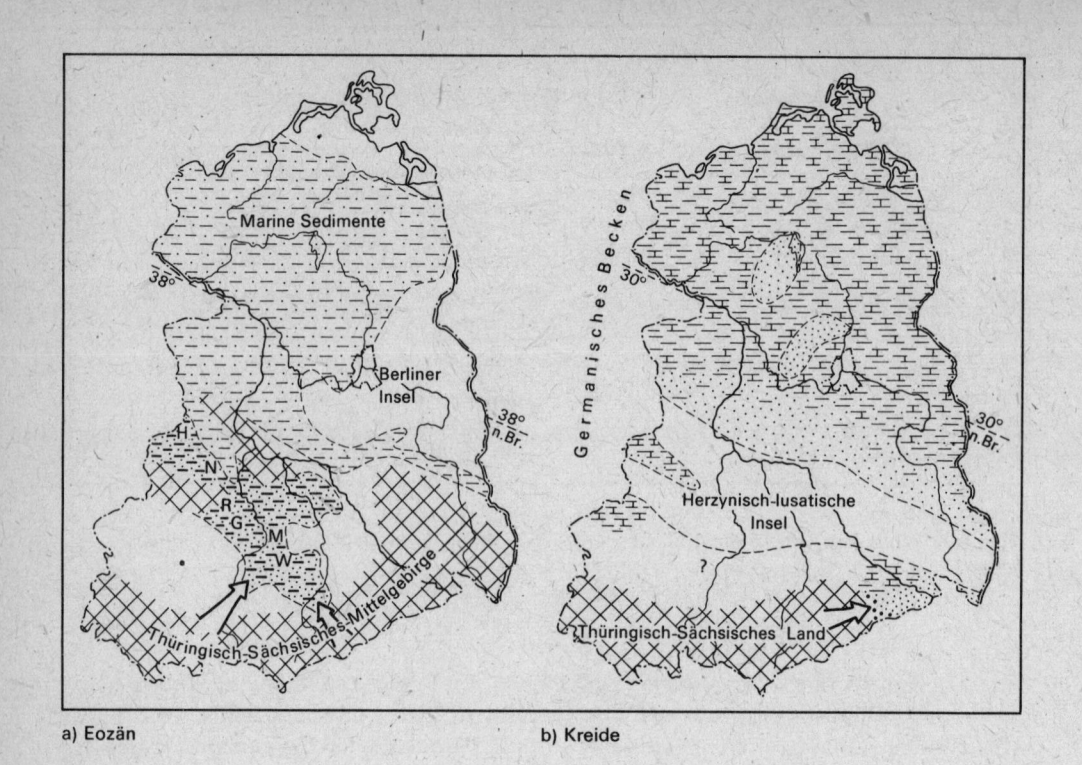

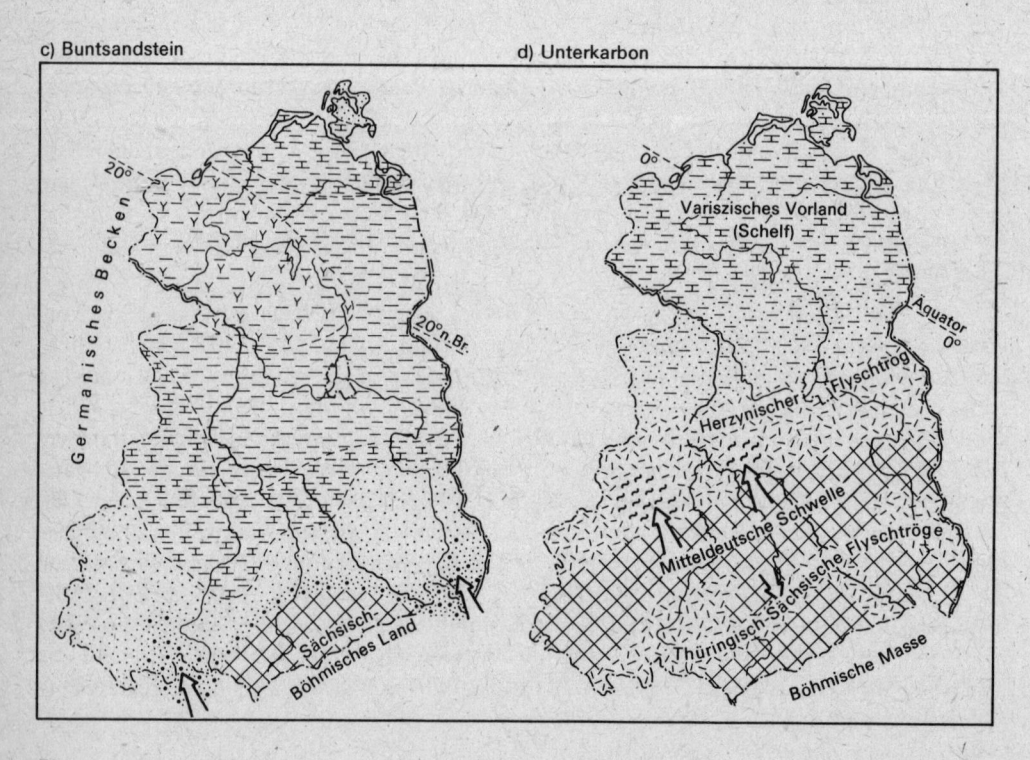

c) Buntsandstein   d) Unterkarbon

	Braunkohlenmoore im Eozän		Sandstein-Tonstein-Wechsellagerung
W	Weißelsterbecken		Konglomerate
M	Merseburg-Delitzscher Becken		
G	Geiseltal		Tonstein-Kalkstein-Wechsellagerung
R	Röblinger Becken		Tonstein-Gips-Wechsellagerung
N	Nachterstedter Becken		
H	Helmstedter Becken		Tonstein-Sandstein-Kalkstein-Wechsellagerung
	Sande		Grauwacken
	Sandsteine		Olisthostrome
	Tone		Abtragungsgebiete
	Tonsteine		Transportrichtungen
	Sand-Ton-Wechsellagerung		Staatsgrenze Staatsgrenze im Wasserlauf

Abbildung 26.2.
Paläogeographische Karten für das Gebiet der DDR (nach Grundriß der Geologie der DDR ... 1968)

1.5.5.11. Tertiär

Das Paläozän war im Gebiet der DDR festländisch. Im Eozän, Oligozän und Miozän transgredierte das Meer aus dem Norden bis in die mittlere DDR (Abbildung 26.1.a, 26.2.a). An seinem Südrand bildete sich ein limnisch-ästuariner Gürtel mit den Braunkohlenmooren der Leipziger Tieflandsbucht, des Geiseltales und Südbrandenburgs. Im Pliozän zog sich das Meer zurück. Weite Schotterfluren erstreckten sich aus den Mittelgebirgen nach Norden. Die Alpenfaltung erreichte ihren Höhepunkt. Mitteleuropa lag im Vorland des sich bildenden Morphogens. Aus tiefreichenden Spalten drangen basische Schmelzen (Basalt, Phonolith) auf (Südlausitz, Böhmisches Mittelgebirge, Erzgebirge, Rhön). Neben den Braunkohlen besitzen Spezialsande, Tone und vor allem der am Beginn des Tertiärs (Paläozän/Eozän) gebildete Kaolin wirtschaftliche Bedeutung. Biostratigraphischen Leitwert verkörpern die höheren (plazentalen) Säuger, die eine explosive Entfaltung erleben (Geiseltalfauna), sowie die Pollen der reichen Floren.

1.5.5.12. Quartär

Das nördliche Mitteleuropa wurde von Skandinavien aus in den letzten drei Kaltzeiten von mehr als 1 000 m mächtigen Gletschern überzogen (s. Abbildung 51). Dieses Inlandeis hinterließ landschaftsprägende glazigene und fluviale Sedimente (vgl. Abschnitt 2.3.3.4. und Tabelle 25 – s. Beilage). Im Vorland des Inlandeises lagerten Gletscherschmelzwässer mächtiger Sandfolgen ab. Im nichtvergletscherten Periglazialraum sedimentierten die aus südlichen Richtungen kommenden Flüsse mächtige Schotterkörper. Frostwechselbestimmte Hangabtragung führte zur Bildung von Hangschutt- und Fließerdedecken. In den ausgedehnten Kältesteppen wurden Löße, Sandlöße und Flugsande aufgeweht. In den Warmzeiten drang das Meer aus Nordwesten bis in den Norden der DDR vor. Wirtschaftliche Bedeutung besitzen die pleistozänen Lockersedimente vor allem als Baustoffe und als Grundwasserleiter. Die biostratigraphisch wichtigen Säugetiere werden durch einige heute ausgestorbene Formen, wie Mammut, Riesenhirsch, Säbelzahntiger, wollhaariges Nashorn, Auerochse, Höhlenlöwe und Höhlenbär, charakterisiert. Für die Rekonstruktion von Warmzeiten sind besonders Pollenanalysen wichtig.

2. Die Oberflächenformung der Erdkruste

2.1. Georelief und Morphosphäre der Landschaftshülle

Sowohl das *Georelief* mit seinen Formen als Verkörperung der Oberflächenformung der Erdkruste und die Dynamik seiner Formgestaltung und -veränderung als auch die in den Prozeßkomplex der Reliefformung einbezogenen Böden und oberflächennahen Gesteine stehen vollständig innerhalb des Geosystems *Landschaftshülle* bzw. Landschaftssphäre (Abbildung 27; vgl. Band 6 der Studienbücherei) der Erde. Sie bilden gemeinsam den als *Morphosphäre* zu bezeichnenden Teilkomplex der Landschaftssphäre.

Die Morphosphäre hat wie die Landschaftshülle als Ganzes eine nach allgemeinen und nach räumlichen bzw. arealen Aspekten analysierbare Struktur (Abbildung 28). Ihr aktueller Strukturzustand ist Ergebnis der durchlaufenen *genetischen Entwicklung* und Ausgangspunkt für ihre künftige Weiterentwicklung. Mit ihrer strukturellen Ausprägung (Reliefgestalt, oberflächennahe Gesteine und Böden, Prozesse der Feststoffumlagerung, areale Gliederung) beeinflußt oder bestimmt die Morphosphäre den Gesamtcharakter der Ausprägung und Dynamik der Landschaftshülle wie auch die Nutzung der Landschaft mit den an sie gebundenen natürlichen Ressourcen der Territorien durch die Gesellschaft (*Funktion* der Morphosphäre).

Wie die Landschaftshülle der Erde insgesamt zeigt die Morphosphäre abhängig von sich regional wandelnden faziellen Bedingungen (Klima, Bau und Gestein der Erdkruste, Landnutzung u. a.) groß- und kleinräumige regionale Wandlungen und dadurch Gliederung in regionale Einheiten (Zonen, Regionen, Gebiete) mit jeweils lagebezogen spezifischer Ausprägung.

Die moderne *Geomorphologie* ist auf alle genannten Eigenschaften der Morphosphäre orientiert. Dabei steht das Georelief selbst im Mittelpunkt ihres Interesses, und geodynamische Prozesse wie die Ausbildung der Geodermis werden besonders aus der Sicht ihrer Bedeutung für das Georelief behandelt. Mit Blick auf die umrissenen verschiedenen Eigenschaften haben sich speziell orientierte Zweige der Geomorphologie entwickelt (Abbildung 28). Wegen der landschaftsökologischen Rolle des Georeliefs und reliefbildender Prozesse, ihrer Bedeutung für die Nutzung landschaftlicher Ressourcen wie auch wegen des erwiesenen Nutzens geomorphologischer Methoden bei der geologischen Erkundung gewinnen die Dynamische und die Angewandte Geomorphologie zunehmend an Gewicht.

Der landschaftlich geprägte und als stoffliches Teilsystem der Landschaftshülle wirkende äußerste lithosphärische Bereich der Erdkruste kann als *Geodermis* (= Außenhaut der Erdkruste) bezeichnet werden. Innerhalb der Morphosphäre verkörpert die Geodermis den wesentlichen stofflichen Merkmalskomplex ihrer allgemeinen Struktur. Vorwiegend aus abiotischer Festsubstanz bestehend, umfaßt die Geodermis zugleich unterirdisches Wasser, unterirdische Luft, den unterirdischen Bios wie auch das feste Wasser in Gestalt von Gletschern und Eis im Boden und tieferen Untergrund. Ihr gehört der Boden an, der diejenigen oberflächigen Bereiche der Geodermis umfaßt, die durch abiotische und biotische Prozesse hinreichend verändert sind, so daß Wachstum höherer Pflanzen mit Wurzelbildung ermöglicht ist.

Abbildung 27
Landschaftssphäre, Morphosphäre und Georelief

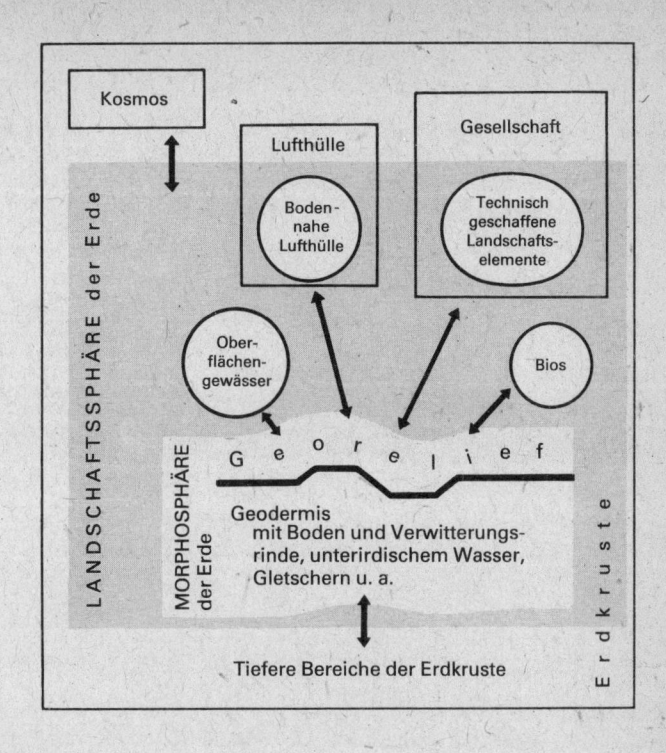

Durch ihr eigenes Oberflächenrelief, ihre vergleichsweise kurzfristigen Veränderungen sowie durch die von ihnen geschaffenen Reliefverhältnisse nehmen die Gletscher eine Sonderstellung ein.

Neben anderen funktionell wesentlichen Elementen und Subsystemen der Landschaftshülle, wie Boden oder Grundwasser, ist das *Georelief* (= Relief der Erdkrustenoberfläche) an die Geodermis gebunden.

Das Georelief ist die durch die reliefbildende Dynamik der Landschaftshülle modellierte Außengrenzfläche der Geodermis gegenüber den anderen Teilsystemen der Landschaftshülle. Diese Grenzfläche ist als Diskontinuität mit dem Dichtesprung von der festen Erdkruste (Dichte 1–3 g/cm^3) gegenüber Luft und Wasser faßbar. Der Terminus Georelief bezeichnet dabei gleichzeitig die Grenzfläche selbst wie auch ihre plastische Gestalt. Im Vergleich zu anderen Grenzflächen in der Landschaftshülle (z. B. Oberfläche des Meeres) ist das Georelief eine in ihrer Formengestalt relativ langfristig veränderliche, „feste" Grenzfläche in der Landschaftshülle. Im Bereich von Wanderdünen oder durch Bodenerosion ständig in Veränderung befindlicher Hangflächen zeigt das Relief jedoch auch eine starke Mobilität und kurzzeitige Veränderlichkeit.

Bei näherer Betrachtung erweist sich die Grenzfläche zwischen Boden bzw. nicht durch Bodenbildung überprägter Außenzone der Geodermis einerseits und bodennaher Luftschicht oder Oberflächenwasser (Fluß, See, Meer) andererseits als Übergangszone, in der zwischen atmosphärischer Luft und Bodenluft, zwischen ober- und unterirdischem Wasser direkte Verbindungen bestehen. Die Außenfläche der Erdkruste löst sich auf in die Grenzflächen der Boden- bzw. Gesteinspartikeln gegenüber atmosphärischer und Bodenluft bzw. gegenüber ober- und unterirdischem Wasser. Das Relief der Erdoberfläche läßt sich deshalb theoretisch bei sich ständig vergrößernder Betrachtung auflösen bis zum Feinrelief der Bodenpartikeln. Während jedoch beispielsweise kleine Spülrinnen oder Rillenkarren der Zentimeter- und Dezimetergrößenordnung sowie Ackerrandstufen der Metergrößenordnung noch Gegenstände geomorphologischer Untersuchung sind, liegen Kornoberflächen oder Bodengefügekörper bereits im Bereich litho-

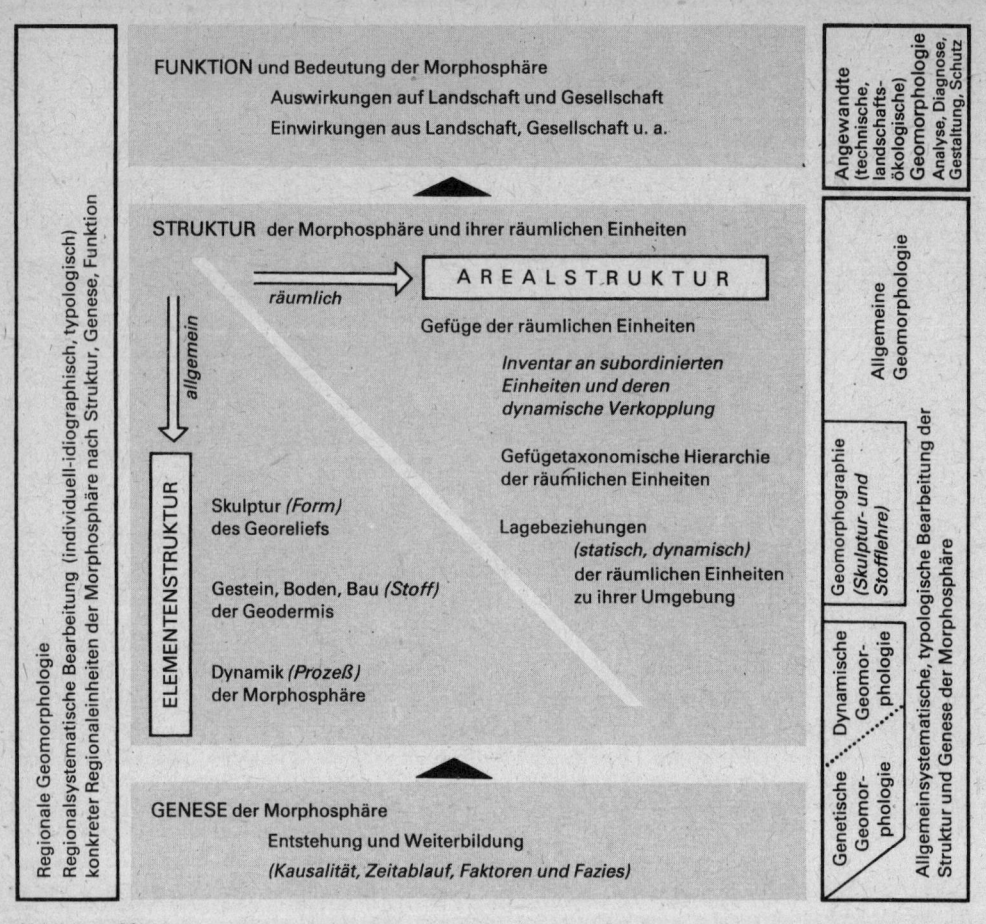

Abbildung 28
Gegenstände und disziplinäre Gliederung der Geomorphologie

logischer und bodenkundlicher Betrachtung. Das bedeutet, daß das Georelief im geomorphologischen Sinn als Schnittfläche durch die feinsten Unebenheiten an der Oberfläche der Geodermis zu definieren ist, welche die geomorphologisch irrelevanten Unebenheiten eliminiert. Das Georelief im geomorphologischen Sinne ergibt sich somit als jene Fläche (s. Abbildung 29), auf der die Mittelpunkte aller jener gedachten Kugeln mit 1 cm Radius liegen, in denen der Volumenanteil der festen Erdsubstanz gleich dem Volumenanteil von Luft und Wasser ist.

Das Georelief ist das Ergebnis der Dynamik innerhalb der Landschaftshülle, speziell der Stoff- und Energieumsätze der Geodermis mit den anderen Teilen der Landschaftshülle, sowie der aus dem Erdinneren (Lithosphäre, Asthenosphäre) stammenden und der solaren und gesellschaftlichen Einwirkungen von außen in das Geosystem Landschaftshülle hinein (vgl. Abbildung 29). Diese Feststellung wird deutlich am Beispiel der Reliefbildung durch Stoffentnahme bei obertägigem Bergbau, durch Stoffumsätze zwischen Geodermis und Fluß bei der Talbildung und durch das Wirken der Schwerkraft oder der tektonischen Hebung bei der Reliefbildung. In den meisten Fällen vollzieht sich Reliefbildung gleichzeitig als lateral ge-

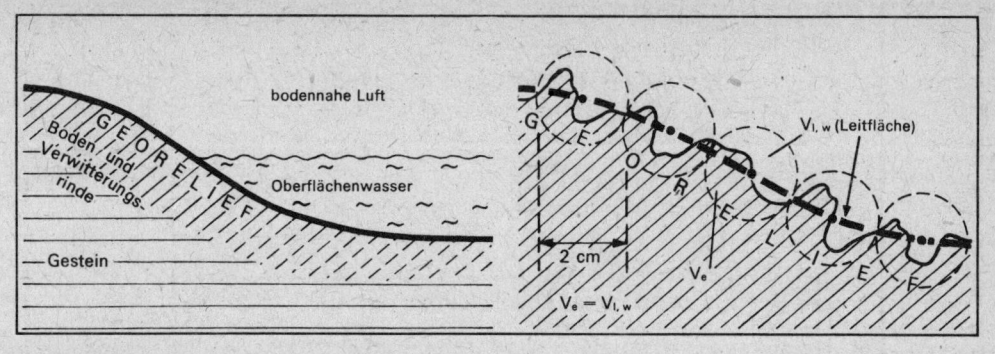

Abbildung 29.
Zur Definition des Georeliefs

richteter Stoffumsatz zwischen benachbarten arealen Teilgliedern der Morphosphäre und der Landschaftshülle, beispielsweise durch Abtragung vom Hang und Transport zum vorgelagerten Talboden.

Im obengenannten Sinne wäre vom Standpunkt der Landschaftslehre zwischen „endogenen" (= Ursprung innerhalb der Landschaftshülle) und „exogenen" (= Ursprung außerhalb der Landschaftshülle) Prozessen der Reliefbildung zu unterscheiden. Dieser Unterscheidung steht jedoch die traditionell eingeführte und im folgenden Text deshalb gebrauchte Gliederung der morphogenetischen Prozesse gegenüber, die als endogene Prozesse die tektonisch und vulkanisch bedingten Formungsvorgänge des Reliefs versteht und als exogene Prozesse alle übrigen Vorgänge zusammenfaßt (s. Tabelle 20).

Die Dynamik der Reliefgestaltung („Reliefdynamik") als Gesamtheit aller reliefbildenden Prozesse und als wesentlicher Teil der Landschaftsdynamik läuft unter dem Einfluß *determinierender Faktoren,* wie Klima, tektonischer und lithologischer Bau der Erdkruste und gesellschaftliche Nutzung, ab. Diese Einflußfaktoren bestimmen die *Fazies* (vgl. Abschnitt 1.5.3.), die Varianzen der *Reliefausbildung.* So lassen sich typische Relieffazies erkennen im Bereich landwirtschaftlicher oder bergbaulicher Nutzung, in den verschiedenen Klimazonen sowie in den Bereichen unterschiedlicher geotektonischer Strukturen und unterschiedlicher Gesteinstypen. Die zeitliche Wandlung der Reliefprägung im Verlauf der Erd- und Landschaftsgeschichte als Abfolge reliefbildender Phasen mit unterschiedlichen charakteristischen Prozeßkombinationen ergibt sich im wesentlichen als Folge der zeitlichen Wandlung dieser determinierenden Faktoren und faziellen Bedingungen (Klimaänderungen, Gebirgsbildungsphasen, Nutzungsänderungen).

Die Bedeutung und funktionelle Stellung des Georeliefs innerhalb der Landschaftshülle und in den Territorien ergibt sich aus der Bedeutung der Reliefdynamik und aus der Rolle der im Lauf der Reliefgenese erworbenen Skulptureigenschaften des Georeliefs für den Ablauf geoökologischer Prozesse und den Ablauf und die Planung der gesellschaftlichen Nutzung der Landschaft. Sie kann zusammenfassend gegliedert werden in die landschaftsökologischen Funktionen und die gesellschaftlich-reproduktiven Funktionen des Georeliefs.

Die *landschaftsökologische Bedeutung* der Reliefdynamik zeigt sich u. a. bei der Bildung und Veränderung der bodengenetischen Ausgangssubstrate und bei lateraler Stoffumlagerung durch Bodenerosion. Die Rolle der statischen Reliefmerkmale, d. h. der Reliefskulptur, besteht in der regelnden Lenkung vertikal und lateral gerichteter landschaftsdynamischer Prozesse hinsichtlich Art, Richtung und Intensität derselben. Zu nennen ist hier die Beeinflussung des Klimas der unteren Troposphäre, des Bodenwasserhaushaltes, der Nährstoffverteilung im Boden, des Oberflächenabflusses und der Grundwasserbildung sowie der Überschwemmungsgefährdung vor allem durch die Skulptureigenschaften Hangneigung und -exposition, Wölbung und Position, Grund- und Aufriß, Hanglänge, relative Höhen u. a. Die Abtragung, Verlagerung und Sedimentation von Substanzen der Geodermis als prozeßkorrelate Sedimente im Verlauf reliefbildender Prozesse werden wesentlich vom „präexistenten" Relief mit dessen Skulptur beeinflußt. Wichtig ist beispielsweise die Rolle des präexistenten Reliefs für das Auftreten und die Intensität von Gravitationsprozessen und für die Ausbildung und Verteilung weichselkaltzeitlicher Hangsedimente wie auch für das Auftreten kryogener Prozesse und bodenerosiver Abspülungsvorgänge. Der Einfluß des Reliefs auf die Intensität und Richtung der Verlagerung von Erdsubstanz ist eine wichtige Basis für die Erkundung sedimentärer Lagerstätten, die aus geomorphologischer Sicht als prozeßkorrelate Sedimente auffaßbar sind. Für die Lösung der letztgenannten Aufgaben ist über die Kenntnis des heutigen Reliefs hinaus die Kenntnis und Rekonstruktion des Paläoreliefs sedimentsynchroner Phasen der Landschaftsentwicklung wesentlich.

Die *Bedeutung* des Georeliefs *für die* verschiedenen Formen der *gesellschaftlichen Gebietsnutzung* ergibt sich aus nutzungsrelevanten geoökologischen Einflüssen und direkten steuernden Einwirkungen der Reliefskulptur sowie aus der unmittelbaren Wirkung reliefdynamischer Prozesse auf Art und Intensität der Nutzung sowie auf Effektivität und gesellschaftlichen Aufwand bei der Produktion. Karstgravitative und -suffosive Vorgänge, Senkungen und Einstürze über untertägigem Bergbau im Bereich von Siedlungen und Verkehrsstrassen und die Bodenerosion auf agrarisch genutzten Flächen treten als „Störprozesse" auf. Örtlich wechselnd positiv und negativ zu werten sind litorale Substratverlagerungen im Bereich von Erholungsstrandflächen, da sie neben Strandzerstörung auch Strandaufbau bewirken. Die Be- und Entlüftung von Siedlungen und der Gehalt der Luft an staub- und gasförmigen Schadstoffen werden maßgeblich von der Reliefskulptur im Bereich der Siedlungen bestimmt, und die Gestaltung der Wasserversorgung und -entsorgung der Siedlungen sowie des innerstädtischen Verkehrs ist stark reliefbeeinflußt. Für den Wohnungs- und Industriebau sind Hangneigung, Exposition und Flächengröße der ausgewählten Areale wesentliche Standortfaktoren. Für die landwirtschaftliche Produktion stellen Flächengröße der Reliefeinheiten, Hangneigung und Kleinformendichte wichtige Einflußgrößen für Flureinteilung und Landtechnik dar. Hinzu kommen die Reliefeinflüsse auf ökologische Standorteigenschaften, wie Boden und Geländeklima. Deutlich physisch und psychisch positive Reizeinflüsse übt das Relief mit seiner Skulptur (Hangneigung, Reliefenergie, typische Formengesellschaften) und Höhenlage als Teil des natürlichen Rekreationspotentials des Territoriums auf den Menschen aus.

Die Kenntnis der funktionellen Bedeutung des Georeliefs und seiner Dynamik für die Nutzung durch den Menschen ist die Basis für die Gestaltung günstiger technogener Reliefs, beispielsweise der Reliefs von Kippen, Halden und Tagebaurestlöchern in Bergbaufolgegebieten. Sie führt zu gezielten Maßnahmen der Reliefmelioration für die landwirtschaftliche Nutzung (z. B. Einebnung störender Kleinformen) oder die Erholungsnutzung (z. B. Gestaltung von Strandflächen) und zu Schutzmaßnahmen gegen störende aktuelle Prozesse, wie Bodenerosion durch Wasser und Wind. In den Naturschutz ist auch der Schutz landschaftlich und naturwissenschaftlich interessanter und für die Erholung geeigneter Reliefeinheiten vor natürlicher und technischer Zerstörung in den Kreis der Überlegungen mit einzubeziehen.

Aus der Abhängigkeit des Georeliefs von der allgemeinen und arealen Struktur der Landschaftshülle und aus der Abhängigkeit anderer Landschaftselemente von Relief und Reliefdynamik ergibt sich seine Bedeutung als *Indikator für Zustände und dynamische Vorgänge inner-*

halb der Landschaftshülle wie auch in tieferen Bereichen der Erdkruste. So spiegelt das Relief in vielfacher Weise wichtige tektonisch-lithologische Besonderheiten der Erdkruste und der Geodermis wider, und die Regelungseinflüsse des Reliefs auf landschaftliche Prozesse, wie beispielsweise die Bodenbildung, erweitern die Zeigerfunktion des Reliefs zusätzlich auf die Bereiche Bodenbildung, Wasserhaushalt, Dynamik und Ausprägung der Grundschicht der Lufthülle. Diese Zeigerfunktion macht sich die Erkungungsgeologie ebenso dienstbar wie die Erkundung landwirtschaftlicher Standortverhältnisse oder die Geländeklimakartierung. Der in vielen Arbeiten zur regionalen Landschaftsgliederung bewußt beschrittene Weg über die regionale Reliefgliederung hat seinen Ausgang in der Position des Reliefs als Zeiger und als wesentlicher Ausdruck der Integration innerhalb der Landschaftshülle.

Für die Interpretation fotografischer und nichtfotografischer Aufzeichnungen der *Geofernerkundung* ist diese Indikatorfunktion des Georeliefs und erfaßbarer reliefgebundener geodynamischer Prozesse besonders wertvoll, da über sie aus den Aufnahmeergebnissen über geomorphologische Aussagen hinausgehende Rückschlüsse auf pedologische, hydrologische und klimatologische Landschaftsmerkmale sowie auf geologische Strukturmerkmale möglich werden.

2.2. Die Skulptur des Georeliefs

2.2.1. Die Arealstruktur des Reliefs

An sich begrenzt das Georelief als lückenloses Kontinuum im Festlands- und Meeresbereich die Erdkruste. Unterschiedlich geneigte, exponierte und gewölbte Reliefflächen stehen dabei in verschiedenartigen räumlichen Lagebeziehungen, dynamischen Kopplungsbeziehungen und genetischen Zusammenhängen zueinander. Sie lassen sich zu Reliefformen, wie Täler, Stufen, Berge, Hänge, mit typischen Grund- und Aufrißgestalten zusammenfassen und klassifizierend ordnen. Kleine Kerbtäler beispielsweise stehen innerhalb eines durch sie zerschnittenen Hanges, der seinerseits wiederum Teil und dynamisches Glied einer Bergform oder eines übergeordneten größeren Tales sein kann.

Eine lößbedeckte Platte bestimmter Entstehung mit Schwarzerde kann durch flache Tälchen untergliedert sein. Tälchen und zwischen ihnen liegende Plattenflächen als *subordinierte Formen* bilden das *Inventar* der *übergeordneten Rahmenform* Platte. Über die Tälchen und die an sie angrenzenden Hangflächen vollzieht sich maßgeblich der Formungsprozeß der Platte. Bodenerosion, vor allem an den Rändern der Plattenflächen und Talflanken, mit Kappung der Lößschwarzerden (Ergebnis: Lößpararendzinen), kolluvialer Stoffeintrag in die Talböden (Ergebnis: Kolluvialschwarzerden, -humusgleye u. a.) können auftreten und dynamische areale Zusammenhänge in Morphosphäre und Landschaft repräsentieren.

In dem *arealen Strukturmuster* des Reliefgefüges sind somit wesentliche Merkmale der Genese und Dynamik des Reliefs selbst wie auch des landschaftlichen Gesamtkomplexes angezeigt, die durch die geomorphologische Analyse der Arealstruktur der Morphosphäre mit ihren Form-, Stoff- und Prozeßmerkmalen erhellt werden können. Unterbaut durch die Analyse und Bestimmung allgemeiner Merkmale der Formgestalt der Rahmenformen und subordinierten Formen, der Ausgangs- und Umlagerungssubstrate und der Prozesse läßt sich die areale Struktur der Morphosphäre erfassen und klassifizierend ordnen. Durch die areale Kombination bestimmter Typen subordinierter Formen innerhalb einer Rahmenform (zertalter Hang, Platte mit aufgesetzten Dünen, Platte mit eingesenkten Erdfällen u. a.) ergeben

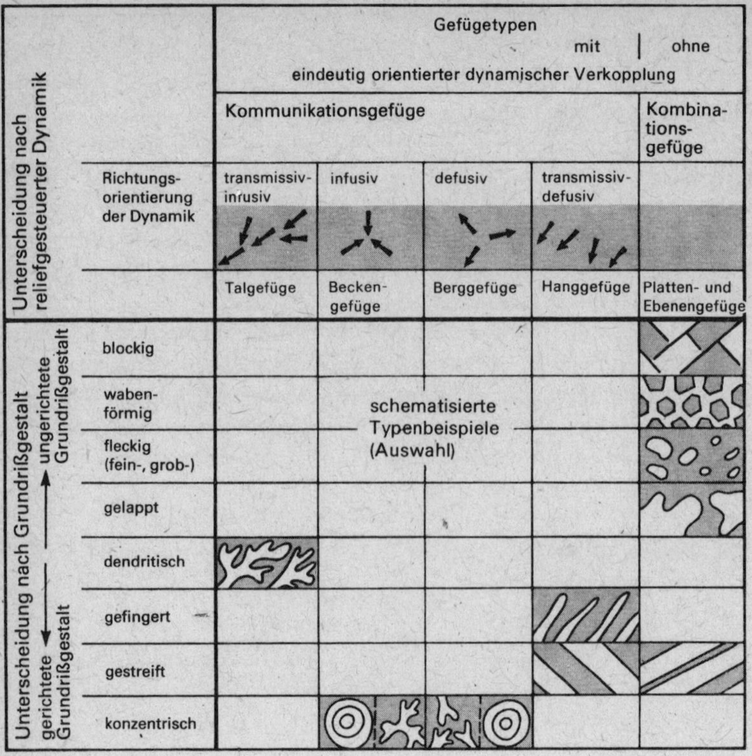

		Gefügetypen				
				mit	ohne	
		eindeutig orientierter dynamischer Verkopplung				
Unterscheidung nach reliefgesteuerter Dynamik		Kommunikationsgefüge				Kombinationsgefüge
	Richtungsorientierung der Dynamik	transmissiv-infusiv	infusiv	defusiv	transmissiv-defusiv	
		Talgefüge	Beckengefüge	Berggefüge	Hanggefüge	Platten- und Ebenengefüge
Unterscheidung nach Grundrißgestalt (ungerichtete / gerichtete Grundrißgestalt)	blockig					
	wabenförmig		schematisierte Typenbeispiele (Auswahl)			
	fleckig (fein-, grob-)					
	gelappt					
	dendritisch					
	gefingert					
	gestreift					
	konzentrisch					

Abbildung 30
Typen der räumlichen Vernetzung und Verkopplung morphosphärischer arealstruktureller Einheiten (verändert nach SCHMIDT u. a. 1974, GREGORY und WALLING 1973)

sich Typen arealer Gefüge (Abbildung 30) mit Zeigerwert und Bedeutung für den Gesamtcharakter der Morphosphäre und der Landschaftshülle (vgl. auch Abbildung 80).

Die genannten Rahmenformen (der zertalte Hang, die untergliederte Platte) stehen – wie auch die subordinierten Formen – in dynamisch wichtigen *Lagebeziehungen* zu ihrer Umgebung und speziell zu benachbarten Formen und höherrangigen übergeordneten Formen. Gipfel- bzw. Kammlage bedeutet fehlende Stoffzufuhr bei dominierender Abtragungstendenz, Beckenlage überwiegende Stoffzufuhr und häufig Akkumulation. Mit diesen geomorphologisch wichtigen Prozessen verbunden oder wie diese an die genannten Lagebeziehungen gebunden sind andere Ergebnisse und Prozesse der Landschaftsdynamik (Wasserhaushalt, Geländeklima u. a.). Der ordnenden Analyse der Lagebeziehungen, speziell der reliefgebundenen *Positionsverhältnisse* kommt daher ebenfalls große Bedeutung zu. Als geomorphologisch und landschaftsökologisch wichtige *Positionstypen* von räumlichen Einheiten der Morphosphäre und Reliefformen sind vor allem Hochlagen (Scheitel-, Hochflächenlagen), Hanglagen (Ober-, Mittel-, Unterhanglagen; Hangfußlagen), Terrassenlagen und Tieflagen (Talsohlen- und Talweglagen, Beckensohlenlagen) mit spezifischen Verkopplungstendenzen der Einheiten zu ihrer Umgebung (z. B. Scheitellagen: defusiv, Mittelhanglagen: transmissiv, Beckensohlenlagen: infusiv; vgl. Abbildung 30) zu unterscheiden.

Aus der Tatsache des Auftretens über- und untergeordneter Formen des Georeliefs, ihrer Zusammensetzung aus bzw. mögliche Untergliederung in subordinierte Formen ergibt sich die *gefügetaxonomische Hierarchie* der arealen Einheiten des Georeliefs und der Morphosphäre.

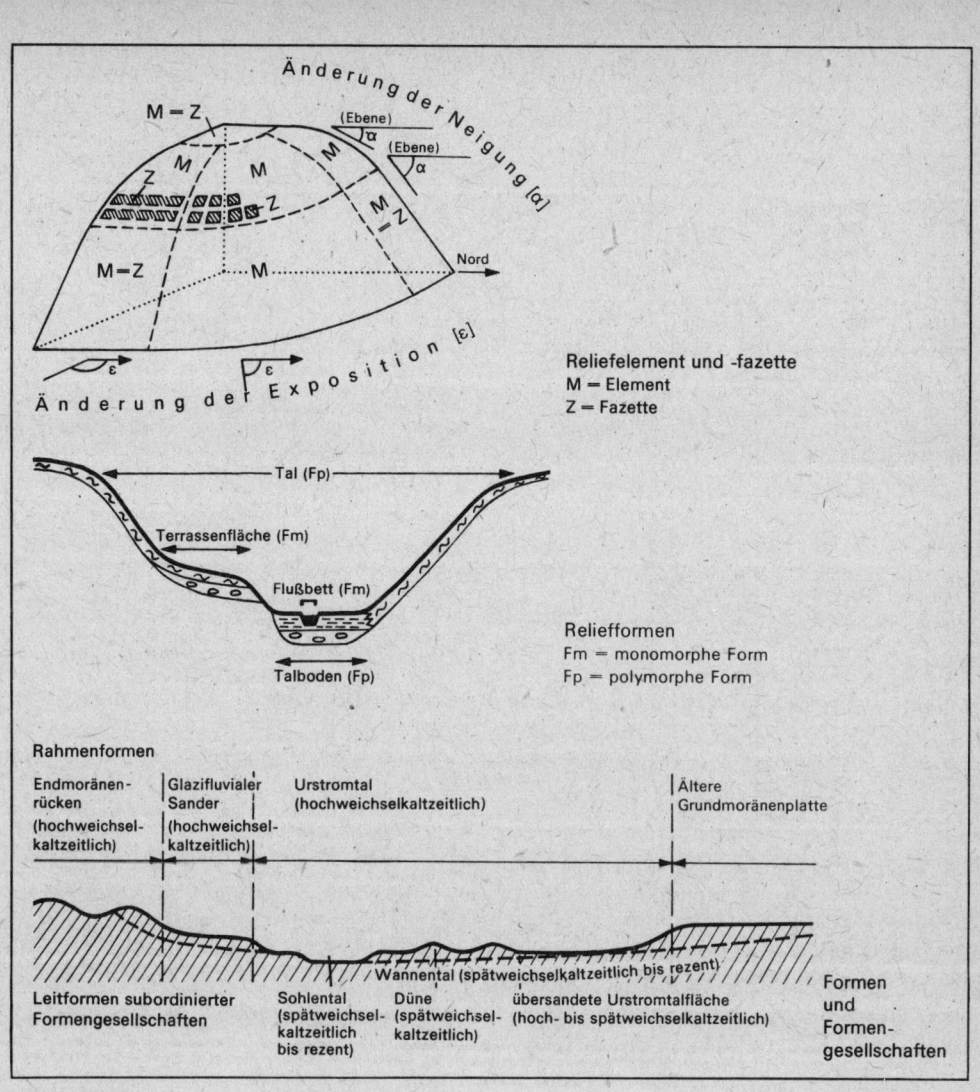

Abbildung 31
Gefügetaxonomische Einheiten des Georeliefs

Grenzen zwischen verschiedenen Reliefeinheiten (Talhang/Talboden, Terrassenfläche/Terrassenhang) werden bei der Reliefanalyse dort gelegt, wo Eigenschaften, wie Hangneigung oder Wölbung, einem starken Wechsel unterliegen. Die Herausarbeitung einfachster homogener Reliefeinheiten führt zu Teilflächen mit einheitlicher Neigung und Exposition des Reliefs, die als *Fazetten* zu bezeichnen sind (S. Abbildung 31). Die Abwandlung der Neigung und Exposition im Raum erzeugt die Wölbung der Reliefflächen, und Reliefeinheiten mit einheitlicher Wölbung können als *Reliefelemente* bezeichnet werden. Fazetten können als Grenzfälle von Elementen, d. h. als „monofazettige" Elemente mit dem Wölbungstyp G/G aufgefaßt werden (vgl. Abbildung 32). Die natürliche Kombination benachbarter Reliefelemente ergibt übergeordnete Reliefeinheiten, die im engeren Sinne als *Reliefformen* bezeich-

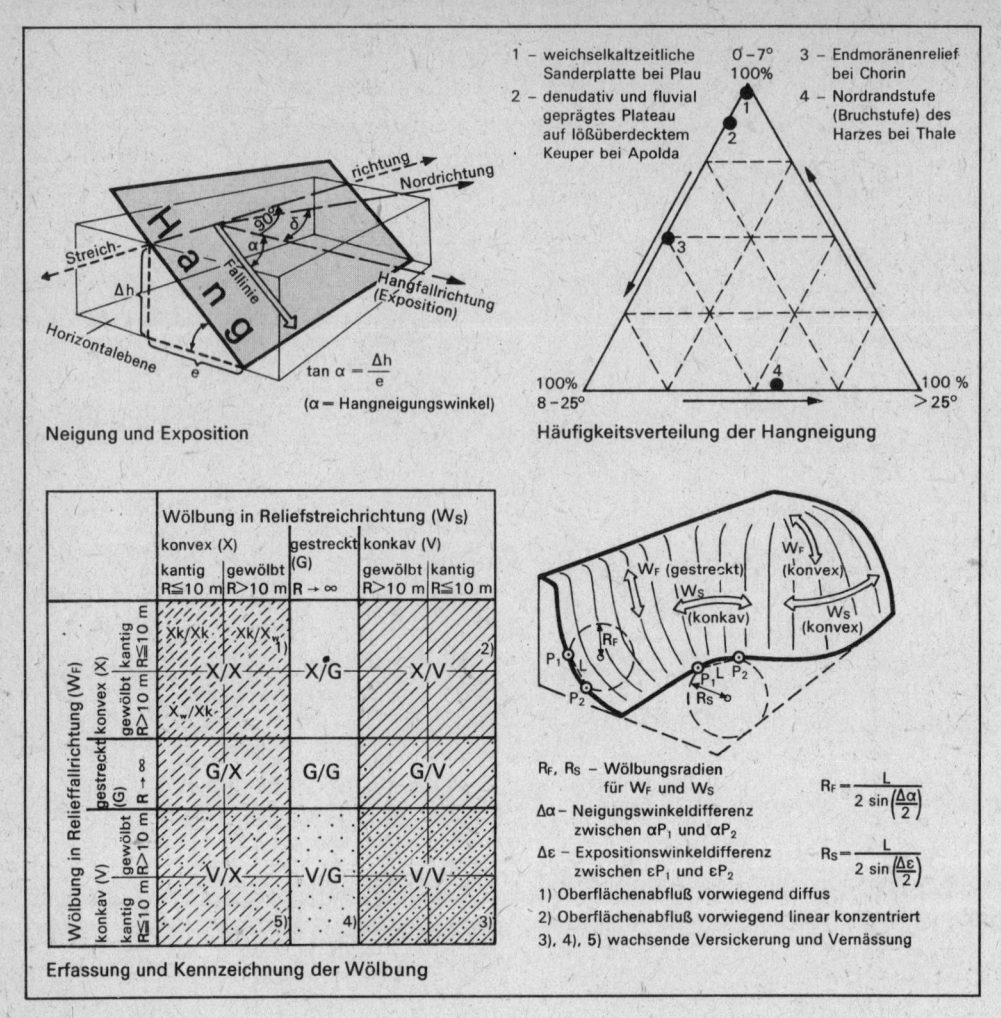

Abbildung 32
Neigung, Exposition und Wölbung

net werden und im wesentlichen nach dem Typ ihrer Gestalt, vorrangig nach ihrem Aufriß, unterschieden und geordnet werden. Formen mit nur einem Reliefelement können wiederum als Grenzfall, d. h. als „monoelementige" Formen, behandelt werden. Einfache („monomorphe"), d. h. nur in Elemente zerlegbare Formen, bauen zusammen mit anderen Formen und Formelementen komplexe („polymorphe") Formen auf (z. B. Tal mit fluvialen Talterrassen).

Die dargestellte *gefügetaxonomische Ordnung* des Reliefs dient unmittelbar der Ordnung der geomorphologischen Reliefeinheiten, als Bezugsgrundlage für die Anwendung geeigneter Reliefkennwerte und zur genetischen Analyse des Reliefs.

Die letztgenannte Anwendung wird an folgendem Beispiel deutlich (s. Abbildung 31). Ein polygenetisches Tal mit Talterrassen sei insgesamt das Ergebnis der quartären oder neogen-quartären fluvialen Tiefen- und Seitenerosion in Verbindung mit der Hangabtragung. Die subordinierte Teilform Terrassenfläche ist das Ergebnis der fluvialen Seitenerosion und Akkumulation einer quartärkaltzeitlichen Formungsphase sowie der nachträglichen Überformung durch Hangabtragungsprozesse. Die Talsohle ist das Ergebnis weichselkaltzeitlicher und holozäner fluvialer Akkumulation und Seitenerosion.

Polygenetische polymorphe Reliefformen, z.B. Urstromtalflächen, umschließen in der Regel subordinierte Formen bestimmter Art in typischen Artenkombinationen. Diese *Formengesellschaften (-assoziationen)* sind wesentliche Zeugen der genetischen Entwicklung des Reliefs während und nach der Herausbildung der übergeordneten Rahmenform Urstromtal und bestimmen die Relieftypen im Bereich der Rahmenform entscheidend mit.

Wichtig ist die gefügetaxonomische Ordnung auch für die Landschaftsanalyse und den richtigen Ansatz von Untersuchungen zur Beurteilung von Nutzungsstandorten. Unter dem Aspekt der Landschaftslehre (NEEF 1967) erfüllen Fazetten mit ihren einheitlichen Neigungs- und Expositionsverhältnissen und Elemente mit ihren einheitlichen Wölbungsverhältnissen die Kriterien für Landschaftseinheiten topischer Ordnung. Wegen ihres streng einheitlichen geomorphologischen Gesamtcharakters und den in ihrem Bereich gegebenen weitgehend einheitlichen landschaftsökologischen Verhältnissen können sie als *(Geo-)Morphotope* bezeichnet werden. Monomorphe Reliefformen erfüllen weitgehend die Bedingungen von Topgefügen, polymorphe Formen mit ihren subordinierten Formen und Formenassoziationen sind als *Morphochoren* anzusprechen.

Nach Merkmalen, wie dem einheitlichen Gesamtcharakter der Morphosphäre, nach Form-, Stoff- und Prozeßmerkmalen und Merkmalen der Arealstruktur in Abhängigkeit von der regionalen Wandlung wichtiger Faktoren, wie Tektonik und Gestein der Lithosphäre, Klima, Landnutzung, lassen sich areale Einheiten der Morphosphäre zu *Regionen* (und Subregionen, Gebieten) zusammenfassen. Solche Regionen, wie beispielsweise die der Mittelgebirge der DDR oder des nördlichen Tieflandes der DDR mit ihren Teileinheiten (z.B. Subregionen Thüringer Wald, Thüringisch-Vogtländisches Schiefergebirge, weisen neben für Vergleiche geeigneten Typenmerkmalen auch solche der individuell spezifischen Ausprägung auf.

Für die topologische Landschaftsanalyse und die Charakteristik von Einzelstandorten der Volkswirtschaft sind die Untersuchung und Kennzeichnung topischer Reliefeinheiten vorrangig interessant. Für die chorologische Landschaftsanalyse und die regionalgeographische Forschung sowie für die größerräumige Landschaftsplanung gewinnt die Analyse und Charakteristik chorischer und regionaler Einheiten der Morphosphäre Bedeutung.

2.2.2. *Reliefgestalt, Merkmale und Kennwerte*

Die einfachsten und fundamentalen Gestaltmerkmale sind Stärke und Richtung der Neigung der Reliefflächen. Als Hangneigungsstärke *(Neigung)* wird die Neigung der Reliefflächen gegenüber einer gedachten Horizontalebene verstanden (Abbildung 32). Gemessen und angegeben wird sie in Winkelgraden, als Steigungs- bzw. Gefällsverhältnis 1:x oder als Gefällsverhältnis in Prozent- oder Promillewerten (bei Gefällen von Tiefenlinien, Talwegen der Flüsse). Als Hangneigungsrichtung *(Exposition)* wird die Winkeldifferenz zwischen der Richtung der Fallinie und der geographischen Nordrichtung in der gedachten Horizontalebene verstanden.

Neigung und Exposition sind geomorphologisch, geoökologisch und volkswirtschaftlich wichtige Kennwerte. Steilere Hangpartien bezeugen häufig jüngere, kräftige Reliefformung. Ab 3° Hangneigung ist auf Ackerflächen bei stark anfälligen Substraten, wie Löß, intensive Bodenabspülung zu erwarten. Ab 8–15° wächst die Gefahr des Auftretens von Hangrutschungen. Ebenen und Flachhänge bis 3° neigen zur Stau-

Tabelle 18
Klassifikation der Hangneigung und der Exposition

Hangneigungsstärke		Hangneigungsrichtung	
Neigungswinkel- klassen	Neigungs- typ	Expositions- winkelklassen	Expositionstyp
0°	Ebene (eben)		
1– 3°　⎫ 4– 7°　⎬ 1– 7°	Flachhang (flachhängig)	291– 20°	NW/N-Exposition
8–11°　⎫ 12–15°　⎬ 8–25° 16–25°　⎭	Mäßig geneigter Hang (mittelhängig)	21–110°	NE/E-Exposition
26–35°　⎫ 26–60° 36–60°　⎭	Steilhang (steilhängig)	111–200°	SE/S-Exposition
61–90°	Wand (wandig, schroff)	201–290°	SW/W-Exposition
90°	Überhang (überhängig)	201–290°	

vernässung. Ab 3° beginnen Schwierigkeiten für vollmechanisierten Hackfruchtanbau, ab 7° für vollmechanisierten Getreidebau. Der Strahlungsgenuß der Hänge ändert sich mit der Neigung und der Exposition, und beide haben dadurch sowie über ihren Einfluß auf Niederschlagsspende und Verdunstung auch Einfluß auf die Bodenfeuchteverhältnisse. Die Möglichkeiten für den Städebau und den Straßenverkehr werden ebenfalls in vielfältiger Weise durch die Hangneigung beeinflußt. Unter Berücksichtigung dieser Zusammenhänge sind die Hangneigungen wie in Tabelle 18 günstig zu klassifizieren.

Einheitliche Hangneigungsstärken weisen nur Relieffazetten, d.h. quasi gestreckte Reliefteilflächen auf. Reliefformen und -elemente besitzen überwiegend unterschiedliche Werte der Neigung. Die Kennzeichnung solcher neigungsmäßig inhomogener Reliefbereiche kann durch die Bildung von Neigungswinkelgruppen und durch Anwendung statistischer Verfahren erfolgen. Unter den gebräuchlichen Mittelwerten ist das Dichtemittel (Modulwert) sehr geeignet, da es jenen real existierenden Hangneigungswert ausweist, der in der zu kennzeichnenden Reliefeinheit flächenhaft dominiert. Die natürliche Häufigkeitsverteilung innerhalb von Reliefeinheiten auftretender Hangneigungswerte kann unter anderem auch mittels eines Dreiecksdiagrammes (s. Abbildung 32) erfaßt oder mit Hilfe der Lage der Medianwerte gekennzeichnet werden. Analog können auch andere Reliefkennwerte behandelt werden.

Das Reliefmerkmal *Wölbung* dient der Unterscheidung schwach oder stark konvex oder konkav gekrümmter und gestreckter Reliefeinheiten. Während Konvexhänge überwiegend Hangabtragung anzeigen, führt Abtrag vom Oberhang und temporäre oder definitive Sedimentation am Unterhang zu konkaven Hangprofilen. Stark gekrümmte Reliefkanten sind beispielsweise an ausstreichende Bänke widerständigen Sedimentgesteins gebunden, oder sie bezeugen kräftiges fluviales Einschneiden und verstärkte Hangabtragung im steileren Hangbereich unterhalb der Kanten (z.B. Terrassenränder).

In Hangstreichrichtung konvex gewölbte Hänge führen Niederschlags- und Schmelzwässer bei „divergierender" Abflußtendenz diffus ab, während Hänge mit konkaver Wölbung in Hangstreichrichtung bei „konvergierender" Abflußtendenz das Oberflächenwasser sammeln. Bei gleichartigen Boden- und Gesteinsverhältnissen sind Hänge der erstgenannten Gruppe trockener und weisen stärkere flächige Erosion der Böden auf. Die zweitgenannte Hanggruppe bedingt relativ feuchtere Böden und zeigt häufig lineare Zerschneidung durch sich sammelnde Hanggerinne. Die Kennzeichnung des Reliefs nach seinen Wölbungseigenschaften ist daher sowohl geomorphologisch als auch geoökologisch wichtig.

Die Ansprache der Wölbung erfolgt nach der *Art* (konvex, gestreckt, konkav) *und* der *Stärke der Wölbung* für beide Wölbungsrichtungen (Wölbung in Hangfall- und in Hangstreichrichtung). So ergeben sich die in Abbildung 32 dargestellten Klassen und Typen der Wölbung der Reliefflächen.

Aufrißtyp (Längs- und Queraufrißtyp) und *Grundrißtyp* sind wichtige Merkmale vor allem der Reliefformen. Nach dem Aufrißtyp werden als Hauptklassen unterschieden: bergartige Formen (Berge, Gebirge, Berg- bzw. Gebirgszüge); hangartige Formen (Hangformen i. e. S., Stufen- und Terrassenformen, Spornformen); talartige Formen (Becken, Täler). Diese Hauptklassen sind nach Aufriß und Grundriß weiter zu untergliedern, z. B. die Täler in solche mit Talböden (Sohlen- bzw. Kastentäler, Sohlenkerbtäler, Wannentäler) und solche ohne Talböden (Kerbtäler, Muldentäler). Differenzierungen sind auch nach den dominierenden Hangneigungen und den relativen Höhen bzw. Tiefen sinnvoll (vgl. Abbildung 44).

Zur *Größenkennzeichnung* der Reliefformen (und -elemente, Fazetten) dienen die Kennwerte Breite (z. B. Talbreite, Talbodenbreite), Länge (z. B. Hanglänge) und relative Höhe (z. B. Stufenhöhe, Taltiefe). Die *Grundrißbreite* ist mehr als die anderen Größenwerte zur Klassifikation der Reliefformen nach ihrer Größe geeignet (vgl. Tabelle 19).

Für die Bewegung von Erdmassen bei bautechnischen Aufgaben sowie für morphogenetische Fragestellungen spielt auch das von der Relieffläche umschlossene *Volumen* eine Rolle. Die *Flächengröße* (reale Gebäudefläche, reduzierte Fläche in der Kartenebene) ist für die Berechnung von Niederschlags- und Abflußspenden sowie für die Berechnung von Nutzflächen wesentlich.

Für die *Kennzeichnung von Formengesellschaften*, wie beispielsweise für Assoziationen von Mikroformen innerhalb von Mesoformen (z. B. Tälchen-Platten-Gesellschaft innerhalb einer Sanderplatte), stehen neben Mittel- und Häufigkeitsverteilungswerten der Hangneigung und der Wölbung folgende weitere Merkmalskennwerte zur Verfügung. Der *Kombinationstyp der Leitformen* nennt die flächen- und zahlenmäßig dominierenden, für die Skulpturcharakteristik und genetische Entwicklung wichtigen Formen der Gesellschaft (z. B. periglaziär-fluvial gebildete Wannentäler und dazwischenliegende Restplatten innerhalb einer Sanderfläche). Mit dem *Netztyp* bzw. Mosaiktyp (z. B. konzentrisch, dendritisch; vgl. auch Abbildung 30) wird die grundrißliche Anordnung dieser Formen innerhalb einer Gesellschaft bezeichnet. Die *Formendichte* (z. B. Taldichte, Anzahl pro Flächeneinheit oder Summe der Tallängen pro Flächeneinheit) charakterisiert die Dichte der Reliefgliederung. Die innerhalb der Formengesellschaften auftretenden relativen Höhenunterschiede werden durch das Merkmal *Reliefenergie* (maximaler Höhenunterschied in Metern innerhalb definierter Meßflächenareale nach Quadratkilometern) erfaßt. Die Größe der Meßflächeneinheiten ist analog zur Größen-

Tabelle 19
Klassifikation der Reliefformen
mit Hilfe der Grundrißbreite

Breite (Grundrißbreite) B	Größenordnung der Reliefformen
$B \leq 10^0$ m	Kleinstform *(Nanoform)*
10^0 m $< B \leq 10^2$ m	Kleinform *(Mikroform)*
10^2 m $< B \leq 10^4$ m	Mittelgroße Form *(Mesoform)*
10^4 m $< B \leq 10^6$ m	Großform *(Makroform)*
$B \leq 10^6$ m	Größtform *(Megaform)*

	Agens	Prozeßgruppe	Fazielle Differenzierung
Exogene Prozesse — Massentransportprozesse	Mensch	technogene (anthropogene) Prozesse	
	Tier, Pflanze	biogene Prozesse	
	Wind	äolische Prozesse	
	Meer	marine Prozesse	
	Seen	limnische Prozesse	– limnische Prozesse allgemein – glazilimnische Prozesse
	Fluß, Bach	fluviale Prozesse	– fluviale Prozesse allgemein – glazifluviale Prozesse
Denudation (Derasion)	Hanggerinne	hangfluviale Prozesse	
	diffus oder schichtflutartig abfließendes Oberflächenwasser am Hang	Hangspülprozesse	– Hangspülprozesse allgemein – Spülkorrosion (im Karst) – Bodenerosion
	unterirdisches Wasser	subterran-aquatische Prozesse	– suffosive Prozesse allgemein – karstsuffosive Prozesse – Grundwasserprozesse – subglaziär-glazifluviale Prozesse – Karstwasserprozesse
	Schnee, Firn	nivogene Prozesse	
	Gletschereis	glazigene Prozesse	
	Bodeneis, Kammeis	kryogene Prozesse i. e. S.	
Massenbewegung	ohne Agenzien, teilweise bewegte Erdmassen als Agens	gravitative Prozesse	– gravitative Prozesse allgemein – kryogravitative Prozesse – toteisgravitative Prozesse – suffosionsgravitative Prozesse – karstgravitative Prozesse – technogravitative Prozesse
Endogene Prozesse		tektogene Prozesse vulkanogene Prozesse	
Kosmogene Prozesse	Meteoriten	kosmische Prozesse	

Tabelle 20
Ordnung der reliefbildenden Prozesse

ordnung der die Formengesellschaften aufbauenden Reliefformen zu wählen. Für die Höhenunterschiede im Bereich von Mikroformenassoziationen sind kleinere Meßflächen (maximal 1 km²) zu wählen als für die im Bereich von Mesoformengesellschaften (z. B. 25 km²).

2.3. Genese und Dynamik des Georeliefs und der Morphosphäre

2.3.1. *Grundtatsachen der Reliefgenese*

Aktuelle Reliefformung ist an Bergbauhalden, auf geneigten Ackerflächen oder an aktiven Küstenkliffs ebenso zu beobachten wie bei Vulkanausbrüchen oder Erdbeben. Sie geht aus von einer bestehenden (präexistenten) Reliefform und führt zu einer neuen, veränderten Form, die dem reliefbildenden Prozeß entspricht (= prozeßkorrelate Form). Die Reliefbildung bzw. -veränderung geschieht durch Zufuhr (Aufschüttung, Sedimentation, *Akkumulation*) und bzw. oder Abfuhr (*Erosion*, Abtrag) von Gesteinssubstanz. Die bei der Reliefbildung abgelagerten Gesteine sind als *prozeßkorrelate Sedimente* zu bezeichnen. Die Vorgänge der

Akkumulation und Erosion sind überwiegend irreversibel. Gleichfalls kann sich Reliefveränderung durch Hebung oder Senkung des Reliefs der Erdoberfläche vollziehen, wobei tektonische Prozesse, Frieren und Tauen des Untergrundes oder Salz- und Gipssubrosion als Ursachen auftreten können. Die beiden erstgenannten Vorgänge und ihre Ergebnisse können reversibel sein, ebenso die Materialverlagerung durch Wind und Brandung.

Unter den reliefbildend wirksamen Energien sind besonders die tellurischen Energien (Gravitationsenergie, bei tektonischen Bewegungen wirkende Energien) und die solare Energie zu nennen. Die Mehrzahl der morphogenetischen Prozesse wird durch *Agenzien* getragen (s. Tabelle 20), unter denen das fließende Oberflächenwasser, der Wind, das Gletschereis und in jüngerer Zeit der Mensch hervorzuheben sind. Determinierende, die Fazies der Reliefbildung bestimmende Einflußfaktoren und Formungsbedingungen, wie Klima, tektonische Struktur und Gesteinsart, beeinflussen das Auftreten und die Intensität reliefbildender Prozesse und führen dadurch zu spezifischen Varianten der Bildung der Reliefformen und der korrelaten Sedimente. Durch den wachsenden Einfluß des Menschen auf seine natürliche Umwelt prägen sich zunehmend stärker fazielle Differenzierungen des Reliefs bei forstlicher, ackerbaulicher oder bergbaulicher Nutzung sowie im Bereich bebauter Flächen (Siedlungen u. a.) aus.

Als Medium und determinierender Faktor ist die Erdkruste mit ihrem tektonischen Bau und ihrem Gestein von besonderer Bedeutung für die Reliefformung. Dabei ist zu beachten, daß die Erdkruste selbst nicht nur eine regionale Differenzierung aufweist, sondern auch einer zeitlichen Wandlung unterliegt und dadurch ständig veränderte Bedingungen für die Reliefformung entstehen (vgl. Abbildung 45 und 46). Wichtig ist, daß die Prozesse der Reliefbildung durch Erosion und durch Akkumulation prozeßkorrelater Sedimente an der Veränderung der Erdkruste und speziell an der Gestaltung der Geodermis mitwirken (vgl. Abschnitt 1.3.3.). *Reliefgenese ist zugleich Entwicklung und Gestaltung vor allem der Oberfläche der Erdkruste.*

Unter den vielfältigen Merkmalen der Erdkruste sind aus geomorphologischer Sicht einerseits der *tektonische Bau* und andererseits die *stoffliche Zusammensetzung* und das *Gefüge der Gesteine* wichtig (s. Tabelle 21). Über diese Eigenschaften werden das Auftreten und die Intensitäten der verschiedenen reliefbildenden Prozesse entscheidend beeinflußt. Das bedeutet, daß Verwitterung und Abtragung stets, jedoch unter verschiedenen Einflußbedingungen mehr oder weniger stark, selektiv wirken.

Ein wesentlicher Faktor bei der Reliefbildung ist die Größe *Zeit*. Während viele kleinere Formen, wie Erosionskerben am Hang oder Spülkarren, in kürzester Zeit (Minuten, Stunden) angelegt werden können, benötigen große Formen, wie Mittelgebirgstäler oder ausgedehnte Rumpfflächen, lange Zeiträume zu ihrer Entwicklung.

Eine Vielzahl überwiegend kleinerer und einfach gebauter Formen ist nach ihrer Entstehung im wesentlichen durch *einen* Prozeß bzw. *eine* Prozeßgruppe erklärbar (Spülkarren, Erdfälle). Diese Formen können als *monodynamische* Formen bezeichnet werden. Ihnen stehen die *polydynamischen* Formen gegenüber, an deren Herausbildung mehrere verschiedenartige Prozeßgruppen beteiligt sind (z. B. Mittelgebirgstal – fluviale Prozesse, Hangabtragungsprozesse).

Die obengenannten kurzzeitig gebildeten Formen (z. B. Erdbebenspalten, Erosionsgräben) erhalten ihre Gestalt während *einer* Phase der Reliefbildung unter dem Einfluß gleichbleibender faktorieller Bedingungen. Die meisten der größeren Formen, die in der Regel polymorphe Formen sind, haben im Sinne von Zeitsequenzen ihrer Entwicklung mehrere Phasen der Formenbildung durchlaufen. Bei diesen *polyphasigen Formen* sind während der verschiedenen Phasen der Formung unterschiedliche Prozeßkombinationen und faktorielle Bedin-

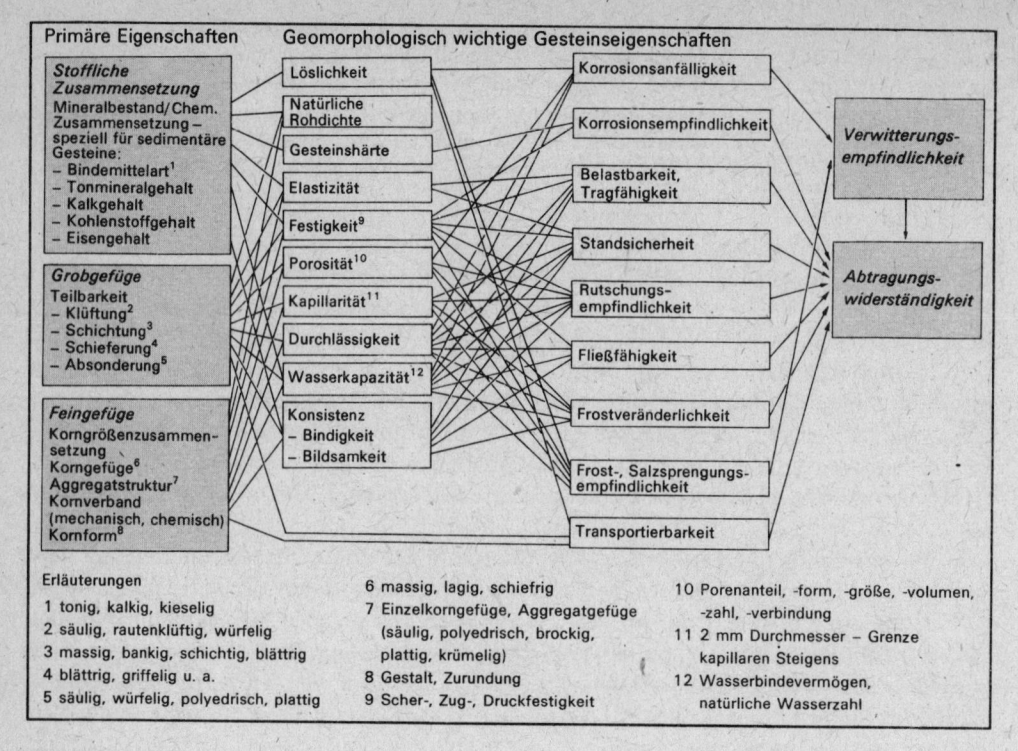

Primäre Eigenschaften	Geomorphologisch wichtige Gesteinseigenschaften		
Stoffliche Zusammensetzung Mineralbestand/Chem. Zusammensetzung – speziell für sedimentäre Gesteine: – Bindemittelart[1] – Tonmineralgehalt – Kalkgehalt – Kohlenstoffgehalt – Eisengehalt	Löslichkeit Natürliche Rohdichte Gesteinshärte Elastizität Festigkeit[9] Porosität[10] Kapillarität[11] Durchlässigkeit Wasserkapazität[12]	Korrosionsanfälligkeit Korrosionsempfindlichkeit Belastbarkeit, Tragfähigkeit Standsicherheit Rutschungsempfindlichkeit Fließfähigkeit	**Verwitterungsempfindlichkeit** **Abtragungswiderständigkeit**
Grobgefüge Teilbarkeit – Klüftung[2] – Schichtung[3] – Schieferung[4] – Absonderung[5]			
Feingefüge Korngrößenzusammensetzung Korngefüge[6] Aggregatstruktur[7] Kornverband (mechanisch, chemisch) Kornform[8]	Konsistenz – Bindigkeit – Bildsamkeit	Frostveränderlichkeit Frost-, Salzsprengungsempfindlichkeit Transportierbarkeit	

Erläuterungen
1 tonig, kalkig, kieselig
2 säulig, rautenklüftig, würfelig
3 massig, bankig, schichtig, blättrig
4 blättrig, griffelig u. a.
5 säulig, würfelig, polyedrisch, plattig
6 massig, lagig, schiefrig
7 Einzelkorngefüge, Aggregatgefüge (säulig, polyedrisch, brockig, plattig, krümelig)
8 Gestalt, Zurundung
9 Scher-, Zug-, Druckfestigkeit
10 Porenanteil, -form, -größe, -volumen, -zahl, -verbindung
11 2 mm Durchmesser – Grenze kapillaren Steigens
12 Wasserbindevermögen, natürliche Wasserzahl

Tabelle 21
Geomorphologisch wichtige Gesteinseigenschaften

gungen von Bedeutung. So sind für das heutige Relief der Endmoränen im Tiefland der DDR sowohl die Phase der glazialen Aufschüttung als auch die Phase der postglazialen fluvialen und denudativen Überprägung wichtig. Dynamik und Zeitfolge zusammenfassend wird häufig auch von *mono- und polygenetischen Formen* des Reliefs gesprochen.

Den verschiedenen Prozeßgruppen und Formungsphasen entsprechen in der Regel charakteristische Reliefformen und prozeßkorrelate Sedimente, die den Charakter von *Leitformen* und Leitsedimenten in Verbindung mit den „Leitprozessen" und „Leitphasen" annehmen. In diesem Zusammenhang ist zu beachten, daß sehr verschiedenartige Prozesse Formen mit gleichem morphographischem Habitus erzeugen können (z. B. fluviale Ebenen, technogene Ebenen), so daß von *analogen* bzw. Konvergenzformen gesprochen wird. Dolinen und Restkuppen zwischen den Dolinen sind demgegenüber als Ergebnisse derselben Prozeßgruppe als *homologe* Formen zu bezeichnen.

Als wesentliches Merkmal der Reliefformen ist ihr *Alter* zu erkunden. Dabei besteht die Schwierigkeit nicht nur in der Problematik der Altersbestimmung selbst, sondern auch in der Unterscheidung, welcher Zeitpunkt während der Entwicklung der Form als ihr Alter angegeben wird. So sind viele der größeren Mittelgebirgstäler bereits im Neogen angelegt worden, und ihre heutige Gestalt ist das Ergebnis fortdauernder Talbildung bis zur heutigen Zeit.

Die Analyse der Genese des Reliefs und seiner Formen umfaßt also eine Fülle von Fragestellungen, unter denen zweifelsohne die Frage nach den reliefbildenden Prozessen an erster Stelle steht. In Anlehnung an eine Vielzahl unterschiedlicher *Klassifikationen der reliefformenden Vorgänge* wird im folgenden Text die in Tabelle 20 niedergelegte Klassifikation verwendet. Sie geht von den tragenden Energien und mitwirkenden Agenzien aus. Sinnvoll ist auch eine völlig andere Klassifikation, die sich an den Ergebnissen orientiert (Prozesse der Hangformung, der Flächenbildung, der Talbildung, der Stufenbildung, der Bergformenbildung). Unter dem besonderen Aspekt der Bindung der Reliefformen an Bau und Dynamik der Erdkruste ist auch die Ordnung und Behandlung der Reliefgenese nach dem tektonischen Typ (z. B. Orogene; Tafeln bzw. Plattformen, Schilde; Rifts), nach der Gesteinsausprägung (z. B. Kalksteinrelief, Relief in Lockersedimenten) und nach der Bewegung der Erdkruste (Hebungs-, Senkungsgebiete) wichtig.

2.3.2. Verwitterung

2.3.2.1. Allgemeines

Die Verwitterung bewirkt eine Veränderung der von ihr betroffenen Fest- und Lockergesteine im Geodermisbereich durch chemische und physikalische Prozesse mit dem Ergebnis der Lockerung und Zerstörung des Gefüges, der chemischen Veränderung und der Minderung der Festigkeit. Ursprünglich nicht oder schwerer transportierbares Material wird dadurch leichter beweglich und transportierbar. Der Prozeß der Verwitterung bereitet die Reliefformung durch Substratverlagerung entscheidend vor. An die Verwitterung schließen sich in der Regel Prozesse der Mineralneubildung an. Für die Bodenbildung ist Verwitterung als Voraussetzung und Teilprozeß notwendig. Der Tiefgang der Verwitterung von der Oberfläche in das Gestein des Untergrundes wird entscheidend von den klimatischen Verhältnissen und der Gesteinsart bestimmt. Unter dem Mikroskop zeigen verwitterte Mineralkörner ebenfalls unterschiedlich starke Zonen der Verwitterung um einen unverwitterten Kern oder durchgehende Verwitterung des gesamten Kornes. Mineralbestand und Chemismus der Gesteine sowie ihr Gefüge bestimmen wesentlich ihre Anfälligkeit gegenüber bestimmten Verwitterungsprozessen (s. Tabelle 21).

Träger bzw. Agenzien der Verwitterung sind vor allem Einstrahlung und Durchfeuchtung sowie das Vorhandensein dissoziierender anorganischer und organischer Säuren. In jüngster Zeit sind technogene Einflüsse, wie Erhöhung des Säuregehaltes von Luft und Niederschlag sowie mechanische Erschütterungen durch Verkehr oder Sprengungen, zunehmend mehr von Bedeutung geworden. Letztlich sind Gesteinseigenschaften, thermische und hygrische Klimaeigenschaften und Vegetation als wichtigste *Verwitterungsfaktoren* hervorzuheben.

Nach der Wirkungsweise der Verwitterung ist zwischen den Vorgängen der *physikalischen* (bzw. mechanischen, einschließlich biogen-physikalischer Vorgänge) und der *chemischen Verwitterung* zu unterscheiden. In der Realität tragen sie zumeist gemeinsam, jedoch mit unterschiedlichen Anteilen, den Prozeßkomplex der Verwitterung. Physikalische Verwitterung führt über die Zertrümmerung der Gesteine zu klastischen Lockergesteinen mit unterschiedlicher Größe und Form der Partikeln. Chemische Verwitterung führt über die Zersetzung des Ausgangsgesteins zur Bildung von Feinerden mit hohem Ton- und Schluffgehalt sowie zur Bildung im unterirdischen Wasser gelöster Substanzen. Arktische und subarktische sowie semiaride und aride Klimate sind die Bereiche dominierender physikalischer Verwitterung, während die humiden Klimate der gemäßigten und tropischen Breiten das bevorzugte Aktionsfeld der chemischen Verwitterung sind.

2.3.2.2. Insolationsverwitterung

Insolationsverwitterung erfordert kurzzeitige starke tageszeitliche Temperaturschwankungen an Gesteinsaußenflächen. Abhängig von Gesteins- und Mineralart (u. a. von der Gesteinsfarbe, der Wärmeleitfähigkeit), sind Gesteine durch größere Absorption der Sonnenstrahlung

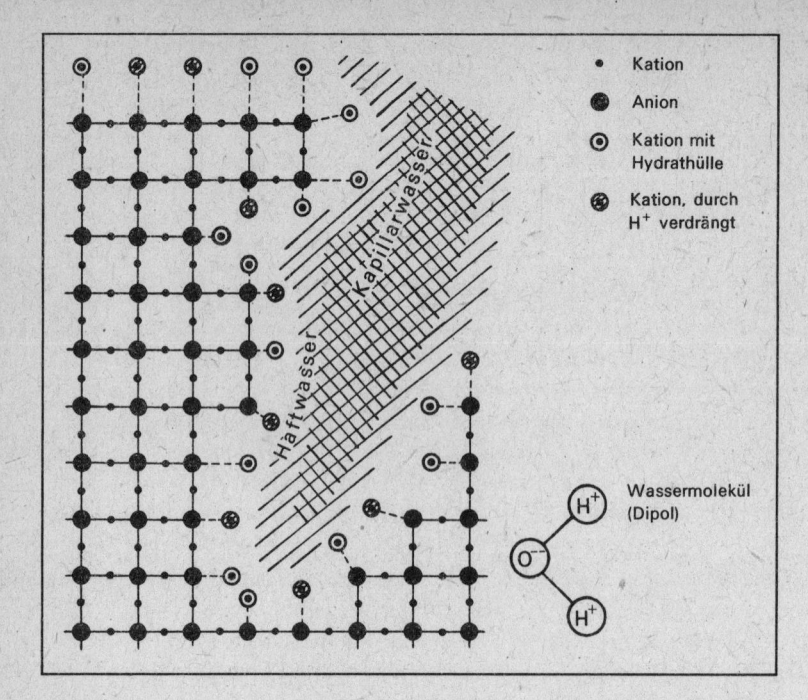

Abbildung 33
Hydratisiertes
silikatisches Mineral
– Schema
(nach LAATSCH 1957;
vgl. Tabelle 23)

- Kation
- Anion
- Kation mit Hydrathülle
- Kation, durch H^+ verdrängt

Haftwasser
Kapillarwasser

Wassermolekül (Dipol)

1,5–2,5fach stärker erwärmbar als Luft; insgesamt sind Gesteine jedoch schlechte Wärmeleiter. Erwärmung des Gesteins führt zu unterschiedlich starker Ausdehnung an der Gesteinsoberfläche und in den tieferen Bereichen von Felsgesteinen oder einzelnen Gesteinstrümmern sowie zu unterschiedlicher Ausdehnung der verschiedenen Minerale der Felsgesteine. Rasches Abkühlen führt zu Spannungen und Sprüngen und damit zur Gefügelockerung und -sprengung. Der Vorgang wird durch vorhandene Schwächebereiche (Kluft- und Schichtflächen, Grenzflächen zwischen Kristallen) unterstützt. Als wirksame Temperaturschwankungen werden tageszeitliche Temperaturdifferenzen von mehr als 50 °C angegeben, wie sie in ariden und semiariden Gebieten gemäßigt-kontinentaler und subtropischer Klimate auftreten können. Kalte Regengüsse auf erhitztes Gestein bewirken ebenfalls dessen rasche Abkühlung. Zerfall der Felsgesteine in ihre Mineralkörner (Vergrusung), Kernsprünge an Blöcken und schalen- bis schuppenartiges Ablösen oberflächiger Gesteinspartien (Exfoliation) können die Folgen sein. Das schalenartige Ablösen erfolgt besonders an plutonischen Tiefengesteinen mit vorhandenen oberflächenparallelen Lager- und Druckentlastungsklüften.

Technische Versuche stellen heute das alleinige Wirksamwerden der natürlich möglichen Temperaturschwankungen in Frage. Die Mitwirkung der Hydratation, der Salz- und Frostsprengung scheint für die Erzeugung der zu beobachtenden Verwitterungsergebnisse erforderlich.

2.3.2.3. Hydratation

Der relativ wenig klimaabhängige Prozeß der Hydratation (Wasseranlagerung) wirkt mit unterschiedlicher Intensität dort, wo freibewegliche H_2O-Moleküle vorhanden sind. Sie führt durch Anlagerung dieser Wassermoleküle an die Grenzflächenionen der Minerale zur Ausbildung von Kationen mit Hydrathüllen und damit zur Lockerung des Gesteinsgefüges. Wegen des Dipolcharakters der Wassermoleküle lagern sich diese mit ihrer Sauerstoffseite an die Grenzflächenkationen an. Die Bindung erfolgt sowohl durch Neben- als auch durch Hauptvalenzkräfte. Gleichfalls werden Grenzflächenionen durch Wasserstoffionen ersetzt (s. Abbildung 33). Der Vorgang vollzieht sich vor allem in silikatischen Gesteinen. Die durch die Absättigung der Valenzkräfte durch Hydratation bewirkte Isolation der Grenzflächen gegeneinander an feinen Gesteinsspalten führt zur Lockerung des Gesteinsgefüges bis zu dessen Zerfall. Sie ermöglicht verstärktes Eindringen flüssigen und gasförmigen Wassers sowie wäßriger Lösungen von Säuren in die Gefügehohlräume und bereitet so weitere Verwitterungsprozesse, wie Oxydation, Hydrolyse und Frostsprengung, vor. Als Vorbedingung für die Hydratation müssen Fugen (Spalten, haarfeine Fugen) im Gestein bzw. zwischen den Mineralkörnern gegeben sein, in die das Wasser eindringen kann.

Häufig wird unter Hydratation auch der Umbau anhydritischer Mineralkristalle durch Aufnahme und Einbau von Wassermolekülen verstanden, wie es bei der Umwandlung von Anhydrit ($CaSO_4 \cdot \frac{1}{2}H_2O$) in Gips ($CaSO_4 \cdot nH_2O$; $n = \frac{1}{2}-2$) durch Aufnahme von Kristallwasser, verbunden mit Volumenzunahme (60%) und dadurch bedingten Druckwirkungen, der Fall ist.

2.3.2.4. Salzsprengung

Dieser Verwitterungsprozeß ist an den Wechsel von Durchfeuchtung und Austrocknung durch Verdunstung, verbunden mit kapillarem Aufstieg wäßriger Lösungen im Gestein an dessen Oberfläche, gebunden. Diese wäßrigen Lösungen entstehen durch andere, chemische Verwitterungsvorgänge während der Durchfeuchtungsphase. Salzsprengung ist typisch für semiaride und aride Klimate, tritt jedoch auch unter humid-gemäßigtem Klima auf und ist im Bereich von Städten mit hohem technogenen Säuregehalt der Luft und des Niederschlagswassers verstärkt zu beobachten. Die oberflächig verdunstenden wäßrigen Lösungen haben die Bildung von Kristallen durch Ausfällung zur Folge. Völliges Auskristallisieren und vollständiger Verschluß der Poren des Gesteins läßt den Prozeß zum Erliegen kommen. Beim Auskristallisieren entstehen mäßige Druckwirkungen auf das Gestein. Bei starker Verdunstung und wasserarmen, stark gesättigten Lösungen bilden sich anhydritische Kristalle, die nach Wiederbefeuchtung durch Regen oder Tau durch Wassereinbau aufquellen und dabei sprengende Druckwirkungen auf die Umgebung der Gesteinsfugen ausüben. Analog zur Frostsprengung zerfallen die Gesteine dadurch in feinkörnige (Sand, Grus) bis grobe (Schutt, Blöcke, Schalen) Verwitterungsprodukte.

In Verbindung mit dem beschriebenen Vorgang können der Entzug löslicher Bindemittel aus Sandsteinen zu deren Lockerung oder das Ausscheiden der ausgefällten Minerale in den Spalten zu deren Verkittung führen. Durch Ausscheidung von Kalk oder Kieselsäure verkittete Gesteinsfugen beispielsweise in wenig festem Sandstein sind in der Regel widerstandsfähiger als das umgebende Gestein und werden durch nachfolgende Verwitterung und Abtragung rippenartig herauspräpariert *(netz- und wabenförmige Verwitterung)*. Flächiges Ausscheiden der ausgefällten Substanzen an der Oberfläche führt zu ausgedehnten *Krustenbildungen*. Die Verwitterungstiefen sind bei der überwiegend in Oberflächennähe wirksamen Salzsprengung nur gering.

2.3.2.5. Frostsprengung

Vor allem bei wiederholtem Temperaturwechsel um die Null-Grad-Grenze (*„Frostwechsel"*) erzeugt in die Hohlräume des Gesteins gelangtes, gefrierendes flüssiges und gasförmiges Wasser starke Verwitterungswirkungen. Das bei +4 °C sein geringstes spezifisches Volumen (Kugelpackung der Moleküle) aufweisende Wasser übt beim Gefrieren, d. h. bei seiner Kristalli-

Tabelle 22a
Lösungswerte (nach Viete u. a. 1960)

Wassertemperatur [°C]	Aufnahmefähigkeit des Wassers [g/l]		
	Steinsalz	Gips	Kalkstein
+10	264	1,9	0,07
+40	267	2,1	0,05

sation, einen erheblichen Sprengdruck (ca. 2200 kp/cm^2 bei −22 °C) auf das umgebende Gestein aus, wobei sich sein spezifisches Volumen um ca. 9% vergrößert. Nach Überwinden des Druckerwärmungseffektes beim beginnenden Gefrieren setzt die Sprengwirkung erst ab ca. −0,5 °C ein, und in Kapillaren gefriert das Wasser erst bei erheblich tieferen Temperaturen (ca. −10 °C). Das Maximum der Ausdehnung wird bei −25 °C erreicht, danach nimmt das spezifische Volumen ab (Kontraktion des Eises, Bildung von Kontraktionsrissen). Maximale Sprengeffekte werden in weitgehend geschlossenen bzw. oberflächig bereits durch Eis verschlossenen Hohlräumen erreicht. Aus der Bodenluft, durch kapillaren Aufstieg oder durch Wanderung von Wasserhülle zu Wasserhülle der Gesteinspartikel zur „Gefrierfront" gelangendes Wasser setzt den Vorgang auch nach oberflächigem Gefrieren fort. Abhängig von der Art der Gesteine (Festigkeit; Art, Menge und Verbindung der Hohlräume), sind unterschiedliche Intensitäten der Verwitterung und verschiedenartige Verwitterungsprodukte (Sandstein → Sand, Porphyr → Schutt u. a.) zu beobachten. Besonders anfällig sind grobkörnige Sandsteine und schichtige Kalksteine, aber auch manche Granite.

Die Frostsprengung tritt in Gebieten mit häufigem tageszeitlichem Frostwechsel, d. h. in Hochgebirgen und in subpolaren wie polaren Regionen, als dominierender Verwitterungsprozeß auf. Ihre Ergebnisse sind vorwiegend Grobschutt, Grus und Sand, sie vermag jedoch auch das Gestein bis zur Korngröße Grobton (0,0006 mm) zu zerkleinern. Abhängig vom Tiefgang des Frostwechsels wirkt die Frostsprengung oberflächig (ca. 0,2–2 m tief). Bezieht man die Frostsprengung während der Bildung des Permafrostes in den polaren und subpolaren Gebieten ein, so reicht ihre Wirkung allerdings erheblich tiefer (mehr als 200 m).

2.3.2.6. Sonstige Arten der mechanischen Verwitterung

An Steilufern des Meeres oder großer Seen erfolgt eine Gefügelockerung des Gesteins durch den Aufprall der *Wasserwellen* und durch das Anpressen von Eisschollen. Erhebliche Zerstörung wird auch durch die *Kavitation* bewirkt, indem anschlagende Wasserwellen (oder Grundwalzen im Fluß) wechselnd Luft in die Gesteinshohlräume hineinpressen und – verbunden mit der Bildung zusammenbrechender Unterdruckräume – wieder absaugen.

Partialdruck CO_2 [10^6 Pa]	Lösbare Menge CO_2 im Wasser [mg/l] bei Wassertemperaturen von			
	0 °C	10 °C	20 °C	30 °C
0,002	6,73	4,69	3,45	2,61
0,05	168,0	117,0	86,2	65,3

Tabelle 22b
Aufnahmefähigkeit des Wassers für CO_2 der Luft (nach Jakucs 1977)

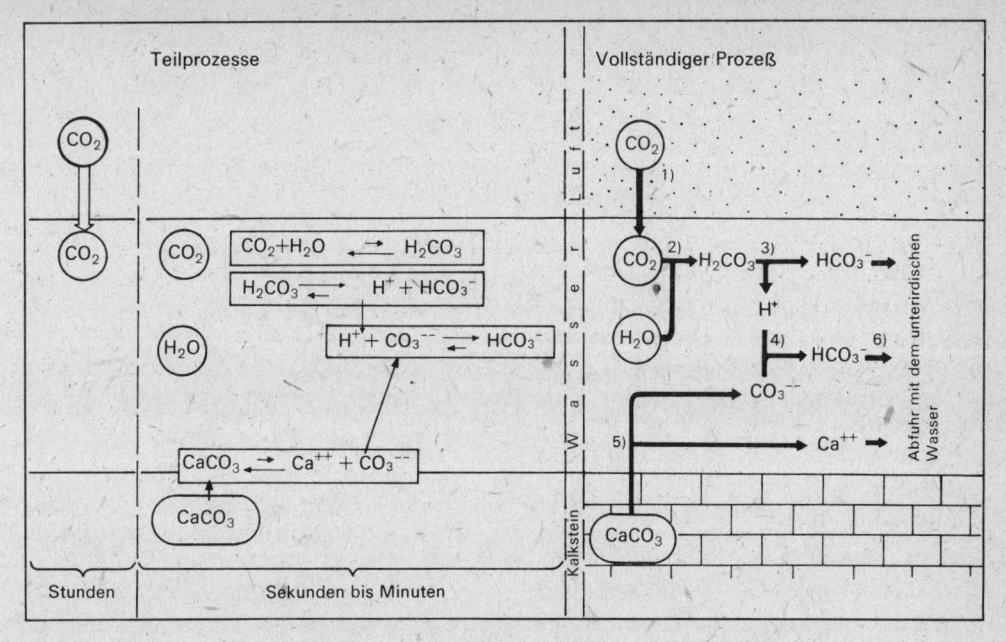

Abbildung 34
Kohlensäureverwitterung (nach JAKUCS 1977 und BÖGLI 1960)

Mit mehr als 10 kp/cm² drücken in die Gesteinshohlräume vordringende feine, wachsende *Pflanzenwurzeln* mittels des osmotischen Druckes des Protoplasmas (Turgordruck) das Gesteinsgefüge sprengend auseinander und lockern auf diese Weise erheblich das Gefüge natürlichen Felsgesteins und das Mauerwerk von Gebäuden und Ruinen. Im Lockergestein (z. B. Löß) tragen *Bodentiere* (Regenwurm, Murmeltier u. a.) durch Anlage von Hohlräumen (Gänge) zur Gefügelockerung bei. Durch Sprengungen, Tiefpflügen, Erschütterung des Untergrundes in Verbindung mit dem Straßenverkehr wirkt auch der Mensch zunehmend stärker an der Lockerung und Zerstörung des Gesteinsgefüges mit.

2.3.2.7. Verwitterung durch Lösung

Die Karbonatgesteine (z. B. Kalkstein – $CaCO_3$, Dolomit – $CaMg(CO_3)_2$), Sulfatgesteine (z. B. Gips – $CaSO_4 \cdot nH_2O, n = 2-\frac{1}{2}$) und Salzgesteine (Halogenide; z. B. Sylvinit – KCl, Steinsalz – NaCl) sind wegen ihrer starken Dissoziierbarkeit in Wasser als *„lösliche Gesteine"* zu bezeichnen. Die Intensität der Lösung ist abhängig von der Reinheit der Gesteine, den herrschenden Temperaturverhältnissen (wachsende Reaktionsgeschwindigkeit mit wachsender Temperatur) und der Größe der für das lösende Wasser erreichbaren äußeren und inneren (Hohlräume!) Gesteinsoberfläche. Die bei der Dissoziation entstehenden Ionen werden bei vorhandener Wasserzirkulation mit dem Lösungswasser weggeführt, zugeführtes Frischwasser setzt den Prozeß fort.

Beispiel für die Lösung: $CaCO_3 \rightleftarrows Ca^{++} + CO_3^{--}$

Unter humidgemäßigtem Klima ist mit der Abtragung von 1 cm des Gesteins bei Gips in rd. 100 Jahren, bei Kalkstein in rd. 1000 Jahren zu rechnen. Salzgesteine sind am stärksten lösungsempfindlich und deshalb nur in ariden Gebieten oberflächig resistent und reliefbildend. Die größten Lösungseffekte werden unter feuchtheißem tropischem Klima erzielt. Im Beisein von Na^+-Ionen im Lösungswasser wird die Lösung von Gips erheblich beschleunigt (vgl. Tabelle 22a).

2.3.2.8. Kohlensäureverwitterung (Karbonatisierung)

Da Niederschlags- und unterirdisches Wasser in der Regel dissoziierende Kohlensäure enthalten, vollzieht sich die chemische Verwitterung karbonatischer Gesteine durch die Kohlensäureverwitterung, die den einfachen Lösungsprozeß als Teilprozeß umfaßt. Insgesamt handelt es sich bei diesem Verwitterungsprozeß um einen Komplex von Gleichgewichtsreaktionen, die bei unterschiedlichen Ionenkonzentrationen und Temperaturen unterschiedlich verlaufen (s. Abbildung 34).

Als wesentliche Glieder der Reaktionskette treten neben dem Ausgangsgestein und dem Lösungswasser die in der atmosphärischen und in der Bodenluft sowie die im Oberflächenwasser und im unterirdischen Wasser enthaltenen CO_2-Moleküle auf, die – von Pflanzen und Bakterien produziert – im Bodenwasser bis zur Sättigungsgrenze enthalten sein können. In vegetationsreichen feuchttropischen Gebieten sind die höchsten CO_2-Gehalte zu verzeichnen.

Der in Abbildung 34 gezeigte Diffusionsvorgang nimmt mit wachsendem CO_2-Gehalt der Luft zu. Jedoch steigt die Aufnahmefähigkeit des Wassers für CO_2 mit abnehmender Wassertemperatur (vgl. Tabelle 22b). Deshalb vermag unter Beisein von CO_2 auch kaltes Wasser Kalk zu lösen. Die Reaktionen 2 bis 5 sind kurzzeitig ablaufende Vorgänge, die mit zunehmender Temperatur beschleunigt werden.

Die Summenformel für den Gesamtvorgang lautet:

$$CaCO_3 + H_2O + CO_2 = Ca(HCO_3)_2.$$

Bei feuchtheißem Klima und üppigem tropischem Pflanzenwuchs, verbunden mit hohem CO_2-Partialdruck der Luft und reichlicher Lieferung von H^+-Ionen durch Humussäuren in der Bodenlösung, treten die intensivsten Wirkungen der Kohlensäureverwitterung auf; sie nehmen mit humidgemäßigtem Klima ab. Bei arktischem und subarktischem Klima sind die Intensitäten gering, durch die relativ hohe Aufnahmerate des Wassers für Kohlendioxid der Luft (trotz geringer absoluter CO_2-Mengen) tritt Kohlensäureverwitterung jedoch auch hier und sogar auch unterhalb der Permafrostschicht auf. Reine Kalksteine verwittern intensiver als unreines Gestein. Auf die absoluten Lösungsbeträge hat die Zeitdauer des Prozesses ebenfalls Einfluß, wie folgende Werte zeigen (nach BÖGLI 1956).

In der Lösung sind enthalten:
0,015 g/l $CaCO_3$ nach 1 m Weg des Oberflächenwassers bei 4 °C,
0,03 g/l $CaCO_3$ nach 10 m Weg bei 3 °C,
0,075–0,098 g/l nach 4 m Weg bei ca. 25 °C.

Lösung und Kohlensäureverwitterung sind die entscheidenden Vorgänge bei der Bildung des *Karstreliefs* (vgl. Abschnitt 2.3.4.2.). Die unlöslichen Gesteinsbestandteile bleiben als Rückstandslehm zurück und können weiteren Verwitterungs- und Bodenbildungsprozessen (Hydrolyse, Oxydation) unterliegen. Im Beisein von Schwefelsäure kann das Kalziumkarbonat in Gips umgewandelt werden (s. Abschnitt 2.3.2.10.). Im Rahmen der Bodenbildung bewirkt die Kohlensäureverwitterung die Entkalkung der Böden.

Beim Vorgang der *Sinterbildung* verläuft der in Abbildung 34 dargestellte Prozeß rückläufig. An die Oberfläche oder in lufthaltige Hohlräume des Untergrundes austretende CO_2-reiche Wässer geben CO_2 an die

Luft ab, so daß Kalkstein als Sinter, speziell auch als Tropfstein ausfällt. Temperaturerhöhung und damit Abnahme des CO_2-Gehaltes sowie CO_2-Assimilation durch Algen und Moose (Photosynthese) bewirken denselben Effekt. In Druckgerinnen im Karst erfolgt aus diesen Gründen keine Sinterbildung.

2.3.2.9. Hydrolyse (Silikatverwitterung)

Silikatische Minerale der Gesteine, wie Feldspäte, Glimmer, Augite und Hornblenden, unterliegen der Hydrolyse (vgl. Tabelle 29). Dabei handelt es sich um die Reaktion dieser aus der Verbindung von Kieselsäuren mit Alkalien, Erdkalien und Metallen entstandenen Salze mit den Ionen des dissoziierten Wassers und wäßriger Lösungen (z.B. H^+-Ionen liefernde organische und anorganische Säuren).

Bei niedrigen pH-Werten und speziell unter feuchtheißem tropischem Klima ist die Hydrolyse am intensivsten, unter kalten und ariden Bedingungen ist ihre Wirkung am geringsten. Der Zugang des Wassers in das Gestein wird durch primär vorhandene Hohlräume auch kleinsten Durchmessers sowie durch die aufschließende Wirkung der Frostverwitterung und der Salzsprengung erleichtert und über die Hydratation realisiert.

Die Hydrolyse setzt an den Grenzflächen der Ionenkristallgitter an. Am Beispiel der Kalifeldspäte (Orthoklas – $K[AlSi_3O_8]$) stellt sich der Vorgang wie folgt dar. Die meist hydratisierten Grenzflächenkationen (Na^+, Mg^{++}, Ca^{++}, Fe^{++} u. a.) werden durch H^+-Ionen verdrängt, auch ausgewaschen, und dabei entsteht – von den Randzonen der Mineralpartikel in deren Tiefe vordringend – hydratisierter Orthoklas. Entstehende Kalilauge geht in die Bodenlösung über:

$$K[AlSi_3O_8] + H_2O \rightleftarrows H[AlSi_3O_8] + KOH.$$

Durch diesen Vorgang verliert das Kristallgitter soweit seinen Zusammenhalt, daß auch Kieselsäuremoleküle und Al-Ionen austreten, wobei letztere sich mit den OH-Ionen des Wassers verbinden.

Der Gesamtprozeß stellt sich in der Summenformel für das Beispiel Orthoklas wie folgt dar:

$$2K[AlSi_3O_8] + 8H_2O = 2Al(OH)_3 + 2H_4Si_3O_8 + 2KOH$$
$$\text{(Tonerde)} \quad \text{(Kieselsäure)} \text{ (Kalilauge)}$$

Die entstehenden Hydroxide der Alkali- und Erdalkalimetalle sowie die freie Kieselsäure gehen in die Bodenlösung über.

Unter den vielfachen *Folgeprozessen* (s. Tabelle 29) sind einige wesentliche zu nennen. Es können sich Rinden aus amorpher ausgefällter Kieselsäure um unverwitterte silikatische Minerale bilden, so daß die weitere Verwitterung gehemmt oder unterbunden wird. Die entstehenden basischen Verbindungen können der Oxydation unterliegen.

Bei vollhumidem Klima werden die Hydroxide der Alkalien und Erdalkalien ausgewaschen (= Entbasung). Tonerde und kolloidale Kieselsäure werden unter Mitwirkung von Humussäure ausgefällt und treten so zu neu gebildeten wasserhaltigen Tonmineralen, wie Kaolinit und Montmorillonit, zusammen (*siallitische* bzw. tonige *Verwitterungsrichtung*; der dargestellte Prozeßkomplex ist ein wesentlicher Teil der Podsolierung wie auch der Lessivierung der Böden – vgl. Abschnitt 3.2.4.2.).

Bei warmem bis heißem wechselfeuchtem Klima mit Trockenphasen und bei wegen raschen Humusabbaus fehlenden Humussäuren kann das Ausfällen der Hydrolyseprodukte unterbleiben, wobei die kolloidale Kieselsäure ausgewaschen wird und die hydratischen Aluminiumverbindungen zusammen mit den meist als Roteisen vorliegenden Eisenverbindungen oberflächig zurückbleiben (*allitische Verwitterung* und Roterdebildung; dieser Prozeßkomplex ist ein wesentlicher Teil der Lateritisierung der Böden).

Unter ariden und semiariden warmen bis heißen Klimabedingungen können die Verwitterungsprodukte Krusten an der Erdoberfläche bilden. Die kolloidale Kieselsäure wird hier nicht tief ausgewaschen, sondern in Oberflächennähe teilweise als amorpher Quarz ausgeschieden.

Die neu gebildeten, den Kornfraktionen Ton bis Feinschluff angehörenden *Tonmineralien* (s. Abschnitt 1.3.1.) gehören der Kaolinitgruppe (Bildung bei saurer Bodenreaktion und Kieselsäurearmut, speziell bei feuchtheißem tropischem Klima; z. B. Kaolinit – $Al_2[(OH)_4/Si_2O_5]$), der Montmorillonitgruppe (Bildung bei schwach alkalischer bis neutraler Bodenreaktion, speziell unter humidgemäßigtem Klima; z. B. Montmorillonit – $Al_2[(OH)_2/Si_4O_{10}] \cdot nH_2O$) oder der glimmerartigen Gruppe Illit, Vermiculit) an. Entscheidend für die Art der neu entstehenden Tonminerale ist neben dem ph-Wert auch der Gehalt des Ausgangsmaterials an Alkalien und Erdalkalien (speziell K, Mg, Ca) zum Zeitpunkt der Tonbildung. Aus ursprünglichen Glimmern, wie Biotit und Muskovit, können über die Zwischenstufe der glimmerartigen Tonminerale durch Umbildung der Kristallgitter ohne völligen vorherigen Zerfall derselben Montmorillonite entstehen. Ein wesentlicher Unterschied zwischen den genannten Tonmineralien besteht darin, daß die der Kaolinitgruppe „Zweischichtmineralien", die der beiden anderen Gruppen jedoch „Dreischichtmineralien" sind (s. Abbildung 35). Daraus folgt, daß letztere wegen der größeren Angriffsfläche (Außenflächen und innere Schichtgrenzflächen) in größerem Ausmaß in der Lage sind zu hydratisieren, Kationenaustausch zu vollziehen und durch die Anlagerung von Hydratwasser zu quellen. Die starke Bindigkeit und Bildsamkeit (vgl. Abschnitt 2.3.3.2. – Gravitationsprozesse) montmorillonitreicher Tone ist dadurch bedingt.

Abhängig von den Klimabedingungen greift die Hydrolyse unterschiedlich tief in das Gestein. In den feuchtheißen Tropen werden Verwitterungstiefen von 50–200 m erreicht, wobei dort auch der Umstand eine Rolle spielt, daß solche Klimabedingungen über lange Zeit seit dem Tertiär ohne wesentliche Änderungen herrschen. Die gleichen Ursachen sind auch für die mächtigen tropischen Böden verantwortlich.

2.3.2.10. Oxydation und andere Verwitterungsvorgänge

Durch Reaktion der Gesteinssubstrate mit dem Sauerstoff der Luft und dem in Niederschlags- und unterirdischen Wässern physikalisch gelösten Sauerstoff treten *Festigkeitsminderungen* des Gesteins auf. Braune bis rote Färbungen an verwitterten Gesteinen und Bodenhorizonten zeigen in der Regel die Produkte der Oxydation von zweiwertigem Eisen und Mangan an. Als solche treten häufig das Eisenoxid Roteisen (Fe_2O_3) und das Eisenhydroxid Brauneisen (FeOOH) auf.

Die bei der Oxydation von Eisensulfid (z. B. Pyrit – FeS_2) frei werdende Schwefelsäure steht für weitere Reaktionen zur Verfügung. Zum Beispiel entsteht aus ihrer Verbindung mit den Produkten der Kohlensäureverwitterung von Kalkstein Kalziumsulfat (Gips).

Das dreiwertige Eisen (Fe^{+++}) kann, statt neue Verbindungen einzugehen, auch in der Bodenlösung abgeführt werden. Unter subtropischen und tropischen wechselfeuchten semiariden Klimabedingungen kommt es durch Ausfällung dieses Eisens zur Roteisenbildung (z. B. in Roterden). Die Oxydation wird meist durch andere Verwitterungsprozesse wie Hydrolyse oder Frostverwitterung vorbereitet. Das Gegenstück zur Oxydation ist die *Reduktion*, bei der vorhandene Verbindungen des dreiwertigen Eisens unter Luftarmut und im Beisein organischer Säuren reduziert werden, so daß zweiwertiges Eisen entsteht. Dieses wird durch die Bodenlösungen ausgewaschen bzw. verlagert. Der beschriebene Vorgang tritt charakteristisch bei der Vergleyung auf.

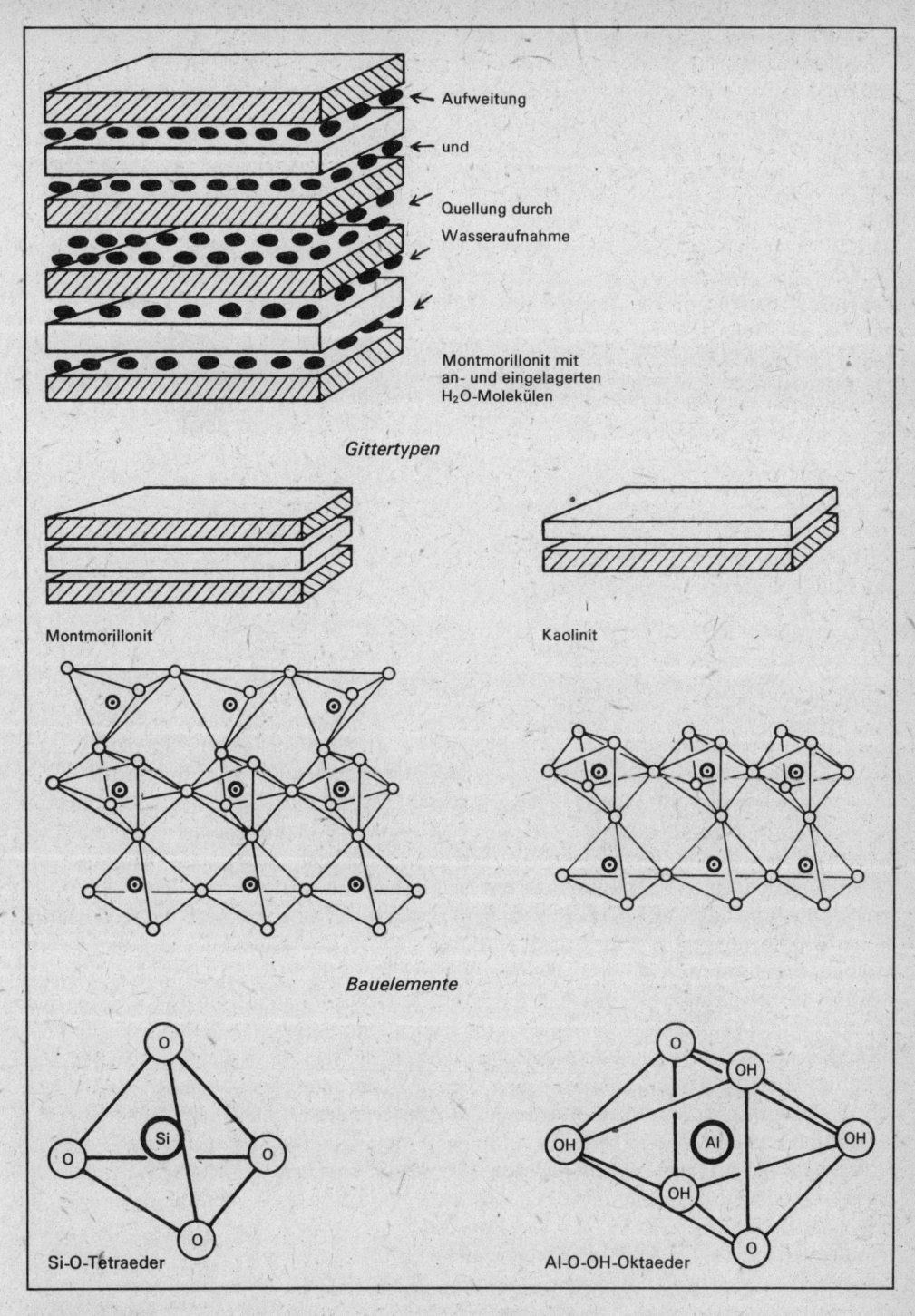

Abbildung 35
Gittertypen und Bauelemente von Tonmineralien (Drei- und Zweischichttyp)
(nach WAGENBRETH 1970 und LAATSCH 1957; vgl. auch Abbildung 2)

Im wesentlichen anthropogen bedingt ist die *„Rauchgasverwitterung"*, die im Bereich von Städten und Industriegebieten intensive Zerstörungen natürlich gewachsenen Gesteins sowie des Mauerwerks von Gebäuden bewirkt. Durch die erhöhten Gehalte von CO_2, SO_2, NO_2, H_2SO_3 und H_2SO_4 in Luft und Niederschlagswasser vollziehen sich hier sehr intensive Vorgänge der Lösung, Salzsprengung, Hydrolyse und Oxydation.

2.3.3. Reliefgestaltende Prozesse und korrelate Leitformen des Reliefs

2.3.3.1. Tektogene und vulkanogene Prozesse und Formen

Die reliefbildende Wirkung tektogener Vorgänge besteht einerseits in der unmittelbaren Reliefveränderung (z. B. als Folge von Erdbeben, Hebungs- und Senkungsvorgängen) und andererseits durch die Schaffung bestimmter Bedingungen für den Ablauf anderer Prozesse (z. B. Versteilung der Flußgefälle, Auslösen von Flutwellen oder Bergstürzen). Im folgenden Text werden die unmittelbaren Wirkungen zusammenfassend kurz umrissen (vgl. Abschnitte 1.3.2.3., 1.4.1., 1.4.4.–1.4.6. und Abbildung 60).

Tektogene Reliefformung vollzieht sich in der Regel langfristig, d. h., die Bewegungen dauern mit wechselnder Intensität über längere geologische Zeitabschnitte an. Die entstehenden Reliefformen werden dabei gleichzeitig von exogenen Vorgängen der Abtragung und Aufschüttung mitgestaltet. Dabei entscheidet die Dominanz der exogenen oder der endogenen Formungsanteile darüber, ob die heute sichtbare Reliefform überwiegend durch die eine oder die andere Prozeßgruppe geprägt worden ist. Beispielsweise werden Bruchstufen, wie die mit der saxonischen Gebirgsbildung gebildete Nordrandstufe des Harzes, durch Zertalung und Hangabtragung, Abflachung und Zurückverlegung exogen stark mitgeprägt. Dabei spielt der Widerständigkeitsunterschied der Gesteine beiderseits der Bruchlinienzone eine erhebliche Rolle hinsichtlich der verstärkten Herauspräparierung, Erhaltung oder Abtragung der Bruchstufe am Rande der gehobenen Scholle. *Reliefumkehr* entsteht bei gesteinsbedingt stärkerer Abtragung gehobener oder zurückbleibender Abtragung abgesenkter Struktureinheiten (z. B. Leuchtenburg bei Kahla). Kleine Bruchstufen oder grabenartige Spalten mit Sprunghöhen und Horizontalverschiebungen von einigen Metern (z. B. San-Andreas-Spalte in San Franzisco) entstehen kurzfristig als Ergebnisse örtlich und zeitlich mit großer Intensität sich vollziehender rezenter Teilbewegungen im Rahmen langfristiger tektonischer Vorgänge. Sie sind im Moment ihrer Entstehung im wesentlichen als reine endogene Formen zu bezeichnen.

Aus Geosynklinalen heraus entstehen *Kettengebirge* (vgl. Abschnitt 1.4.4.1.) wie die känozoischen Alpen, Karpaten, Anden oder das paläozoische Variskische Gebirge. Gesteinsabhängig selektiv tätige exogene Abtragung der Orogene führt dann in den durch Falten- und Deckenstrukturen geprägten Außenzonen der Orogene häufig zur Bildung von Schichtkammreliefs (vgl. Abschnitt 2.3.4.3.). Großen Bruchstörungen folgende Großtäler sind vor allem für die zentralen Gebirgsbereiche mit ihren Methamorphit- und Magmatitkomplexen typisch. Nach ihrer Höhenlage gehören diese Gebirge überwiegend den Hochgebirgen an, deren heutiger Reliefcharakter in starkem Maße durch glazigene Überformung mitgeprägt wurde.

Außerhalb der jungen, alpidischen Orogene treten in den relativ starren kratonischen Erdkrustenbereichen als reliefbildende tektogene Vorgänge sowohl weitgespannte epirogene Bewegungen als auch bruchtektonische Vorgänge mit unterschiedlichen räumlichen Dimensionen auf. Die *epirogenen Bewegungen* führen durch weitflächige Hebungen und Senkungen zur Veränderung der Höhenlage des Reliefs ohne wesentliche Formenbildung im geomorphologischen Sinn. Unter den *bruchtektonischen Vorgängen mit großer räumlicher Dimension* sind die großen Grabenbrüche (z. B. ostafrikanische Gräben) zu nennen, in deren Bereich auch Vulkanismus formenbildend auftritt. Die genannten Erscheinungen werden vor allem im Bereich ausgedehnter Schilde und Blöcke reliefgenetisch wirksam; daneben treten dort auch tektogene Formen, wie Bruchschollengebirge, Bruchstufen und tektonische Becken, in der Dimension von Makroformen auf.

Vielfältige *tektogene Reliefbildungen* sind *im Bereich der beweglicheren Randzonen der Kratone im Übergangbereich zur Geosynklinale* (vgl. Abbildung 18) zu beobachten. Dort wird der konsolidierte Unterbau meist durch diagenetisch verfestigte Sedimentgsteine des Tafelstockwerkes überdeckt. Hebungen und Senkungen mittlerer räumlicher Ausdehnung führen zu bruchtektonischen Strukturen des konsolidierten Unterbaus mit Bildung horst- oder pultschollenartiger Gebirge mit Bruchstufenrändern (z. B. Harz, Erzgebirge, Thüringisches Schiefergebirge) sowie zu Becken (z. B. Thüringer Becken) und Gräben (z. B. Elbtalgraben). Die dabei auftretenden erheblichen vertikalen Sprunghöhen von einigen hundert Metern werden teilweise durch exogene Vorgänge ausgeglichen. Neben anderen Faktoren (Hebungsintensität, Gestein, Abtragungszeit) hat die Form (vor allem die Breite) der Gebirgsschollen Einfluß auf die Reliefgestalt der Gebirge. Schmale Schollengebirge (Thüringer Wald) werden eher über den Weg der vom Rand her in das Gebirgsinnere vorgreifenden Zertalung zu „Kammgebirgen" geformt als breite Schollengebirge (z. B. Harz), die wegen der geringeren Zertalung ihrer inneren Bereiche häufig Plateaugebirgscharakter zeigen. Die Gesteinsschichten des Molasse- und Tafelstockwerkes werden entweder in gleicher Weise wie der Unterbau durch nach oben durchreichende Bruchstrukturen gestört oder bilden Falten und flexurartige Abbiegungen bzw. Aufbiegungen. Abhängig von größeren oder geringeren Hebungsbeträgen der Hochschollen, sind die Gesteine dieser Stockwerke dort durch exogene Abtragungsvorgänge mehr oder weniger entfernt. Im Bereich der am Rande der Hochschollen aufgebogenen Sedimentgesteine des Tafelstockwerkes haben sich dadurch Schichtkammreliefs entwickelt.

Ausgehend von mächtigen Salzlagern des Zechsteins haben sich im mitteleuropäischen Bereich durch halokinetischen Salzaufstieg *salztektonische Sättel* entwickelt, die bei Erhaltung der widerständigeren Deckschichten des Tafelstockwerks zu bergartigen Erhebungen des Reliefs führten, bei exogener Abtragung und Aufschneidung dieser Deckschichten und nachfolgender Salzablaugung jedoch im Sinne einer „Reliefumkehr" im heutigen Relief durch becken- und talartige Senken repräsentiert sein können (vgl. Abbildung 17).

Vulkanogene Reliefbildung (vgl. Abschnitt 1.3.2.3.) ist in der Regel an tektonische Schwächezonen der Erdkruste gebunden. Als kryptovulkanische Reliefformen entstehen bergartige Aufwölbungen der Erdkruste über Magmenintrusionen (Lakkolithe). Durch schlotartige Intrusionen entstehen Quell- bzw. Staukuppen wie der Drachenfels am Rhein. Oberflächige Magmenergüsse (Extrusionen) als Lava und Tuff schaffen die vulkanischen Reliefformen i. e. S. Breitflächige Ergüsse dünnflüssiger Lava aus langen Spalten bauen tafelartige Plateaus auf, punktartige Ergüsse führen zu *Vulkanbergen*. Breitflächige Schildvulkane mit flacheren Hängen entstehen bei dünnflüssiger Lava (Mauna Loa auf Hawaii), während Schichtvulkane mit steileren Hängen aus weniger dünnflüssiger Lava und Tuffschichten in Wechsellagerung aufgebaut sind. Tuffvulkane sind aus vulkanischen Tuffen aufgebaut. Als charakteristische Formen können Einbruchkessel um die Auswurfröhre im Gipfelzentrum der Vulkanberge auftreten (Caldera – vgl. Abbildung 6). Innerhalb der Caldera ist der Aufbau jüngerer, neuer Kraterkegel (Somma) möglich, wie sie der Vesuv zeigt. In vielfältiger Weise entstehen auf den vulkanischen Formen exogene Formen, wie Spülrinnen, Täler und Rutschungsformen.

Durch explosive Gasausbrüche, verbunden mit dem Auswurf von Staub und von Gesteinstrümmern überlagernder Deckgesteine sowie teilweise mit Magmenergüssen, entstehen

Sprengtrichter und weitflächige Becken mit mehr oder weniger vollständigen Ringwällen aus dem Explosionsmaterial *(Maare).* An Geysiren und Thermalquellen bilden sich durch Ausscheidung von Sinter, Sinterkegel und Sinterterrassen. Zusammen mit heißem Wasser können Schlammmassen, die aus Lockertuffdecken stammen oder anderen Ursprung haben, ausgepreßt werden, so daß Schlammkuppen *("Schlammvulkane")* entstehen. Als analoge, nichtvulkanische Formen entstehen Schlammvulkane in Erdölgebieten durch austretenden Gesteinsbrei in Verbindung mit unter Druck ausströmenden Erdgasen. Für das submarine Relief der Ozeane ist die *Riftbildung* (s. Abbildungen 18, 19) von besonderer Bedeutung. Sie führt zu großdimensionalen untermeerischen Gebirgsketten (Abbildungen 18, 20).

Meteoriteneinschlag erzeugt kraterartige Formen, die aufgrund ihrer Ähnlichkeit mit Maaren häufig als vulkanische Formen gedeutet werden. Als solche *Meteoritenkrater* sind u. a. das 20–24 km durchmessende Nördlinger Ries und der Flagstaffkrater in Arizona entstanden.

Zweifelsohne sind die Mehrzahl der Megaformen und zahlreiche Makroformen des Reliefs der Erde als Ganze tektogener Entstehung. Daneben erreichen jedoch auch exogen entstandene Reliefformen, wie tropische Rumpfflächen oder ausgedehnte akkumulative Tiefebenen, die verschiedenartige tektonische Einheiten überziehen, vergleichbare Größendimensionen.

2.3.3.2. Reliefformung durch Massenbewegung

Gravitationsprozesse

Die Reliefformung durch Massenbewegungen geschieht im wesentlichen ohne transportierende Agenzien durch das Einwirken der Schwerkraft auf bewegliche Fest- und Lockergesteinsmassen. Die Mitwirkung von Gefrier- und Auftauvorgängen oder der Suffosion und das Vorhandensein technogener, suffogener oder karstogener Hohlräume im Untergrund veranlaßt entsprechende klimatisch, lithologisch und technisch bedingte Varianten von Gravitationsprozessen und -formen. Die Massenbewegungen sind nicht nur für die Reliefformung selbst, sondern auch für die gesellschaftliche Nutzung des Territoriums, vor allem für den Hoch-, Tief-, Verkehrs- und Wasserbau, von außerordentlicher Bedeutung.

Als entscheidende Einflußgrößen für die Gravitationsprozesse *(= schwerkraftbestimmte Massenbewegungen)* sind die Gesteinsart (Tonmineralgehalte, Kapillarität, Wasserdurchlässigkeit, Wassergehalt, Lagerungsform und Gefüge) und die von inneren Kohäsionskräften und Reibungsgrößen abhängige Festigkeit der Gesteine (Zug-, Druck-, Scherfestigkeit) ebenso zu nennen wie die Reliefgestalt, das Klima und die Nutzungsweise.

Ein besonders wichtiger Kennwert ist die *Bindigkeit* der Lockergesteine und der wenig verfestigten Sedimentgesteine. Sie ist abhängig von der Menge der im Gestein vorhandenen Kapillarkräfte und anderen molekularen Anziehungskräften zwischen den Feststoffpartikeln und dem Wasser. Mit wachsender Kapillarität und steigendem Gehalt an Schluff- und Tonpartikeln nehmen diese Anziehungskräfte zu. Nach dem Wasserbindevermögen werden nichtbindige (rollige, z. B. Kies, Grobschutt) und bindige (z. B. Lößlehm, Geschiebelehm, Ton) Gesteine unterschieden. Den Beginn des Zustandes der plastischen Verformbarkeit kennzeichnet die *Ausrollgrenze* (w_a – Wassergehalt an diesem Grenzzustand), den Beginn der Fließfähigkeit die *Fließgrenze* (w_f – Wassergehalt bei diesem Grenzzustand). Die Differenz $w_f - w_a = w_{fa}$ bezeichnet die *Bildsamkeit* der Gesteine und damit den Bereich des Zustandes, in dem die Gesteine plastisch verformbar sind. Die Bildsamkeit wächst mit wachsendem Schluff- und Tonanteil, d. h. im wesentlichen mit wachsendem Anteil an Tonmineralien der Montmorillonitgruppe.

Die *Hangneigung* entscheidet über die Zug- (Rutsch-) und Druck(Haft-)komponente (s. Abbildung 36) der Schwerkraft. Die *Hangwölbung* beeinflußt über die Steuerung des Abflusses des Wassers und der Durchfeuchtung des Untergrundes sowie über die statische Standfestigkeit der Hänge die Anfälligkeit des Reliefs für Gravitationsprozesse, speziell für Rutschungen.

Gesteinsklüfte und Schichtflächen wirken sich als Schwächezonen auf die Festigkeit des Gesteins und als Leitbahnen für eindringendes Oberflächenwasser aus. Rutschungsanfällige ton- und schluffreiche Gesteinsschichten im Liegenden unter wasserdurchlässigen Deckschichten können, wenn sie bei Durchfeuchtung Zustandsänderungen erfahren, an sich und durch den Druck der auflastenden Deckgesteine beweglich werden und die steiferen Schichten des Deckgesteins mitreißen. In dieser Weise wirken vor allem die obersten Partien solcher Gesteinsschichten als „Gleitflächen" bei Rutschungen. Die Auslösung von Massenbewegungen an bisher in Ruhe befindlichen Hangpartien geschieht generell durch Veränderung einer oder mehrerer der genannten Einflußgrößen.

Fall- bzw. *Sturzvorgänge* (Felssturz, Blocksturz, Abgrusen und Absanden) treten an wenig bewachsenen steilen Wänden auf und werden vorbereitet durch Gefügelockerung infolge Verwitterung (z. B. Frost- oder Salzsprengung). Sie können in besonderen Fällen auch durch Erdbeben, Sprengungen und Erschütterung infolge von Verkehr ausgelöst werden. Obwohl sie in allen Klimagebieten auftreten, sind sie besonders häufig in Hochgebirgen (steile Hänge!) sowie in vegetationsarmen ariden, semiariden und subarktischen Gebieten. In den letztgenannten Bereichen treten sie während der jahreszeitlichen Auftauperioden gehäuft auf. Als geomorphologische Ergebnisse sind im Idealfall parallel zur Ausgangswand zurückverlegte Wände mit bergwärts ansteigendem Fußpunkt und am Wandfußpunkt ansetzende steilhängige Lockersedimenthalden zu nennen. Die Halden werden durch Abspülung und andere Vorgänge überprägt (s. Abbildung 36).

Unterschiedliche Verwitterungsanfälligkeit an der Wand ausstreichender Sedimentite führt zur Bildung von Kleinstufen und Gesimsen (z. B. im Elbsandsteingebirge, an Muschelkalkschichtstufen im Saaletal). Hangabtragung durch *Erdfließen* tritt vorrangig als Folge von Zustandsänderungen bindiger Lockersedimente oder Verwitterungsbildungen bei extrem starker Erhöhung des Wassergehaltes über die Fließgrenze hinweg auf. In breiiger Zustandsform und oft wasserübersättigt gehen Erdmassen als mehr oder weniger schuttenhaltige Schlammströme oder als flächige Schichtfluten zu Tal. In den Hochgebirgen sind diese Phänomene als talähnliche Hohlformen hinterlassende *Muren* bekannt. Charakteristisch sind die *Schichtfluten* für die feuchtheißen Tropen außerhalb der Bereiche geschlossener Waldbedeckung, da dort durch die hohen Niederschlagsmengen und die tiefgründigen feinkörnigen Verwitterungsdecken beste Voraussetzungen für die Bildung fließender Wasser-Erdstoff-Gemische bestehen.

In vielfacher Differenzierung treten *Rutschungen* (Erdrutsche, Felsrutsche) als Abtragungsprozesse an Hängen und Wänden auf. In der Mehrzahl werden sie durch Zustandsänderungen bindiger Gesteine, verbunden mit Minderung der Gesteinsfestigkeit infolge Durchfeuchtung, ausgelöst *(Konsistenzrutschungen)*. Geschiebelehme und Lößlehme oder die Schluff-Ton-Steine *(Letten)* des Oberen Buntsandsteins sind u. a. als besonders rutschungsanfällige Gesteine zu nennen. Durchnässung bei Regen oder Schneeschmelze, künstliche oder fluvialerosive Hangversteilung sowie Zerstörung stabiler Texturen des Gefüges von Tonen durch Erschütterung *(Thixotropie)* oder Entsalzung (bei marinen Tonen – *sensitive Tone*) sind häufige auslösende Momente. Durch Thixotropie ausgelöste Erdbewegungen haben meist den Charakter eines trägen Fließens. Bei vertikalem Schichtwechsel mit eingelagerten bindigen Schichten, wie im Bereich der thüringischen Trias, gehen die Rutschungen von den rutschungsempfindlichen bindigen Sedimenten (z. B. Oberer Buntsandstein) aus, wobei die steifen Deckschichten mitgerissen werden (Abbildung 36).

Nach der äußeren Erscheinungsform sind oberflächige und tiefgreifende (über 20 m), stromartige schmale und flächige breite, schnelle (Sekunden) und langsame (Stunden bis Tage dauernde) Rutschungen zu unterscheiden. Das ursprüngliche Gefüge des Gesteins der

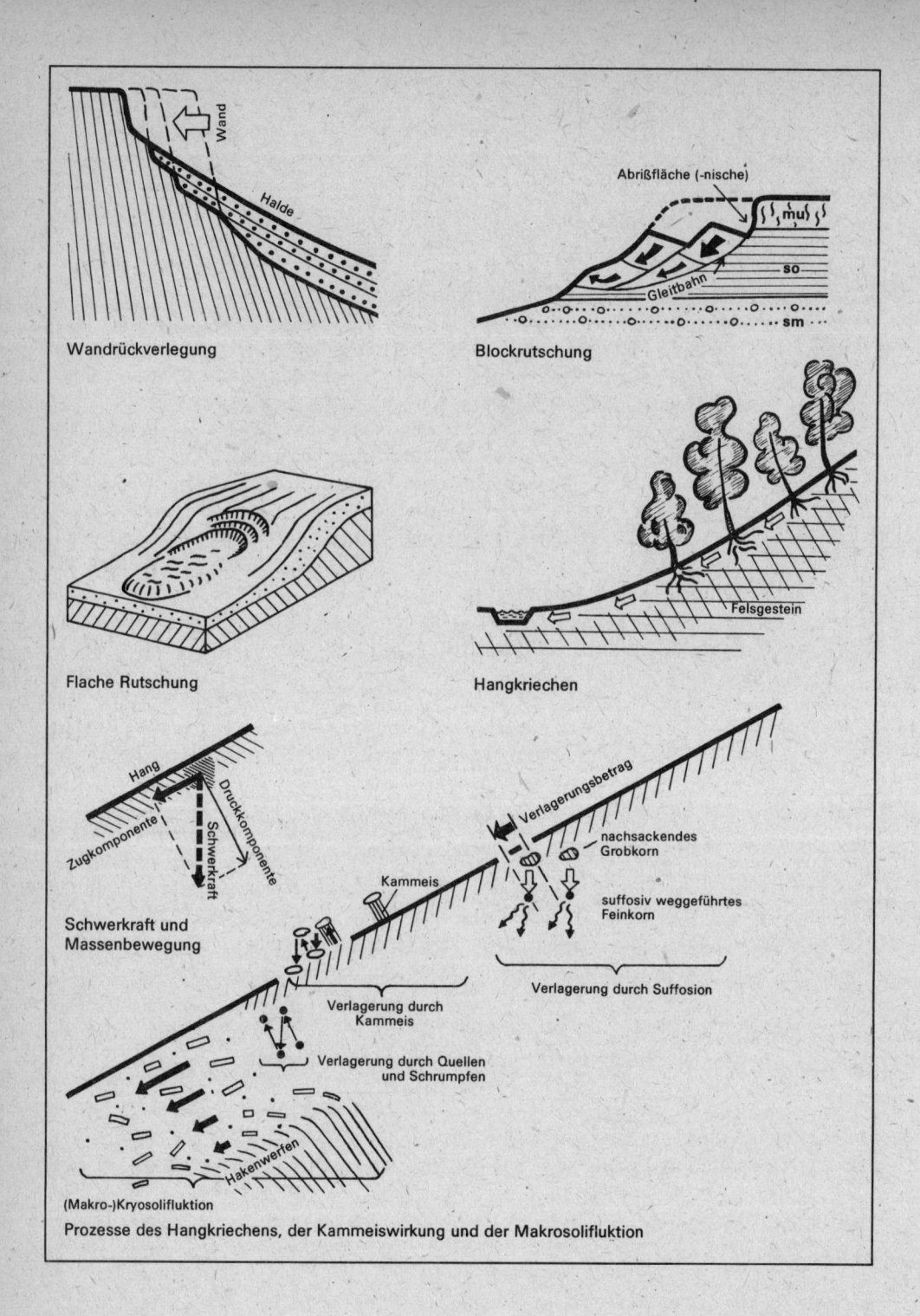

Abbildung 36
Gravitationsprozesse

Rutschungskörper kann wie bei *breiigen Rutschungen* völlig zusammenbrechen oder wie bei *Blockrutschungen* weitgehend erhalten bleiben.

Auslösend können auch künstliche Massenanhäufungen (z. B. Halden) am Rande bisher standfester Böschungen und damit verbundene Erhöhung der Druck- und Zugkomponente der Schwerkraft sowie auftretender Grundwasserdruck an künstlichen Einschnitten (Ausbrechen von Schwimmsanden, die Auftriebskräften unterliegen und hangende Schichten mitreißen) wirken. Vorhandene Gleitflächen (Schichtflächen, Klüfte), die zum Hang hin einfallen, begünstigen die Rutschungen („konsequente" Rutschungen).

Die dominierende Rolle des Wassers als auslösender Faktor bedingt die charakteristische Häufung von Rutschungen in den humiden Klimabereichen sowie unter subarktischem Klima. Im letztgenannten Bereich wirkt die Wasserübersättigung in der Auftauzone in Verbindung mit der Versickerungshemmung durch den Permafrost fördernd mit.

Durch *Sackung* infolge Verdichtung natürlich oder künstlich geschütteter Lockersedimente bei Durchfeuchtung und auflastendem Druck des Hangenden bilden sich unterschiedlich geformte, meist flachere Senkungshohlformen verschiedener Größe.

Im Unterschied zu den genannten, auf einzelne Reliefpartien beschränkten Prozessen wirkt das *Hangkriechen* flächenhaft abtragend an Flach- und Steilhängen auf Lockersedimente und Verwitterungsdecken. Der örtlich unterschiedlich starke, langfristige und sehr langsame, auf die obersten Meter der Lockersubstrate konzentrierte Verlagerungsprozeß hat verschiedene und oft gleichzeitig wirkende Ursachen (Abbildung 36). Einerseits handelt es sich um ein langsames Gleiten bindiger Substrate bei Durchfeuchtung. Zum anderen kann hangabwärts gerichtete Massenversetzung durch Gefrieren und Tauen, durch Quellen und Schrumpfen tonhaltiger Substrate oder durch Sackung gröberen Materials nach suffosiver Abfuhr des Feineren (z. B. in periglazialen Hangschuttdecken der Mittelgebirge) mitwirken. Teilweise handelt es sich auch um schwach ausgeprägte frühjährliche partielle Solifluktion auftauender Erdmassen. Massenverlagerung durch Kammeis kann begleitend auftreten. Das Kriechen tritt daher sowohl in den feuchtheißen Tropen als auch in den gemäßigten und subpolaren Breiten auf, in letzteren überlagert bzw. abgelöst durch die Makrosolifluktion. In den Bereichen des tropischen Regenwaldes mit dominierenden Feinerdedecken wirkt dieser Prozeß besonders intensiv und ist bei Übergehen der durchfeuchteten Feinerde in langsame Fließbewegungen als *subsilvines Bodenfließen* bekannt.

In Verbindung mit anderen Prozessen treten Gravitationsprozesse in verschiedenartiger Weise auf. So vollziehen sich Senkungen über tauendem Bodeneis, die zur Bildung becken- und grabenartiger Hohlformen führen *(Kryokarst)*. In der Zerfallsphase der Gletscher führt das spätere Austauen unter Moränenmaterial oder Schmelzwassersand begrabener *Toteisblöcke* zu beckenartigen Senken *(Toteissenken)*. Weitflächige Senkungen *(Auslaugungstäler)* entstehen durch unterirdische Ablaugung von Salzlagern, kleinflächige oder talartige Einstürze *(Erdfälle)* durch Höhlenbildung und Verbruch der Höhlendecken im Sulfat- und Karbonatkarst. *Suffosion*, d. h. subterraner mechanischer Abtransport beweglicher Feinerdepartikeln des Lockermaterials durch Sickerwässer, führt bei Nachsinken oder bei Nachbrechen des Hangenden über entstandenen Hohlräumen zu Senkungsmulden oder zu kessel- oder grabenartigen Einbrüchen. Über technogen geschaffenen Hohlräumen, wie aufgelassenen Bergbaustollen, kommt es zu oberflächigen Vertiefungen durch Einsenkung und Einbruch *(Bergbausenken)*.

Kryogene Formungsprozesse

Das Gefrieren und Tauen oberflächennahen und unterirdischen Wassers, Hebung und Pressung durch Eisdruck sowie Gefrieraustrocknung und Wiederdurchfeuchtung beim Tauen des betroffenen Lockergesteins hat, verbunden mit Gravitationsbewegungen der Erdmassen sowie mit Suffosion und Abspülung durch Schmelzwasser, vielfältige Reliefveränderungen sowie Substratveränderungen und Umlagerungen von Erdsubstraten zur Folge. Charakteristisch und intensiv unter subarktischen Klimabedingungen mit extrem niedrigen winterlichen Temperaturen und häufigem Frostwechsel in den Übergangsjahreszeiten wirksam, treten diese Prozesse teilweise auch in Hochgebirgen verschiedener Klimazonen und in humidgemäßigten Klimabereichen auf.

Die mit steigenden Gehalten an Kapillarwasser und zunehmenden Gehalten an Haftwasser bei wachsenden Schluff- und Tongehalten zunehmende *Frostveränderlichkeit der Lockergesteine* und lockeren Sedimentgesteine spielt neben dem klimatisch und reliefbedingt differenzierten Vorhandensein von Bodenwasser und Grundwasser eine entscheidende Rolle. Gefrorene Lößlehme oder Geschiebelehme können bis 80--90%, gefrorene Sande hingegen nur bis ca. 30% Eis enthalten. Insgesamt wächst die Frostveränderlichkeit mit der Bindigkeit der Gesteine. Löß und Lößlehm, Geschiebe- und Auelehm sowie die tonig-schluffigen Sedimente des Oberen und Unteren Buntsandsteins und des Keupers zählen zu den stark frostveränderlichen Gesteinen. Der Frostverwitterung weniger zugängliche, weil weniger dicht geklüftete oder weniger wasserdurchlässige, oder auch stark wasserdurchlässige grobkörnige Verwitterungsprodukte beispielsweise der Porphyre und Porphyrite oder einiger Granite werden durch kryogene Prozesse weniger stark abgetragen. Ihre besonders resistenten Partien können deshalb als *Klippen* aus der stärker abgetragenen Umgebung herausgearbeitet werden.

Der *Gefriervorgang* wird durch die Abkühlung von oben her eingeleitet, die „Gefrierfront" rückt von der Oberfläche in die Tiefe vor. Nach erster Eisbildung aus Sicker- und Kapillarwasser und Wasser der äußeren Haftwasserhüllen (s. Tabelle 23) wandern tiefer liegendes Kapillarwasser, noch ungefrorenes Wasser der äußeren Haftwasserhüllen sowie Wasserdampf infolge hoher elektrostatischer Anziehungskraft des Eises zu diesem hin. Nicht einbezogen in den Gefrierprozeß werden das nichtbewegliche, hygroskopisch gebundene Wasser in unmittelbarer Umgebung der Feststoffpartikeln und das Hydratationswasser. Bei langsamem Gefrieren frostempfindlicher Substrate bilden sich dünnschichtige *Eislinsen*, verbunden mit starker Frosthebung des gefrierenden Gesteins. Bei raschem Gefrieren frostempfindlicher bindiger und rolliger Gesteine erfolgt ein *Kompaktgefrieren* ohne wesentliches Zuwandern von Wasser zur Gefrierfront und, deshalb auch, ohne stärkere Frosthebung. Schrumpfung der beim Gefrieren durch den Wasserentzug austrocknenden Substrate und Bildung von aufreißenden (im Grundriß) polygonartigen *Frostrissen* sind die Folge.

In den Frostrissen kann sich, von den Wänden ausgehend, Eis bis zur völligen Ausfüllung der Risse bilden. Nach anfänglicher Ausdehnung des Eises und Eisdruck gegen die Wände schrumpfen die entstandenen Eiskörper. Dabei reißen sie auf, wenn sie tiefer als ca. $-25\,°C$ abgekühlt werden, da bei derartig tiefen Temperaturen das spezifische Volumen des Eises abnimmt und auch das umgebende gefrorene Gestein kontraktiert. In die entstehenden Spalten wächst neues Eis. Auf diese Weise können die polygonartige Netze bildenden, senkrecht stehenden, sich nach unten verjüngenden Eiskörper *(Eiskeile)* erhebliche Dicken (bis mehrere Meter) und bis zu einigen Metern Tiefe erreichen. Austauende Eiskeile werden durch hineinrutschendes und -fließendes hangendes Lockermaterial ausgefüllt (Pseudomorphosen der Eiskeile). Die Bildung der Eiskeile ist im wesentlichen an die Permafrostgebiete gebunden.

Beim *Auftauen* sind die oberflächennahen Substratpartien wasserübersättigt, bis durch Versickerung und Auffüllung der äußeren Wasserhüllen der Feststoffpartikeln und der Kapillaren mit damit verbundener Quellung bindiger Substrate der Ausgangszustand vor dem Gefrieren wieder erreicht ist. Lang andauernde tiefe Lufttemperaturen in arktischen, subarktischen und winterkalten borealen Bereichen mit Jahresmitteltemperaturen unter $-1\,°C$

```
                        Unterirdisches Wasser
   ┌──────────────┬──────────────────────┬──────────────────────┬──────────────┐
Wasserdampf        unter                  molekular elektrostatisch            Eis
                   Gravitationseinfluß    in mehreren Schichten bzw.
                   frei beweglich         Hüllen den Oberflächen
                                          der Gesteinspartikel
                                          anhaftend
                                                              Kristallwasser

                   Gravitations-          Haftwasser
                   wasser

   Sickerwasser,   mit völliger,    auch entgegen
   Sinkwasser      zusammen-        der Gravitation
                   hängender        beweglich als
   (an Hängen als  Hohlraum-
   hangabwärts     erfüllung        Kapillarwasser    Adsorptionswasser
   bewegtes Hangwasser) als
                                                       als
                   Grundwasser                         teilweise zwischen den   als fester
                                                       äußeren Haftwasserhüllen gebundenes
                   (als Stauwasser bei                 austauschbares Häutchen- Hygroskopisches
                   zeitweiligem Auftreten              und Porenwinkelwasser    Wasser der
                   im Boden über stauenden             (auch Salvations- und    inneren Haft-
                   Schichten oder Horizonten)          Adhäsionswasser)         wasserhüllen
```

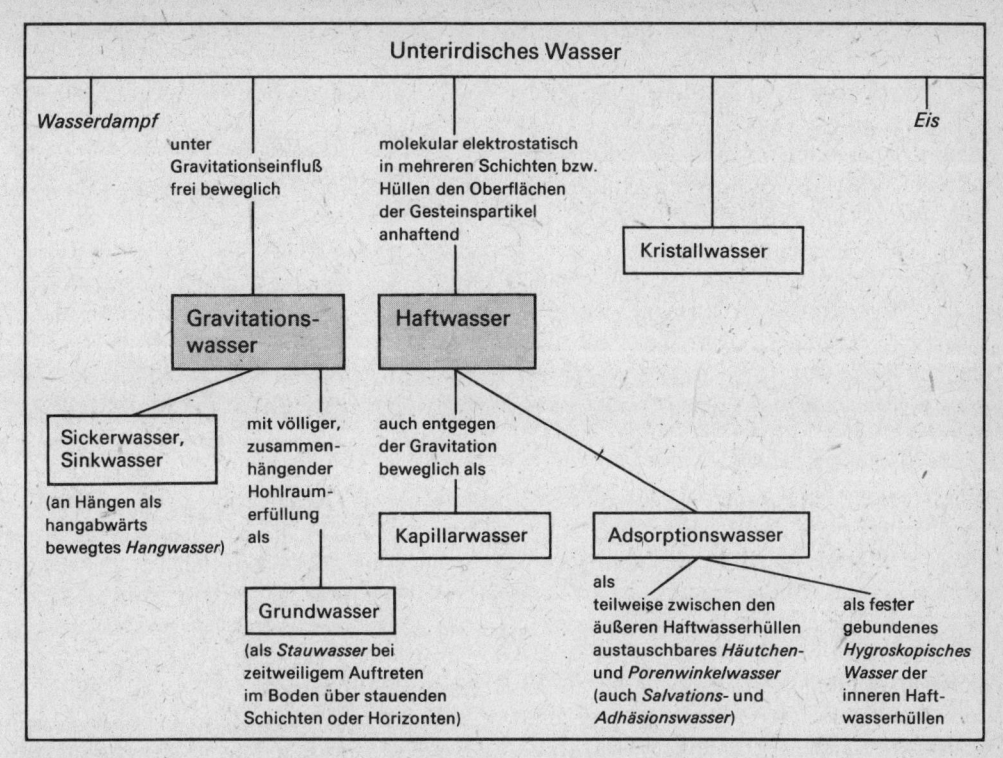

Tabelle 23
Unterirdisches Wasser (nach Laatsch 1957, Klengel 1968, TGL 23989 – vgl. Abbildungen 67 und 122)

führen zu tiefreichender (Zehner bis Hunderte Meter, Jakutien 1500 m!) Gefrornis des Untergrundes, die in den kurzen sommerlichen Auftauperioden nur oberflächig (Dezimeter bis wenige Meter) tief taut, so daß eine andauernde *Permafrostzone* (Pergelisol, Dauerfrostboden) im Untergrund besteht. Dieser Permafrost bremst während des sommerlichen Auftauens der oberflächigen Auftauzone (Mollisol) die Versickerung des Schmelzwassers und so die Austrocknung der oberen Substratbereiche. Druckpressungen im noch ungefrorenen Bereich zwischen neugefrierenden oberen Bodenpartien und Permafrostzone sowie zwischen gefrierenden Gesteinsschichten mit unterschiedlicher Frostveränderlichkeit und Ausdehnung beim Gefrieren (z. B. schluffig-tonige Bänder zwischen Grobschotterbänken in fluvialen Terrassenschottern) erzeugen charakteristische *taschenartige Frostpressungsstrukturen*. Unter andauernder mächtiger Gletscherbedeckung (Inlandeis) kann die Permafrostzone durch die Erdwärme abgebaut werden. Im sommerlich wasserübersättigten Auftaubereich über Permafrost kommt es bei vorhandenen bindigen Gesteinsschichten zur Bildung von Lagerungsstörungen durch schwerkraft- bzw. auftriebsbestimmte vertikale Bewegungen. Tonig-schluffige Schichten sinken z. B. in liegende gröbere Schichten hinein *(Tropfenböden, Taschenböden)*, leichte Schichten (z. B. Braunkohle) können diapirartig aufsteigen (Mollisoldiapire – vgl. EISSMANN 1975). Der Begriff *Kryoturbation* faßt alle frostbedingten Arten der taschen-, tropfen- und faltenartigen Verformung der Schichten zusammen.

An der feuchten Unterseite oberflächig lagernder Sand-, Grus- und Steinpartikeln kann es bei tageszeitlichem Frostwechsel zur Bildung senkrecht zur Reliefoberfläche wachsender Eis-

Abbildung 37 Auffrieren von Steinen

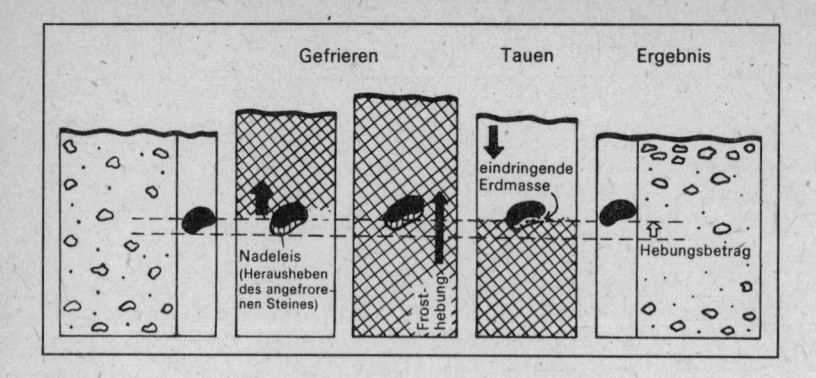

Gefrieren — Tauen — Ergebnis

Nadeleis (Heraushaben des angefrorenen Steines); Frosthebung; eindringende Erdmasse; Hebungsbetrag

nadeln kommen *(Kammeis)*, welche die Gesteinspartikeln vom Boden abheben. Am Hang kommt es mit dem Schmelzen des Kammeises zur hangabwärts gerichteten Materialverlagerung, da sich die Partikeln der Schwerkraft folgend von ihrer Ausgangsposition hangabwärts ablagern (s. Abbildung 36). Welchselndes Gefrieren und Tauen in Lockergestein mit gemischter Korngrößenzusammensetzung bewirkt das *Auffrieren gröberer Partikeln* (Kies bis Blöcke), so daß eine Entmischung mit Anreicherung des Groben an der Oberfläche erfolgt (s. Abbildung 37).

Überwiegend als mit dem Auge nicht faßbare langsame, gleitende Massenbewegung und teilweise als Erdfließen oder in Form flacher Rutschungen tritt vorwiegend unter feucht-subarktischen Klimabedingungen die *Kryosolifluktion* (Abbildung 36) auf. Sie hatte während der Kaltzeiten des Pleistozäns erheblichen Anteil an der Hangformung in heute dem humidgemäßigten Klima zugehörigen Bereichen der mittleren Breiten. Bei großflächiger Verbreitung wird sie als „Makrosolifluktion" bezeichnet. Wenn winterlich oder nächtlich gefrorenes und durch den Gefrierprozeß mit Wasser angereichertes frostempfindliches Lockermaterial oberflächig auftaut, so gerät es bei genügendem Wassergehalt schon bei geringeren Hangneigungen (bei stark bindigen Substraten schon ab 0,5–3° Hangneigung) in Bewegung. Weit verbreitete, flächige Abtragung der Hänge und Entstehung dünner bis meterdicker Decken aus *Solifluktionsschutt* und (feinkörnigerer, grobschuttärmerer) *Fließerde* mit hangabwärts gerichteten Längsachsen eines großen Teiles der Schuttpartikel sind die Folgen dieses Vorganges. Bei verstärkter Solifluktion längs hangabwärts gerichteter Abfuhrbahnen bilden sich dellenartige Hangmulden heraus. Charakteristisch für subarktische Gebiete mit versickerungshemmendem Permafrost tritt Kryosolifunktion auch in den Hochgebirgen wärmerer Klimazonen mit tageszeitlichem Frostwechsel und gelegentlich auch in humidgemäßigten Klimabereichen auf. Auf primär oder durch Abspülung und Suffosion stark wasserdurchlässigen, „trockenen" Verwitterungsschutten ist Solifluktion kaum zu verzeichnen. Ihr hauptsächliches Wirkungsfeld sind daher feinerdereiche Verwitterungs- und Hangschuttdecken auf Mittel- und Unterhängen mit weniger als 25° Hangneigung. Gleichzeitig mit der Solifluktion wirken an der Formung der Hänge mehr oder weniger stark die Abspülung durch Schmelzwasser sowie die suffosive Ausspülung mit.

Zeugen pleistozän-kaltzeitlicher Kryosolifluktion sind die Grobschutt- und Fließerdedecken, die sowohl die Hänge der Mittelgebirge und Mittelgebirgsvorländer als auch die der Moränen und Sandergebiete überdecken, sowie die fließerde- und schuttbedeckten Hänge selbst. Die heute erhaltenen Solifluktionsdecken stammen überwiegend aus der Weichselkaltzeit.

Auffällige, geomorphologisch wegen ihrer Mitwirkung an der Abtragung von Flachhängen und Hochflächen interessante kryogene Phänomene sind *Steinringe, -netzpolygone* und *-strei-*

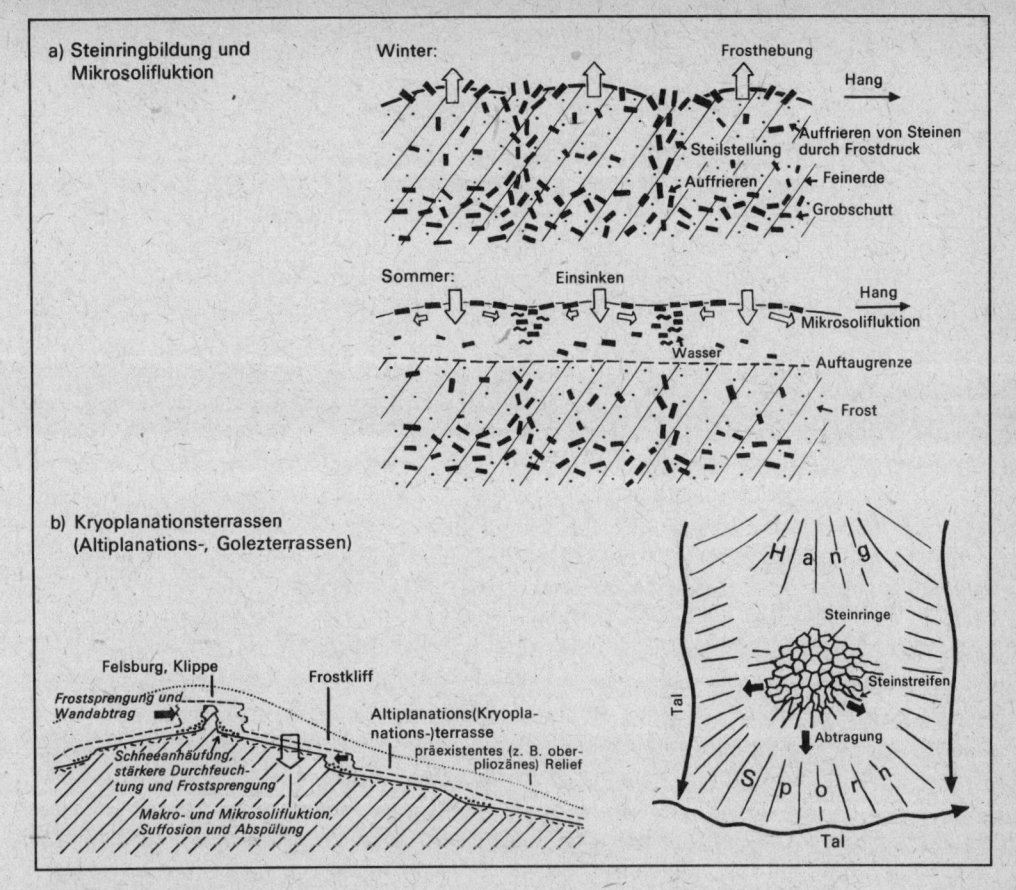

Abbildung 38
Kryogene Reliefbildungsprozesse

fen mit ihrer komplizierten und im Detail völlig geklärten Genese und Dynamik. Im entwickelten Zustand (s. Abbildung 38) zeigen diese im Grundriß einige Dezimeter (Hochgebirge mittlerer bis niederer Breiten) bis einige Meter (Subarktis) durchmessenden „Frostmusterböden" im Vertikalschnitt feinerdereiche Kerne. Zwischen diesen Feinerdekernen befinden sich skelettreiche Zonen an der Oberfläche, die auch wie Trennwände zwischen den Feinerdekernen in die Tiefe reichen. Stärkere Hebung der Feinerdekerne in der Gefrierphase und „Mikrosolifluktion" von den so entstandenen kleinen Hügeln in der Auftauphase bewirken laterale Materialverlagerung, die bei einseitigem Abfall des Hanges in Hangfallrichtung intensiver ist. Auf diese Weise können Hochflächen und Riedelflächen von ihren Rändern her erniedrigt, d. h. abgetragen werden unter Beibehaltung ihres ebenen bis flachhängigen Charakters.

Auch der Frostdruck der Eiskeile kann Aufwölbung der Polygonzentren erzeugen.

Die Trennung von Feinerdekernen und diese umrandenden Steinanreicherungen ist sowohl durch Auffrieren von Grobmaterial primär einschichtiger Substrate mit lokal unterschiedlicher Verteilung von Feinerde und Skelettanteil (z. B. schuttreiche Verwitterungslehme oder Fließerden) und mikrosolifluidale Verlagerung erklärbar als auch durch primäre Unterlagerung feinkörniger Substrate (z. B. Kolluviallehm) durch skelettreiches Material (z. B. Gehängeschutt). Im zweitgenannten Fall steigt der – in den Auftauphasen im Bereich vorheriger Frostrisse bzw. -polygone stärker durchfeuchtete – liegende Grobschutt auffrierend nach oben. Mikrosolifluktion von den aufgewölbten Partien in Verbindung mit suffosiver Abfuhr von Feinerde im Bereich der Spalten erzeugt Steinanreicherung von oben her im Bereich der Frostspalten und Eiskeile.

Bei stärker geneigten Hängen bewirkt Makrosolifluktion ein Auseinanderziehen der auf ihrem Rücken „mitschwimmenden" Steinringe zu Steinstreifen. Vegetationsbedeckung kann die Mikrosolifluktion der Auftauphasen teilweise oder völlig unterbinden. Im erstgenannten Fall entsteht das Erscheinungsbild der *Fleckentundra*, im zweitgenannten entstehen die *Thufure* als vegetationsbedeckte Erhebungen über den Feinerdekernen während der Gefrierphase.

Durch das Zusammenwirken von Frostverwitterung, Makro- und Mikrosolifluktion, Abspülung und Suffosion unter subarktischen und extrem winterkalten Klimaten entstehen in den Zwischentalbereichen der Mittelgebirge und unvergletscherten Hochgebirge als typische Reliefformen *Altiplanationsterrassen, Frostkliffs* und *Felsburgen* (s. Abbildung 38; z. B. im Hrubý Jeseník/ČSSR). Von den in Abbildung 38 gezeigten Felsburgen als Resten durch Kryoplanation aufgezehrter Reliefpartien sind solche Felsburgen und Klippen zu unterscheiden, die durch das abtragende Freilegen verwitterungsbeständiger Felspartien des Untergrundes durch Abspülung oder Solifluktion in verschiedenen Klimaten entstehen.

Starke Frosthebung über stark wasserhaltigen Feinerdelinsen und infolge Wasseraufpressung durch Frostdruck sich unter der Oberfläche bildenden massiven Eislinsen führt bei unterlagerndem Permafrost in wasserreichen Niederungen zur Bildung von einzelnen, oft Zehner von Metern hohen Kuppen, den *Palsen* und *Pingos*. Durch Frostdruck an die Oberfläche ausgepreßtes Untergrundwasser feuchter Niederungen baut die *Aufeisformen* (Naled) auf.

Becken- und grabenförmige Senkungen (*Kryokarst*) treten in subarktischen Gebieten vorwiegend auf Ebenen und Flachhängen dort auf, wo in der sommerlichen Auftauzeit oder bei langfristiger Klimaerwärmung in borealen Gebieten der gefrorene Untergrund sowie die Eiskörper der Pingos und Eiskeilpolygone auftauen. Dabei können aus Pingos flache *Senkungswannen*, aus Eiskeilmauern langgestreckte Senkungsgräben sowie vielfältig gestaltete Senkungswannen (*Allassy*) entstehen. An Flußufern werden *Rutschungen* dadurch verursacht, daß vom Ufer her beginnendes Auftauen des Permafrostes zur Mobilität von Erdmassen führt. Waldrodung begünstigt in borealen Gebieten die Kryokarstentwicklung.

Die kryogenen Prozesse sind von erheblicher volkswirtschaftlicher Bedeutung. Frosthebungen und Rutschungen treten an Verkehrsstraßen als häufige Störprozesse auf (Frostaufbrüche u. a.). In subarktischen Gebieten erfordern Permafrost und Auftausenkungen besondere bautechnische Maßnahmen.

2.3.3.3. Formenbildung durch fließendes Oberflächenwasser

Allgemeine Grundlagen der fluvialen Reliefformung
Zusammen mit den Massenbewegungen haben die Formungsprozesse durch fließendes Wasser den größten Anteil an der exogenen Gestaltung des festländischen Reliefs der Erdoberfläche. Nach den verschiedenen Erscheinungsformen oberflächig abfließenden Wassers (Abbildung 39) sind die mit den Fließgewässern (Flüsse, Bäche) verbundenen *fluvialen Prozesse im engeren Sinne* und die auf Hängen ablaufenden *Spülprozesse* (Abspülung, hangfluviale Prozesse) zu unterscheiden. Die gesamte Prozeßgruppe tritt in allen Klimabereichen auf, allerdings mit klimabedingten Variationen durch unterschiedliche Menge und jahreszeitliche Verteilung des Niederschlages und des Oberflächenabflusses. So sind für subarktische Ge-

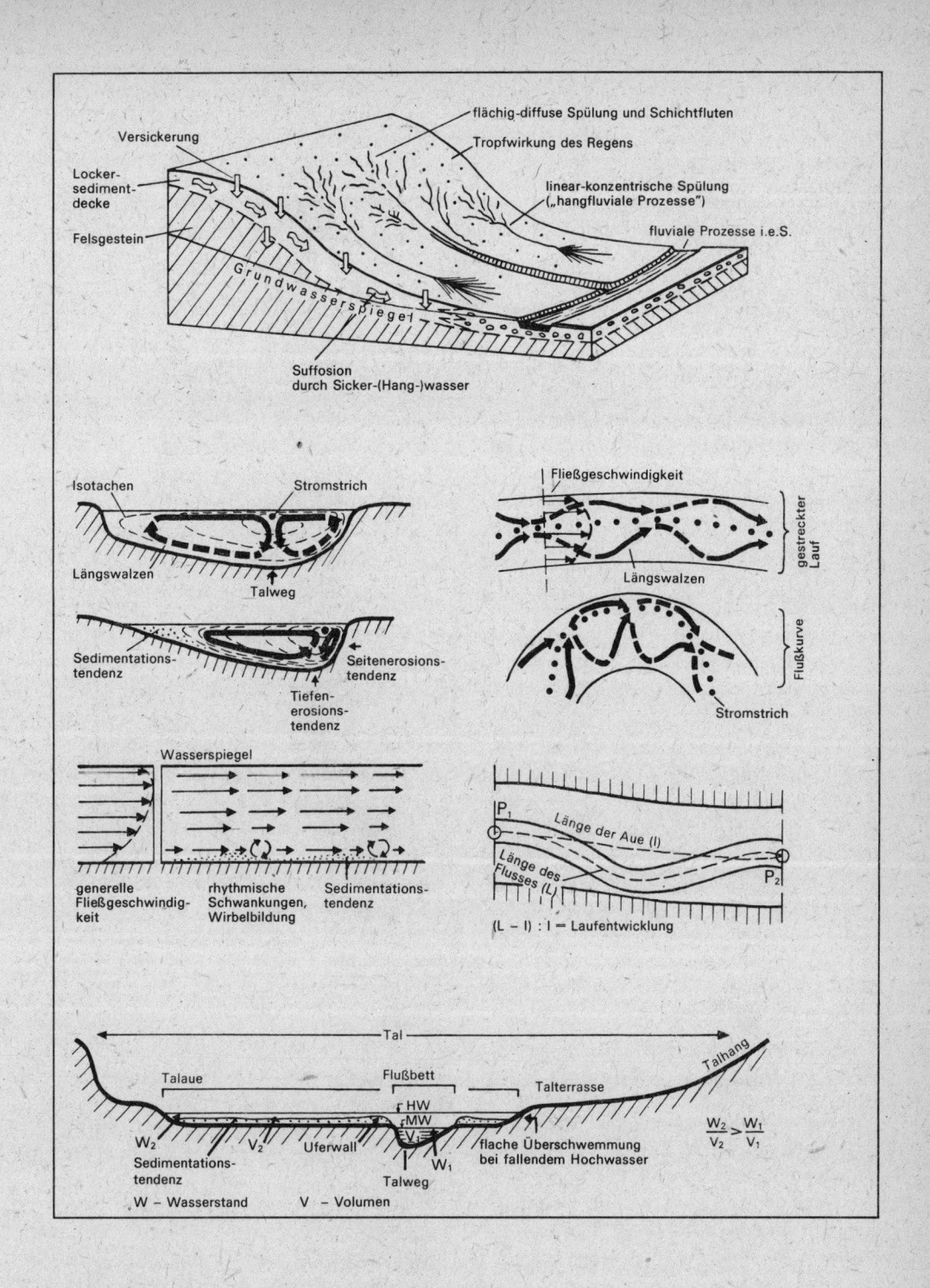

Abbildung 39
Fluviale Prozesse und ihre Einflußfaktoren

biete der kurzzeitige periodisch starke Abfluß von Schnee- und Gletscherschmelzwasser und für semiaride und aride Gebiete der kurzzeitige episodische und periodische, weniger starke Oberflächenabfluß typisch. In beiden Fällen sind starker Anfall von den Gewässern zu transportierenden gröberen Verwitterungsmaterials als Ergebnis dominanter mechanischer Verwitterung und stoßweise Zufuhr der Hangabtragungsprodukte charakteristisch. Unter feuchtheißen tropischen Bedingungen wirkt ganzjährig oder während der Regenzeiten sehr hoher, im humidgemäßigten Klima hoher Oberflächenabfluß. Als Ergebnis dominanter chemischer Verwitterung wird in diesen tropischen Gebieten eine große Menge, in humidgemäßigten Gebieten eine geringere Menge von den Hängen abgetragener Feinerde als zu transportierendes Material angeliefert.

Spezielle *fazielle Varianten* stellen jene fluvialen Prozesse und Formen dar, die in Verbindung mit den Schmelzwässern der Gletscher (*glazifluviale Formung* – Abbildung 50) auftreten, sowie jene Formen und Vorgänge, die mit den ober- und unterirdisch zirkulierenden Fließgewässern bzw. Gerinnen in Karstgebieten auftreten (*karstfluviale Formen* und Vorgänge – Abbildung 57).

Reliefformend wirkt das fließende Wasser sowohl abtragend, durch lateral *(Seitenerosion)* oder vertikal *(Tiefenerosion)* gerichtete *fluviale Erosion*, als auch durch die Ablagerung mitgeführter Transportfracht *(fluviale Sedimentation, Akkumulation)*. Die Erosion vollzieht sich dabei sowohl durch Abheben und Abfuhr loser Gesteinspartikeln als auch durch Korradieren, d. h. durch Abreiben des Gesteins des Flußbettes mittels mitgeführter Feststoffpartikeln. Bei der Akkumulation ist zu unterscheiden zwischen der vorübergehenden *(temporären)* Ablagerung von Sedimenten, die später weiter transportiert werden (z. B. wandernde Sand- und Kiesbänke), und der *definitiven Akkumulation* (z. B. bei Aufschüttung von Talböden).

Die fluvialen Prozesse haben vor allem für den Verkehr und die Wasserwirtschaft (erosive Unterschneidung flußbegleitender Verkehrsstrassen, Verschlammung und Verflachen schiffbarer Gewässer und Häfen, Verschlammung von Talsperren und Rückhaltebecken u. a.) große praktische Bedeutung.

Die fluviale Reliefformung wird gesteuert durch das Zusammenwirken zwischen der *Schleppkraft* des fließenden Wassers, der Menge und Korngröße des über die Hangabtragung und andere Vorgänge in die Fließgewässer gelangten Feststoffmaterials ("Last" bzw. die zu deren Transport nötige Schleppkraft) und der Widerstandsfähigkeit des Gesteins im Erosionsbereich des Fließgewässers. Die für die Schleppkraft verantwortliche kinetische Energie des fließenden Wassers ist annähernd durch die Formel

$$E = \frac{1}{2} \cdot m \cdot v^2$$

(m = Masse des Wassers, v = Fließgeschwindigkeit)

erfaßbar.

Die Schleppkraft des Wassers steigt vor allem mit dessen Fließgeschwindigkeit. Diese wächst mit dem *Gefälle* der Fließgewässer, das ursprünglich durch tektonisch geschaffene Höhenunterschiede und die Gestaltung des Abflußlängsprofils durch die fluvialen Prozesse selbst bzw. bei Hangspülprozessen durch Hangabtragungsprozesse bestimmt wird. Auf die Fließgeschwindigkeit hat auch die innere (abhängig von der mitgeführten Transportfracht) und äußere (abhängig von der Rauhheit von Flußbettboden und -wänden) *Reibung* Einfluß. Für die Gesamttransportleistung der Fließgewässer sind daher ihr Gefälle und ihre Durchflußmengen vorrangig wichtig.

Der jahreszeitliche Wechsel von Mittel-, Hoch- und Niedrigwasser der Flüsse wirkt sich einerseits als Wechsel der Abflußmenge und andererseits als Änderung der Fließgeschwindigkeit aus, da die Hochwasserbetten in der Regel ein steileres Gefälle als die Niedrigwasserbetten aufweisen (s. Abbildung 39).

**Abbildung 40
Fließgeschwindigkeit und transportierte Korngrößen
(nach HJULSTRÖM in LOUIS 1961)**

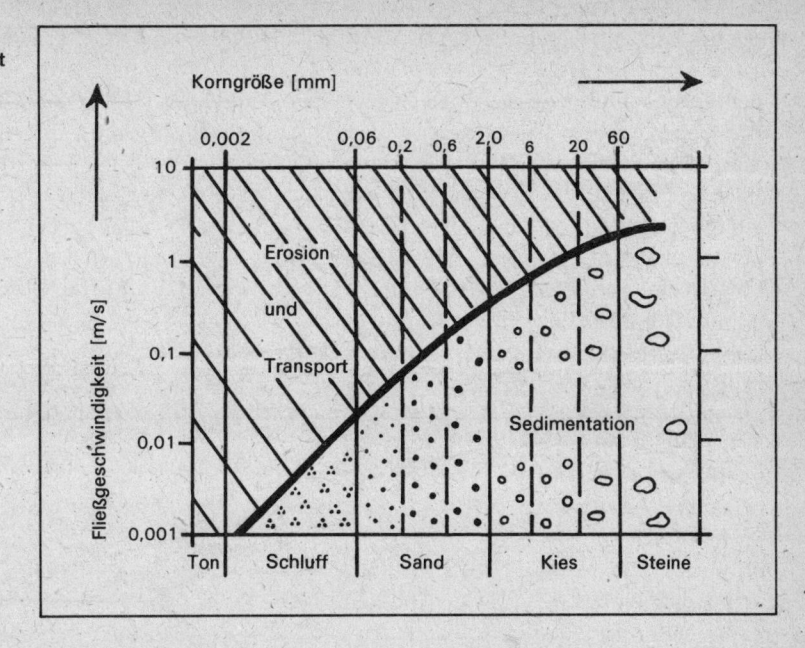

Das Belastungsverhältnis (BV) zwischen Last (L) und Schleppkraft (E) kann annähernd durch die Formel BV = L : E ausgedrückt werden. Bei Werten von BV > 1 kommt es zur Akkumulation, während bei BV < 1 völliger Abtransport und Tiefenerosion herrschen. Seitenerosion ist in beiden Fällen begleitend möglich. Dabei ist zu beachten, daß es für den geomorphologischen Effekt entscheidend ist, ob die Schleppkraft zum Transport der gröbsten, schwersten Partikeln der Fracht ausreicht, da Akkumulation stets dann einsetzt, wenn die gröbsten Frachtanteile nicht mehr bewegt werden können, obwohl „leichteres" Material noch weiter transportiert wird (vgl. Abbildung 40).

Im allgemeinen nimmt das Belastungsverhältnis infolge abnehmender Gefällsstärke und Schleppkraft vom Oberlauf über den Mittellauf zum Unterlauf des Flusses hin zu (Abbildung 41), wenngleich durch Gefällsverflachungen und -versteilungen verschiedenen Ursprungs erhebliche Abweichungen von diesem Prinzip vorkommen (vgl. Abbildung 46). Erd- und landschaftsgeschichtliche zeitliche Wechsel des Belastungsverhältnisses durch klimatisch bedingte Änderungen der Wasserführung und Hangabtragung oder durch tektonisch bedingte Veränderungen des Flußgefälles führen zur Bildung von Talterrassen und Akkumulationskörpern (Phasenfolge der Talbildung).

Der Abfluß vollzieht sich in der Regel als mehr oder weniger *turbulente Strömung*, d. h. unter reibungsbedingter Bildung von wandernden Wirbeln und gebundener stehender oder liegender Walzen des Wassers an feste Hindernisse (Ufervorsprünge, Gefällsstufen). Laminares Gleiten tritt nur bei glatten Bettwänden, langsamer Bewegung (bis 0,1 m/s) oder auch an Stromschnellen und Wasserfällen bei extrem schnellem Schießen des Wassers auf. Bedingt durch die Wandreibung herrscht in der Flußmitte nahe der Wasseroberfläche die größte Fließgeschwindigkeit; die Folge ist ein Ansaugen des Wassers vom Rand her und die Herausbildung einer Doppelwalze im Fluß (s. Abbildung 39). Als Folge der Fliehkraft und der Trägheit des Wassers in Flußkurven wird die Außenwalze in der Kurve an die Wand gedrückt, und der Stromstrich liegt nahe dem Außenufer, so daß dort maximale Schleppkraft und Erosionstendenz gegeben sind (s. Abbildung 39). Das Belastungsverhältnis ist demzufolge an den verschiedenen Stellen des

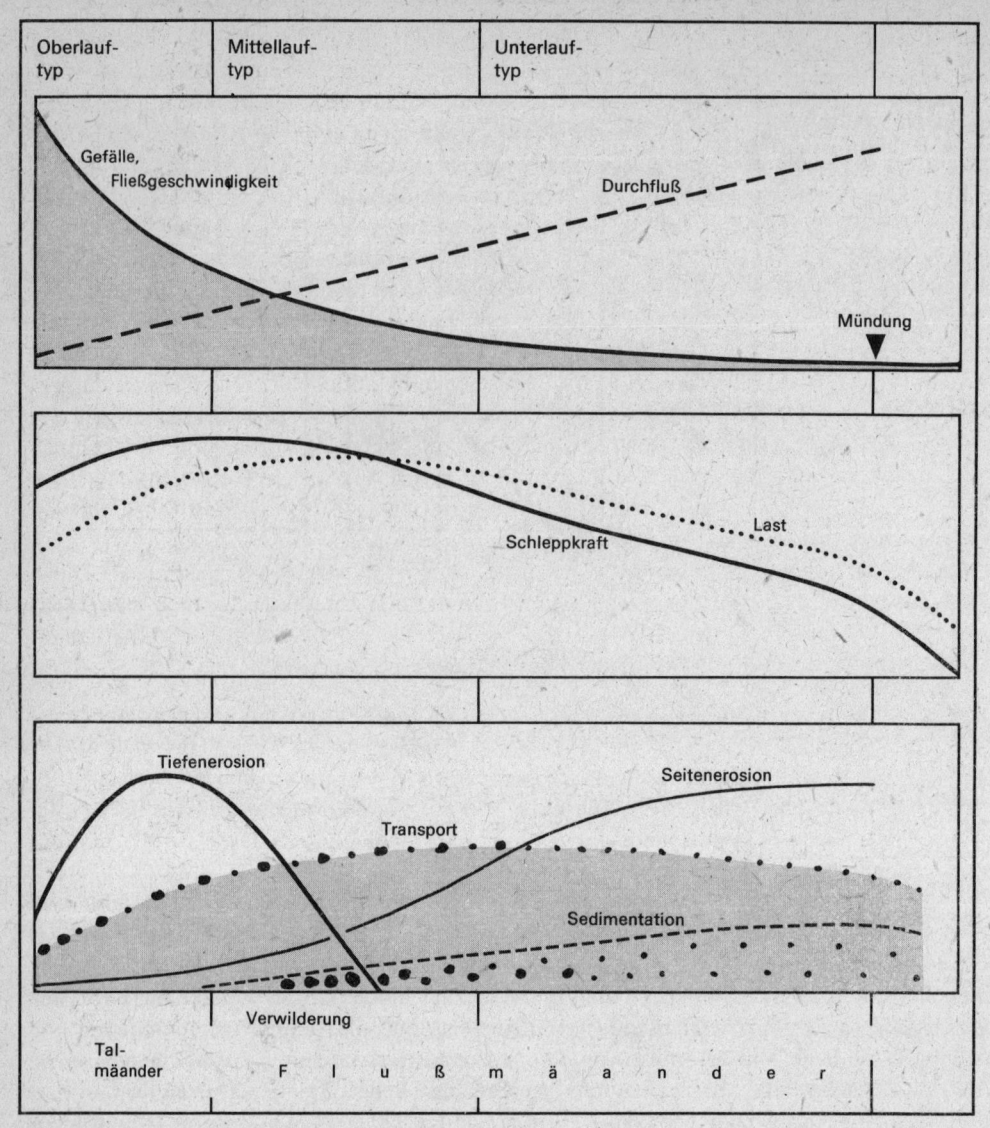

Abbildung 41
Verhalten und Wirkungen der Flüsse (schematisiert)

Flußquerschnittes unterschiedlich. Im Bereich des Talweges ist bei niedrigsten Belastungsverhältnissen die relativ stärkste Erosionstendenz gegeben.

Wie an anderen Grenzflächen (z. B. Meerwasser/Wind) unterschiedlich schnell bewegter Agenzien entstehen an der Grenze Fließgewässer/Flußbett wie auch zwischen den unterschiedlich rasch bewegten Partien des fließenden Wassers infolge rhythmischer Reibungsbremsung der gleichmäßig beschleunigten Abflußbewegung wandernde Wirbel (vgl. Abbildungen 39, 41), an denen der Geschwindigkeitsausgleich erfolgt. Am Bettboden bewirkt die so entstehende pulsierende Geschwindigkeitsänderung Schwankungen des generellen Belastungsverhältnisses, so daß es unter anderem zur rhythmischen Ablagerung von Sedimenten (Sandrippeln, Sand- und Kiesbänke) kommen kann.

Das in seiner Ursache nicht völlig geklärte *Mäandrieren* (Bildung regelmäßig angeordneter Flußschleifen) der Fließgewässer hängt mit dem beschriebenen Reibungseffekt zusammen. Partien rhythmisch gebremsten Wassers oder damit sich bildende Sandbänke können erster Anlaß zur Schleifenbildung sein. Die Schleifen werden, wenn einmal angelegt, durch Seitenerosion am Prallhang der Außenkurve weiter ausgearbeitet, vergrößert und talabwärts verlegt.

Bei *Wasserspiegelschwankungen* unterliegt das Belastungsverhältnis durch Geschwindigkeitsveränderungen infolge verschiedener Wandreibungs-Wassermengen-Verhältnisse entsprechenden Schwankungen. Dazu kommt, daß bei Überschwemmung und Abfluß über die Talaue das Auengefälle größer ist als das Flußgefälle in der Aue mäandrierender, den gleichen Höhenunterschied auf längerem Weg überwindender Flüsse (Abbildung 40). Durch maximale Reibungsbremsung bei flacher Auenüberflutung bei steigendem oder fallendem Hochwasser tritt dadurch in diesen Phasen meist Akkumulation von *Auensedimenten* ein, am stärksten in der Nähe des Flußbettes (natürliche *Uferwallbildung*), die bei Maximalstand des Hochwassers und bei Mittelwasserstand mit relativ niedrigen Belastungsverhältnissen noch transportiert werden können (Abbildung 39). Diese Tatsache spielt bei der Bildung der Auenlehme ebenso eine Rolle wie bei der breitflächigen Aufschüttung von Sanderflächen und von Schotterbetten subarktischer und arider Flüsse zur Zeit starker Wasserführung.

Der *fluviale Transport* geschieht als Transport chemisch *gelöster Substanzen* sowie als Transport klastischen Materials. Als *Schweb* (auch als Sinkstoffe bezeichnet) werden meist Ton- und Schluffpartikeln befördert. Gröberes wird im Bodenbereich rollend, gleitend (flotierend) und hüpfend (saltierend) als *Gerölltrieb* bewegt (vgl. Abbildung 40).

Für die Beförderung von Sand werden in Flüssen mehr als 0,02 m/s, für die von Kies mehr als 0,2 m/s, für die von Steinen mehr als 3 m/s Fließgeschwindigkeit benötigt (vgl. Abbildung 40). Das am Boden bewegte Material wird beim Transport *zugerundet* und *zerkleinert* (Zurundungswert abhängig von Gesteinsart der Gerölle und Transportweglänge zwischen 100 und 400, bezogen auf *Zurundungsindex* nach TRICART und CAILLEUX $I = 1000\, d/L$; d = Durchmesser des kleinsten Krümmungsradius in der Hauptebene des Gerölles, L = größte Länge des Gerölles).

Bei der Akkumulation wird das transportierte gröbere Material so *eingeregelt*, daß flotierend bewegte Gerölle mit der Längsachse in Fließrichtung, die in der Mehrzahl jedoch rollend und saltierend bewegten Gerölle sich quer zur Fließrichtung ablagern. Eine Sortierung der mitgeführten Last nach Korngröße und Dichte erfolgt in der Weise, daß abhängig von der Schleppkraft in Oberlaufbereichen, im Talwegbereich und an Außenufern von Kurven nur das Schwerste (z. B. schwere Minerale, Metallseifen) und das Gröbste zur Ablagerung kommen, während Feineres erst in Unterlaufbereichen sowie an Innenufern der Kurven an den Betträndern abgelagert wird. Eine Sortierung erfolgt auch in der Weise, daß weniger feste Mineral- und Gesteinsarten, wie Buntsandstein, rascher zerrieben werden, während festere, wie Milchquarze oder Porphyre, besser erhalten und im Verlauf des Transportweges relativ angereichert werden.

Entsprechend dem Angebot an Verwitterungsprodukten, die über die Hangabtragung in die Vorfluter gelangen, dominiert in den humidgemäßigten und den tropisch humiden Klimabereichen der Anteil des Gelösten und des Schwebs an der Gesamtfracht, während in ariden und subarktischen Gebieten der Anteil des Gerölltriebes erheblich anwächst. Die Elbe befördert an ihrer Mündung jährlich etwa 0,6 Mio t Schwebstoffe, der Huang He etwa 500 Mio t.

Die *fluviale Akkumulation* des gerundeten und sortierten Materials erfolgt in charakteristischen *Schichtungsarten* der fluvialen Sedimente. Die fluvial akkumulierten Sedimente werden als Flußschotter (Blöcke, Steine, Kiese), -kiese und -sande und als Auenlehme bzw. -tone bezeichnet. Langsames Fließen führt zu horizontaler paralleler Schichtung. Stärker turbulentes

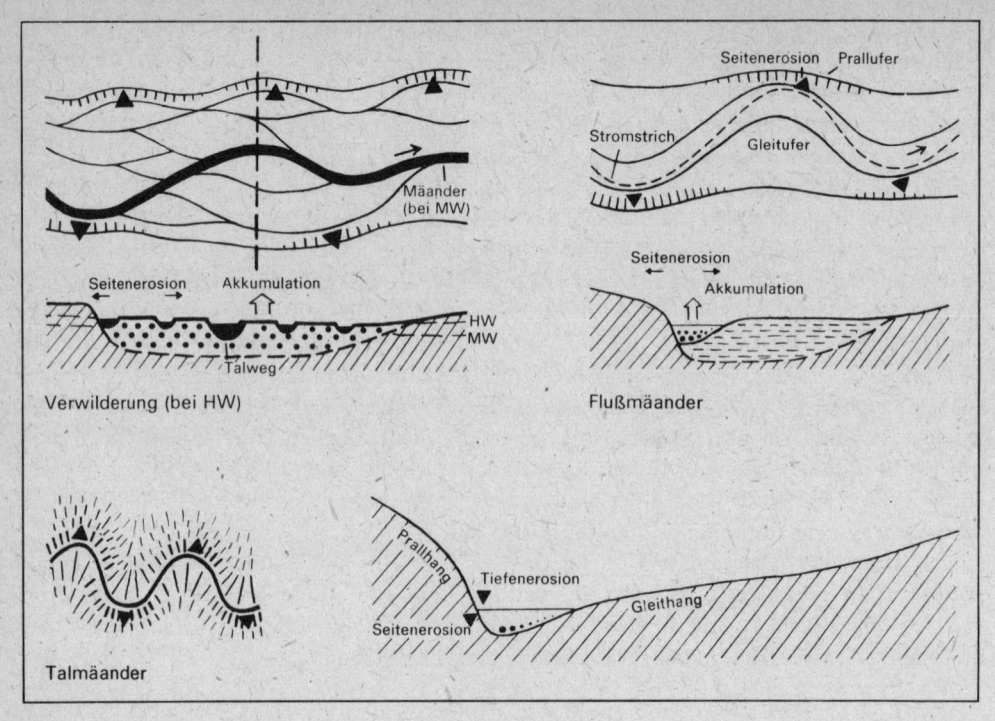

Abbildung 42
Verwilderung und Mäandrieren

Fließen und Sandbankbildung führen zur Schrägschichtung (Diagonalschichtung, Kreuzschichtung – vgl. Abbildung 9 und 43). Durch chemische Ausfällung entstehen Sinterbildungen.

Fluviale Relieffformen
Gebirgsflüsse mit steilem Gefälle, die vor allem bei Hochwasser große Lastmengen führen, lagern diese mit dem Eintritt in das Vorland bei flacherem Gefälle ab. Durch starke Lastzufuhr von den Hängen stark befrachteter Flüsse subarktischer und semiarider Gebiete transportieren die Schuttlast während der kurzen Hochwasserzeiten in breiten, flachen Hochwasserbetten, um sie dann breitflächig abzulagern. Dieser teilweise (bis völlige) Abtransport der anfallenden Last geschieht quasi stoßweise und jeweils über kürzere Wegstrecken. In den beiden genannten Fällen herrscht meist bei einem Belastungsverhältnis $BV \geq 1$ *verwildernder Abfluß*, d.h., das Wasser fließt in einer Vielzahl sich zwischen den eigenen Schutt-, Kies- und Sandbänken verzweigenden und mäandrierenden, dabei ihre Lage laufend verändernden Armen ab. Die ufernahen Wasserarme vollführen Seitenerosion und damit Verbreiterung der Talböden. Im Ergebnis dieses für Flüsse mit stark wechselnder Wasserführung typischen Vorganges entstehen als charakteristische Akkumulationsformen bis kilometerbreite *Aufschüttungstalböden* (s. Abbildung 41 und 42).

Als *Mäanderbildung* beziehungsweise Mäandrieren eines Fließgerinnes wird die Bildung sich wiederholender Bögen seines Bettes bezeichnet, die formal mit einer transversalen Schwingung des Gerinnes vergleichbar sind. Dabei wird vom Mäandrieren im engeren Sinne dann gesprochen, wenn weitgehende Konzentration auf ein einziges Abflußbett gegeben ist.

Das Mäandrieren setzt bei einem Belastungsverhältnis nahe $BV \rightarrow 1$ ein, d. h. bei einem gleichgewichtsnahen Verhältnis. Es stellt sich ein vorwiegend an Mittel- und Unterläufen, aber auch an Oberläufen der Flüsse. Mäandrieren tritt im Talwegbereich auch bei jahreszeitlicher Mittelwasserführung zu Hochwasserzeiten verwildernder Flüsse auf. Die mäandrierenden Flüsse, deren Schlingen auf den eigenen Sedimenten quasi schwimmend sich ständig verlagern und den Talboden seitenerosiv verbreitern schütten bei $BV \gtrsim 1$ den Talboden auf. Die Mäanderschlingen verlagern sich dabei seitenerosiv auch talabwärts. Dieser Mäandertyp wird als *Flußmäander* (Freier Mäander) bezeichnet (s. Abbildung 42). Bei großen Tieflandsflüssen sehr breite, bei Flüssen und Bächen des Berg- und Hügellandes weniger breite *Aufschüttungstalböden* sind das Ergebnis dieses Prozesses. Bei sich einschneidenden Flüssen ($BV < 1$) senken sich die mäandrierenden Flüsse allmählich tiefenerosiv in das Gestein des Untergrundes ein, so daß ein mäandrierendes Tal, ein *Talmäander*, entsteht. Über deutlich ausgeprägten Prall- und Steilufern steigen die Gleit- und Prallhänge des Tales auf.

Schwache oder beginnende Formung durch eintiefendes Mäandrieren ergibt Talböden mit leichtem Quergefälle zum Fluß hin. Einmal angelegte Talmäander können sich bei zunehmender Tiefenerosionstendenz (durch tektonische Bewegungen, durch Klimaänderungen) und abnehmendem Belastungsverhältnis ($BV < 1$) durch Tiefen- und seitliche Prallhangerosion weiterentwickeln. Dabei können Kluftrichtungen und Schichtausstriche Lage und Form der Mäander mit bestimmen. Schöne Beispiele für verschiedene Mäanderformen zeigen die Saale an ihrem Ober- und Unterlauf und die Bode mit ihren Zuflüssen innerhalb des Harzes.

Charakteristische fluviale Akkumulationsformen sind auch die *Schwemmfächer* (flach), *Schwemmkegel* (steiler) und die *Deltas*. Schwemmfächer und -kegel werden vor allem bei plötzlicher Gefällsverminderung beim Austritt aus Gebirgen oder Nebentälern in vorgelagerte flache Ebenen aus Tälern mit steilerem Gefälle heraus aufgeschüttet. Bei stark schwankender Wasserführung der aufschüttenden Flüsse oder Bäche, Verwilderung und häufiger Laufverlegung im Bereich des entstehenden Fächers werden die fächer- und kegelartigen Akkumulationskörper mit dem typischen dreieckartigen Grundriß (mit Spitze am Talausgang) aufgeschüttet. Deltas entstehen an der Mündung von Flüssen oder Bächen in Seen oder Meere durch Abnahme der Fließgeschwindigkeit bei der Einmündung und damit verbundene Minderung der Schleppkraft. Unterschiedliche Form der Küste und die unterschiedliche Stärke des Abtransportes der Flußsedimente durch Küstenströmungen schaffen verschiedenartige Bedingungen für die Deltabildung, so daß nach Grund- und Aufriß sehr unterschiedliche Deltas entstehen (vgl. Abbildung 43).

Fluviale Seitenerosion schafft *Steilufer*, führt zur Unterscheidung und Versteilung der Talhänge und insgesamt zur *Verbreiterung der Täler*. Durch seitliches Unterschneiden der Ufer und Talhänge werden Hangabtragungsprozesse, wie Abspülung, Rutschung u. a., aktiviert. *Fluviale Tiefenerosion* ist durch den Effekt der *Taleintiefung* die entscheidende Komponente der Talbildung. *Täler* sind Leitformen der fluvialen Reliefprägung. Sie bestehen aus gleich (symmetrische Täler) oder ungleich (assymetrische Täler) geformten und geneigten Talhängen und dem Flußbett und können *Talboden* und *Talsohle* (= ebener Bereich des Talbodens) besitzen. Als *Talaue* ist der im Überflutungsbereich bei Hochwasser liegende Teil des Talbodens zu verstehen. Eine Vielzahl von Tälern weist *Talterrassen* (s. S. 125) auf.

Im Mittel- und Oberlauf der Flüsse ist in der Regel die Taleintiefung dominant. Die weitere Ausformung der Täler geschieht durch die Hangabtragung und, soweit vorhanden, die Seitenerosion. Die Querschnittsgestalt der Täler (*Kerbtal* und *Klamm*, Cañon; *Sohlen-* bzw. *Kastental; Wannental; Muldental*) ist somit eine Folge des Zusammenwirkens von Akkumulation, Tiefenerosion, Seitenerosion und Hangabtragung in Abhängigkeit von Gestein und Tektonik des Untergrundes (vgl. Abbildung 44). Ebene Talböden in Kastentälern sind meist

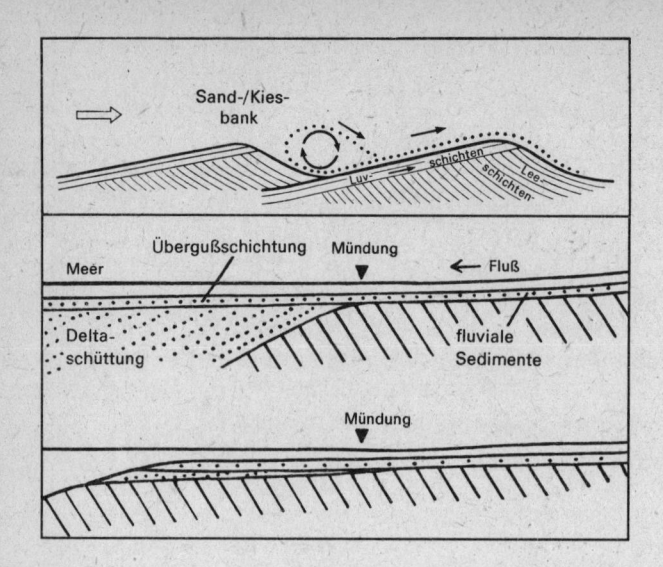

Abbildung 43
Sandbankbildung mit Diagonal- und Kreuzschichtung (oben), Deltabildung (unten)

Zeugen mehrphasiger Talgenese (Aufschüttungsphase nach Einschneidungsphase). Wannenartige „Trogtäler" in ehemals vergletscherten Gebirgsbereichen zeugen von glazigener Ausschürfung fluvial angelegter Täler.

Die *Längsprofile der Flüsse* mit ihren Gefällsverhältnissen werden durch Tiefenerosion und Akkumulation gestaltet und durch tektonische Krustenbewegungen, Salzauslaugungssenkungen und Meeresspiegelschwankungen beeinflußt. Allgemein finden Erosion und Akkumulation statt, solange Gefälle und damit Fließbewegung gegeben sind. Bei ungestörter Entwicklung greifen der Fußpunkt der Tiefenerosion und der Akkumulationsbereich mit zunehmender Eintiefung des Flußprofils flußaufwärts. Die Tiefenerosion wirkt dabei *rückschreitend* infolge größerer Eintiefungsbeträge im Bereich steilerer Gefällsstrecken (bei gleichbleibenden anderen Bedingungen). Gegen Tiefenerosion abtragungswiderständigere härtere Gesteine lassen die Tiefenerosion langsamer voranschreiten, so daß Versteilungen und Verflachungen im Längsprofil entstehen. Von den so entstehenden Versteilungen geht dann die rückschreitend erosive Zerschneidung auch der widerständigeren Gesteinspartien durch die Tiefenerosion des Flusses aus (vgl. Abbildung 45 und 46).

Das theoretisch denkbare Längsprofil eines Flusses, das an jedem Punkt der Bedingung $BV = 1$, d. h. einem Gleichgewicht von Schleppkraft und Belastung entspricht, ist als das *Gleichgewichtsprofil* des Flusses zu bezeichnen.

Tektonische Hebung oder Senkung kann Eintiefung oder Akkumulation durch Veränderung des Belastungsverhältnisses bewirken (s. Abbildung 45 und 46), Senkung durch Salzablaugung führt zur ausgleichenden Akkumulation im Senkungsbereich. Das Einschneiden entgegen tektonischer Hebung wird als *Antezedenz* bezeichnet, und bei Zurückbleiben der Hangabtragung im Hebungsbereich entstehen antezedente Täler (z. B. Saaletal zwischen Camburg und Naumburg). Taleintiefung in innerhalb des Längsprofiles eingeschaltete Komplexe widerständiger Gesteine wird als *Epigenese* bezeichnet und führt zu epigenetischen Tälern (z. B. Elbtal bei Meißen; s. Abbildung 45).

Wesentlichen Einfluß auf die Gestaltung der Längsprofile der Flüsse haben auch die *klimatischen Bedingungen*. So ist das Gleichgewichtsgefälle stark mit Grobschutt belasteter Flüsse semiarider und subarktischer Gebiete wegen der hohen Belastung und der Sedimenta-

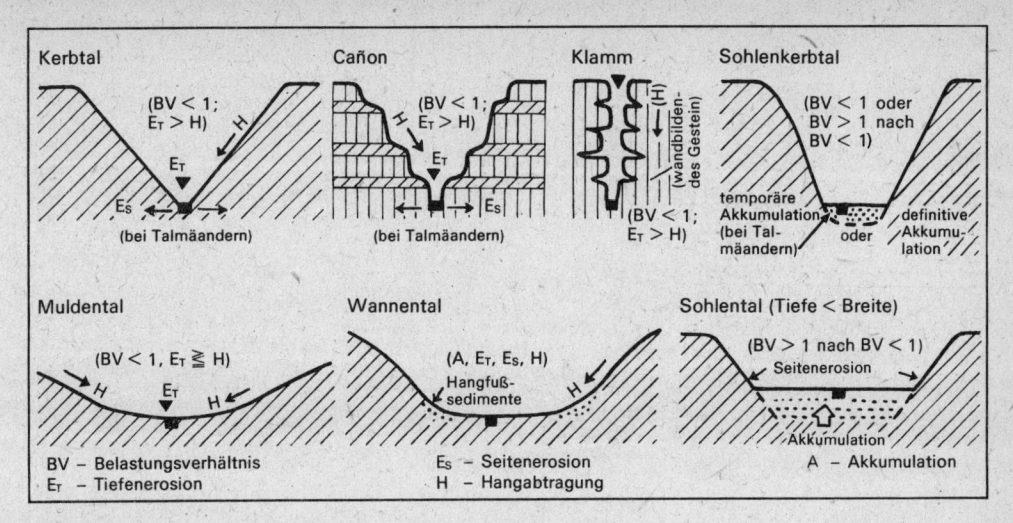

Abbildung 44
Talformen

Abbildung 45
Antezedenz und Epigenese

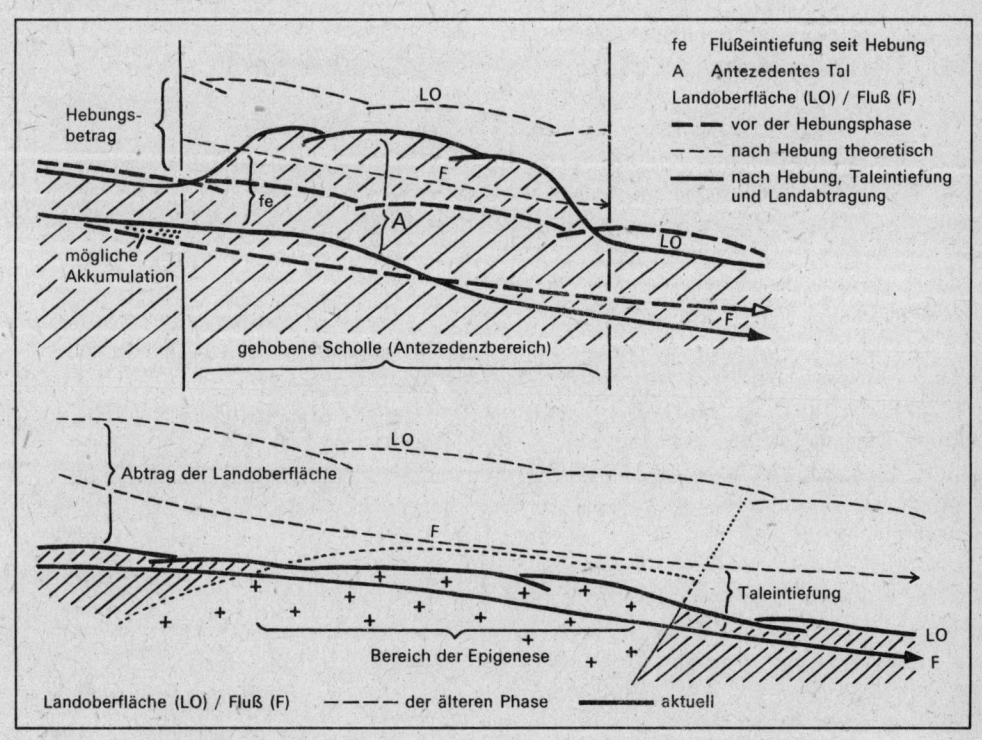

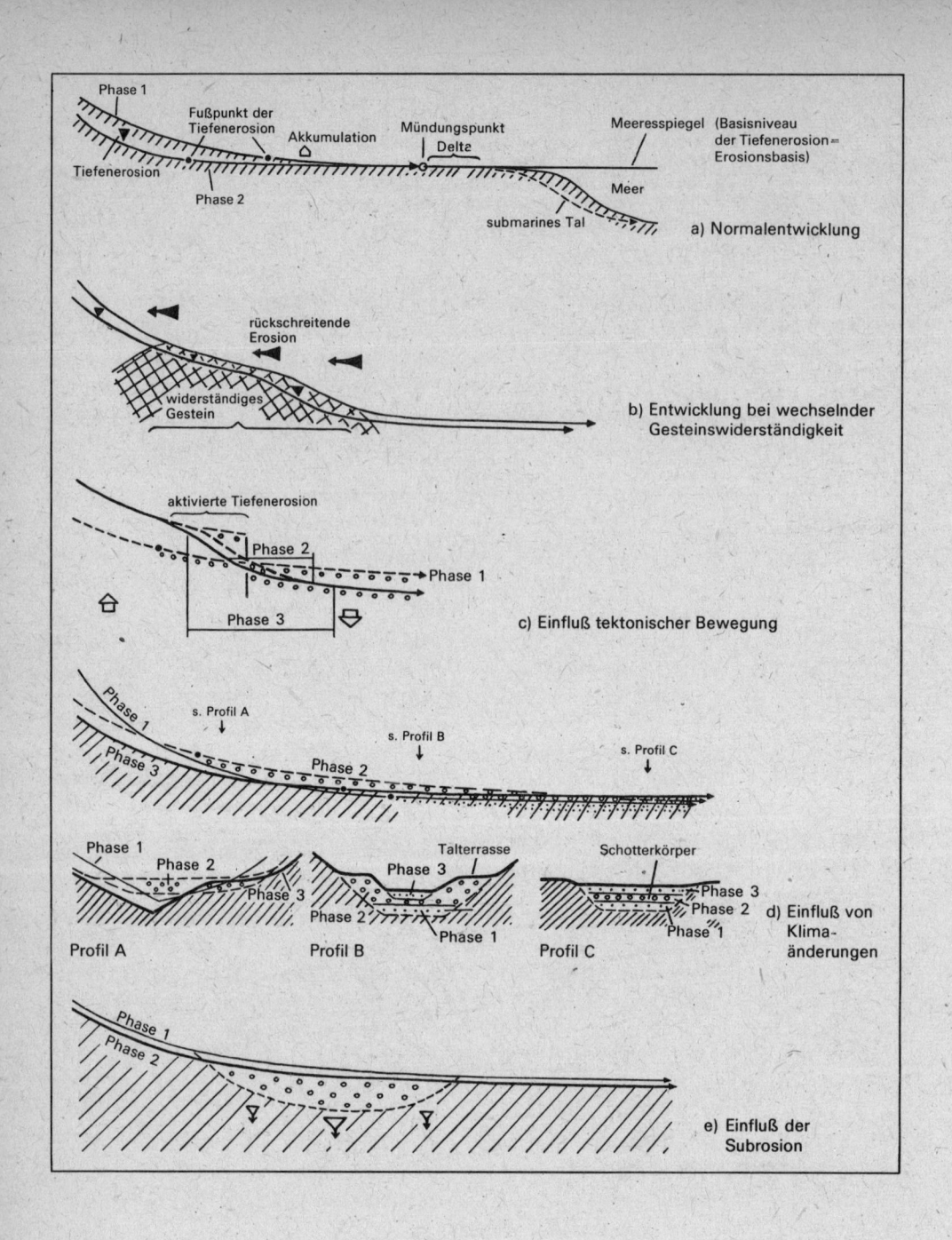

Abbildung 46
Entwicklung der Längsprofile

tion bis zur Erreichung eines Längsgefälles, das Abtransport auch des Groben erlaubt, relativ steiler als das der Flüsse warmhumider Gebiete. Dort wird bei überwiegend feinkörniger Last und gleichbleibend höherer Wasserführung das Gleichgewichtsgefälle bereits bei niedrigeren Gefällswerten erreicht.

Die Tiefenerosion wird klimabedingt u. a. dadurch erleichtert, daß starke, tiefgründige chemische Zersetzung in den feuchtheißen Tropen oder die tiefgründige Frostverwitterung in subarktischen Gebieten transportierbares Lockermaterial schaffen und daß sommerliches oberflächiges Tauen des eisdurchsetzten Frostbodens der periglazialen Gebiete im Aktionsbereich der Flüsse und Tauen im Kontaktbereich mit dem Flußwasser Tiefen- und Seitenerosion erleichtern (Frostrindeneffekt nach BÜDEL).

Langzeitige Belastungs- und Wasserführungsänderungen durch Klimawechsel bewirken Veränderungen des Längsprofils durch veränderte Belastungsverhältnisse (Abbildung 46). Beim Übergang von feuchtwarmem zu feucht-subarktischem Klima (z. B. Eeminterglazial/Früh- bis Hochweichselglazial) erfolgt eine Erhöhung des Belastungsverhältnisses durch erhöhte Lastzufuhr (Frostverwitterung, Solifluktion, Abspülung) und trotz starker kurzzeitiger Hochwässer verminderte Transportleistung. Als Folge tritt Talbodenaufschüttung auf, die vor allem im Mittellaufbereich und unteren Oberlaufbereich wirkt und zur Versteilung des gesamten Gefällsprofiles im Sinne der Annäherung an das Gleichgewichtsprofil führt. Erneuter Klimawechsel zu feuchtwarmem Klima (z. B. vom feucht-subarktischen früh- bis hochglazialen Klima der Weichselkaltzeit zum trockenkalten hoch- bis spätweichselzeitlichen und gemäßigt humiden rezenten Klima in Mitteleuropa) mit Abnahme der Lastzufuhr hat die Wiederbelebung der Erosionstendenz und Taleintiefung zur Folge. Im zuvor Akkumulationstendenz aufweisenden Mittel- und unteren Oberlaufbereich werden die Akkumulationstalböden zerschnitten und bleiben in mehr oder weniger großen Resten als *Talterrassen* (Schotterterrassen bzw. Akkumulationsterrassen, Felsterrassen) erhalten, die nachträglicher Hangabtragung unterliegen und zu spornartigen Formen überprägt werden können. Herrscht nach vorausgegangener oder andauernder tektonischer Hebung über die gesamte Zeit der Klimawechsel hindurch generelle – von den Akkumulationsphasen unterbrochene – Einschneidungstendenz vor, so können sich bei mehrmaligem Klimawechsel treppenartig angeordnete Talterrassen innerhalb eines Tales herausbilden. Die tiefer gelegenen Terrassen sind dabei jünger als die höher gelegenen. In den Unterlaufbereichen mit genereller Akkumulationstendenz können die Akkumulationsphasen bestimmter Klimaperioden zu verstärkter Bildung von Schotterkörpern führen, wobei hier die älteren von den jüngeren Schotterkörpern überlagert werden. In den Oberlaufbereichen mit generell starker Einschneidungstendenz können sich die klimabedingten Phasen erhöhter Lastzufuhr durch verminderte Eintiefungsleistung und damit verbundene Herausbildung von Felsterrassen im Relief dokumentieren.

Abbildung 46 zeigt, daß Zerschneidung von Talböden und Terrassenbildung auch klimaunabhängig als Folge tektonischer Hebungsphasen auftreten können. Durch klimatisch bedingte Absenkungen des Meeresspiegels in Kaltzeiten (s. Abschnitt 2.3.3.4.) kann in den Unterlaufbereichen vom Mündungspunkt ausgehende rückschreitende Tiefenerosion einsetzen. Eisisostatische Hebung der Erdkruste in Warmzeiten des Quartärs kann denselben Effekt erzeugen (vgl. Abbildung 55).

Hangformung durch Spülprozesse
Abspülung tritt auf, wenn bei Starkregen oder Schneeschmelze der Wasseranfall den Einsickerungsbetrag übersteigt oder wenn bei Land- oder Starkregen und bei Schneeschmelze die Aufnahmekapazität des Bodens für Wasser erschöpft ist (nach Auffüllen aller Hohlräume mit Wasser) und Oberflächenabfluß einsetzt. Abspülung bewirkt denudative Formung der Hänge. Sie setzt bei besonders anfälligen Lockersedimenten bereits bei minimalen Hangnei-

gungen (ab ca. 0,5°, verstärkt ab 3–7°) ein und wirkt auf fast ebenen Hochflächen und flachen Hangfußbereichen wie auf steileren Abhängen. Dichter Pflanzenbewuchs (Wiesen, unterwuchsreicher Wald) hemmt die Abspülung. Natürliche (z. B. in subarktischen Bereichen) oder vom Menschen herbeigeführte (z. B. Ackerflächen im Frühjahr, Waldrodung) Entblößung des Bodens und ungeeignete Bodenbearbeitung (hangvertikal gerichtete Bodenbearbeitung und wenig feste und zu feine Bodengefügekörper der Ackerkrume begünstigen den Abfluß des Spülwassers) beschleunigen den Abspülvorgang. Vom Menschen beschleunigt ablaufende Abspülung und Winderosion werden zusammenfassend als *Bodenerosion* bezeichnet. Ihre Verhinderung hat für den Schutz der Ackerböden und deren Ertragsleistung große Bedeutung.

Allgemein tendiert abfließendes Wasser infolge Kohäsions- und Reibungseffekten auch unabhängig von bestehenden Abflußsammelbahnen vom diffus fadenartigen Abfluß in der Initialzone des Abflusses hangabwärts zu linear konzentriertem Abfluß, so daß in den Oberhangbereichen generell diffuse Abspülung dominiert (s. Abbildung 40).

Flächenhaft wirksame Spülprozesse werden durch fadenartig diffus abfließendes Wasser als Rillen- und Rinnenerosion oder durch schichtflutartigen Abfluß (vor allem bei tropischen Starkregen) getragen. *Hangfluviale Prozesse* laufen bei linear-konzentriertem Abfluß in Sammelbahnen, d. h. in flachen, breiten Flutrinnen am Hang mit temporärer Akkumulation sowie in Hangmulden, Hohlwegen, Erosionsgräben und auf horizontal konkav gewölbten Hangpartien ab. Prinzipiell gelten die dargestellten Gesetze der fluvialen Formung, jedoch ist die Schleppkraft bei der Abspülung wesentlich geringer, so daß gröbere Korngrößen (Steine, Blöcke) nur bei bachartigem hangfluvialem Abfluß transportiert werden. Besonders erosionsanfällig sind schwach bis mäßig bindige schluffig-feinsandige Substrate und Böden mit entsprechend feinen Gefügeaggregaten. Grobkörnige und stark wasserdurchlässige (Versickerung geht zu Lasten des Oberflächenabflusses) Substrate, wie Schutt, Kiese, Grobsande, sind wenig anfällig. Tonreiche Substrate sind nach Austrocknung (feste, grobe Gefügeaggregate und Trockenrisse als Versickerungsbahnen) widerständig, im nassen Zustand jedoch stark anfällig. Intensive Abspülung wird durch tropische Starkregen auf den tiefgründig chemisch verwitterten Feinerden der feuchten Tropen wie auch durch Schmelzwasserabfluß in subarktischen Regionen und bei Schneeschmelze und sommerlichen konvektiven Starkregen in den Lößgebieten und Geschiebelehmbereichen der humidgemäßigten Regionen ausgelöst. Starke flächige Abtragung der Ober- und Mittelhangbereiche und akkumulative Aufhöhung durch Schwemmfächer und -kegel sowie breitflächige Kolluvialzonen vor allem am Hangfußbereich (s. Abbildung 56), aber auch vor Hindernissen (z. B. Nutzflächengrenzen) und auf Verflachungen am Hang selbst, außerdem Spülrinnen, Erosionsgräben und tiefe Erosionsschluchten, sind geomorphologisch wesentliche Effekte. Starker Spülabtrag der Hänge führt zu höherer Belastung der Vorfluter und zur Akkumulation von Auenlehmen in den Bach- und Flußtalböden. Das geschah auch während der mittelalterlichen Waldrodungsphasen in Mitteleuropa. Bodenkundlich wichtig sind die bodenerosive Kappung von Böden und die Bildung von Kolluvialböden und Alluvialböden (kolluviale Schwarzerden, Vega u. a.).

Bei Gleichgewichtsnähe zwischen Schleppkraft in den Hangrinnen und seitlicher Materialzufuhr zu diesen bilden sich Spülmulden an den Hängen. Hangmulden entstehen auch dann, wenn die Tendenz zur Herausbildung hangfluvial-erosiver Gräben und Schluchten überlagert wird durch ständiges ausgleichendes Überpflügen im Ackerland oder wenn nach Waldrodung ehemalige Hangschluchten mit der Bodenbearbeitung verfüllt und ausgeglichen werden („Verdellung" von Ackerlandschaften).

Die fluviale und die Spülformung des Reliefs zeigen starke Klimaabhängigkeit wie auch engste Beziehungen zum tektonisch-lithologischen Bau der Erdkruste. Letztlich tektonisch bedingt, treten in nahezu allen Klimaregionen intensive Tiefenerosion und Talbildung in den Gebirgen und Bergländern auf. Akkumulation und seitenerosive Ausformung großflächiger fluvialer Ebenen und breiter Talböden sind charakteristisch für Tiefländer und Becken. Klimatisch bedingt, tendieren die feuchtwarmen und feuchtheißen Regionen zur Talbildung, wobei die starke Abspülung in den feuchttropischen Gebieten durch starke Hangabtragung und Flußbelastung breite flache Täler und Flachreliefs erzeugt. In den humidgemäßigten Gebieten herrscht die Tendenz der Bildung von Kerb- und Sohlenkerbtälern vor. Starke Belastung durch skelettreiche Hangabtragungsprodukte bewirkt in semiariden und feuchtsubarktischen Regionen die Tendenz zu akkumulativ-seitenerosiver Ausbildung breiter Aufschüttungstalböden, wobei die intensive subarktische Hangabtragung zu starker Hangverflachung führt.

2.3.3.4. Glaziäre Formung des Reliefs

Gletscher und Gletscherbildung

Die gegenwärtig und in der erdgeschichtlichen Vergangenheit bedeutende glaziäre Reliefformung wird vorrangig durch Gletscher (= bewegtes Eis; *glazigene* Prozesse und Formen) und Gletscherschmelzwässer (*glazifluviale* Prozesse und Formen) vollzogen. Daneben spielen Sedimentation in Schmelzwasserstauseen (*glazilimnische* Prozesse) sowie mit den vorstehend genannten Vorgängen verbundene gravitative und Spülprozesse eine Rolle.

Gletscherbildung setzt die klimatische Bedingung S (Schneeniederschlag) > A (Ablation, d. h., Abtrag durch Abschmelzen und Sublimation) im langjährigen Mittel voraus. Diese ist bei feuchtkaltem Klima mit hinreichenden Niederschlägen und ausreichend langer jährlicher oder täglicher Frostdauer in den polaren und den Hochgebirgsbereichen großer Landmassen gegeben. Gebiete der Gletscherbildung, d. h. die *Nährgebiete*, werden durch die *klimatische* Schneegrenze umgrenzt, an der im Mittel die Bedingung S = A gegeben ist. Diese Schneegrenze liegt in den polaren Regionen 0–500 m ü. d. M., in den Alpen ca. 2500–3000 m ü. d. M. und in den Tropen ca. 5000 m ü. d. M. Außerhalb der Schneegrenze befindet sich das *Zehrgebiet*. Aus dem Nährgebiet kommende Gletscher stoßen in das Zehrgebiet vor. Sie erreichen dort ihre Randlage, wo sich Ablation (A) einerseits und Gletschereiszufuhr (Z) aus dem Nährgebiet sowie die meist geringfügige Gletschereisbildung durch Schneeniederschlag im Zehrgebiet die Waage halten (A = Z + S). Abhängig von saisonalen und längerfrisigen Schwankungen der klimatischen Bedingungen ändern sich die Größen A, Z und S und damit die Situation der Schneegrenze wie der Gletscherrandlage. Das in den Gletschern gebundene Wasser wird im wesentlichen den Ozeanen entnommen.

Zeitliche Klimaschwankungen und -änderungen führen, allerdings mit zeitlicher Phasenverzögerung, zur Zunahme *(Vorstoß, – Glaziation)* und Abnahme *(Rückgang – Deglaziation)* der Vergletscherung und zu den äquivalenten „eustatischen" Schwankungen des Meeresspiegels. Die Ursachen für diese Klimaänderungen sind nicht eindeutig geklärt, die letztlich verantwortliche Abnahme der Sonneneinstrahlung kann sowohl durch Schwankungen der Strahlungsemission der Sonne als auch durch kosmische Staubwolken, durch vulkanischen Staub in der Atmosphäre sowie durch Änderungen der Kontinentverteilung und damit verbundene Lageänderung der Pole erklärt werden. Heute sind rd. 15 Mio km^2 (= ca. 3%) der Erdoberfläche vergletschert, so daß damit 1,2% des irdischen Oberflächenwassers gebunden sind und bei völligem Abschmelzen des Eises ein Meeresspiegelanstieg um ca. 60 m zu erwarten wäre. Ein merkliches Vordringen der Vergletscherung war in Europa im 17. und 18. Jahrhundert zu beobachten. Als andauernd starke, langfristige Zunahme der Vergletscherung etwa auf das dreifache Areal gegenüber heute auf der gesamten Erde traten die Vergletscherungen der *pleistozänen Kaltzeiten* (Tabelle 25 – s. Beilage) mit 8–12 °C Temperaturerniedrigung (Jahresmittel) und 1000–1500 m Schneegrenzendepression in den mittleren Breiten der Erde, mit

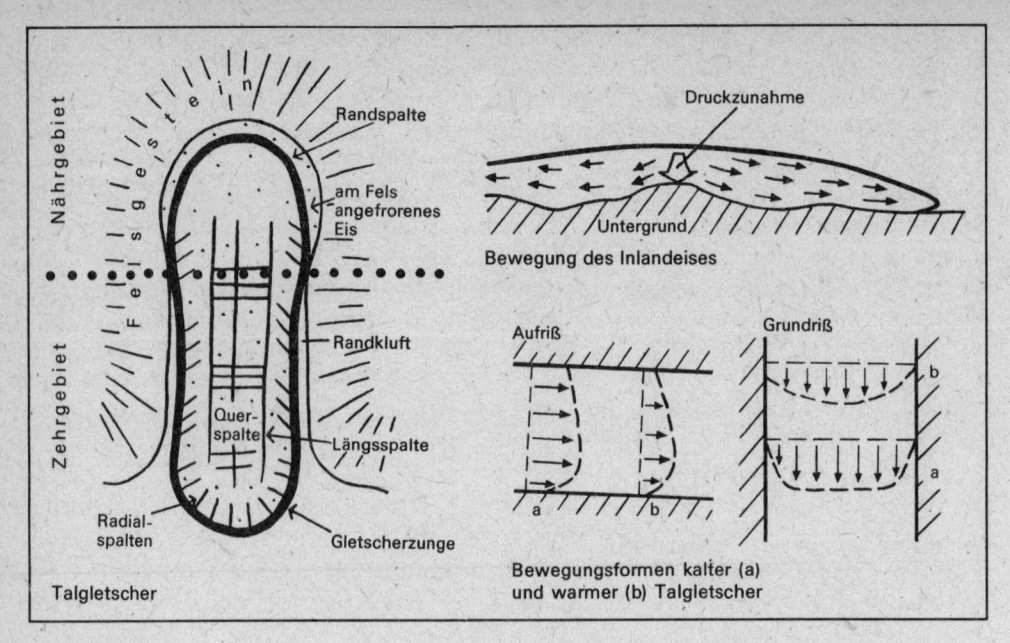

Abbildung 47
Gletscherdynamik

4 °C Temperaturerniedrigung und ca. 300 m Schneegrenzendepression in den Tropen auf. Ältere kaltzeitliche Vergletscherungen des einstigen Gondwanakontinentes sind aus dem Präkambrium und dem Permokarbon im heutigen Afrika, Südamerika und Australien bekannt.

Das *Gletschereis* entsteht infolge diagenetischer Verfestigung akkumulierten Schnees über die Zwischenstufe *Firn* durch Druckverdichtung, Tauen und Gefrieren *(Regelation)* mit dem Effekt, daß aus dem luftreichen Schnee mit seinen feinverästelten Kristallen das dichte, luftarme Gletschereis mit seinen groben und größeren Eiskörnern entsteht. Im Gletschereis sind häufig die basisflächenparallele Schichtung (Winter- und Sommerschichten) und eine senkrechte bis diagonale Bänderung (luftarme „Blaubänder", luftreichere „Weißbänder") erkennbar. Die Bänderung erklärt sich aus dem verheilenden Wiedergefrieren durch die Gletscherbewegung aufgerissener Querspalten unter dem Druck nachrückender Eismassen.

Nach ihren Lagebeziehungen vor allem zum präexistenten, vergletscherten Relief werden in gebirgigen Gebieten die *Plateaugletscher* und die *Talgletscher* unterschieden. Im Gebirgsvorland zu großen Flächen sich vereinigende Talgletscher ernähren die *Vorlandgletscher* (z. B. Alpenvorland in den pleistozänen Kaltzeiten). Bei Vergletscherung kontinentaler bis subkontinentaler Dimensionen, wie sie heute in der Antarktis und in Grönland existiert und in den pleistozänen Kaltzeiten im Norden Eurasiens und Nordamerikas sowie in Südamerika bestand, wird von *Inlandeis* gesprochen.

Die *Bewegungsdynamik der Gletscher* kann mit dem langsamen, laminaren Gleiten einer zähviskosen Masse verglichen werden, wobei die Geschwindigkeitsunterschiede innerhalb des Eises durch einen „Gleitbrettmechanismus" ausgeglichen werden. Die Bewegung der Gletscher wird vorrangig durch den Druck der auflastenden Eismassen auf die liegenden Partien der Gletscher ausgelöst (Abbildung 47). Beispielsweise hatte das pleistozäne nordeuropäische Inlandeis Mächtigkeiten von 1 000 m (Randbereiche) bis 3 500 m (zentrale Bereiche). So konnten auch Reliefhindernisse, wie Erhebungen und Täler, überfahren werden. Bei Kar-

und Talgletschern im Gebirge tritt die Zugkomponente der Gravitationsenergie hinzu. Am Boden und an den Wänden der Gletscher tritt Reibungsbremsung auf, wobei durch Druck- und Reibungserwärmung am Boden die Eistemperaturen in Schmelzpunktnähe liegen und das so erwärmte, wasserreiche Eis gleitfähiger wird. Auch der in der Regel zuvor gefrorene Untergrund der Gletscher (Permafrost!) ist in Gletschernähe dadurch erwärmt bis aufgetaut und damit gleitfähig. Starke Geschwindigkeitsunterschiede führen bei jeder Art von Gletschern zur Bildung von *Gletscherspalten* (Abbildung 47 – Längs-, Quer-, Radialspalten). Die Bewegungsgeschwindigkeiten sind unterschiedlich. Für das 800–1300 m mächtige antarktische Inlandeis sind Werte von 0,3–0,5 m pro Tag und 14 m pro Jahr, für alpine Gletscher solche bis ca. 0,5 m pro Tag und für kalte Gletscher im Nanga-Parbat-Bereich von ca. 2 m pro Tag bekannt geworden. Die Geschwindigkeit wächst, abgesehen vom Einfluß des Untergrundgefälles, mit der Intensität der Ernährung der Gletscher. Diese erfolgt nicht nur vom Nährgebiet her, sondern auch durch Schnee- und Eislawinen von den überragenden Hängen oder durch einmündende Nebengletscher.

Die *Grundrißform* der Gletscher und Gletscherränder ist in starkem Maße vom unterliegenden Relief abhängig. So stoßen von Kargletschern oder von Plateaugletschern ausgehende Talgletscher in Täler hinunter, die sich vor den Talausgängen zu Vorlandgletschern vereinigen können. Auch das Inlandeis stößt mit gelapptem, lobenartigem Rand vor (z. B. Elbelobus, Oderlobus) und schickt talgletscherartige Zungen in Flußtäler sowie in ältere subglaziäre Rinnentäler und andere Hohlformen hinein.

Glazigene Reliefformung
Die reliefbildenden Aktionen der Gletscher sind *Erosion* (auch Abrasion genannt), *Transport* erodierten und von außen in den Gletscher gelangten Erdsubstrates und *Akkumulation* desselben. Erosiv wirken (Abbildung 48) die *Detersion* (korradierende Beanspruchung des Untergrundes durch am Boden mitgeführte Feststoffe aller Korngrößen, verbunden mit Bildung von Gletscherschrammen in Felsgesteinen), die *Detraktion* (Herausbrechen an die Gletscherbasis angefrorener Gesteinspartien) und die *Exaration* (Ausschürfen, Aufschuppen und Auffalten präexistenten Locker- und Felsgesteins an und vor der Gletscherstirn). Bei Tal- und Kargletschern sind die Gletscher tiefen- und seitenerosiv tätig, wobei abhängig von Mächtigkeit und Geschwindigkeit der Gletscher die Intensität der Seitenerosion mit zunehmender Tiefe im Gletscher wächst. Fluvial-denudative Täler werden so zu *Trogtälern* ausgearbeitet. Aus einstigen Talterrassen werden in Verbindung mit denudativer Wandrückverlegung die Trogschultern geformt (Abbildung 48). Stärkere glazigene Tiefenerosion in Haupttälern mit großen, schnellen Gletschern führt zu hängenden, d. h. oberhalb der Talböden der Haupttäler in die Luft ausstreichenden Mündungen vergletscherter Nebentäler.

Markante glazigene Abtragungshohlformen im Hochgebirge sind die *Kare*. Sie entwickeln sich vorwiegend aus präexistenten Hang- bzw. Wandnischen durch glazigene Übertiefung im Bereich der größten Eismächtigkeit unter Mitwirkung starker Frostverwitterung und Hang- bzw. Wandabtragung oberhalb der Eismassen (Abbildung 48). Dieser Prozeßkomplex und der mehrseitige Angriff auf Bergmassive durch häufig zusammenwachsende benachbarte Kare bewirken gemeinsam mit Frostverwitterung und fluvial-denudativen Prozessen die charakteristischen schroffen, gratartigen Reliefformen der vergletscherten Gebirge alpinen Typs.

Die genannten Erosionsformen treten typisch in genügend hohen Gebirgen mit Eigenvergletscherung, aber auch in jenen gebirgigen Gebieten auf, die in die Inlandvergletscherung einbezogen sind bzw. waren (Antarktis, Skandinavien, Schottland). Exaratives und detersives Ausschürfen ist in den Randzonen des Inlandeises und der Vorlandgletscher dort besonders intensiv, wo Loben mit größerer Eismächtigkeit in präexistente, flachere oder tiefere tal- und

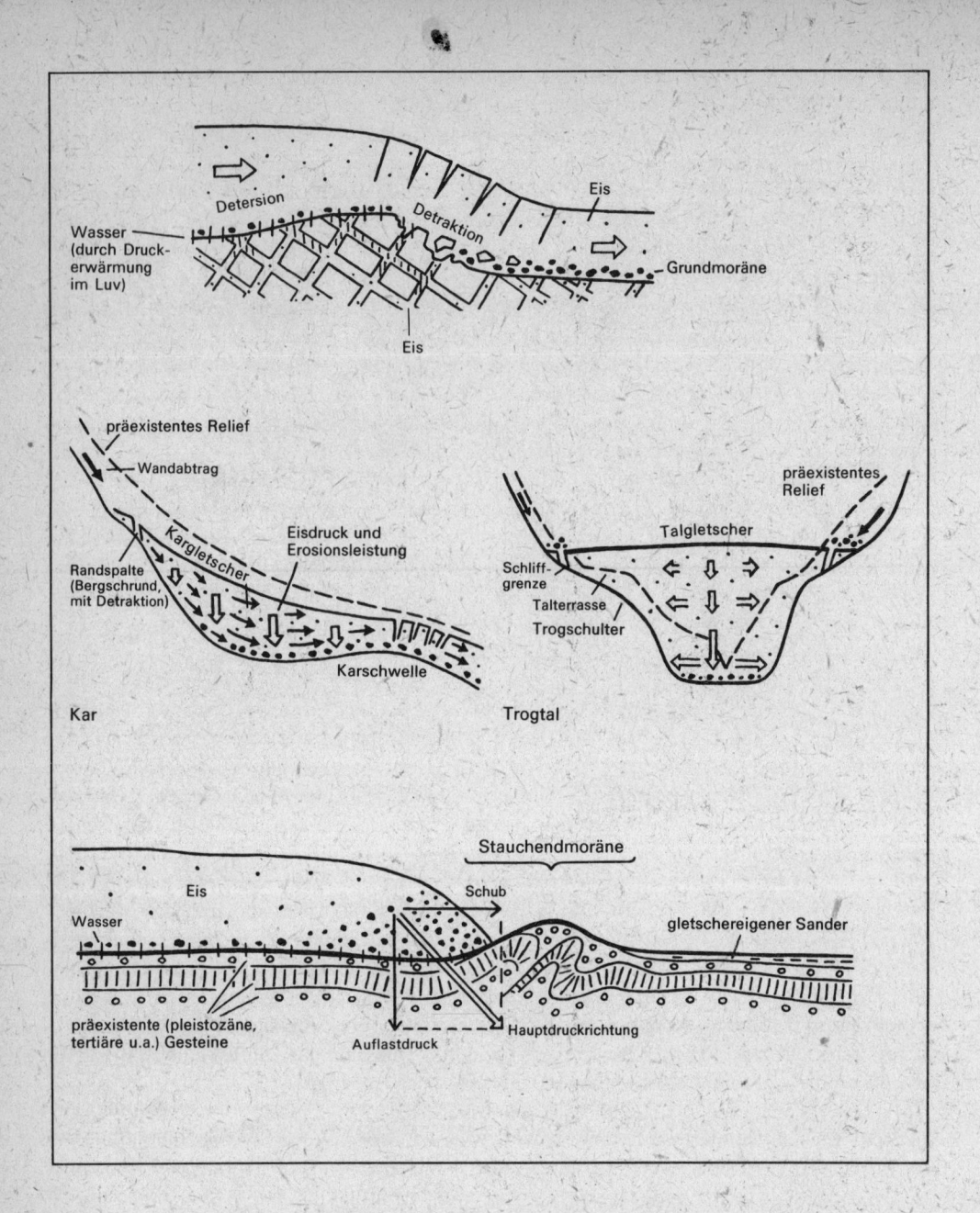

Abbildung 48
Glazigene Formen

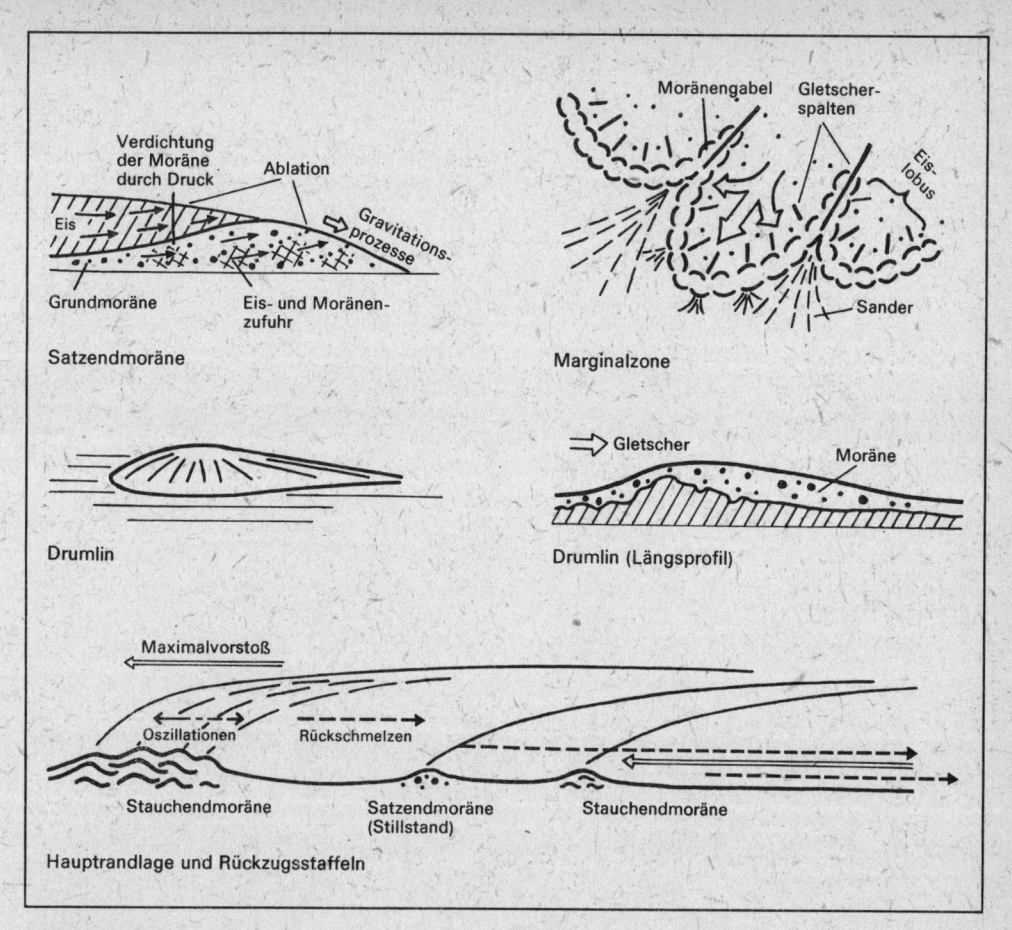

Abbildung 49
Glazigene Akkumulationsformen

beckenartige Hohlformen vorstoßen und so die mehr oder weniger weiten und flachen *Zungenbecken* ausformen. Solche pleistozän-kaltzeitlichen Zungenbecken sind beispielsweise das des Teterower Eislobus oder des Chiemsee-Gletschers.

Das von den Gletschern transportierte und abgelagerte Material, die *Moräne*, ist sowohl das Ergebnis der glazigenen Erosion als auch der Zufuhr von Material von die Gletscher überragenden Hängen her. Sie besteht vorwiegend aus Lehmen, lehmigen Sanden und Mergeln (Geschiebelehme, -mergel, -sande). Sortierungs- und Schichtungseffekte treten beim Transport nur untergeordnet auf. Charakteristisch sind neben der intensiven Zerkleinerung des Materials die starke Streuung der Korngrößenfraktionen (von Ton bis Block) und die stärkste *Zurundung der Geschiebe* (Zurundungswerte bis ca. 600 – vgl. S. 119). Typisch ist auch die prozentuale Dominanz in die Eisvorstoßrichtung eingeregelter Längsachsen der Geschiebe.

Ausgenommen die temporäre Akkumulation von Grund- und Marginalmoränen, die bei weiterer Gletscherbewegung wieder aufgearbeitet werden, tritt definitive *Akkumulation* in verschiedenen Variationen bei Gletscherstillständen und während der Abschmelzphase der Gletscher auf (Tabelle 24). Kräftig vorstoßende Gletscher – vor allem Loben des Inlandei-

**Abbildung 50
Glazifluviale Formen**

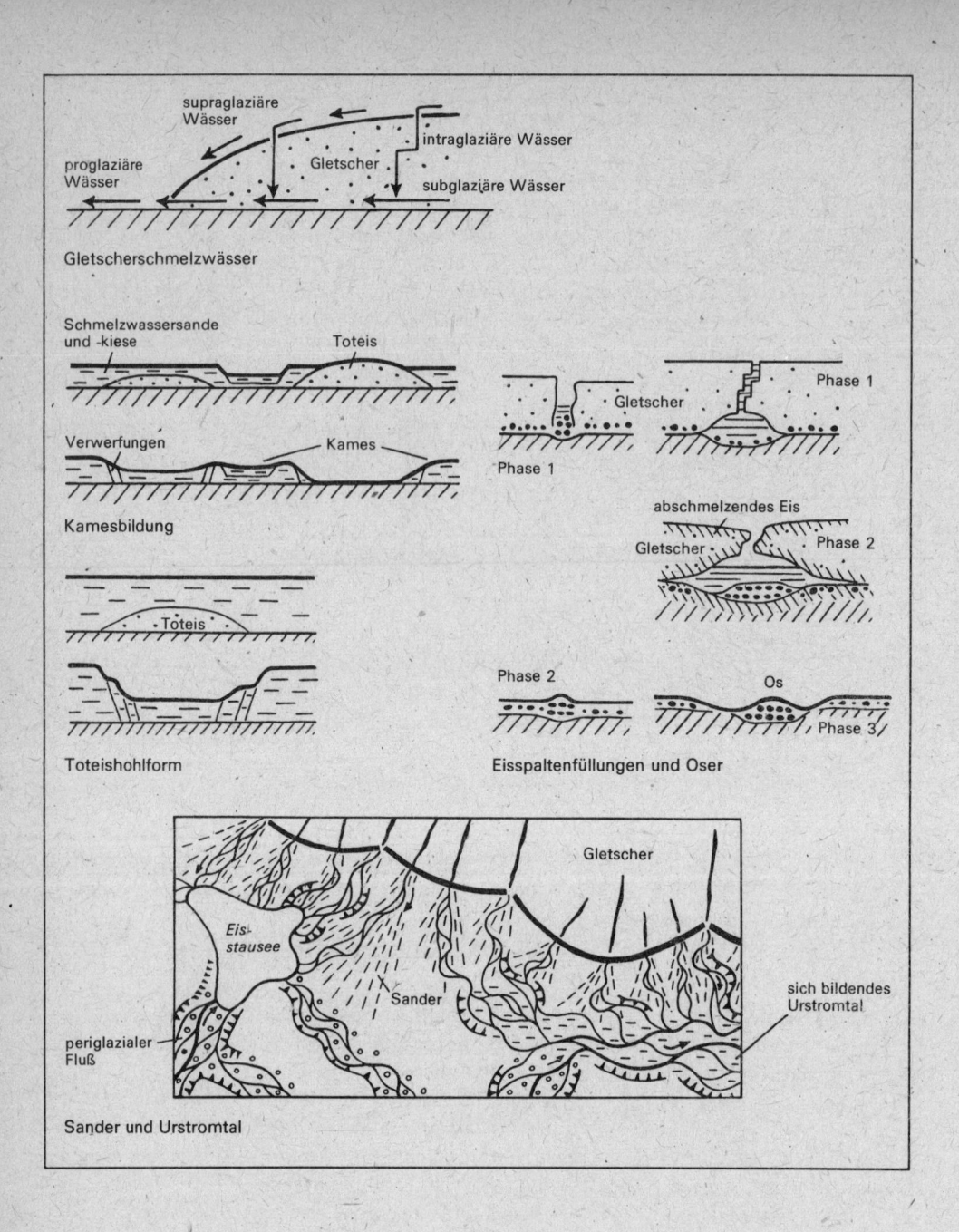

ses – bauen durch Aufpressen, Auffalten und Aufschuppen *(Glazitektonik)* von basalem Material (z. B. Kreidekalkstein, tertiäre Sande und Braunkohlen, ältere quartäre Sedimente, gletschereigenes Sandermaterial) jenen Typ der Rand- bzw. *Endmoränen* bzw. Marginalmoränen auf, der als *Stauchendmoräne* (Deformationsendmoräne) bezeichnet wird (Dübener Heide, Muskauer Endmoräne). Das Relief dieser Endmoränen ist durch langgestreckte, kräftig ausgebildete Endmoränenwälle charakterisiert. Bei lang andauerndem Stillstand der Gletscherränder entstehen durch Moränenanreicherung am Rande nach Abbau des Gletschers *Ablations-* bzw. *Satzendmoränenwälle* mit häufig steilerer gletscherseitiger und flacherer gletscherabgewandter Flanke (Abbildung 49). Sie enthalten oft Eiskerne, nach deren späterem Austauen toteisgravitative Einsenkungshohlformen entstehen. An der Seite von Talgletschern entstehen von den Talwänden her ernährte Seitenmoränen, die nach Gletscherrückgang als wallartige Gebilde zurückbleiben.

Jahreszeitliche und längerfristige Schwankungen der Gletscherstände führen zu *Staffeln von Endmoränen*. Solche Staffelungen treten als Folge jahreszeitlicher Gletscherschwankungen (Sommer- und Wintermoräne) sowie im Zuge des langfristigen Gletscherrückganges bei Klimaerwärmung nach einer kaltzeitlichen Vorstoßphase auf (z. B. Rückzugsstaffeln nach dem Hauptvorstoß des Pommerschen Stadiums der weichselkaltzeitlichen Vergletscherung des Tieflandes der DDR, vgl. Abbildung 51 und Tabelle 25 – s. Beilage). Der Verlauf der Endmoränenzüge markiert nach vollendetem Eisabbau den Verlauf der einstigen Randlagen. An Lobennähten bilden sich *Moränengabeln*. Die Stärke der Ausprägung (Höhe, Breite) der Endmoränenwälle steht in Beziehung zur Vorstoßstärke und zur Mächtigkeit der Gletscher wie auch zur Zeitdauer der Eisrandlagen.

Unter dem bewegten Eis entstehen *Drumlins*, d. h. in Bewegungsrichtung des Eises langgestreckte stromlinienförmige Akkumulationskörper aus Moränenmaterial, die Kerne aus Fels oder ehemals gefrorenem Kies aufweisen können.

Nach ihrem Abschmelzen hinterlassen die Gletscher die *Grundmoränenflächen*, die ein ebenes (vor allem in Zungenbecken) bis welliges, in Eisrandnähe auch teilweise kuppiges Relief aufweisen und durch Drumlins, kleinere Endmoränenstaffeln, Oser und Kames, Toteiskessel und subglaziäre Rinnen unterbrochen werden. Unmittelbar nach Freiwerden dieser Flächen geschieht ihre partielle oder völlige Überformung durch die Schmelzwässer der abtauenden Gletscher und teilweise Überdeckung der Moränen mit Schmelzwassersanden. Bei Talgletschern entstehen im Zehrgebiet Seitenmoränen an der Stelle der durch Ablation sich öffnenden Randkluft zwischen Felswand und Gletscher.

Glazifluviale Reliefformen und Toteisformen

Schmelzwässer bewegen sich auf der Gletscheroberfläche, in den Gletscherspalten und in Eistunnels am Boden der Gletscher bis zum Austritt in das Gletschervorland. Die proglaziären Schmelzwasserbäche sammeln sich, können Niederungen zusammen mit dem Gletscherrand entgegenfließenden Flüssen zu Schmelzwasser- bzw. *Eisstauseen* auffüllen und schließlich zu durchgehenden, meerwärts gerichteten *Urströmen* werden. Diese Urströme werden nach Art breitflächig verwilderter Tieflandströme akkumulierend und seitenerosiv reliefbildend wirksam. Kältere Gletscher sind wasserärmer, und in ihren engen Spalten zirkulieren die intra- und subglaziären Wässer (Abbildung 50) bei völliger Wasserfüllung der Spalten häufig als Druckgerinne mit hoher Geschwindigkeit und Schleppkraft. Ablagerung von Schmelzwassersedimenten ist bei dieser Situation daher selten. Gebunden an große zum Eisrand gerichtete Längsspalten des Inlandeises können kräftige subglaziäre Gerinne kilometerlange subglaziäre Erosionstäler (*Rinnentäler* – Ückertal, Warnowtal) in den Untergrund einschneiden, die nach völliger Öffnung der Spalten in der Abbauphase durch proglaziäre

Schmelzwasserflüsse zwischen den begrenzenden Eiskörpern weiter geformt werden. Nicht auszuschließen ist auch die exarative Wirkung vorstoßender Gletscher bei der Ausformung der breiten Rinnentäler. Auf den Untergrund des Gletschers auftreffende Druckgerinne können mit Hilfe bewegter Gerölle topfartige Strudellöcher erosiv herausarbeiten, die als *Gletschertöpfe* bzw. -mühlen bekannt sind (z. B. Gletschertöpfe im Huy).

Bei wärmeren bzw. sich erwärmenden Gletschern kommt es in offenen Eisspalten und in Eistunnels – in letzteren nach Tunnelerweiterung und Übergang von der Druckgerinnephase zum Gravitationsgerinnestadium – zur Ablagerung geschichteter Kiese und Sande, die nach Eisabbau als kilometerlange schmale *Oser* und osartige Rücken erhalten bleiben können. Im Stadium starken Zerfalls des Eises, vor allem im Randbereich des niedertauenden Gletschers, und bei der Bildung von Toteisblöcken (Toteis = nicht mehr mit dem ernährten Gletscher verbundenes Eis, auch als Restblöcke im Zentrum von Zungenbecken) sedimentieren die Schmelzwässer geschichtete Sande, in Eisstauseen zwischen diesen Eispartien Schluffe und Sande. Nach späterem Abtauen des Eises bleiben die Akkumulationskörper als platten- oder hügelartige, oft Endmoränen ähnelnde *Kames* erhalten, deren Ränder oft Abbruchstörungen aufweisen. Fallweise sind durch den Auflastdruck benachbarter Eisblöcke Moränenkerne von unten her in die Kameskörper eingepreßt. Übersandete Toteisblöcke führen nach Austauen des Eises und Nachsinken der hangenden Sedimente zu *Toteiskesseln* und -mulden.

Die proglaziären Wasser schütten saumartig schmale, breitflächige oder kegelförmige Flächensander sowie in Täler hinein schmalere *Talsander* mit flachem Oberflächengefälle und geschichteten Mittel- und Feinsanden auf. Die Sanderwurzel am Austritt des Schmelzwasserbaches aus dem Gletscher weist auch gröbere (Kies und gröber) Kornanteile auf, wenn diese von Druckgerinnen aus dem Gletscher heraustransportiert und nach dem Austritt bei Übergang in subaerische, langsamer fließende Gravitationsgerinne rasch abgelagert werden.

Im *Urstromtal* werden geschichtete Fein- bis Mittelsande sedimentiert, und es entstehen weite, fast ebene Talbodenflächen. Die Böden der Eisstauseen werden mit feinsandigen, schluffigen und tonigen, feingeschichteten Sedimenten (Sommer- und Winterschichten als *Warven*) aufgehöht.

Die Glaziale Serie
Ursprünglich durch ALBRECHT PENCK als regelhafte Abfolge eiszeitlicher Aufschüttungsfolgen verstanden, wird heute der Begriff der glazialen Serie auf die Gesamtheit der mit Vergletscherungen verbundenen glaziären Reliefformen und prozeßkorrelaten Sedimente erweitert angewendet. Es ist zu unterscheiden zwischen den Formen, die während der *Vorstoßphase der Gletscher* bis zu deren *Stillstand* ihre entscheidende Prägung erhalten, und jenen Formen, die erst von der *Stillstands-* bis zur *Abbauphase* entstehen (s. Tabelle 24).

Die häufig als „kuppige Grundmoräne" bezeichneten Reliefbereiche nahe den Eisrandlagen sind genetisch vielgestaltig und erhalten ihre Prägung sowohl durch Rückzugsstaffel-Endmoränen und Toteishohlformen wie auch durch Drumlins und Kames und durch Grundmoränenhügel im eigentlichen Sinn. Zu beachten ist, daß die Schmelzwasserabflußbahnen, d. h. Sanderflächen und Urstromtäler älterer Vergletscherungen, von den Schmelzwässern jüngerer, nicht so weit vorgerückter Vergletscherungen gänzlich oder abschnittsweise wieder genutzt oder überformt wurden und so mehrfache Weiterbildung erfuhren (s. Abbildung 51).

Reliefbereiche älterer glaziärer Formen liegen ebenso wie die angrenzenden, nicht vergletschert gewesenen Gebiete während jüngerer, weniger ausgedehnter Vergletscherungen im *periglaziären Bereich* mit subarktischem Klima und entsprechender Reliefformung. Durch diese *periglaziäre Überformung* und durch die pleistozäninterglaziale und die holozän-postglaziale Formung unter gemäßigt warmen, mehr oder weniger feuchten Klimabedingungen werden

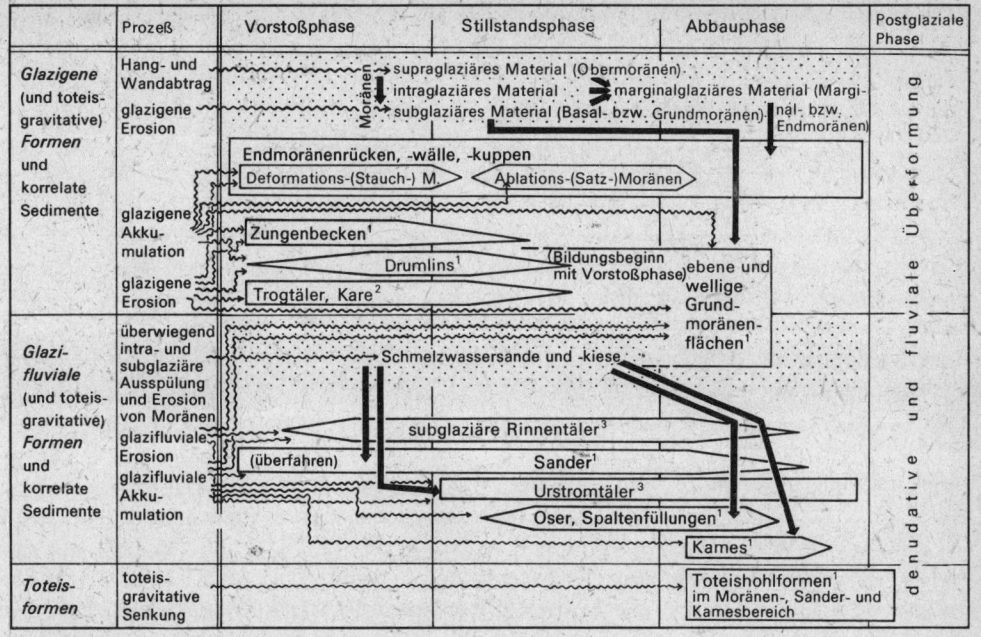

Prozeß		Vorstoßphase	Stillstandsphase	Abbauphase	Postglaziale Phase
Glazigene (und toteisgravitative) *Formen* und korrelate Sedimente	Hang- und Wandabtrag glazigene Erosion	Moränen → supraglaziäres Material (Obermoränen) / intraglaziäres Material → marginalglaziäres Material (Marginal- bzw. Endmoränen) / subglaziäres Material (Basal- bzw. Grundmoränen)			denudative und fluviale Überformung
		Endmoränenrücken, -wälle, -kuppen / Deformations-(Stauch-)M. → Ablations-(Satz-)Moränen			
	glazigene Akkumulation	Zungenbecken[1]			
		Drumlins[1] (Bildungsbeginn mit Vorstoßphase)		ebene und wellige Grundmoränenflächen[1]	
	glazigene Erosion	Trogtäler, Kare[2]			
Glazifluviale (und toteisgravitative) *Formen* und korrelate Sedimente	überwiegend intra- und subglaziäre Ausspülung und Erosion von Moränen	Schmelzwassersande und -kiese			
	glazifluviale Erosion		subglaziäre Rinnentäler[3]		
		(überfahren)	Sander[1]		
	glazifluviale Akkumulation		Urstromtäler[3]		
			Oser, Spaltenfüllungen[1]		
				Kames[1]	
Toteisformen	toteisgravitative Senkung			Toteishohlformen[1] im Moränen-, Sander- und Kamesbereich	

Erläuterungen:
[1] Typische Formen der Inlandvergletscherung
[2] Typische Formen der Gebirgsvergletscherung
[3] Auf die Inlandvergletscherung beschränkte Formen

Tabelle 24
Die glaziäre Serie

die glaziären Formen durch fluviale, denudative und äolische Prozesse vorwiegend abtragend überprägt und teilweise beseitigt. Das ist bei den saale- und elsterkaltzeitlichen glaziären Formen der Fall. Über älteren wie über jüngsten, weichselzeitlichen Moränen- und Sanderbildungen finden sich deshalb, durch Erosionsdiskordanzen mit örtlich auftretenden Steinsohlen getrennt, häufig Fließerde-, Treibsand- und Lößdecken als Zeugen dieser inter-, spät- und postglazialen Überprägung. *Altmoränenlandschaften* saalekaltzeitlicher Prägung unterscheiden sich deshalb durch stärker abgetragene glaziäre Formen mit flacher geneigten Hängen und gut entwickelten fluvialen Talsystemen von *Jungmoränenlandschaften* weichselkaltzeitlicher Prägung mit frischen glaziären Formen und einem noch wenig entwickelten fluvialen Talnetz.

Berücksichtigt man die Gesamtheit der Formungsprozesse und korrelaten Reliefformen sowie Sedimentbildungen, die während einer kaltzeitlichen Vergletscherungsphase im vergletscherten (glazialen) und im anschließenden nicht vergletscherten (periglazialen) Raum entwickelt sind, so ist neben der Serie der glaziären Bildungen die der periglaziären Bildungen zu nennen. Letztere umfaßt die akkumulative Aufschotterung in den Talböden (vgl. S. 121) und die Bildung großflächiger Stauseen aus Fluß- und Gletscherschmelzwasser vor dem Gletscherrand ebenso wie die kryosolifluidale Hangabtragung und die anderen vielfältigen kryogenen Prozesse und Formen. Lehrbuchartig schöne Beispiele für die gesetzmäßig auftretenden Ereignisabfolgen und Bildungen im Raum zwischen Saale und Elbe bieten EISSMANN (1975), SCHULZ (1962) und RUSKE (1973). Im Zuge fortschreitender Vergletscherung werden die periglaziären Bildungen von den glaziären Bildungen überdeckt, so daß beispielsweise im Bereich großer Flußtäler am Aufschluß folgende typische Schichtabfolge zu erkennen ist:

Schmelzwassersande und -kiese
(Sander- und kamesartige Bildungen) ⎫ Abschmelzphase
Diskordanz ⎭
Grundmoräne ⎫
Diskordanz ⎬ Vorstoßphase
Stauseebildungen ⎪
(feinschichtige Tone, Schluffe oder Sande) ⎭

- - - - - - - - - - - - - - - - - - - -

Spätinterglaziale bis frühglaziale
Flußsedimente (Sande, Kiese, Gerölle)
Diskordanz ——————————

Nach dem gegenwärtigen Forschungsstand sind sechs *pleistozäne Kaltzeiten* nachgewiesen (vgl. Tabelle 25 – s. Beilage), wobei für Nordeuropa mehrfache Vergletscherungen während der letzten drei besonders kalten Kaltzeiten (*Eiszeiten* – Elster-, Saale-, Weichselkaltzeit) und für den Alpenraum während der letzten vier (dort als Günz-, Mindel-, Riß-, Würmkaltzeit bezeichneten) Kaltzeiten durch Reliefformen und korrelate Sedimentbildungen sicher belegt sind. Abbildung 51 zeigt die durch Endmoränenbildungen markierten räumlichen Ausdehnungen der kaltzeitlichen Vergletscherungen im Gebiet der DDR und die den Hauptrandlagen zugehörigen Schmelzwasserabflußbahnen und Urstromtäler.

2.3.3.5. Äolische Reliefformung

Die im wesentlichen schwerkraftunabhängige Formenbildung durch Windwirkung vollzieht sich durch Ausblasung *(Deflation)* und *Akkumulation* feinkörnigen Lockermaterials sowie über *korrasives Abschleifen* von Festgestein durch windbewegtes Feinmaterial. Die Schleppkraft des Windes ist geringer als die des fließenden Wassers. Bei Windgeschwindigkeiten von 0,1–0,5 m/s werden Schluffpartikeln, bei solchen von 5–6 m/s Mittelsandpartikeln bewegt. Schluffe (aus Verwitterungs- und Solifluktionsdecken, aus Moränen) und feinere Sande (aus Urstromtälern und Sandern, Fluß- und Strandsande) sind daher das am besten für den Windtransport geeignete Material. Durchfeuchtete Sande und Schluffe sind wegen der Ad- und Kohäsionskräfte des Porenwassers widerständiger gegen Ausblasung.

Das windbewegte Material wird je nach Windstärke schwebend, saltierend oder rollend transportiert. Ständige (in warm- und kaltariden Gebieten) oder zeitweilige (z. B. auf Ackerflächen) Vegetationsarmut wirkt deflationsfördernd, während eine dichte Vegetationsdecke die Ausblasung unterbindet. Die Passatwüsten und die Trockengebiete des innerasiatischen Nordwestmonsuns sowie die trockenen subarktischen Gebiete sind daher bevorzugte Bereiche äolischer Formungstätigkeit, zu denen noch die frischen Sandstrände der Küsten mit den dort auftretenden Land-See-Winden hinzutreten.

Reliefbedingte Düseneffekte rufen verstärkte Deflation hervor, während im Divergenz („Delta-")bereich am Düsenausgang Akkumulation einsetzt. Für die Kulturlandschaften der humidgemäßigten Gebiete mit ihrem engräumigen Bodennutzungswechsel ist der kleinräumige Wechsel von Ausblasung und Ablagerung charakteristisch.

Typische Abtragungseffekte sind breitflächige Abtragung sowie Ausblasung flacher Mulden, korrasives Ausarbeiten von Fußkehlen durch am Boden bewegten Treibsand *(Pilzfelsen)*,

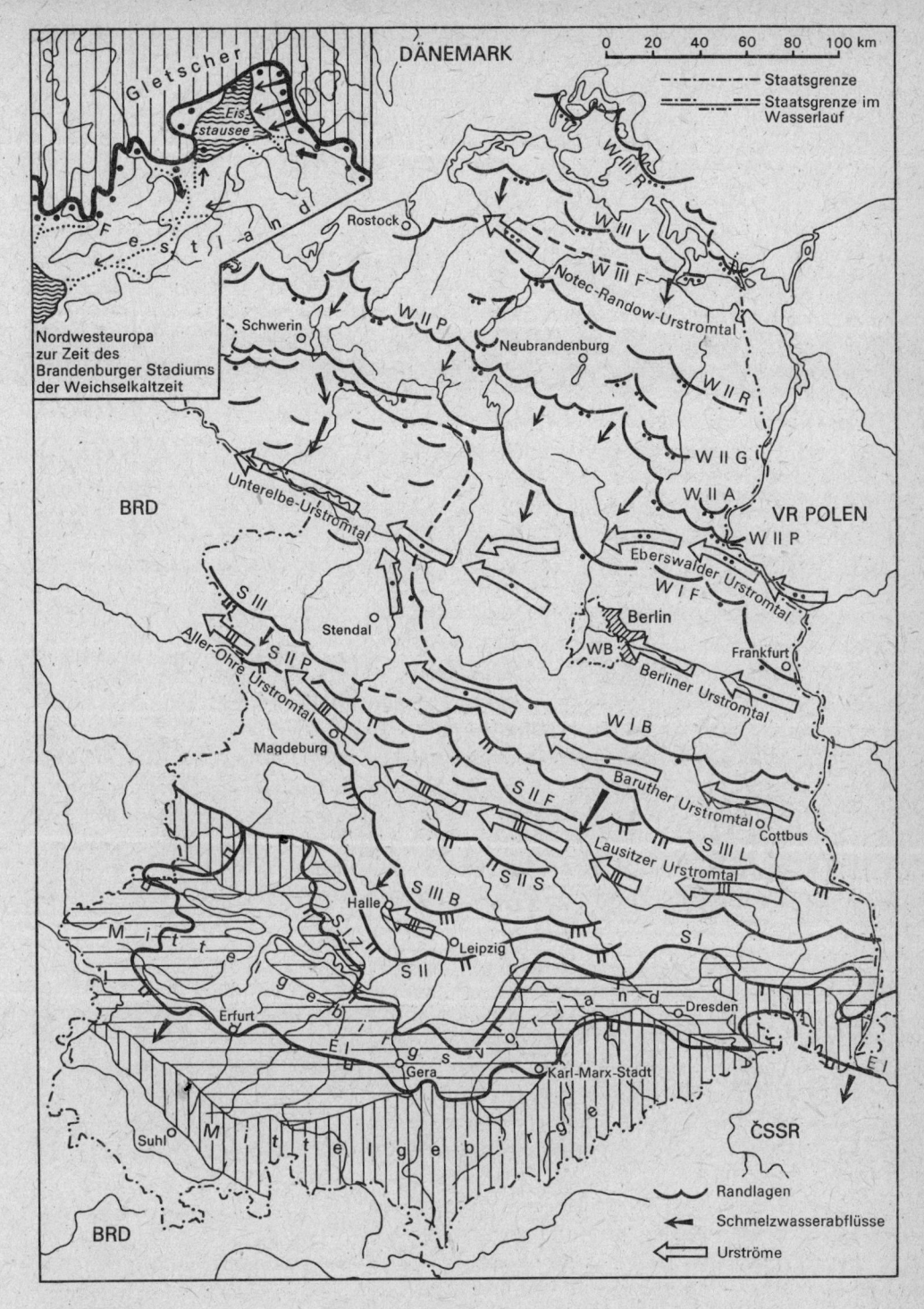

Abbildung 51
Pleistozäne Gletscherrandlagen und Schmelzwasserabflüsse im Gebiet der DDR

Ausblasung von Feinmaterial aus skelettreichen Korngemischen und dadurch entstehende Anreicherung des Grobmaterials an der Reliefoberfläche (*Steinpflasterbildung*; Steinwüste – „Hamada") in Verbindung mit dem korrasiven Beschleifen der Steine (Windkanterbildung).

Die kleinen Rippelmarken auf Strand- und Dünensanden und die nicht durch Vegetation gebundenen, wandernden *Dünen* (Stranddünen, Dünen arider Sandwüsten des Erg-Typs, Sanddünen trockener subarktischer Gebiete) sind Leitformen der definitiven und temporären äolischen Akkumulation im Prozeßverlauf äolischer Materialablagerung. Nach ihren Grundformen sind *Walldünen* (typisch für Stranddünen), *Sicheldünen* (Barchane – typisch für aride Sandwüsten), *Parabeldünen* (typisch für weichselkaltzeitliche Binnendünen auf Sander- und Urstromtalflächen) und *Strichdünen* (in ariden Sandwüsten) zu unterscheiden (s. Abbildung 52). Die Bildung der Wall- und Sicheldünen ist aus der Grenzflächendynamik an der Wind-Sand-Grenze zu erklären (s. Abbildung 52, vgl. auch Abschnitt 2.3.3.3./Sandbankbildung – Abbildung 43). Strichdünen werden mit wechselnden Windgeschwindigkeiten bei flächenhafter Überwehung von Sandgebieten in Verbindung gebracht. Parabeldünen werden als Zerstörungsformen teilweise bewachsener Walldünen erklärt.

An feste Hindernisse gebundene dünenartige Akkumulationskörper aus Flugstaub und Treib- bzw. Flugsand sowie flächenhafte Akkumulation auf Plateaus und Hängen entstehen sowohl durch reliefbedingte Minderung der Schleppkraft des Windes in Lee- und Luvbereichen als auch durch windbremsende Wirkung der Vegetation (Abbildung 52).

Der während trockenkalter Klimaphasen der pleistozänen Kaltzeiten (z.B. Hoch- bis Spätglazial der Weichselkaltzeit; vgl. Tabelle 25 – s. Beilage) gebildete und vorwiegend aus der Weichselkaltzeit bis heute teilweise erhaltene *Löß* und *Sandlöß* des europäischen Lößgürtels wurde aus vegetationsarmen Moränen, Solifluktionsdecken und Flußbetten ausgeblasen. Seine Ablagerung erfolgte nach kürzeren (Sandlöß) bis längeren (Löß – Größenordnung einige Kilometer Transportwegen auf besser bewachsenen Plateaus und Hängen (an Leehängen oft mehrere Meter mächtig) mit Kältesteppenvegetation. In den Gebieten der Urstromtäler und Sander und der übersandeten Moränen entstanden als zeitliche und genetische Äquivalente die *Treib-* bzw. *Flugsanddecken*, da dort im wesentlichen nur die Fein- und Mittelsande für die Auswehung zur Verfügung standen. An der Basis der äolischen Sand- und Lößdecken finden sich häufig durch Deflation und Abspülung entstandene *Steinsohlen* mit Windkantern, die als Reste deflativ und denudativ abgetragener Sediment- und Verwitterungsschichten anzusprechen sind.

2.3.3.6. Marine und limnische Prozesse und Formen

Die Reliefformung durch stehende Gewässer, d. h. durch das Meer (*marine* Formung) und durch natürliche oder künstliche Seen (*limnische* Formung), vollzieht sich im Küstenbereich, d.h. in der litoralen Region, und in den Tiefenbereichen in starker Abhängigkeit von der Reliefgestalt, den Windverhältnissen und den Wasserströmungen. Die Reliefgestalt zu Beginn und während der marinen und limnischen Formung ist das Ergebnis dieser Formung selbst sowie terrestrischer exogener Formungsvorgänge, wie Rutschungen und Spülprozesse im Uferbereich und fluviale Vorgänge am Ufer. Sie ist auch das Ergebnis biogenen Reliefaufbaues (z.B. Korallenriffe) sowie tektogener Prozesse (Tiefseegräben, submarine Gebirge) und vulkanogener Vorgänge (submarine Vulkane).

Das präexistente Relief, in das das transgredierende Meer vordringt, beeinflußt entscheidend die marinen Prozesse und die entstehenden *Küstenformen* (s. Tabelle 26). So können sich beispielsweise Wattküsten im Bereich überfluteter flachreliefierter Tiefländer bilden, während Rias- und Fjordküsten und die damit verbundene Steilküstendynamik an zertalte

**Abbildung 52
Äolische Formen**

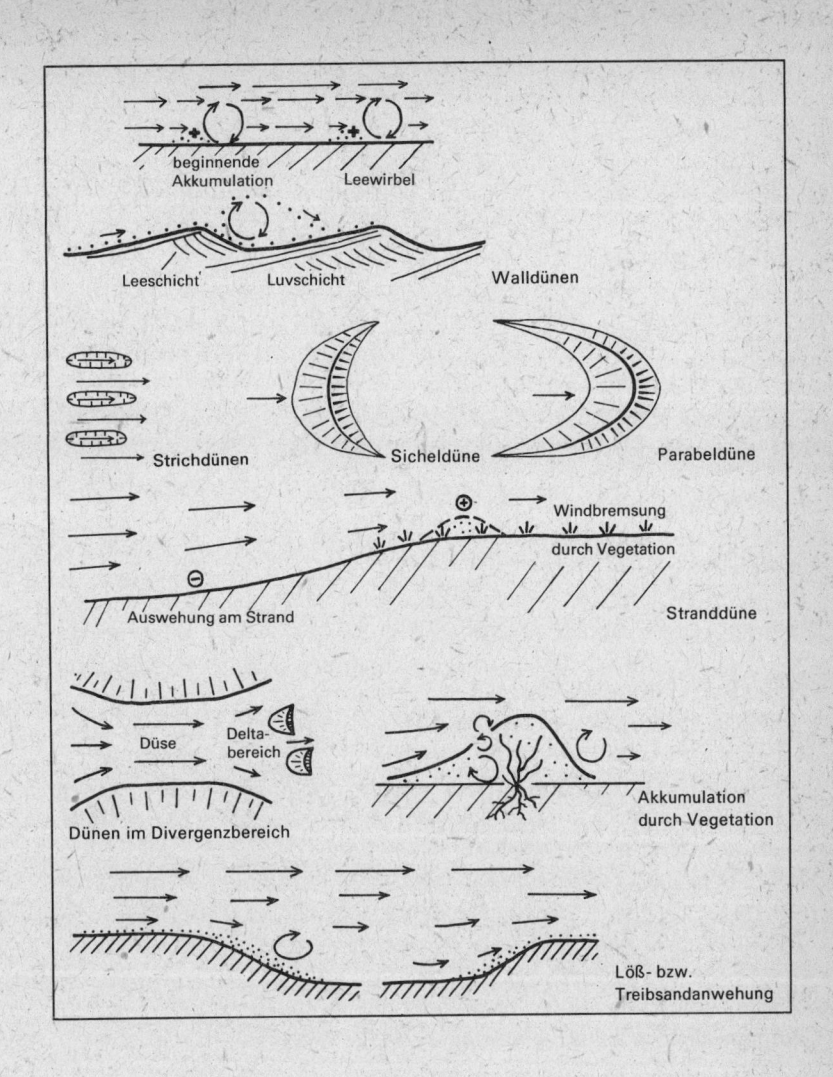

- beginnende Akkumulation — Leewirbel
- Leeschicht — Luvschicht — Walldünen
- Strichdünen — Sicheldüne — Parabeldüne
- Auswehung am Strand — Windbremsung durch Vegetation — Stranddüne
- Düse — Deltabereich — Dünen im Divergenzbereich — Akkumulation durch Vegetation
- Löß- bzw. Treibsandanwehung

Gebirgsbereiche gebunden sind. Klimatische Einflüsse spielen eine sekundäre Rolle, wenngleich einige Küstentypen (Mangroveküste, Korallenküste) klimazonal gebunden sind. Auch einzelne Prozesse an der Küste, wie die Ufererosion durch Eispressung, sind nur unter bestimmten klimatischen Verhältnissen möglich.

Der *Küstenbereich* umfaßt mit dem Ufer und der Schorre Teile des Festlandes und des Schelfes (s. Abbildung 53). Der *Schelf* stellt die meerseitige Fortsetzung der Kontinentaltafel dar, liegt in ca. 0–200 m Meerestiefe, ist durchschnittlich weniger als 1% meerwärts geneigt und zeigt häufig ein differenziertes submarines Relief (Täler, Schichtstufen, Deltas, Bruchstufen). Der 3000–6000 m hohe *Kontinentalabfall* mit 10–20% Gefälle begrenzt die Kontinentaltafeln. Er zeigt als charakteristische Formen tiefe Täler, die sowohl durch submarine Schlammströme ausgefurcht werden als auch durch meerwärts sich fortsetzende Wasserströmungen gebildet werden, die sich in Fortsetzung der Strömung einmündender großer Ströme ergeben (z. B. Kongo). Häufig sind hier submarine große Rutschungen.

Flachküsten weisen die hier auf sandigen Akkumulationen entwickelte Schorre als den Bereich der Materialbewegung durch Seegang auf sowie das Flachufer mit dem meist breiten

Genetischer Prozeß		Präexistentes Relief	Küstentyp	
Transgression	Abtragung, Kliff- und Schorrenbildung	Trogtäler	Fjordküste	Steilküsten
		subglaziäre Rinnentäler und Zungenbecken	Fördenküste	
		Rundhöckerfluren	Schärenküste	
		fluviale Gebirgstäler	Riasküste	
		subsequente und antezedente Täler in Faltengebirgen	Canaleküste	
	Abtragung, Auflandung	Grund- und Endmoränenrelief, breite Zungenbecken	Boddenküste	
	Wirkung von Gezeitenströmen	Flachtäler großer Tieflandsflüsse	Ästuarküste	
Transgression, Regression	Auflandung im Gezeitenbereich unter Mitwirkung der Vegetation	Flachküste	Wattküste Mangroveküste	Flachküsten
	biogener Küstenaufbau	Schelf	Korallenriffküste	

Tabelle 26
Klassifikation der Küstentypen

Strand und diesem oft aufgesetzten *Stranddünen*. *Steilküsten* zeigen die Schorre mit der in das Festgestein hineingearbeiteten *Abrasionsplatte* und das Steilufer mit dem *Kliff*, der stellenweise dem Kliff auflagernden *Kliffranddüne* und einen dem Kliff vorgelagerten meist sehr schmalen *Strandsaum* als typische Formen (s. Abbildung 53 und 54).

Im Küstenbereich werden die anlaufenden Wellen, speziell ihre *Brandung* an Steilufern, und die *Sogströme* sowie die Eispressung, die *Küstenströmungen* und die *Gezeitenströme* morphologisch wirksam. Die an der Grenzfläche Wind/Wasser erzeugten (s. Abbildung 54) und oberflächig vom Wind deformierten Wasserwellen lockern und zerstören im Steilküstenbereich beim Auftreffen auf Steilhänge und Wände das Ufer durch schlagartige Druckwirkungen, durch Kompression und Dekompression der Luft in Gesteinshohlräumen *(Kavitation)* und durch *Korrasion* mitgetriebener Gesteinspartikeln das Ufergestein. Dabei wird Lockergestein schneller als Felsgestein abgetragen. Zwischen Mittel- und Hochwasserniveau bilden sich Brandungshohlkehlen und an Schwächezonen des Gesteins (z. B. Klüften) *Brandungshöhlen* aus. In Verbindung mit Rutschungen und Felsstürzen sowie mit fluvialer Erosion erfolgt Zurückverlegung des Steilufers, das bei standfesten und zu senkrechter Absonderung neigenden Gesteinen die Form des steilwandigen *Kliffs* annimmt (s. Abbildung 54). Diese

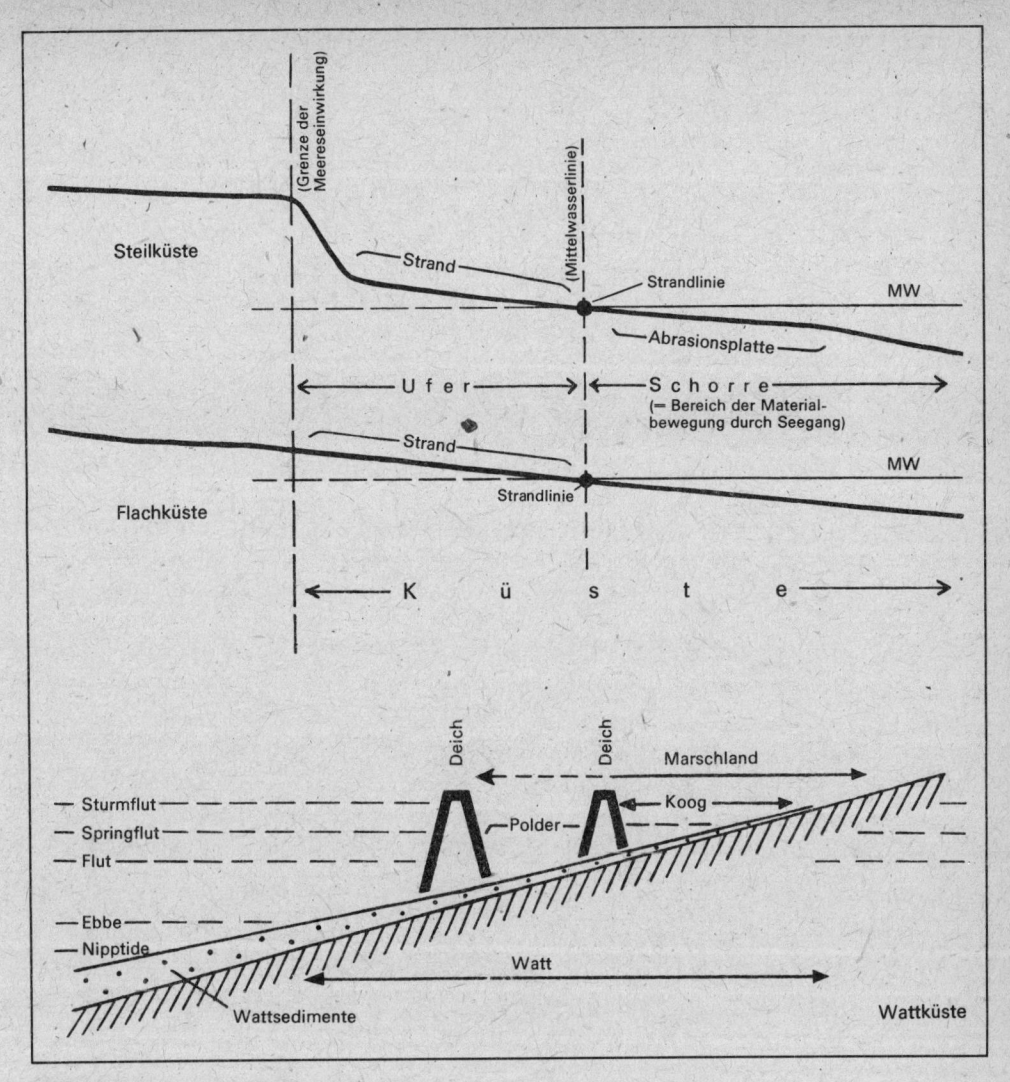

Abbildung 53
Begriffe der Küstengeomorphologie

Steilufer werden zurückverlegt, und als Kappungsfläche bleibt die *Abrasionsplattform* zurück, der seewärts eine *Seehalde* aus Abtragungsmaterial vorgelagert sein kann. Dieser Vorgang kommt zum Stillstand, wenn die Abrasionsplattform das Hochwasserniveau erreicht und das Kliff nicht mehr durch die Brandung beansprucht wird. Es unterliegt dann allein den abtragenden Hangprozessen und möglicher fluvialer Zerschneidung.

Auf *Flachufern* (primäre Flachufer, Abrasionsplattform) laufen die Wellen mit allmählicher Umwandlung ihrer kinetischen Energie aus. Dort, wo die Wassertiefe geringer ist als die halbe Amplitude der Wellenschwingung, setzt die Brecherzone mit landwärts sich überschlagenden Wellen ein (Abbildung 54), die uferwärts als Schwall ausrollen. Dabei werden mitgeführte Feststoffe (Sand, Kies, Tang u. a.) als *Strandwall* abgelagert. Mit dem Sogstrom am Bo-

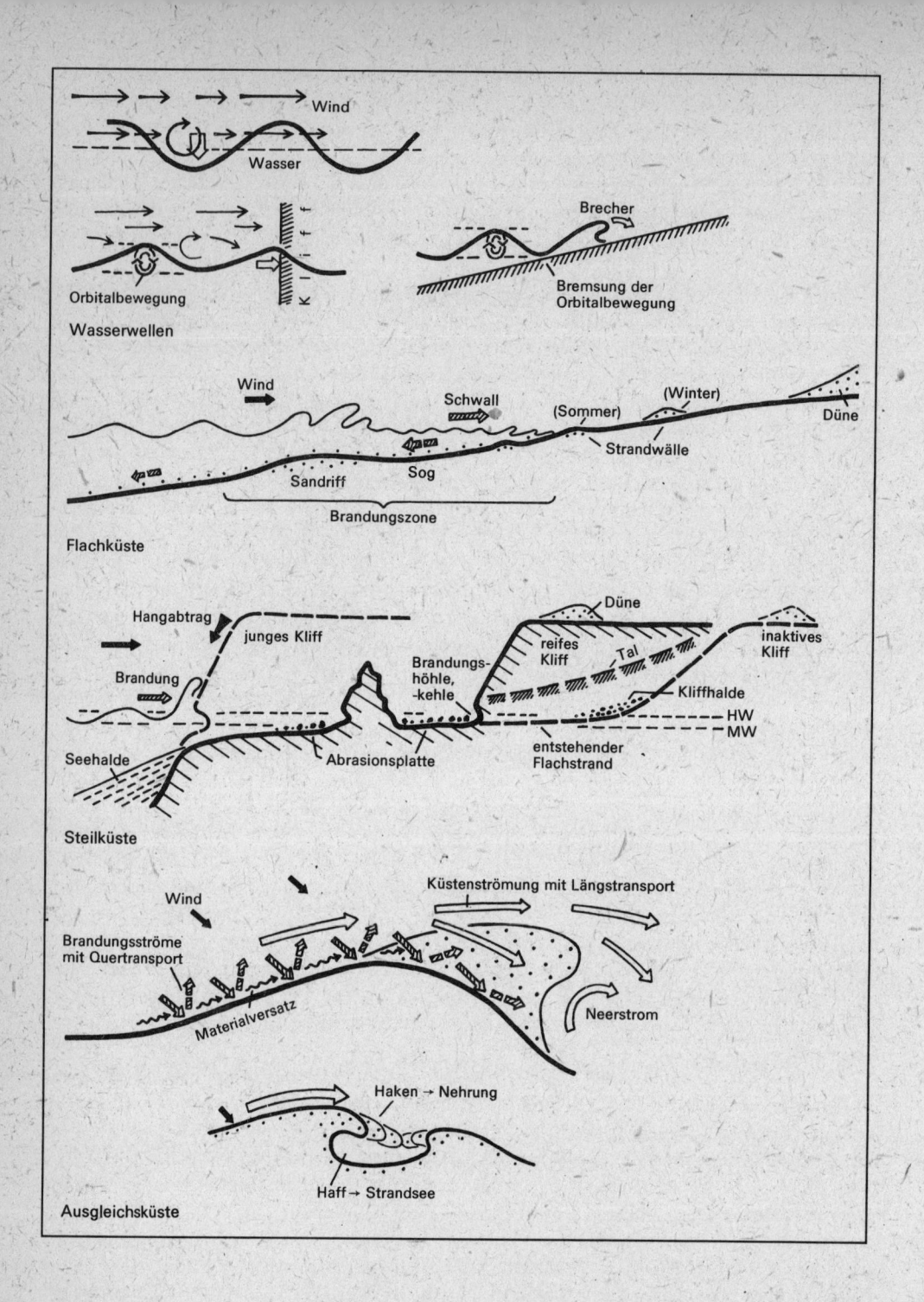

Abbildung 54
Küstenformung

den werden Feststoffpartikeln bis zur Brecherzone wieder abgeführt, wo der Sogstrom gebremst wird. In diesem Bereich wird durch Ablagerung vom Sogstrom transportierten Materials das *Sandriff* gebildet. Häufig treten zwei und mehr Brecher-Sandriff-Zonen gestaffelt auf als Folge sich überlagernder Wellensysteme unterschiedlicher Wellenlängen und -amplituden. Abhängig von Windrichtung und Uferrichtung können bei der Reflexion der Wellen am Ufer starke Richtungswinkeldifferenzen zwischen Schwall und Sog auftreten, so daß dadurch eine einseitig gerichtete Materialversetzung durch uferparallele Zickzackbewegung des Sandes erfolgt.

Küstenparallelen Materialtransport bewirken auch die durch Windschub erzeugten Triftströmungen, die durch die Küstenkonfiguration in *Küstenströmungen* umgelenkt werden, sowie die Gezeitenströmungen. In Leebereichen hinter Vorsprüngen von Flachküsten und an anderen Stellen mit der Verlangsamung der Strömung in deren Divergenzbereich kommt an anderen Partien abgetragenes Material zur Akkumulation. Die Bildung von *Sandhaken* und deren Weiterentwicklung zu *Nehrungen* ist die Folge. Das hinter der Nehrung entstehende *Haff* kann bei weiterem ungestörtem Fortgang des Prozesses zum völlig vom Meer abgeschlossenen Strandsee werden. Dieser Entwicklungsprozeß schafft den Flachküstentyp der *Ausgleichsküste* mit glatterem Verlauf der Uferlinie gegenüber der zuvor stärker gelappten, gegliederten Küste (Abbildung 54).

Lagunen sind Randseen, die durch Nehrungen oder durch über das Mittelwasserniveau herausgewachsene Strandwälle, die beide oft durch Dünenbildung zusätzlich aufgehöht wurden, unvollständig vom Meer abgeschlossen werden. *Limane* sind Flußseen, die gegen das Meer über die Bildung von Nehrungen sowie durch aufgehöhte Sandriffe und Strandwälle schließlich völlig abgeschlossen worden sind.

An die Gezeiten (Tiden) gebunden sind die *Watt-* und *Mangrovenküsten* sowie die *Ästuare*. An strömungsarmen Flachküsten werden mit der Flut Sande und in Ufernähe Schlick (sandig-schluffig, kalkig, mit organogenen Bestandteilen) antransportiert und abgesetzt. Der so aufgehöhte Meeresboden erreicht bei ungestörter Entwicklung das Niveau der Flut (s. Abbildung 53) und wird durch Bodentiere und vor allem durch halophytische Pionierpflanzen (z. B. der Queller an der Nordsee oder die Mangrovevegetation) befestigt. Diese Vegetation beschleunigt durch Bremsung der Strömung ihrerseits die Sedimentation. Kleinere *Priele* und breitere *Gatten* befördern das bei Ebbe abfließende Wasser des Meeres und einmündendes Flußwasser seewärts.

Eindeichung von Wattflächen vor und nach Erreichen des Flutniveaus (Polder, Koog) führt zur Gewinnung von Neuland. Natürlich oder durch Eindeichung nicht mehr dem Überflutungsbereich angehörende ehemalige Wattflächen werden nach Umwandlung in Dauergrünland und Ackerflächen als *Marsch* bezeichnet (Abbildung 53). Tiefstgelegene Marschbereiche mit hohem Grundwasserstand sind meist vermoort.

Die tropische Variante der Wattküste ist die Mangroveküste mit wärmeliebender halophytischer Pioniervegetation (Strauch- und Waldformationen mit Luftwurzeln).

Ästuare sind trichterartige Erweiterungen der Mündung breiter Tieflandsflüsse (Weser, Garonne), deren Ufer durch die Gezeitenströme seitenerosiv beansprucht werden.

An den Ufern von Binnenseen treten im Prinzip die gleichen geomorphologischen Phänomene auf wie an Meeresküsten, jedoch in geringeren Größendimensionen. Die Küstenprozesse haben große Bedeutung für die Landnutzung und den Seeverkehr. Landzerstörung an Steilküsten (Helgoland, Rügen, Hiddensee) und Neulandaufbau (Darß, Watten), Verschlammung von Hafenbecken und Zufahrtsrinnen sind einige Beispiele dafür. Sehr rasche Küstenveränderungen in historischer Zeit sind auch in Deltabereichen (Mississippi, Po) zu beobachten. Sie führten zur Funktionsänderung einstiger Hafenstädte (z. B. Ravenna).

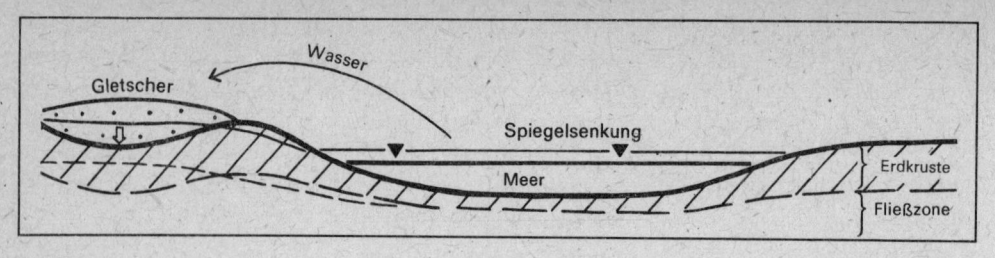

Abbildung 55
Glazialisostasie und -eustasie

Langfristige Veränderungen des Meeresspiegelstandes durch tektonische Krustenbewegungen sowie durch glazial-eustatische Meeresspiegelschwankungen und glazial-isostatische Krustenbewegungen führen zur Unterscheidung von *Transgressionsküsten* (Ingressionsküsten) und *Regressionsküsten*. Letztlich durch Klimaänderungen bedingte *glazial-eustatische* und *-isostatische Meeresspiegeländerungen* sind für die Entwicklung der heutigen Küsten von großer Bedeutung. Unabhängig von tektonischen Bewegungen der Erdkruste, die diese Vorgänge überlagern können, traten bei den kaltzeitlichen Inlandvergletscherungen der Erde im Pleistozän Meeresspiegellageänderungen um ca. 100 m auf. An der Mittelmeerküste vollzog sich der Wechsel zwischen pleistozän-kaltzeitlicher Meeresspiegelsenkung durch Gletscherbildung und interglazialem Meeresspiegelanstieg bei tektonischer Anhebung des alpinen Orogens, so daß dort die ältesten interglazialen Abrasionsterrassen heute an der Küste in mehr als 150 m Höhe ü.d.M. und die jüngsten, eemzeitlichen in 7–15 m Höhe ü.d.M. liegen. An der skandinavischen Ostseeküste war die postglaziale isostatische Hebung größer als der eustatische Meeresspiegelanstieg (vgl. Abbildung 55), so daß an der Küste Finnlands die alten Strandlinien und -terrassen des weichselkaltzeitlichen Wasserspiegels der Ostsee über dem heutigen Meeresspiegelniveau liegen. Die bis zum postglazialen Klimaoptimum (ca. 3500 v.u.Z.) zunehmende, danach abnehmende eustatische postglaziale Transgression der Nordsee (vgl. Tabelle 25 – s. Beilage) fällt mit tektonischen Senkungsbewegungen im gleichen Raum zusammen.

2.3.3.7. Technogene (anthropogene) Reliefformung

Das Relief des Festlandes wird zunehmend stärker durch menschliche Aktivitäten mit geprägt. In Verbindung mit dem Bergbau, der Anlage von Siedlungen, mit dem Verkehr zu Lande und zu Wasser, dem Wasserbau, der Landwirtschaft, dem Küstenschutz und der Neulandgewinnung an den Küsten ergeben sich erhebliche direkte und indirekte Einwirkungen auf die Reliefformung. Beispiele für indirekte Einwirkungen sind die Beschleunigung der chemischen Verwitterung durch technogene Erhöhung der SO_2- und CO_2-Gehalte der Luft, die Beschleunigung der Spülprozesse auf Ackerflächen, die Modifizierung der fluvialen Prozesse durch Flußbegradigungen und Talsperren, die Aktivierung der Salzauslaugung oder ihrer Folgeprozesse durch Beschleunigung der Wasserzirkulation infolge Bergbautätigkeit oder auch die Verursachung von Senkungs- und Einsturzvorgängen über unterirdischen Bergbaustollen.

Intensivste *direkte technogene* Reliefprägung erfolgt durch den Bergbau, vor allem durch den obertägigen Braunkohlenbergbau. Als Formen mit Mesoformdimension entstehen (s. Abbildung 56) an der Stelle des natürlichen Reliefs riesige *Tagebaugruben, Schütt-* und *Spülkippen, Halden* und *Restlöcher*, an deren häufig instabilen Hängen sich intensive natürliche Pro-

Abbildung 56 Technogene Relieffformung

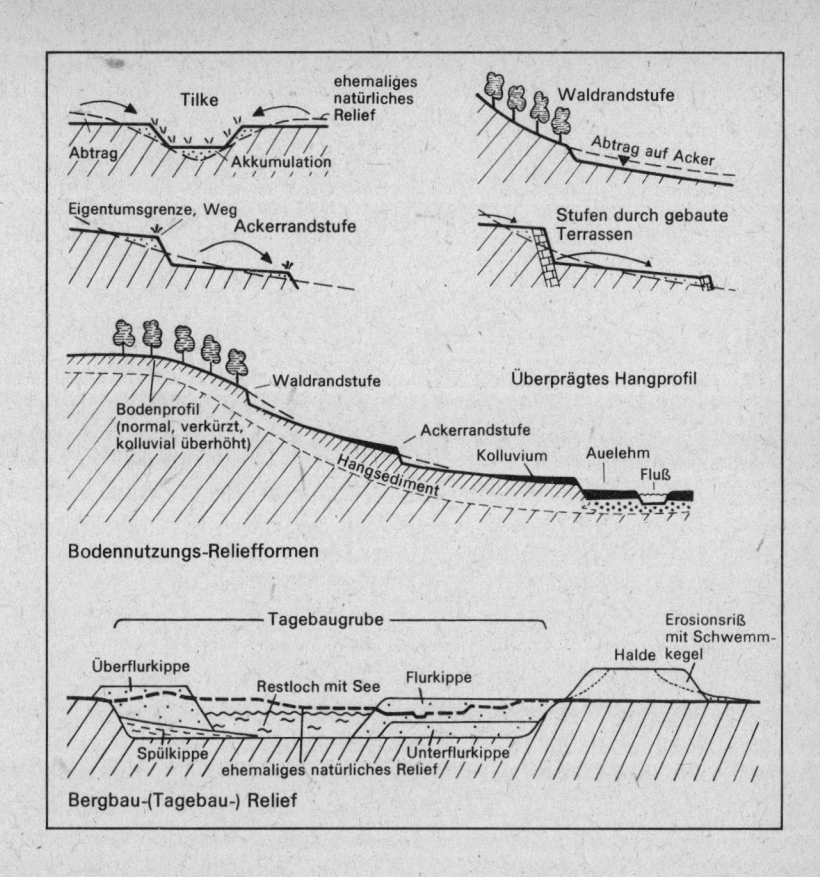

Bodennutzungs-Relieffformen

(Tilke, ehemaliges natürliches Relief, Abtrag, Akkumulation, Waldrandstufe, Abtrag auf Acker, Eigentumsgrenze, Weg, Ackerrandstufe, Stufen durch gebaute Terrassen, Waldrandstufe, Bodenprofil (normal, verkürzt, kolluvial überhöht), Hangsediment, Überprägtes Hangprofil, Ackerrandstufe, Kolluvium, Auelehm, Fluß)

Bergbau-(Tagebau-) Relief

(Tagebaugrube, Überflurkippe, Restloch mit See, Flurkippe, Erosionsriß mit Schwemmkegel, Halde, Spülkippe, Unterflurkippe, ehemaliges natürliches Relief)

zesse der Hangabtragung sowie Schwemmkegelbildung an den Hangfüßen vollziehen. Halden- und kippenartige Formen ergeben sich auch durch die Deponie fester Abprodukte in den Siedlungsrandzonen. Reliefmelioration schafft planierte Agrarflächen.

Auf landwirtschaftlichen Nutzflächen kann das Pflügen (und Eggen) durch Hangabwärtsverlagerung der Erdschollen hangabtragend wirken, und zugleich werden kleinere Reliefunebenheiten beseitigt. Dadurch und in Verbindung mit der abspülenden Bodenerosion entstehen die typischen *weichgeschwungenen Hänge* der Ackerflächen. Pflügen und verstärkte Abspülung auf Ackerflächen führt unter anderem zu vorgetriebenen und eingeschnittenen *Ackerrandstufen* (s. Abbildung 56), die sich an Nutzungs- und Eigentumsgrenzen entwickeln. Markante technogene Kleinformen sind gebaute Hangterrassen auf Obst- und Weinbauflächen.

2.3.4. *Lithofazielle Varianten der Reliefgestaltung*

2.3.4.1. Allgemeines

Die Dynamik der exogenen und endogenen Reliefbildung wird in starkem Maße durch den tektonischen Bau und die lithologische Ausstattung der Erdkruste mitbestimmt. Dadurch entstehen spezifische fazielle Varianten der Reliefformung.

So sind für die Bruchschollengebirge der DDR tief eingeschnittene Sohlenkerbtäler und lange mittelgeneigte Hänge ebenso typisch wie die generell herrschende Abtragungstendenz der Reliefformung. Im Bereich des oberflächig anstehenden Tafelstockwerkes unterscheiden sich die Muschelkalkgebiete unter anderem dadurch von den Buntsandsteingebieten, daß sie weniger dicht zertalt sind und neben ausgedehnten ebenen und flachhängigen Reliefpartien mittel- bis steilhängige Täler aufweisen, während im Buntsandsteinbereich dichtere Zertalung und geringere Neigung der Talhänge sowie Abnahme des Anteils an ebenen Flächen zu beobachten sind. Dichte und areales Muster tektonischer Bruchstörungen sowie Streichrichtungen der Ausbisse von Schichtgesteinen bestimmen in starkem Maße Anlage und Weiterbildung der Talnetze.

Grundsätzlich ist das Georelief an jeder Stelle der Erdoberfläche durch das Zusammenwirken zwischen exogenen Prozessen, endogenen Prozessen und tektonisch-lithologischer Struktur bestimmt. Graduelle Unterschiede zeigen sich jedoch in dem Maß der Dominanz des Einflusses exogener oder endogener Reliefprägung und in dem Maß der Erhaltung, betonten Herauspräparierung oder Auslöschung endogen geschaffener und gesteinsbedingter Höhen- und Formunterschiede der Erdkrustenoberfläche. Formen, deren Gestaltcharakter im wesentlichen durch exogen abtragende Skulpturierung ohne deutliche Erhaltung oder Herausarbeitung tektogener und gesteinsbedingter Reliefdifferenzierungen geschaffen wurde, werden als *Skulpturformen* bezeichnet (z. B. Rumpfflächen – s. S. 154). *Strukturformen* werden demgegenüber solche Formen des Reliefs genannt, die als endogene Formen (aktive Morphostrukturen im Sinne der modernen sowjetischen Geomorphologie) oder als Abtragungsformen (passive Morphostrukturen) die tektonisch-lithologische Struktur der Erdkruste in starkem Maße widerspiegeln und von dieser in besonderer Weise abhängig sind. Die erkundende Geologie bedient sich solcher Strukturformen erfolgreich als Indikatoren für tektonische Strukturen und Lagerstätten.

Aus der Vielfalt solcher Formen werden im folgenden Text zwei geomorphologisch wesentliche behandelt, Karstrelief und Schichtstufenrelief.

2.3.4.2. Das Karstrelief

Ursprünglich als Bezeichnung für eine steinige, wasserarme Landschaft entstanden, bezeichnet *Karst* heute Relief, Wasserhaushalt und Landschaftscharakter in Gebieten mit löslichen Gesteinen. Die Arten der verkarsteten Gesteine (Karbonate, Sulfate, Halogenide) prägen verschiedene Typen des Karstreliefs. Konvergenzprozesse und -formen in nicht bzw. schwer löslichen Gesteinen werden als *Pseudokarst* bezeichnet (Verwitterungshohlformen in Graniten, Kryokarst u. a.).

Durch starke Temperatur- und Feuchteabhängigkeit der Lösungs- und Kohlensäureverwitterung zeigt der Karst deutliche klimafazielle Differenzierungen bei maximaler Verkarstungsintensität unter feuchtheißem Klima und geringsten Effekten unter aridem Klima. Lagern die verkarstenden Gesteine unmittelbar an der Oberfläche, so liegt *offener Karst* vor. Dabei ist zwischen dem subkutanen (dünne Überdeckung des Gesteins durch eigene Lösungs- bzw. Verwitterungsrückstände) und dem nackten Karst zu unterscheiden. Verkarstung in der Tiefe, unter einer überlagernden Sedimentschicht unlöslichen Gesteins, wird als *bedeckter Karst* bezeichnet. Die Vorgänge in bzw. an oberflächig durch unlösliche Gesteinsschichten verdeckten Gips- und Salzgesteinen werden als *Subrosion* (Ablaugung, Auslaugung – Gips- und Salzablaugung) bezeichnet. Nach der Lageposition der Karstreliefformen wird zwischen oberirdischem und unterirdischem Karst unterschieden. Die Entstehung kryptogener Karstformen (z. B. Einsturzdolinen) wird in der Tiefe eingeleitet, während epigene Formen (z. B. Karren) von oben her gebildet werden. Nach Alter und Aktivität der Verkarstung ist zwischen rezentem Karst und inaktivem bzw. fossilem Karst zu unterscheiden.

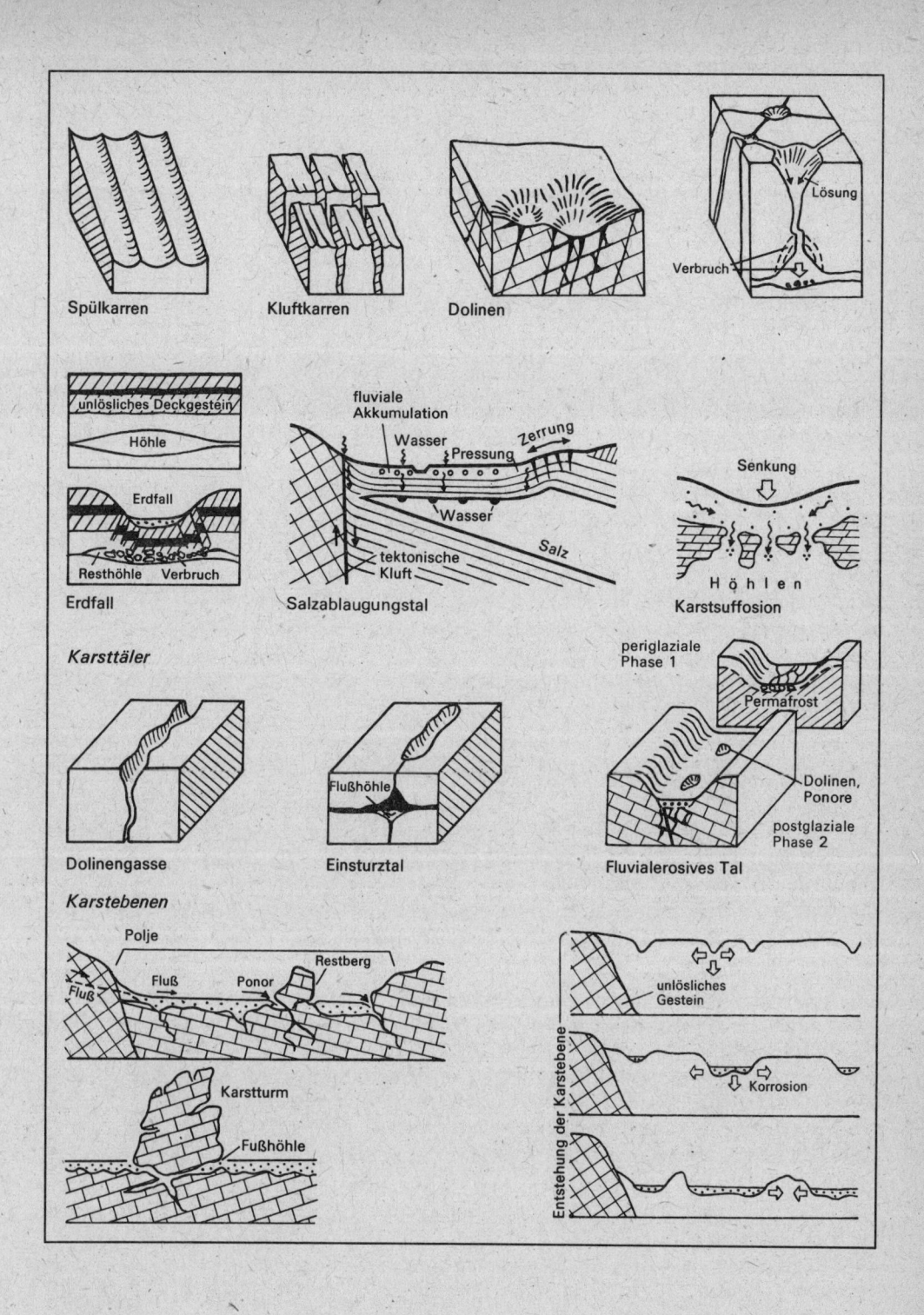

Abbildung 57
Karstformen

**Abbildung 58
Höhlenbildung**

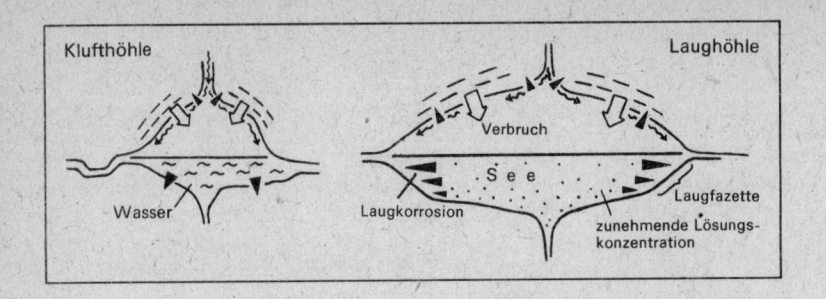

Klufthöhle — Wasser

Laughöhle — Verbruch, See, Laugkorrosion, Laugfazette, zunehmende Lösungskonzentration

Allen Karsttypen gemeinsam sind die Eigenart der Verwitterung (Lösungs- und Kohlensäureverwitterung – s. Tabelle 22 und Abbildung 35), die durch diese Verwitterung und Abfuhr der Verwitterungsprodukte mit dem Lösungswasser verursachte Erweiterung der Gesteinshohlräume (Schichtfugen, Kluftflächen u. a.) und die damit verbundene spezifische hydrologische Situation in Karstgebieten sowie das Auftreten charakteristischer Leitformen, wie Karren, Dolinen, Erdfälle und Höhlen. Synchron mitwirkende, präexistente oder nachträgliche Formung der Karstreliefs durch andere Prozeßgruppen gestaltet den *Karst* zu einem außerordentlich *komplexen Relieftyp*.

Spezifische Besonderheit des Karstreliefs ist die intensive chemische Korrosion der Gesteine durch Regen- und Schmelzwasser, durch die Wässer ober- und unterirdischer Flüsse und Seen wie auch durch die Feuchte an das lösliche Gestein grenzender Sediment- und Verwitterungsbildungen (Auenlehm, Hangsedimente, Verwitterungslehme u. a.). Diese Korrosion setzt an der äußeren Gesteinsoberfläche wie an inneren Oberflächen (Kluft- und Schichtflächen, Trockenrisse und Poren) an. Oberflächiger Abtrag und vielfältige Formenbildung sowie Erweiterung der inneren Hohlräume über das *Schlottenstadium* bis zum *Höhlenstadium* (Höhle = für den Menschen wegsamer Hohlraum) sind die Folgen dieser Vorgänge.

Eine wesentliche Voraussetzung für die innere Verkarstung ist die *karsthydrographische Wegsamkeit der Gesteine*, d. h., sie müssen untereinander verbundene überkapillare (mehr als 0,5–3 mm Durchmesser) Hohlräume aufweisen, durch die Wasser der Schwerkraft folgend rasch „versinken" und unterirdisch in Form von Gravitationsgerinnen oder Druckgerinnen zirkulieren kann. Wichtig ist auch eine hinreichende Reinheit des Gesteins, d. h. ein ca. 60% übersteigender Gehalt an löslichen Bestandteilen.

Als häufigste oberirdische Karstreliefform treten die *Karren* auf (Abbildung 57). Durch Spülkorrosion und mechanische Erosion abfließender Hangwässer entstehen Rillenkarren, durch oberflächige Erweiterung senkrecht ausstreichender Klüfte und Spalten die Kluftkarren. Frostverwitterung (Scherbenkarst), glazigenes Abschleifen (Flachkarren) oder marine Abrasion führen zur Modifikation der Kluftkarren. Mit Lösungsrückständen und Sedimenten gefüllte subkutane, tiefgreifende und oft sackartig erweiterte Kluftkarren in Gipsgestein werden als *geologische Orgeln* bezeichnet.

Dolinen sind das Ergebnis korrosiver Erweiterung (Lösungsdolinen) zutage tretender Klüfte, Schichtfugen und anderer Hohlräume vor allem dort, wo Scharungen und Kreuzungen derselben auftreten. Sie treten schlot-, trichter- oder schüsselförmig auf und können auch das Ergebnis fortschreitenden Einsturzes von Höhlendächern sein (Einsturzdolinen). *Erdfälle* treten im bedeckten Karst durch Einsturz von Hohlräumen auf. *Karstsuffosionssenken* (Abbildung 57) entstehen durch allmähliches mechanisches Einspülen von Decksedimenten (z. B. Tertiärsanden) in unterirdische Karsthohlräume. Sich erweiternde und zusammenwachsende Dolinen führen zu großen Uvalas oder über Dolinengassen zu talartigen Formen.

Fortschreitende intensive Verkarstung von Tafeln verkarstender Gesteine führt, von Dolinen und erosiv eingeschnittenen Tälern ausgehend, zu *Poljen* und *Karstebenen* (Abbildung 57). Dieser unter feuchttropischen Bedingungen besonders intensive Prozeß wird durch grundfeuchte unlösliche Alluvionen in den Tal- und Uvalaböden und durch CO_2-reiche Überschwemmungswässer beschleunigt, von denen starke seitliche Korrosion mit Erweiterung der Ebenen und *Flußhöhlenbildung* ausgeht. Die Poljen der mediterranen Karstgebiete werden daher als reliktische Formen tertiären tropischen Karstes erklärt. Fortschreitende Auflösung der Gesteinstafeln führt so zu Karstebenen mit unterhöhlten Restbergen (tropischer *Turm-* und *Kegelkarst* – Abbildung 57). Kleinere Restkuppen treten auch im außertropischen Karst, beispielsweise im Gipskarst des Kyffhäusers auf.

Weitflächige talartige Niederungen und kleinere Einsenkungen entstehen durch subterrane *Salzablaugung* im bedeckten Karst. Durch tektonische Hebung und exogene Abtragung der Deckschichten in Oberflächennähe gekommene Salzlager werden durch versinkende Oberflächenwässer von der Hangendgrenze her abgelaugt. Ihre Oberfläche (Salzspiegel, Salzhang) weist wasserführende Lösungsrinnen und -schlotten auf. Das unlösliche Deckgebirge senkt sich entsprechend den Ablaugungsbeträgen ab. Fluviale und andere Akkumulationen füllen die entstehenden *Talungen* teilweise bis völlig auf (Abbildung 44). An den entstehenden Randhängen der Senkungsgebiete ergeben sich Zerrungsspalten im Deckgestein, mit denen eine weitere Intensivierung der Lösung sowie Rutschungen und verstärkte Hangabtragung als Folgeprozesse verbunden sind.

Die *Täler in Karstgebieten* sind nach Form und Genese in drei Typen zu untergliedern (Abbildung 57). Durch Einbruch von Flußhöhlen entstehen blinde, d. h. zweiseitig abgeschlossene, oder halbblinde Täler. Unter der Mitwirkung rezent existenten oder während der pleistozänen Kaltzeiten vorhanden gewesenen Permafrostes entstehen auch in Karstgebieten echte fluvialerosive Täler, da der Permafrost durch Unterbindung der Versinkung oberflächigen Abfluß ermöglicht. Die Mehrzahl der heute flußlosen „trockenen" Täler der europäischen Karstgebiete ist auf diesem Wege ebenso entstanden wie viele Trockentäler in Sand- und Sandsteingebieten.

Als auffälligste unterirdische Karstformen sind die vielfältig gestalteten *Höhlen* geomorphologisch interessant. Ihre Bildung geht von der korrosiven Erweiterung wegsamer Klüfte und Schichtfugen, insbesondere an Hohlraumkreuzungen, aus (Klufthöhlen). Eforation, d. h. Korrosion und mechanische Erosion durch Druckgerinne (= Karstgerinne, die engere Hohlräume völlig erfüllen), spielt im frühen Stadium der Höhlenbildung eine wesentliche Rolle, wie es Eforationskolke und -näpfe an röhrenartig engen Höhlen bezeugen. Höhlenbildung erfolgt häufig im Niveau vorflutender obertägiger Fließgewässer, mit denen die Karstwässer in Verbindung stehen, sowie an der Liegendgrenze der verkarsteten Gesteine. Bei erosivem Einschneiden der Vorfluter fallen die Höhlen trocken, und es können sich neue, tiefer liegende Höhlenniveaus ausbilden. Mit starker Erweiterung der Höhlen ist das Druckgerinnestadium meist beendet, und die Höhlen sind durch Gravitationsgerinne nur teilweise wassererfüllt. Bei reinen und schnell löslichen Gesteinen (z. B. Gips) kann neben der Korrosion durch Sickerwasser und dem Verbruch der Höhlendecken die Laugkorrosion durch Höhlenseen und -flüsse eine Rolle spielen. Hier aktiviert lösende seitliche Unterschneidung der Höhlenwände den Verbruch der Höhlendächer (*Laughöhlen* – Abbildung 58). Die unter warmen bis feuchtheißen Klimabedingungen besonders intensive Höhlenbildung kann auch in subarktischen Gebieten, dort auch in der Tiefe unterhalb der Permafrostschicht, durch den relativ hohen CO_2-Gehalt des kalten Wassers trotz geringer CO_2-Gehalte der Luft vonstatten gehen.

Die Karstphänomene haben, vor allem wegen ihres nutzungsbegrenzenden Einflusses infolge ungünstiger Reliefgestaltung, Wasserarmut, Begrenzung ertragreicher Böden auf Doli-

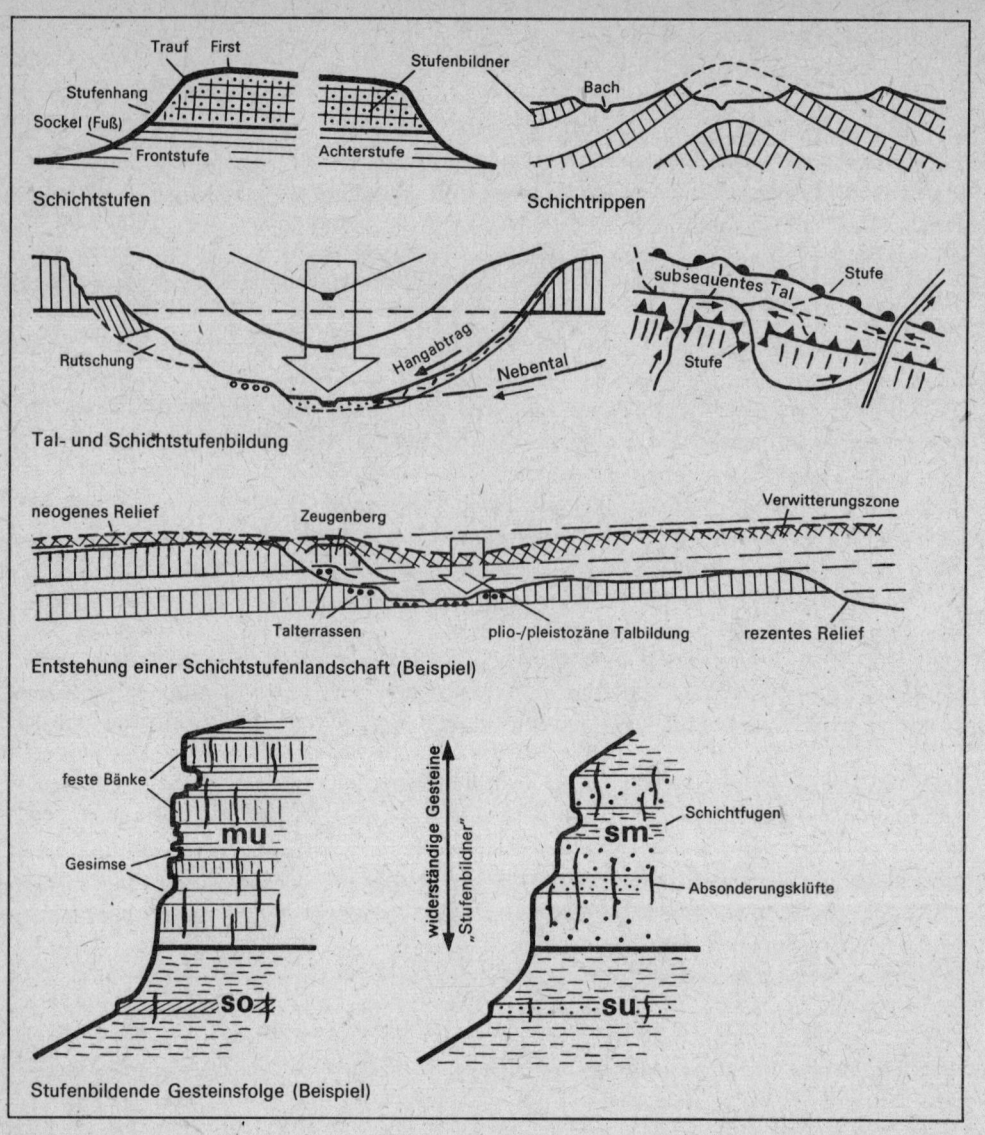

Abbildung 59
Schichtstufen und -rippen

nen, Uvalas und Poljen, große volkswirtschaftliche Bedeutung. Beeinträchtigt werden u. a. der Hoch-, Verkehrs- und Wasserbau und die Landwirtschaft. Mit den Karsterscheinungen sind vor allem Einsturz- und Senkungsgefährdungen, Flächenzergliederung (z. B. Dolinen) sowie Subrosionssenkungen und damit verbundene erhöhte Überschwemmungsgefahr und Grundvernässung verbunden. Für die geowissenschaftliche Forschung haben Karsthohlformen u. a. dadurch Bedeutung, daß sich in ihnen alte (z. B. tertiäre, interglaziale) Verwitterungsbildungen und Bodenbildungen erhalten haben, die an anderen Stellen bereits der Abtragung zum Opfer gefallen sind.

2.3.4.3. Das Schichtstufenrelief

Auffällige strukturbetonte Reliefformen sind die *Schichtstufen* (bei Schichtfallen bis ca. 10°) und *Schichtrippen* (bzw. *-kämme*, bei stärkerem Einfallen der Schichten). Sie treten in der DDR vorwiegend im Bereich des oberflächig anstehenden unteren Tafelstockwerkes mit Schichtfolgen unterschiedlich verwitterungs- und abtragungswiderständiger Sedimentgesteine auf. Genetisch und habituell ähnliche Formen sind auch im Bereich des Molassestockwerkes (auf den sedimentären permosilesischen Schichtfolgen) und des oberen Tafelstockwerkes (z.B. im Bereich glazigen gestauchter quartärer und tertiärer Lockersedimente in der Dübener Heide) wie auch an vulkanischen Basaltdecken (wenn diese z.B. über Lockersedimenten lagern) anzutreffen. Bedingt durch die unterschiedliche Anfälligkeit der Gesteinsschichten gegenüber klimaspezifisch dominierenden und vor allem an das Vorhandensein von Wasser gebundenen Verwitterungs- und Abtragungsprozessen, ist die Tendenz zur Herausbildung und Erhaltung von Schichtstufen und -rippen klimazonal unterschiedlich stark. Klimaunabhängig müssen hinreichend große Reliefenergiewerte und Gefällswerte gegeben sein, um die Herauspräparierung der Gesteinsunterschiede durch die Abtragung zu ermöglichen.

Infolge gesteinsbedingt stark selektiv wirkender Frostverwitterung, Solifluktion, Abspülung und fluvialer Tiefenerosion werden Schichtstufen in subarktisch-periglazialen Klimaten in starkem Maße herausgearbeitet. In gleichem Maße erfolgt starke Schichtstufenbildung durch selektiv wirkende Spülprozesse, Rutschungen und fluviale Tiefenerosion in tropisch-humiden Klimaten. Stark gebremst ist die selektive Abtragung in ariden Klimaten, wo die vorauseilende, den Stufenhang steilhaltende Abtragung durch Spül-, Rutsch- und Solifluktionsprozesse im geringer widerständigen Gestein des Stufenfußbereiches fehlt und kräftige mechanische Verwitterung zur Verflachung der Stufenhänge und zum „Ertrinken" des Stufenfußes in Schuttmänteln führt. Als allgemein wesentliche Bedingungen für die Herausbildung und Erhaltung von Schichtstufen und -rippen sind relativ hohe Wasserdurchlässigkeit (und damit verbundene Abtragungsresistenz) und Neigung zu senkrechter Absonderung von verwittertem Lockermaterial an senkrechten Gesteinsspalten (Trockenrisse, Klüfte) der stufenbildenden Gesteinsschichten zu nennen (Abbildung 59).

Die zur Schichtstufenbildung führende *selektive Hangabtragung* beginnt mit der Freilegung der Widerständigkeitsgrenze (Abbildung 59) durch fluvialerosive Durchschneidung und andere exogene Abtragungsvorgänge. Stärkere Hangabtragung und Tiefenerosion im Sockelbereich führen zum Zurückweichen der Hänge und zur prozeßrelevanten Verflachung des unteren Sockelbereiches (dort ca. 4–15° Neigung) bei Zurückbleiben und Versteilung des Hanges des Stufenbildners (Hangneigung ca. 16–35°). Die Materialabfuhr vollzieht sich über die direkt zu den Fließgewässern abfallenden Hänge oder über die Hänge zu Hangmuldensystemen im Bereich der Sockelbildner, in denen das Abtragungsmaterial zu den Flüssen befördert wird. Dabei bilden sich im Bereich der leichter ausräumbaren (geringere Festigkeit, höhere Bindigkeit) Sockelbildner mit gleicher Richtung wie deren Streichrichtung orientierte *(subsequente)* Täler heraus (Abbildung 59).

Zum typischen Formenkomplex des Schichtstufenreliefs gehören neben den zweigliederigen Stufenabfällen die Rutschungsformen, die durch Spülung und Solifluktion entstandenen Hangmulden im Sockelbereich und die Erosionstälchen im Stufenbereich. Während der Taleintiefung der Flüsse können Talterrassen in die Schichtstufenhänge hineinmodelliert worden sein (Saaletal, Wippertal). Die häufig als „Landterrasse" bezeichnete Stufenfläche entwickelt sich im Prinzip unabhängig von der Schichtstufendynamik und zeigt meist ein reliefenergieschwaches Hochflächenrelief mit flachen Tälern, Talterrassen und Hangmulden.

Nicht selten sind auf ihr tertiäre Verwitterungsbildungen und Sedimente in der Nähe der Trauf erhalten, die auf die jungtertiäre Vorform des Reliefs hinweisen, aus der sich heutige Schichtstufenreliefs in Mitteleuropa meist herausgebildet haben (Abbildung 59).

2.3.5. Polygenetische Reliefformung in den Klimazonen der Erde

2.3.5.1. Allgemeines

Viele der kleineren, einfach (monomorph) gestalteten Reliefformen, wie Erosionsgräben oder Karren oder die einzelnen Hangstücke (Fazetten, Elemente) größerer Formen, sind in ihrer heutigen Gestalt meist sehr junge, rezente Formen. Sie verdanken ihre Prägung einem einzigen Prozeß oder einer Gruppe eng verwandter Prozesse innerhalb der rezenten Formungszeitphase. Sie sind aktuelle *Jetztzeitformen*, die sich im Einklang mit den rezenten faziellen Formungsbedingungen befinden. Komplizierter gebaute (polymorphe) und meist größere Reliefformen, wie Talterrassen, Täler, Berge, Hoch- oder Tiefebenen, schließen kleinere Formen, wie die oben genannten, ein und sind Formen, die durch mehrere Prozeßgruppen erzeugt wurden. Sie erfuhren Prägung meist über mehrere Formungsphasen mit unterschiedlichen faziellen Bedingungen (z. B. Jungtertiär, Kalt- und Warmzeiten des Quartärs). Das in Abbildung 60 gezeigte Tal wurde zweifelsohne über das gesamte Quartär hinweg geformt und erfuhr seine letzte Prägung im Holozän. Es ist eine polydynamische und polyphasige, *polygenetische* Mehrzeitform, die mehrere Formengenerationen (bzw. Reliefgenerationen) umfaßt. Zur jüngsten Generation gehört als Jetztzeitform mit weichselzeitlicher Verformung die Talsohle. Der rechte Talhang und die Terrasse sind nicht aus den rezenten Formungsbedingungen erklärbare *Vorzeitformen*, wenngleich eine deutliche holozäne Überprägung (Abtragung der Schutt- und Lößdecke vom Terrassenrand, Zertalung des Terrassenhanges, Überprägung des Hangprofiles durch Abtragung und Aufschüttung im Bereich der Lößdecke) sichtbar ist.

Bei der großräumig-regionalen Betrachtung der Reliefformung in den Klimazonen der Erde sind diese genannten Grundtatsachen ebenso zu beachten wie der Umstand, daß tektonisch und lithologisch bedingte Differenzierungen (Formung der Orogene, der Tafeln, Plattformen, der Rifts; Formung in Hebungs- oder Senkungsgebieten) sowie Einflüsse der Gestalt des präexistenten Reliefs (z. B. Formung in Gebirgen, in Tiefländern) stets mitwirken. *Zeitliche Wandlungen der Klimaverhältnisse* im Bereich der heutigen Klimazonen der Erde seit dem Tertiär und neotektonische Krustenbewegungen führen zum Abbruch bzw. zur Veränderung angelaufener Formungstendenzen und zur Weiterbildung des Reliefs unter anderen Bedingungen mit veränderter Formungstendenz. Da im Bereich der inneren Tropen das Klima seit dem Alttertiär bis heute keine geomorphologisch gravierenden Änderungen erfahren hat, herrschen dort seit dem Beginn des Tertiärs nahezu unverändert gleichbleibende Formungstendenzen. Im Bereich der heutigen subtropisch-randtropischen Trockengebiete herrschten durch äquatorwärts gerichtete Verlagerung der Klimagürtel während der pleistozänen Kaltzeiten humidgemäßigte Klimabedingungen (Pluvialzeiten) und im Tertiär tropische Verhältnisse, so daß dort heute im Relief Vorzeitformen (pleistozäne Talsysteme, tertiäre tropische Karstebenen) erkennbar sind.

Im mittleren Europa (rezente Jahresmitteltemperatur [JMT] ca. 8 °C) wandelten sich Klima und Reliefbildung am stärksten. Auf tropisch-eozäne (JMT ca. 21 °C) und wechselfeucht-tropische miozäne Verhältnisse (JMT ca. 16–20 °C) folgten subtropisch-warme humide bis semiaride Bedingungen im Pliozän (JMT 12–16 °C), pleistozän-kaltzeitliche glaziale und periglaziale Verhältnisse (JMT ca. 0–2 °C), pleistozän-interglaziale Verhältnisse (JMT

Prinzipschema der polygenetischen Reliefentwicklung

(Diagramm mit folgenden Elementen: Mensch; klimagebundene exogene Prozesse; Prozeßergebnis: Erdkruste mit prozeßkorrelatem tektonischem Bau, Gestein und Georelief; exogene / endogene Gestaltung der Erdkruste mit ihrem Georelief; präexistente Erdkruste und ihr Georelief als Medium und faktorielle Bedingung; solare Energie; tellurische Energie; Schwerkraft; endogene Prozesse; Zeit und Wandlung der energetischen Prozeßimpulse)

Entwicklung eines Tales

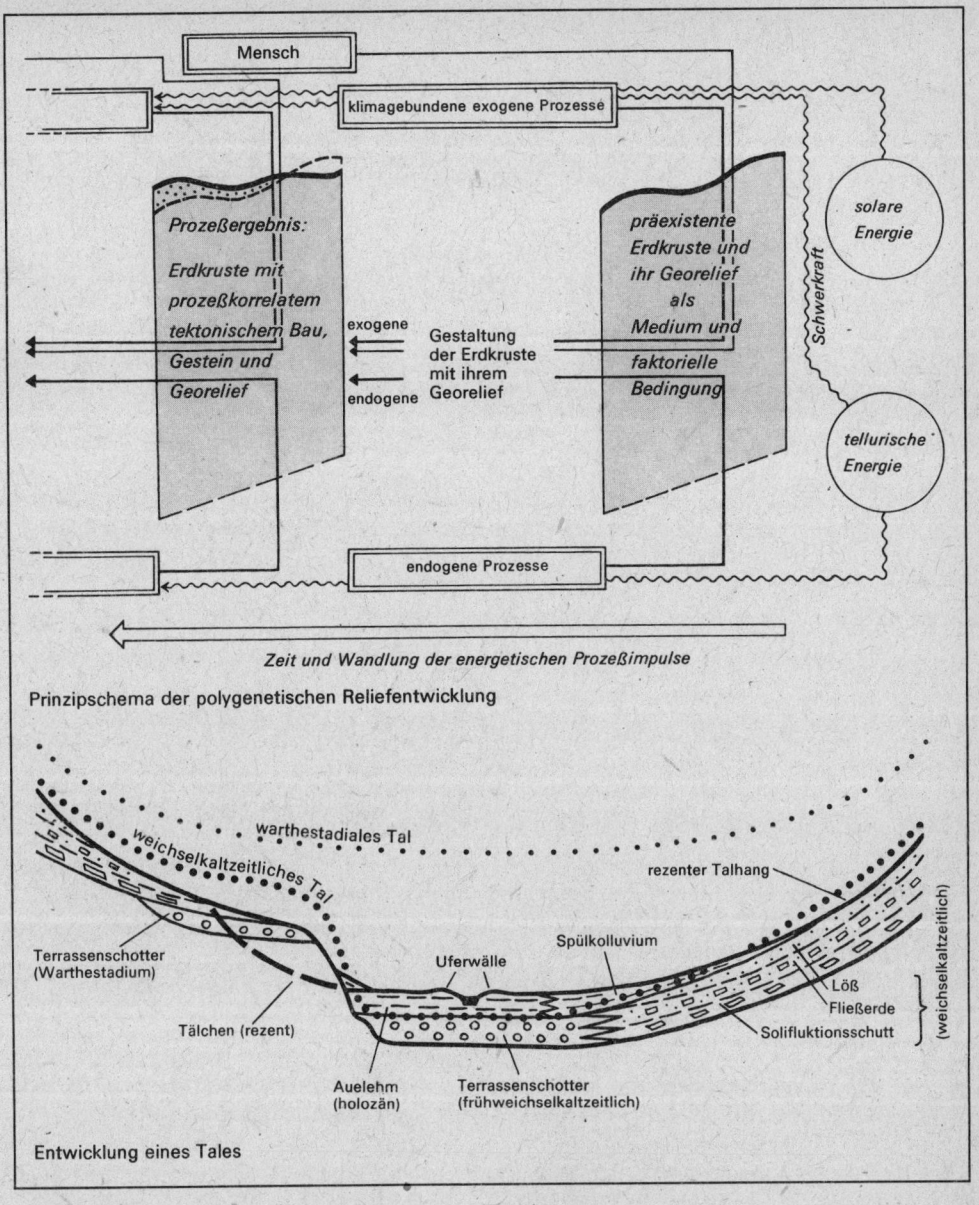

(Talquerschnitt mit Beschriftungen: warthestadiales Tal; weichselkaltzeitliches Tal; rezenter Talhang; Terrassenschotter (Warthestadium); Tälchen (rezent); Uferwälle; Spülkolluvium; Löß; Fließerde; Solifluktionsschutt (weichselkaltzeitlich); Auelehm (holozän); Terrassenschotter (frühweichselkaltzeitlich))

Abbildung 60
Polygenetische Reliefentwicklung

ca. 10–12 °C) und die im wesentlichen humidgemäßigten Klimabedingungen des jüngeren Holozäns. Entsprechend sind hier Zeugen mehrerer Reliefgenerationen (z. B. überprägte Reste tropischer Rumpfflächen, Formen der glazialen Serien, pleistozäne Talterrassen u. a.) im heutigen Relief erhalten.

Bei ungestörtem, d. h. nicht durch Klimawechsel und tektonische Krustenbewegungen unterbrochenem Verlauf der Reliefbildung, tendiert diese – unter tropisch-humiden und

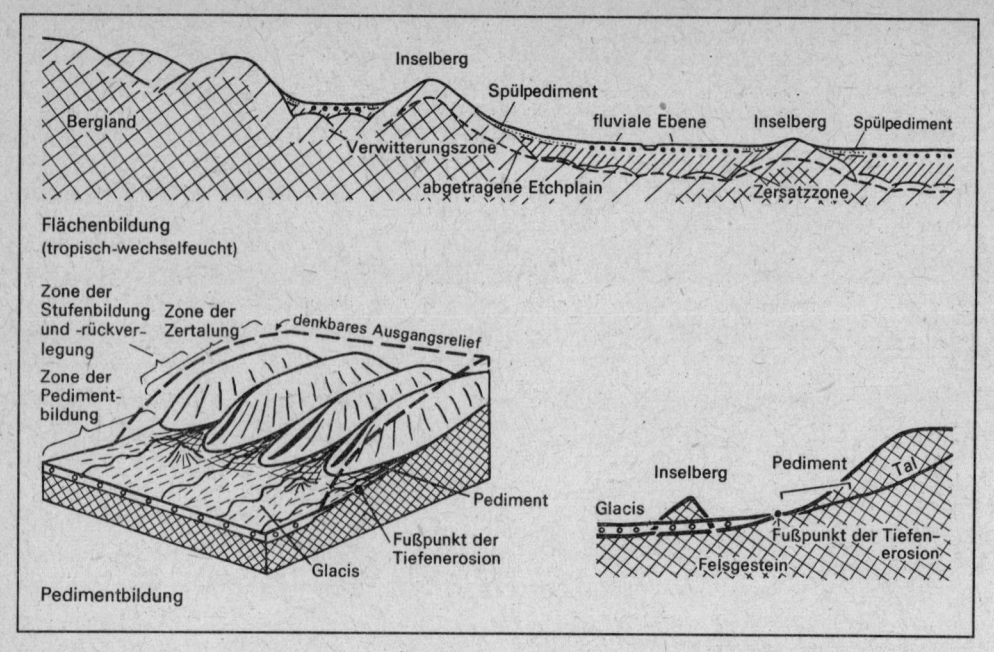

Abbildung 61
Flächenbildung

feuchtperiglazialen Bedingungen rascher, unter ariden Bedingungen langsamer – solange Höhendifferenzen bestehen und damit Abtragung und ausgleichende Akkumulation möglich sind, dem theoretischen Endzustand der Ebene zu. Viele der ausgedehnten tropischen Fastebenen *(Peneplains)* über starren, tektonisch ruhigen Tafeln und Schilden sind Annäherungsformen an diesen Zustand. Zieht sich das entstandene Flachrelief in den Abtragungsbereich ohne ausgeprägte Reliefdifferenzierung durch oberflächig zutage tretende Gesteinsunterschiede (z. B. ohne ausgeprägte Schichtstufenbildung) über verschiedenartig gebaute tektonische Einheiten als Schnitt- bzw. Kappungsfläche hinweg, so wird von einer *Rumpffläche* gesprochen. Dabei ist zu beachten, daß das Relief von Strukturformen selbstverständlich auch eine Schnittfläche darstellt, die jedoch weit stärker durch Widerständigkeitsunterschiede des Gesteins vertikal und areal gegliedert ist. Ein solches, von Süden und Südwesten nach Norden und Nordosten allmählich abfallendes Fastebenenrelief des Etchplaintyps (vgl. S. 157 und Abbildung 61) ist für das Neogen im Gebiet der DDR anzunehmen. Die Grenzzone zwischen dem Abtragungsraum und dem Akkumulationsraum ist etwa an der Linie Nordharzrand–Südgrenze der Leipziger Tieflandsbucht anzunehmen. Mit dem differenzierten bruch- und faltungstektonischen Vorgang der Saxonischen Gebirgsbildung wurde dieses Relief zerstört. Die Talbildung im Bereich der sich hebenden Mittelgebirgsschollen setzte im Oberpliozän und Pleistozän ein, die Rumpfflächen auf den Höhen der gehobenen Mittelgebirge wurden zertalt und weitgehend abgetragen. Mit der Zertalung und der pleistozänen Hangformung setzte in diesem Raum zugleich auch die Herausbildung der Schichtstufen ein. Im Akkumulationsbereich der Tiefschollen wurde die tertiäre Landoberfläche durch jungtertiäre und pleistozäne Sedimente fossilisiert. Als Zeugen der einstigen tertiären Landoberfläche sind heute u. a. Reste tropisch-tertiärer Verwitterung und Sedimentation an einigen abtragungsgeschützten Punkten der Hochflächen der breiten Schollengebirge (Harz, Thüringisch-

Vogtländisches Schiefergebirge) und die fossilisierten Kaolinisierungszonen im Halleschen Raum zu finden. Die relativ flachen, reliefenergieschwachen Hochflächenpartien der genannten Mittelgebirge stellen mehr oder weniger stark abgetragene Nachfolgeformen des tertiären Altreliefs dar.

2.3.5.2. Grundzüge der klimafaziellen Differenzierung der Reliefformung (Abbildung 62)

Für die *arktisch-kalte Zone* sind glaziäre und kryogene Reliefformung und Frostsprengung charakteristisch. Diese Formungstendenz setzte gegen Ende des Tertiärs in den polaren Gebieten ein. In der *subarktisch-kalten Frostwechselzone* dominieren Frostverwitterung, kryogene Prozesse und frostwechselbeeinflußte Gravitationsprozesse bei verbreitetem tiefreichendem Permafrost, Schmelzwasserabspülung sowie starker fluvialer Transport bei stoßweise kurzfristiger Wasserführung und *Aufschüttung* seitenerosiv erweiterter *breiter Talböden* mit groben Sedimenten in den Mittel- und Unterlaufbereichen der Flüsse. In den Ober- und Mittellaufbereichen mit Belastungsverhältnissen $BVC \lesssim 1$ herrscht stärkere Tiefenerosion und Taleintiefung infolge verstärkter Frostverwitterung und starken Erosions- und Transportleistungen in den sommerlichen Auftauzonenbereichen längs der Flüsse (Frostrindeneffekt nach BÜDEL). *Kryoplanation* schafft terrassenartige Abtragungsebenheiten in den Zwischentalbereichen. Solifluidale und Spülabtragung erweitern die flachen Hangfußbereiche von Bruchstufen, Schichtstufen und Talrändern hangwärts und schaffen pedimentartige Kryoplanationsflächen am Fuß der Abhänge. Die breiten Talböden können seitenerosiv zu größeren Tiefebenen *(Panplains)* zusammenwachsen. Aus bergigen Bereichen heraustretende Flüsse formen fluviale Pedimente und Glacis heraus, die durch seitliches Ausbreiten zu *Pediplains* zusammenwachsen. Insgesamt herrscht intensive Reliefabtragung. In den trockenen und vegetationsarmen Gebieten dieser Zone (Frostschuttundren, Kältesteppen) nimmt die Intensität der wassergebundenen Prozesse ab und die Wirkung äolischer Deflation und Akkumulation zu. Aufwehung von Flugstaub (Lößbildung) und Treibsand sowie Bildung von Binnendünen werden charakeristisch.

Für die *humiden Gebiete der gemäßigten und der subtropischen Zone* sind heute Hangspülprozesse, Hangkriechen und Rutschungen sowie *mäßige* (in steilen Oberlaufbereichen starke) *fluviale Tiefenerosion* (in Ober- und Mittellaufbereichen mit Belastungsverhältnis $BV \lesssim 1$) und Talbildung typisch. Die Flüsse transportieren überwiegend (60–90%) gelöstes Material und Schweb (ca. 10–30% der Transportmenge). In der gemäßigten Zone wirken chemische und mechanische Verwitterung. In ursprünglich meist bewaldetem Zustand dieser Landschaften waren *Hangspülprozesse* stark gebremst, sie nahmen mit zunehmender anthropogener Entwaldung stark zu. Untergeordnet treten auch hier Frostverwitterung und kryogene Prozesse auf. Charakteristische *Vorzeitformen* sind glazigene und glazifluviale Formen sowie periglaziale kryogene und äolische Formen der Kaltzeiten. Vereinzelt treten auf wenig zertalten und geringer abgetragenen Hochflächenbereichen breiter Bruchschollengebirge Reste tertiärer Flächenbildung auf. Örtlich finden sich Restformen tertiären tropischen Karstes (Poljen, überprägte Karstkegel). Die Hochgebirge zeigen in den oberen Lagen charakteristische Züge der periglazialen und glazialen Reliefformung (ab ca. 2 500–3 000 m ü. d. M.).

Die *humiden Gebiete der tropischen Zone* sind Räume intensivster, tiefgründiger chemischer Verwitterung, *flächenhafter Abtragung der Hänge* durch Spül-, Rutsch- und Kriechprozesse und der *Verkarstung*. Trotz überwiegend feinkörniger Transportfracht (Schweb, Lösungsfracht) sind die Flüsse stark belastet, so daß die akkumulierenden Unterlaufbereiche mit Bildung breiter Akkumulationstiefländer weit in die Bergländer vorgreifen. Die Täler sind infolge starker Hangabtragung meist *flachhängige, weite Mulden- und Wannentäler* (Flachmul-

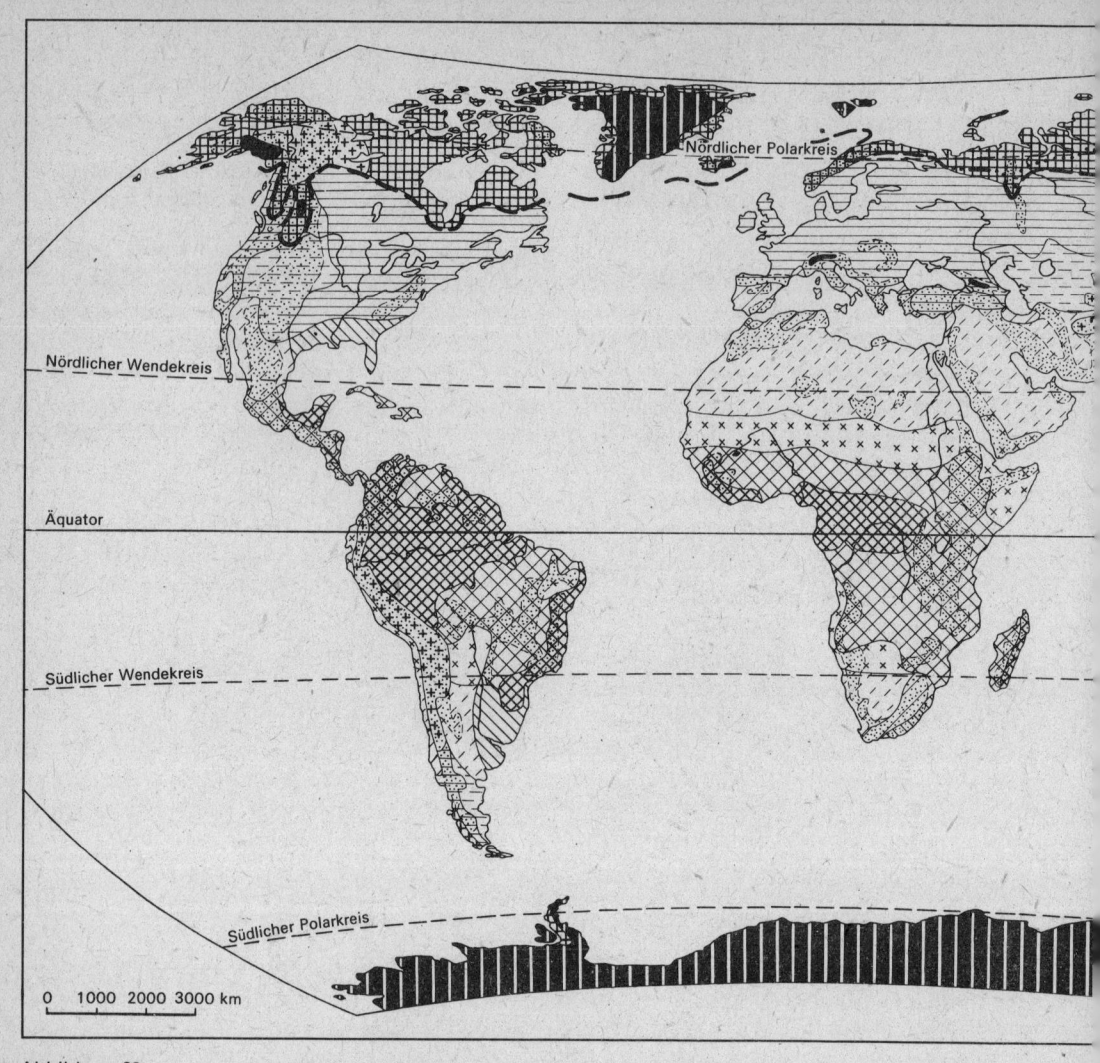

Abbildung 62
Aktuelle klimafazielle Differenzierung der Reliefbildung
(Entwurf: KUGLER 1978 – unter Verwendung von CREUTZBURG und HABBE 1964,
HAGEDORN und POSER 1974 und Atlas der Erdkunde 1975)

dentaltypus). Unter tropischem Regenwald tritt Abspülung hinter Rutschungs- und Kriechprozessen zurück, und Flächenbildung tritt nur kleinerräumig und partiell auf.

In die Bergländer flußaufwärts zurückgreifende Tiefenerosion, Seitenerosion und Akkumulation und intensive abtragende Erniedrigung und Verflachung der Hänge vor allem durch Spülprozesse führen in den *wechselfeucht-tropischen Gebieten* (Feuchtsavanne) zur Bildung ausgedehnter *tropischer Fastebenen* nach Art flachwelliger Hügelländer. Diese werden von *Inselbergen* als den Resten der aufgezehrten Bergländer überragt (Abbildung 61). Die tiefgreifende Verwitterung (50–200 m) geht der Abtragung des Reliefs voraus, so daß die Abtragung sich überwiegend im Bereich der Zersatzzone des Gesteins vollzieht. An den feuchten

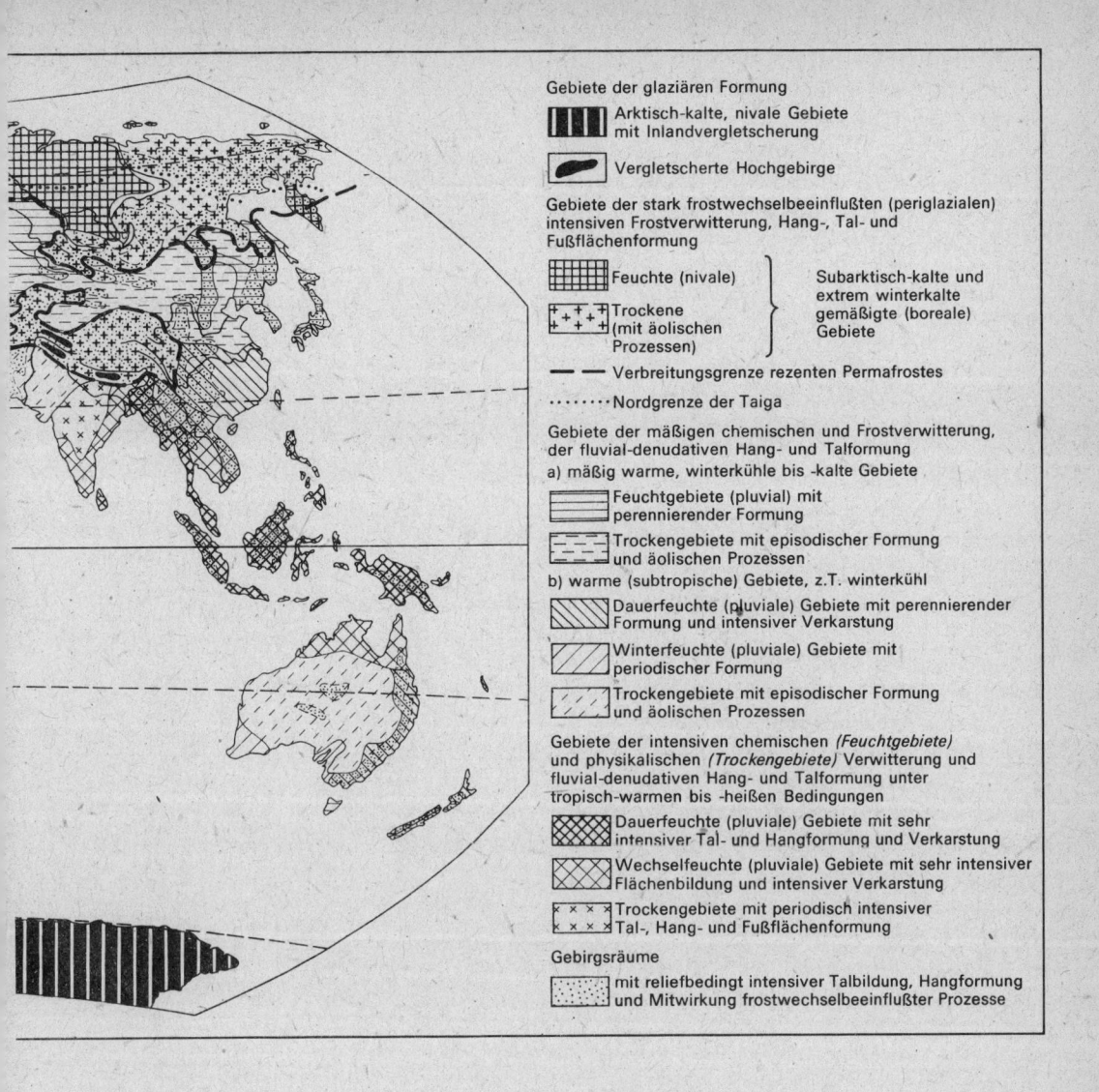

Gebiete der glaziären Formung

▦ Arktisch-kalte, nivale Gebiete mit Inlandvergletscherung

▬ Vergletscherte Hochgebirge

Gebiete der stark frostwechselbeeinflußten (periglazialen) intensiven Frostverwitterung, Hang-, Tal- und Fußflächenformung

▦ Feuchte (nivale) ⎫
+ + + Trockene (mit äolischen Prozessen) ⎬ Subarktisch-kalte und extrem winterkalte gemäßigte (boreale) Gebiete ⎭

— Verbreitungsgrenze rezenten Permafrostes

······ Nordgrenze der Taiga

Gebiete der mäßigen chemischen und Frostverwitterung, der fluvial-denudativen Hang- und Talformung

a) mäßig warme, winterkühle bis -kalte Gebiete

≡ Feuchtgebiete (pluvial) mit perennierender Formung

- - - Trockengebiete mit episodischer Formung und äolischen Prozessen

b) warme (subtropische) Gebiete, z.T. winterkühl

▨ Dauerfeuchte (pluviale) Gebiete mit perennierender Formung und intensiver Verkarstung

▨ Winterfeuchte (pluviale) Gebiete mit periodischer Formung

▨ Trockengebiete mit episodischer Formung und äolischen Prozessen

Gebiete der intensiven chemischen *(Feuchtgebiete)* und physikalischen *(Trockengebiete)* Verwitterung und fluvial-denudativen Hang- und Talformung unter tropisch-warmen bis -heißen Bedingungen

▩ Dauerfeuchte (pluviale) Gebiete mit sehr intensiver Tal- und Hangformung und Verkarstung

▩ Wechselfeuchte (pluviale) Gebiete mit sehr intensiver Flächenbildung und intensiver Verkarstung

× × × Trockengebiete mit periodisch intensiver Tal-, Hang- und Fußflächenformung

Gebirgsräume

⋰ mit reliefbedingt intensiver Talbildung, Hangformung und Mitwirkung frostwechselbeeinflußter Prozesse

Hangfüßen der Berge wirkt die Verwitterung korrosiv unterschneidend besonders intensiv. Am Rande der Flächen bilden sich in das weniger stark zersetzte, oberflächig vom Verwitterungsmaterial stärker entblößte Felsgestein hineingreifende Spülpedimente aus. Der beschriebene Vorgang wechselfeucht-tropischer Flächenbildung wird auch als „etching" *(Etchplains)* bezeichnet und bewirkt ein erweiterndes Tieferschalten dieser Flächen. Nach tektonischer Hebung oder Klimawechsel können Zerschneidung und Abtragung dieser Flächen einsetzen, so daß die Verwitterungs- und Sedimentdecken bis auf Reste abgetragen werden und *abgetragene Etchplains* entstehen. Die ausgedehnten *Rumpfflächen* der Böhmischen Masse, der Harzhochfläche und des Rheinischen Schiefergebirges sind auf diese Weise als

Nachfolgeformen tertiärer tropischer Fastebenen erklärbar, die nach neogener bis pleistozäner tektonischer Heraushebung der Gebirgsschollen und Klimawechsel durch pliopleistozäne Abtragung geprägt wurden.

Die *winterkalten Trockengebiete* der gemäßigten und subtropischen Zone zeigen dominant mechanische Verwitterung (Frost- und Salzsprengung), trockene Massenbewegungen und äolische Prozesse. Dünenbildung und Trockentäler sind typisch. Ebenso charakteristisch sind die Bildung von *Panplains* durch die Seitenerosion der stark schuttbelasteten, kurzzeitig stoßweise wasserführenden akkumulierenden Flüsse sowie die Pedimentbildung.

Die Bildung von Panplains und die von Pedimenten sind neben Salzsprengung und trockenen Massenbewegungen und episodisch bis periodisch auftretenden fluvialerosiven Prozessen und Spülvorgängen Leitprozesse der *Trockengebiete der subtropischen und tropischen Zone*. Aus dem Steilgefällsbereich mit dominanter Tiefenerosion an Bruch- und Schichtstufen oder Talrändern in das Vorland hinaustretende, episodisch bis periodisch wasserführende Flüsse beginnen vom Fußpunkt der Tiefenerosion an, die von Hängen angelieferte und selbst mitgeführte Schuttlast zu akkumulieren. Gleichzeitig mit dieser geringmächtigen temporären Akkumulation werden die Talböden unterhalb des Fußpunktes der Tiefenerosion seitenerosiv verbreitert. Auf diese Weise werden sich talabwärts erweiternde, ca. 1–7° geneigte *Pedimente* (= Fußflächen) in das Festgestein hineingearbeitet, die zu Pediplains zusammenwachsen können. Weiter talabwärts beginnende definitive Akkumulation der fluvialen Sedimente auf den zuvor geschaffenen Pedimenten führt zur Bildung von *Glacis* („glacis d'accumulation"; pedimentartige Erosionsflächen auf Lockergestein werden als „glacis d'erosion" bezeichnet). Pedimente und Glacis arbeiten sich allmählich auf Kosten des Berglandes in dessen Bereich vor, so daß Einebnung und kleinere Restberge *(Inselberge)* auch hier die Folge sind. Allerdings entstehen stärker reliefierte Relieftypen als bei der Bildung feuchttropischer Fastebenen (bezogen auf gleichgroße Zeiträume).

Die Abtragungsleistungen in den Trockengebieten sind insgesamt weniger intensiv. Vorzeitformen aus den Pluvialzeiten sind deshalb in stärkerem Maße erhalten als in anderen Klimazonen.

3. Die Bodenhülle der Erdkruste

3.1. Der Boden als Komponente des Landschaftskomplexes

Durch natürliche Prozesse, wie Verwitterung und Humifizierung und vertikale wie laterale Verlagerung von Lockersubstrat, von Verwitterungs- und Humifizierungsprodukten, sowie durch gesellschaftliche Arbeitsprozesse, wie Bodenbearbeitung und Düngung, entsteht innerhalb der Landschaftshülle als wesentliches Teilglied derselben und als äußerster Bereich der Erdkruste an der Grenze zur Atmosphäre – bei Unterwasserböden zu Wasserkörpern – die Bodenhülle (Pedosphäre) der Erde. Der Boden ist damit die oberste aufgelockerte und belebte Verwitterungszone der Lithosphäre. Spezifische, regional unterschiedliche Einflußfaktoren, wie Klima, hygrische Situation und chemischer Charakter der Ausgangssubstrate als fazielle Unterschiede der Bodenbildung, lassen unterschiedliche Bodentypen entstehen. Als dynamische materielle Systeme mit spezifischen Strukturen und spezifischen Stoffgruppen unterliegen die Böden einem intensiven Stoff- und Energieaustausch mit ihrer Umgebung und weisen eine mit der zeitlichen Wandlung der Landschaftshülle verbundene Genese und Weiterentwicklung auf. Als Pflanzenstandort und Lebensraum der Bodentiere und als wichtigstes Produktionsmittel der Land- und Forstwirtschaft sind die Böden von hervorragender ökologischer und volkswirtschaftlicher Bedeutung (vgl. EHWALD 1964, LAATSCH 1957).

Der Boden als wichtige Komponente der Landschaft wird aufgrund seiner Bedeutung auch als *ökologisches Hauptmerkmal* des landschaftlichen Geokomplexes bezeichnet. Im Boden widerspiegeln sich wesentliche Züge der natürlichen Ausstattung eines bestimmten Gebietes. Aus der Kenntnis der wesentlichsten Zusammenhänge und Prozesse, die zur heutigen Ausprägung des Bodens führten, können wichtige Schlußfolgerungen für die Erkenntnis landschaftlicher Zusammenhänge gezogen werden. DOKUČAEV (1846–1903) als einer der Begründer der wissenschaftlichen Lehre von der Bodenbildung wies darauf hin, daß sich ein Boden durch die außerordentlich komplizierte wechselseitige Durchdringung der Faktoren Klima, tierische und pflanzliche Organismen, Zusammensetzung und Lagerung des Gesteinssubstrats im Bodenbildungsbereich, Relief und letztlich auch Alter der Landoberfläche herausbilde. Dabei sei zu beachten, daß der Boden ein besonderer landschaftsgeschichtlicher Körper sei, der sich beim Gleichbleiben aller Faktoren der Bodenbildung in einem dynamischen Gleichgewicht mit seiner Umwelt befindet. Damit ist besonders der eigenständige Charakter des Bodens hervorgehoben worden. Er hat letztlich durch das Vorhandensein von mineralischen Bestandteilen, von Huminstoffen und organo-mineralischen Verbindungen, von Bodenwasser und -luft eine Reihe von spezifischen Eigenschaften erlangt, von denen die Bodenfruchtbarkeit besonders hervorgehoben werden soll. Es ist dies die Fähigkeit, Pflanzen als Standort zu dienen, Wachstum und ihre Entwicklung, d. h. die Erzeugung von wirtschaftlich nutzbarer Pflanzensubstanz, zu gewährleisten. Damit wird zugleich deutlich, daß der Boden als *Hauptproduktionsmittel der Land- und Forstwirtschaft* fungiert. Er ist zugleich Arbeitsmittel, indem er der Erzeugung von land- und forstwirtschaftlichen Produkten dient, und Arbeitsgegenstand, da er im Produktionsprozeß bearbeitet wird. Schließlich wird er der land- und forstwirtschaftlichen Produktion entzogen, wenn an seiner Stelle z.B. Gebäude errichtet, Verkehrsstraßen erbaut oder Braunkohle im Tagebau gewonnen werden sollen. Der sorgsame Umgang mit unserem Bodenfonds ist deshalb für alle Bürger wichtiges Anliegen und im Landeskulturgesetz der DDR gefordert. Durch die Erkenntnis der sich im Boden abspielenden physikalischen, chemischen und biologischen Prozesse und in Abhängigkeit vom Entwicklungsstand der Produktivkräfte und von den Produktionsverhältnissen wird der Mensch mehr und mehr in die Lage versetzt, die Bodenbildungsprozesse zu beeinflussen und in gewissem Maß sogar zu steuern. Dabei stehen Maßnahmen zur Erhöhung des Pflanzenertrages, wie Verbesserung der Versorgungsfunktionen des Bodens gegenüber den Pflanzen mit Nährstoffen bei optimaler Regulierung der Bodenfruchtbarkeit, und zur Verbesserung technologischer Eigenschaften der Böden, d.h. der Befahrbarkeit und Bearbeitbarkeit wie der Homogenität auf großen Flächen, an erster Stelle.

Die schwerpunktmäßig auf die Stellung und Rolle des Bodens im Landschaftskomplex und seine Bedeutung für die Produktion wie für die Gesamtentwicklung der komplexen Territorialstruktur gerichtete geographisch-bodenkundliche Arbeit wendet sich unter Beachtung dieser Tendenzen immer mehr praktischen Fragen zu. Sie konzentriert sich auf die Bodenkartierung, die Bodenbewertung und auf Maßnahmen zur Erhöhung der Bodenfruchtbarkeit.

3.2. Prozesse und Faktoren der Bodenbildung

3.2.1. Die Bodenbildung als Funktion bodenbildender Faktoren

Der Boden ist das Ergebnis der Einwirkung unterschiedlichster Bodenbildungsfaktoren. In Mitteleuropa als einem geologisch sehr kleinräumig differenzierten Gebiet wurde bereits im 19. Jahrhundert die große Bedeutung der *lithologischen Eigenschaften des Ausgangsmaterials* für die Bodenbildung unterstrichen. Gleichzeitig wurde mit der Entwicklung der Bodenphysik auch die *Rolle des Wasser- und Lufthaushaltes* für die Bodenentwicklung deutlich. In forstlichen boden- und standortkundlichen Untersuchungen konnten die *Einflüsse der geographischen Lage und Position* im Gelände auf die Bodenbildung nachgewiesen werden. Auf die *Bedeutung des Klimas* im Bodenbildungsprozeß wiesen vor allem Forschungsreisende hin, die in großräumigen Ländern oder ganzen Kontinenten eine gesetzmäßige Abhängigkeit der Bodenzonen von der Klimaausprägung erkannten. Schließlich wurde schon frühzeitig die *Bedeutung lebender und toter pflanzlicher und tierischer Organismen* für die Bodenausprägung sichtbar. Dabei muß die Aufmerksamkeit nicht nur auf die höheren Pflanzen und Tiere im Boden, sondern vor allem auf die Bodenmikrolebewelt gelenkt werden, die u.a. bei der Nitrifikation, d.h. der Umwandlung der Stickstoffverbindungen, beim Zelluloseabbau und anderen Prozessen im Boden wesentlich mitbeteiligt ist. Da auf großen Teilen der Erdoberfläche der Mensch den Boden bewirtschaftet und viele Bodenbildungsfaktoren ändert oder mehr oder weniger abwandelt – durch Waldrodung und Anbau hochproduktiver Kulturpflanzengesellschaften, Düngung, Kalkung, Ent- und Bewässerung, Terrassierung, Aufschüttung –, ist es durchaus auch berechtigt, vom *Bodenbildungsfaktor Mensch* zu sprechen.

Die Bodenbildung (B) ist deshalb als Funktion des Klimas (K), des Reliefeinflusses (R), des Ausgangsgesteins (G), der Vegetation (V) und der Tierwelt (T), des Zuschußwassers aus dem Untergrund oder vom Hang (W), der Zeitdauer, die der Bodenbildung zur Verfügung stand (t), und der menschlichen Einwirkung auf Boden und bodenbildende Faktoren (M) faßbar.

Tabelle 27
Korngrößenfraktionen
(Sedimente, mineralische
Bodenbestandteile – vgl.
Abbildung 10)

		Grobeinteilung	Feineinteilung	Durchmesser [mm]
Grobkorn, Grobboden (Skelett)	Steine, Blöcke		Steine, Blöcke	über 63
	Kies (K)		Grobkies	63–20
			Mittelkies	20–6,3
		Grus (G)	Feinkies	6,3–2
Feinkorn, Feinboden	Sand (S)		Grobsand	2,0–0,63
			Mittelsand	0,63–0,2
			Feinsand	0,2–0,063
	Schluff (U)		Grobschluff	0,063–0,02
			Mittelschluff	0,02–0,0063
			Feinschluff	0,0063–0,002
	Ton (T)		Grobton	0,002–0,0006
			Mittelton	0,0006–0,0002
			Feinton	unter 0,0002

3.2.2. Bodenbestandteile

Der Boden setzt sich aus Bestandteilen der drei Aggregatzustände fest, flüssig und gasförmig zusammen. Man bezeichnet ihn deshalb auch als *dreiphasiges System*. Neben festen organischen und anorganischen Bestandteilen gibt es in jedem Boden ein weitverzweigtes Hohlraumsystem aus Bahnen verrotteter Wurzeln, aus Regenwurmgängen und aus unterschiedlich großen Poren, die weitgehend miteinander in Verbindung stehen und mit der Luft oder bzw. und mit Wasser gefüllt sind. Ein fruchtbarer Boden zeichnet sich deshalb durch ein günstiges Verhältnis zwischen den Anteilen in fester, flüssiger und gasförmiger Phase aus. Auch bei völliger Auffüllung eines Bodens mit Wasser bis zur Wasserkapazität sollte noch ausreichend Luft (Luftkapazität) zur Wurzelatmung zur Verfügung stehen. Die Wasserkapazität (WK) ist die Wassermenge, die bei nach unten hin freier Versickerungsmöglichkeit entgegen der Schwerkraft vom Boden festgehalten werden kann. Die Abbildung 63 stellt Böden mit diesbezüglich günstigen und ungünstigen physikalischen Verhältnissen dar. Im ersten Fall ist es ein lockerer Boden, dessen Luftkapazität (LK) im Oberboden 20% und im Unterboden 10% beträgt. So ist auch in wassergesättigtem Zustand eine ausreichende Durchlüftung bis an die Wurzeln der meisten Kulturpflanzen gewährleistet. Im zweiten Fall haben wir es mit ungünstigen Volumenverhältnissen eines schweren, tonigen Bodens zu tun. Die Wasserkapazität (WK) nimmt das gesamte Porenvolumen ein. Versickerung in den Unterboden und Luftzufuhr sind in diesem Falle kaum gewährleistet.

3.2.2.1. Feste Bodenbestandteile

Anorganische feste Bodenbestandteile
Zu den anorganischen Bestandteilen gehören alle festen mineralischen Stoffe, die aus den Ausgangsmaterialien (Substraten) hervorgegangen sind, sowie Tonminerale, die im Rahmen von Bodenbildungsprozessen neu entstanden sind. Sie stellen *Korngemische* unterschiedlicher

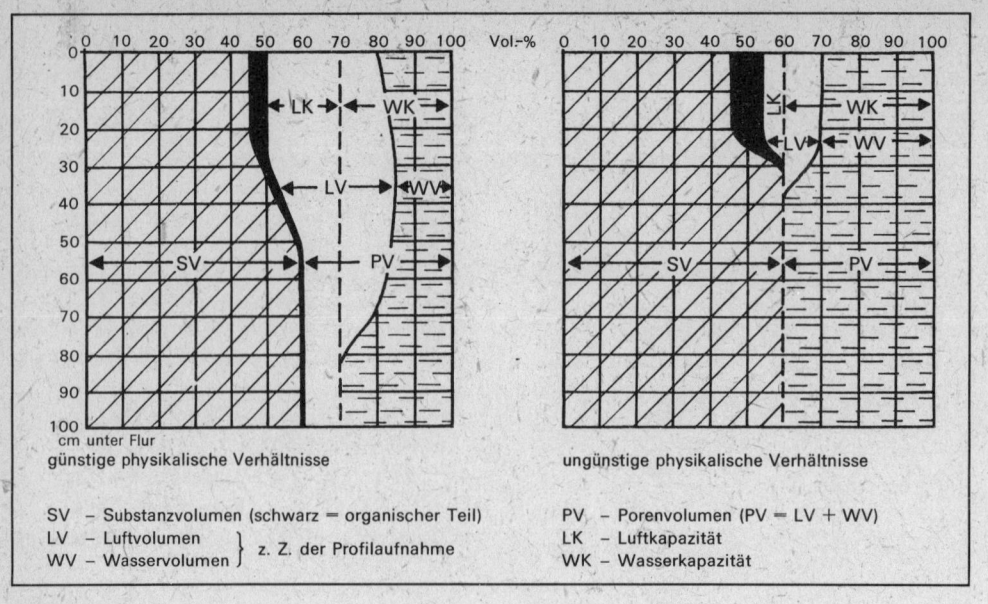

Abbildung 63
Volumenverhältnisse von Böden
(nach LAATSCH 1957)

Korngröße dar. Auf analytischem Wege kann man die einzelnen *Korngrößenfraktionen* nach der Größe ihres Durchmessers trennen (Tabelle 27). In dieser Einteilung ist Lehm nicht enthalten, da er ein Gemisch aus Sand, Schluff und Ton ist und demzufolge keine einheitliche Korngröße aufweist.

Die prozentuale Korngrößenzusammensetzung *(Bodentextur)* bildet die Grundlage für die Einteilung in *Bodenarten*. Diese sind vorrangig durch den Mengenanteil der drei Korngrößengruppen Sand, Schluff und Ton wie auch nach dem Skelettanteil gekennzeichnet und lassen sich durch ein Körnungsartendreieck (Abbildung 64) eindeutig gegeneinander abgrenzen. Der Skelettanteil wird hierbei berücksichtigt. Die Bezeichnung der Bodenarten erfolgt nach der vorherrschenden Korngrößenfraktion.

Bei den *Skelettböden* dominiert eindeutig der Grobbodenanteil. Besteht das Substrat vorwiegend aus gerundeten Steinchen von 2–20 mm Durchmesser, spricht man von Kiesböden, besteht es aus vorwiegend kantigen Steinchen, so hat man Grusböden vor sich, dominieren dagegen große Steine bzw. Blöcke, dann liegen Steinböden vor.

Bei Sandböden (S) wird die Bodendynamik in starkem Maße durch einen hohen Sandanteil bestimmt. Bei geringen Beimengungen von Tonen und Schluffen werden anlehmige (Sl) und lehmige (lS) Sande unterschieden; letztere gliedert man in schluffige (uS), schwach lehmige (l'S) und stark lehmige (īS) Sande. *Lehmböden* bestehen aus Gemischen von Sanden, Schluffen und Tonen mit überwiegendem Sandanteil. Es werden sandige (sL), „ideale" Lehme (L), bei höherem Schluffanteil schluffige oder Schlufflehme (UL) ausgegliedert. Lehmböden gehören zu den besten Ackerböden. Wird der Schluffanteil noch größer, spricht man von Schluffböden (U). Diese sind für *Lößgebiete* typisch, da in Lößen vor allem der Grobschluffanteil dominiert. Sie treten vorwiegend in lehmiger Ausprägung auf (lU). In Schluffböden kann es infolge geringer Gefügestabilität zu Dichtlagerung und Verschlämmung des Bodens kommen. Die Dynamik von *Tonböden* (T) wird von einem hohen Tonanteil

Abbildung 64
Körnungsartendreieck (aus TGL 24300/05)

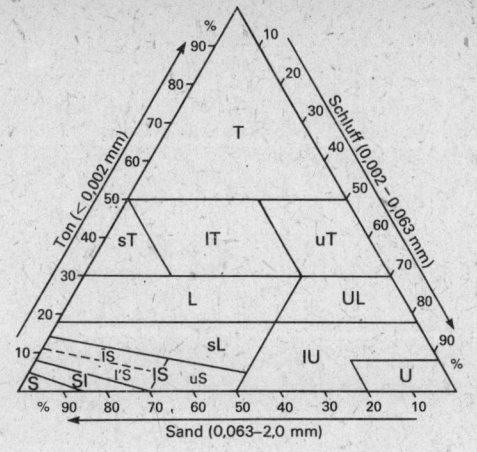

Symbol	Bezeichnung der Bodenart	Ton [%]	Schluff [%]	Sand [%]
S	Sand	0 – 5	0 – 15	85 – 100
Sl	anlehmiger Sand	0 – 8	0 – 30	70 – 95
uS	schluffiger Sand	0 – 8	30 – 50	45 – 70
l'S	schwach lehmiger Sand	0 – 11	0 – 30	65 – 92
l̄S	stark lehmiger Sand	5 – 14	0 – 30	62 – 89
sL	sandiger Lehm	5 – 18	0 – 50	32 – 86
L	Lehm	18 – 30	0 – 50	20 – 82
U	Schluff	0 – 8	72 – 100	0 – 20
lU	lehmiger Schluff	0 – 18	50 – 92	0 – 50
UL	Schlufflehm	18 – 30	50 – 82	0 – 32
uT	schluffiger Ton	30 – 50	30 – 70	0 – 20
lT	lehmiger Ton	30 – 50	0 – 50	20 – 50
sT	sandiger Ton	30 – 50	0 – 20	50 – 70
T	Ton	50 – 100	0 – 50	0 – 50

bestimmt. Entsprechend den Beimischungen von Sanden und bzw. oder Schluffen kann man sandige, schluffige und lehmige Tone (sT, uT, lT) unterscheiden. In der Regel sind Tonböden aufgrund ihrer ungünstigen physikalischen und auch biologischen Eigenschaften schwierig zu nutzende Standorte.

Die hier vorgestellten Korngemische und Korngrößenfraktionen der Böden weisen unterschiedliche Mineralzusammensetzungen auf. Diejenigen Minerale, die an der Zusammensetzung der Fest- und vor allem der Lockergesteine in wesentlichem Maße beteiligt sind, stellen auch den Hauptanteil der bodenbildenden Minerale. Allerdings ändert sich deren qualitative und quantitative Zusammensetzung im weiteren Prozeß der Verwitterung und Bodenbildung. Die durchschnittliche *mineralogische Zusammensetzung der Lockersedimente an der Erdoberfläche* geht aus Tabelle 28 hervor.

Obwohl Lockersedimente nur wenige Prozentanteile am Gesteinsaufbau der Erdkruste einnehmen, verhüllen sie doch mit einer mehr oder minder mächtigen Decke die gesamte Erdoberfläche und stellen so das Ausgangsmaterial der Bodenbildung dar.

Eine besondere Gruppe innerhalb der festen anorganischen Bodenbestandteile stellen die während des Verwitterungsprozesses entstandenen „sekundären" Minerale, insbesondere die Tonminerale und Oxide, dar (vgl. Abschnitt 2.3.2.). Lockere Gesteine, wie Sande, Geschiebemergel, Löße u. ä., können infolge ihrer großen inneren Oberfläche sehr leicht in diesen Prozeß einbezogen werden. Festgesteine müssen erst durch physikalische Verwitterung und Hy-

Tabelle 28
Durchschnittliche mineralogische Zusammensetzung der Lockersedimente an der Erdoberfläche

Minerale	Prozentualer Anteil
Quarz	38
Glimmer	20
karbonatische Minerale	20
Feldspäte	7
Tonminerale	9
Eisenoxide, -hydroxide	3
übrige Minerale	3

dratation (vgl. Abbildung 33 und Abschnitt 2.3.2.3.) aufbereitet werden. Eine Übersicht über die Prozesse der Silikatverwitterung und Mineralneubildung vermittelt die Tabelle 29.

Für die Nutzung unserer Böden in der Land- und Forstwirtschaft sind vor allem die Eigenschaften der Tonminerale von großer Bedeutung. Tonminerale sind „reaktionsfähige Körper" mit einer im Gegensatz zu primären Silikaten vielfach größeren Oberfläche. Aufgrund ihrer negativen Ladung können sie (positiv geladene) Kationen aus der Bodenlösung anziehen. Sie sind zum *Kationenaustausch* befähigt und spielen deshalb für Nährstoffspeicherung und -nachlieferung für die Pflanzen eine große Rolle. Tonminerale haben einen deutlichen kristallinen schichtförmigen Aufbau. Insbesondere die Dreischicht-Tonminerale, wie Montmorillonite, Illite oder Vermiculite, können zwischen ihre FeOOH- und AlOOH-Schichten Wassermoleküle aufnehmen. Sie weisen aufgrund dieser Eigenschaft eine deutliche *Quellfähigkeit* auf (s. Abbildung 35). Tonminerale und in geringem Maße auch Oxide zeigen bei Wasseraufnahme eine deutliche *Plastizität* und vermögen dadurch einzelne Bodenteilchen zu Aggregaten zu verkitten. Dreischicht-Tonminerale und dabei insbesondere Montmorillonite haben die Fähigkeit zum *isomorphen Ersatz von Kationen* des Kristallgitters durch ungefähr gleich große (isomorphe) Kationen geringerer Wertigkeit. Die hierdurch entstehenden negativen Ladungsüberschüsse bewirken den Einbau von Kationen, die für die Pflanzenernährung wichtig sind (Ca^{++}, Mg^{++}, K^+, NH_4^+), in die entsprechenden Tonminerale. Diese aufgenommenen Kationen sind teilweise gegen andere Kationen umtauschbar.

Organische feste Bodenbestandteile
Zur Gruppe der organischen festen Bodensubstanzen gehören alle humosen Stoffe, die sich im und auf dem Boden befinden und ständig Ab-, Um- und Aufbauprozessen unterliegen (s. Tabelle 30).

Nichthuminstoffe sind die pflanzlichen und tierischen Ausgangssubstanzen des Humus. Zu ihnen gehören die anorganischen Bestandteile der Organismen, vor allem aber Eiweiße (Proteine), Kohlehydrate (Zucker, Stärke, Pektine, Zellulose und Zellulosebegleiter [= Hemizellulosen]) und Lignin. Während Zellulose in Abhängigkeit vom Stickstoff- und Kalziumvorrat mehr oder weniger rasch von speziellen Bakterien und zahlreichen Pilzen angegriffen werden kann, ist die Zersetzbarkeit von Lignin geringer und vor allem an die Lebenstätigkeit von Schimmelpilzen gebunden.

Huminstoffe (s. Tabelle 31) sind im Verlauf von Humifizierungsvorgängen entstandene Umwandlungsprodukte organischer Ausgangsstoffe. Unter ihnen befinden sich die *Fulvosäuren* im ersten Umwandlungsstadium. Sie sind eine heterogen zusammengesetzte, stark saure und

Ionen und Mineralbestandteile im Kristallgitter primärer Silikate	Zerfall und Umwandlung des Kristallgitters der Primärsilikate durch	Entstehung freier, z. T. unbeständiger Hydroxide aus den Gitterbausteinen	Umwandlung der Hydroxide 1. in Karbonate durch CO_2 aus der Luft (Karbonatisierung) 2. in Oxidhydrate und Oxide durch Dehydratation		Prozesse in	
					humiden Klimaten	ariden Klimaten
1. K Na Ca Mg	vorwiegend Kationenaustausch und Hydrolyse	KOH NaOH $Ca(OH)_2$ $Mg(OH)_2$ unbeständig	K_2CO_3 Na_2CO_3 $CaCO_3$ $MgCO_3$	Karbonatisierung	teilweise oder völlige Kationenauswaschung (Entbasung); Bildung stark saurer Böden; z. T. Einbau in das Schichtgitter von Tonmineralen in schwach sauren Böden	geringe oder fehlende Kationenauswaschung; schwach bis stark alkalische Böden; Krustenbildung im stärker ariden Bereich durch aufsteigende Lösungen; Soda-, Kalk-, Salzkrusten
2. Fe Al Si	vorwiegend Oxydation und Hydratation nach weitergehendem Kristallzerfall	$Fe(OH)_3$ $Al(OH)_3$ $[Si(OH)_4]_x$	α-FeO(OH) $\to$ α-Fe_2O_3 (Goethit) (Hämatit) braun rot γ-$Al(OH)_3$ $\to$ γAlOOH (Hydrargillit) (Boehmit) Al_2O_3 (Korund) SiO_2 (sekundärer Quarz, z. B. Opal)		Erhaltung in Böden oder Abwärtswanderung in stark sauren Böden; teilweise Einbau in Tonminerale und Entstehung von Oxiden (Bodenfarbe!); Entkieselung, teilweise Wanderung als Kolloide oder Einbau in schwächer saure Böden	Eisenkrusten (Wüstenlack) Aluminatbildungen, alkalische Reaktion Kieselkrusten, einfache Alkalisilikate, alkalische Reaktion

Tabelle 29
Umwandlungsprozesse primärer Silikate in Tonminerale und Entstehung einfacher Verbindungen (nach Ganssen 1972)

in Wasser lösliche Stoffgruppe, die vor allem im Rohhumus auftritt und demzufolge in Podsolen, Braunpodsolen, Sauerbraunerden und auch in Lateriten vorkommt. *Huminsäuren* entstanden durch weitere Polymerisationen und Kondensationen aus Fulvosäuren und aus einer weiteren Zwischenstufe, der Hymatomelansäure. Huminsäuren sind außerordentlich reaktionsfähige Stoffgruppen, die in Wasser nicht mehr löslich sind. Teilweise sind sie stabile Verbindungen mit mineralischen Kolloiden eingegangen. Braunhuminsäuren kommen in al-

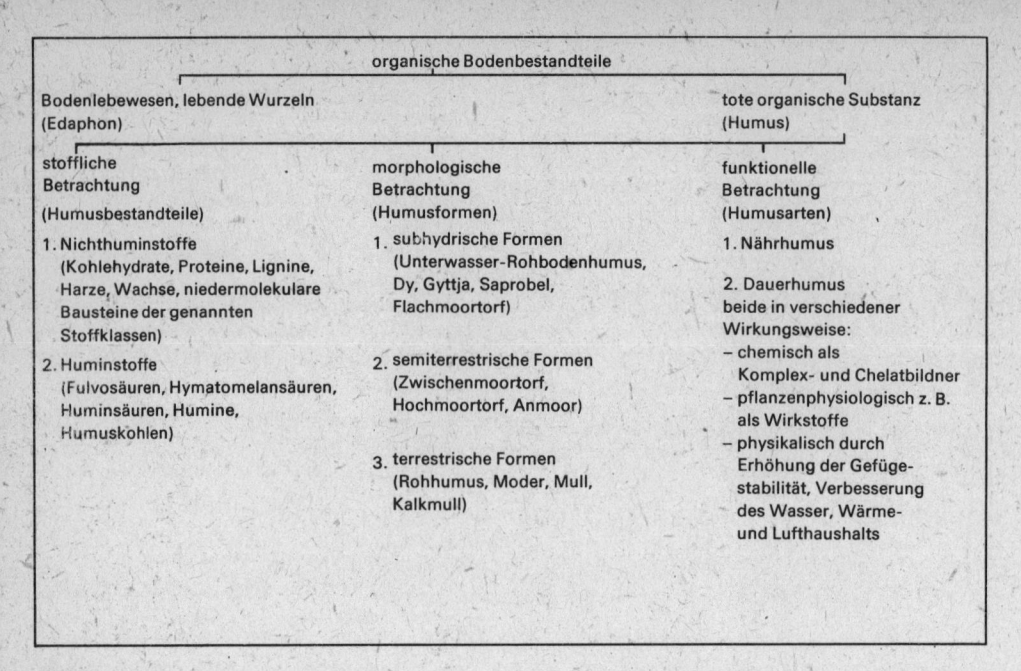

	organische Bodenbestandteile		
Bodenlebewesen, lebende Wurzeln (Edaphon)			tote organische Substanz (Humus)
	stoffliche Betrachtung (Humusbestandteile)	morphologische Betrachtung (Humusformen)	funktionelle Betrachtung (Humusarten)
	1. Nichthuminstoffe (Kohlehydrate, Proteine, Lignine, Harze, Wachse, niedermolekulare Bausteine der genannten Stoffklassen)	1. subhydrische Formen (Unterwasser-Rohbodenhumus, Dy, Gyttja, Saprobel, Flachmoortorf)	1. Nährhumus
	2. Huminstoffe (Fulvosäuren, Hymatomelansäuren, Huminsäuren, Humine, Humuskohlen)	2. semiterrestrische Formen (Zwischenmoortorf, Hochmoortorf, Anmoor)	2. Dauerhumus beide in verschiedener Wirkungsweise: – chemisch als Komplex- und Chelatbildner – pflanzenphysiologisch z. B. als Wirkstoffe – physikalisch durch Erhöhung der Gefügestabilität, Verbesserung des Wasser-, Wärme- und Lufthaushalts
		3. terrestrische Formen (Rohhumus, Moder, Mull, Kalkmull)	

Tabelle 30
Organische Substanz des Bodens
(nach Scheffer und Schachtschabel 1976)

len Böden vor, vorwiegend in basenreichen Braun- und in Fahlerden, Grauhuminsäuren meist in Schwarzerden und Rendzinen. Auf die engen Zusammenhänge zwischen Huminstoffen und Bodentypen weist die Abbildung 65 hin.

Humine und *Humuskohle* werden als Alterungsprodukte der Huminsäuren aufgefaßt, die durch einen der Inkohlung ähnlichen Prozeß entstanden sind. Mengenmäßig spielen sie im Boden allerdings keine bedeutende Rolle. Für praktische bodenkundliche Geländearbeit interessieren vor allem die Humusformen. Darunter verstehen wir die morphologisch nach Grad und Art ihrer Zersetzung voneinander unterschiedlichen Gruppen humoser Stoffe sowie ihre Verteilung im Bodenprofil (s. Tabelle 32). Obwohl die stoffliche Zusammensetzung und die Eigenschaften der einzelnen übereinander und dem Mineralboden aufliegenden *Hu-*

	Fulvosäuren	Hymatomelansäuren	Huminsäuren	
			braun	grau
Kohlenstoffgehalt [%]	≈ 45	58–62	50–60	58–62
Stickstoffgehalt [%]	1,9–2,5	4,7	3–5	bis 7,5
Farbe	schwach gelb bis gelbbraun	braun	tiefbraun	grauschwarz
Zunahme	→ Teilchengewicht, Polymerisationsgrad, Farbtiefe, Flockungsempfindlichkeit, Lichtabsorption			
Abnahme	→ Säurecharakter, Löslichkeit			

Tabelle 31
Zusammensetzung und Eigenschaften der hauptsächlichsten Huminstoffe
(nach Fiedler und Reissig 1964)

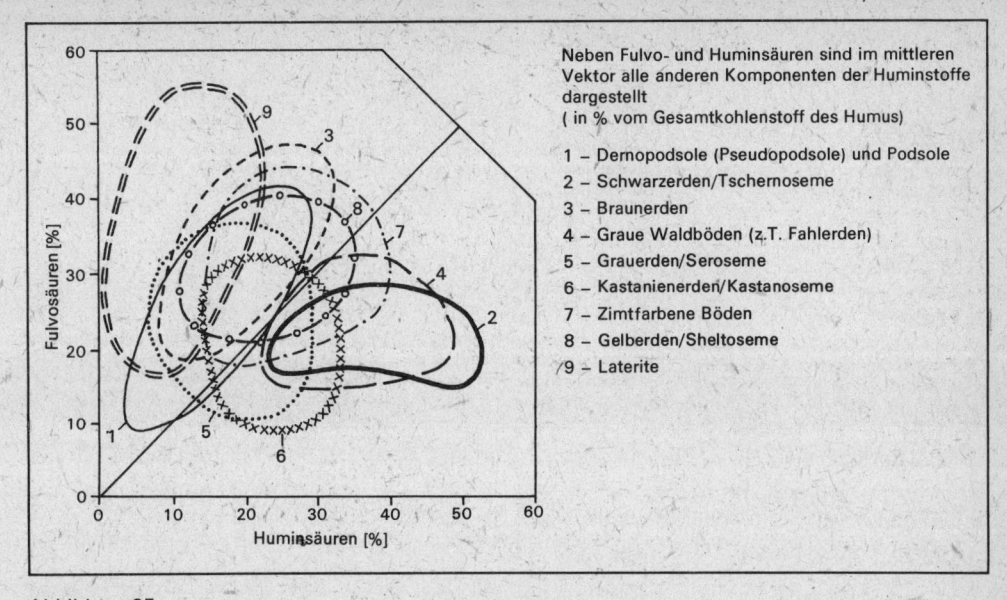

Neben Fulvo- und Huminsäuren sind im mittleren Vektor alle anderen Komponenten der Huminstoffe dargestellt
(in % vom Gesamtkohlenstoff des Humus)

1 – Dernopodsole (Pseudopodsole) und Podsole
2 – Schwarzerden/Tschernoseme
3 – Braunerden
4 – Graue Waldböden (z.T. Fahlerden)
5 – Grauerden/Seroseme
6 – Kastanienerden/Kastanoseme
7 – Zimtfarbene Böden
8 – Gelberden/Sheltoseme
9 – Laterite

Abbildung 65
Anteil unterschiedlicher Huminstoffe in charakteristischen Bodentypen
(nach VOLOBUEV 1973)

mushorizonte des „Auflage-"humus (Ol, Of, Oh) verschieden sind (Abbildung 66), bilden sie aber genetisch eine Einheit und werden deshalb zu einer Humusform zusammengefaßt. Während der Ol-Horizont (l = litter – Streu oder auch Förna) aus fast unverändertem Laub- oder Nadelabfall besteht, stellt der Of-Horizont die Fermentations- oder Vermoderungs- schicht dar, die aus in Zersetzung befindlichen Pflanzenresten aufgebaut wird. Saure Rotte- produkte, einseitig zusammengesetzte Bodenfauna und -flora (Pilze!) sind für sie typisch. Der Ol-Horizont wird meist von dunklen, strukturlosen kolloidalen Huminstoffen aufgebaut. Hier sind nur noch wenige, deutlich erkennbare Pflanzenreste zu finden. Mischhorizonte aus mineralischen und humosen Stoffen werden als Oh-Horizonte bezeichnet.

	Kalkmull	Mull	Moder	Rohhumus
Bildungs-bedingungen	Anwesenheit freien Kalziums	Laubwald, kalkfreie Gesteine	Laubwald, Nadelwald der Gebirge, silikatische Gesteine	degradierte Nadelwälder, silikatische Gesteine
vorherrschende Mikroflora	Bakterien, Aktinomyceten	Pilze, Aktinomyceten	acidophile Pilze	acidophile Pilze
C/N	10	12 – 15	15 – 25	30 – 40 Ah: 25
Zunahme	→	Auflagemächtigkeit, pilzliche Zersetzung, Säurecharakter		
Abnahme	→	Ah-Mächtigkeit, pH-Wert, Basensättigung, bakterielle Zersetzung, organomineralische Verbindungen, Mineralisierungsgeschwindigkeit		

Tabelle 32
Morphologie und Eigenschaften von Humusformen

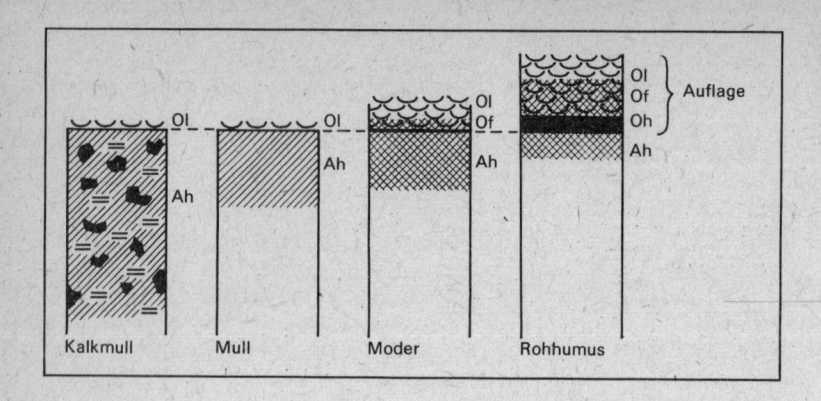

Abbildung 66
Terrestrische Humusformen (nach DUCHAUFOUR 1965)

Rohhumus liegt dem Mineralboden als Auflage auf. Für ihn ist ein sehr träger Abbau der Streu charakteristisch, wobei die Art der Vegetation (Nadelhölzer, Zwergsträucher, wie Heide- und Erikaarten, Heidelbeeren, Rhododendron u. a., teilweise auch Buche und Pappel) und ein feuchtkühles Klima die Rohhumusbildung fördern.

Mull bildet sich nur auf günstigen Substraten mit nährstoffreichen und leicht zersetzlichen pflanzlichen Rückständen. Diese werden innerhalb eines Jahres durch die intensive Tätigkeit von Bodentieren (besonders Regenwürmern!) mit dem Mineralboden vermischt und mit Hilfe von Bodenbakterien zersetzt. Gleichzeitig erfolgt eine Neubildung von Huminstoffen. Ol- und Of-Horizonte sind nur unter Wald schwach angedeutet, sonst sind sie mit dem Mineralboden vermischt und bilden insgesamt den Ah-Horizont. Ein Oh-Horizont fehlt stets. Mull ist grau bis schwärzlich, gut gekrümelt und weist einen typischen Erdgeruch auf.

Moder ist eine Zwischenform zwischen Rohhumus und Mull. Er hat noch eine typische dreigliedrige Auflage (Ol, Of, Oh). Humoses Material ist aber auch durch kleinere Bodentiere z. T. mit dem Mineralboden vermischt worden. Saure Reaktion und Modergeruch (pilzliche Zersetzung!) sind typisch.

Kalkmull trifft man vorwiegend auf tonreicheren Kalken, bei denen durch ständige Kalkauswaschung aus dem Oberboden dort eine relative Tonanreicherung eingetreten ist. Es bildet sich demzufolge ein stark humoses, lehmiges, z. T. toniges Substrat mit günstigen bodenphysikalischen, -biologischen und -chemischen Eigenschaften heraus, das mit Kalkbrocken durchsetzt ist.

Neben den besprochenen *terrestrischen* können als *subhydrische Humusformen* Unterwasser-Rohbodenhumus, Dy, Gyttja, Sapropel (= Faulschlamm), Flachmoortorf und als *semiterrestrische Humusformen* Zwischenmoortorf, Hochmoortorf und Anmoor unterschieden werden.

Von entscheidendem Einfluß auf die Art und die Geschwindigkeit der Zersetzung der Streu ist ihre chemische Zusammensetzung. Hohe Stickstoff- und Kalkgehalte der Streu bedingen schnellen Angriff, rasche Zerkleinerung und beschleunigte Zersetzung durch Bodentiere und Mikroorganismen. Insbesondere das Kohlenstoff-Stickstoff-Verhältnis (C/N) bestimmt nachdrücklich die Zersetzbarkeit der Streu (s. Tabelle 33).

Organo-mineralische feste Bodenbestandteile
Anorganische Bodenbestandteile, vor allem Tonminerale sowie Fe- und Al-Hydroxide und organische Substanzen können organo-mineralische Verbindungen eingehen. Besonders wichtig sind die Tonmineral-Huminsäure-Verbindungen *(Ton-Humus-Komplexe)*, die ein stabiles Krümelgefüge und eine dadurch hervorgerufene gute Durchlüftung des Bodens bedin-

Tabelle 33
Die Zersetzbarkeit der Streu und ihr C/N-Verhältnis (nach Laatsch 1957)

Laubstreu				Nadelstreu	
schnell zersetzbar (C/N < 30)		schwerer zersetzbar (C/N > 30)		sehr schwer zersetzbar (C/N > 48)	
Schwarzerle	15	Bergahorn	52	Fichte	48
Rüster	28	Linde	37	Kiefer	66
Esche	21	Eiche	47	Douglasie	77
Weißerle	19	Birke	50	Lärche	113
Akazie	14	Pappel	63		
Traubenkirsche	22	Roteiche	53		
Hainbuche	23	Buche	51		

gen. Sie kleiden Bodenhohlräume aus und versteifen und verkitten sie dadurch. Solche Ton-Humus-Komplexe kommen bevorzugt in Schwarzerden und Rendzinen vor.

Daneben stellen auch die *Chelate* eine organo-mineralische Stoffgruppe dar. Chelate sind vor allem in saurem Rohhumus vertreten und bestehen aus Verbindungen von niedermolekularen Huminsäuren mit Fe- und Al-Kationen. Sie sind relativ leicht löslich. Als Innerkomplexsalze verwendet man Chelate u. a. gegen Eisenmangelkrankheiten im Boden.

3.2.2.2. Flüssige Bodenbestandteile (Bodenwasser)

Das Bodenwasser hat für den Boden, bodenbildende Prozesse und Bodennutzung entscheidende Bedeutung. Es gelangt mit dem Niederschlag und als Grund- und Hangwasser in den Bodenraum und vermag dadurch viele Prozesse entscheidend zu beeinflussen. Abbildung 67 und Tabelle 23 zeigen die unterschiedlichen Arten des Bodenwassers. Das *Sickerwasser*, das der Schwerkraft folgend in großen, nichtkapillaren Poren (über ca. 0,01 mm Durchmesser) und Klüften und in großen Bodenhohlräumen senkrecht einsickert, ist von der *Permeabilität* (Wasserdurchlässigkeit) des Bodens abhängig, die u. a. von der Korngrößenzusammensetzung, dem Porenvolumen und Porendurchmesser, dem Kulturzustand, von der Pflanzendecke u. a. Faktoren bestimmt wird. Es wurde festgestellt, daß die Einsickerung nicht in einer Front, sondern in Form von Sickerzungen vor sich geht.

Trifft das von oben kommende versickernde Wasser auf dichtere Schichten geringerer Permeabilität, dann kommt es zu einer vollständigen Auffüllung der Poren, zu aufgestauter Nässe, zu *Stauwasser*. Die dichtere, versickerungshemmende Schicht wird als Staukörper, die „überstaute" Schicht als Stauzone bezeichnet. Das Stauwasser kann in der warmen Jahreszeit durch die Vegetation oder durch die Verdunstung ganz oder teilweise wieder verbraucht werden und der Boden infolgedessen steinhart austrocknen. Staunasse Böden sind daher meist *wechselfeuchte Böden* oder Böden mit Bodenwechselklima. Sie bieten besonders viele Probleme bei der Gewährleistung einer optimalen Wasserversorgung der Kulturpflanzen. Für die Bodenbildung ist die Dichte und Tiefe des Staukörpers und die unterschiedliche Dauer der Trocken-, Feucht- und Naßphasen wichtig.

Kann das Wasser bis in größere Tiefen versickern und dort über einem wasserundurchlässigen Substrat gestaut werden, so daß alle Hohlräume mit Wasser gefüllt sind, dann entsteht *Grundwasser*. Dieses kann „fließen", d.h. sich entsprechend dem Gefälle des Grundwasserleiters bewegen. Es ist meist sauerstoff- und nährstoffreich. Stagnierendes Grundwasser ist dagegen arm an Nährstoffen und weist anaerobe Verhältnisse auf. Für die Richtung der Boden-

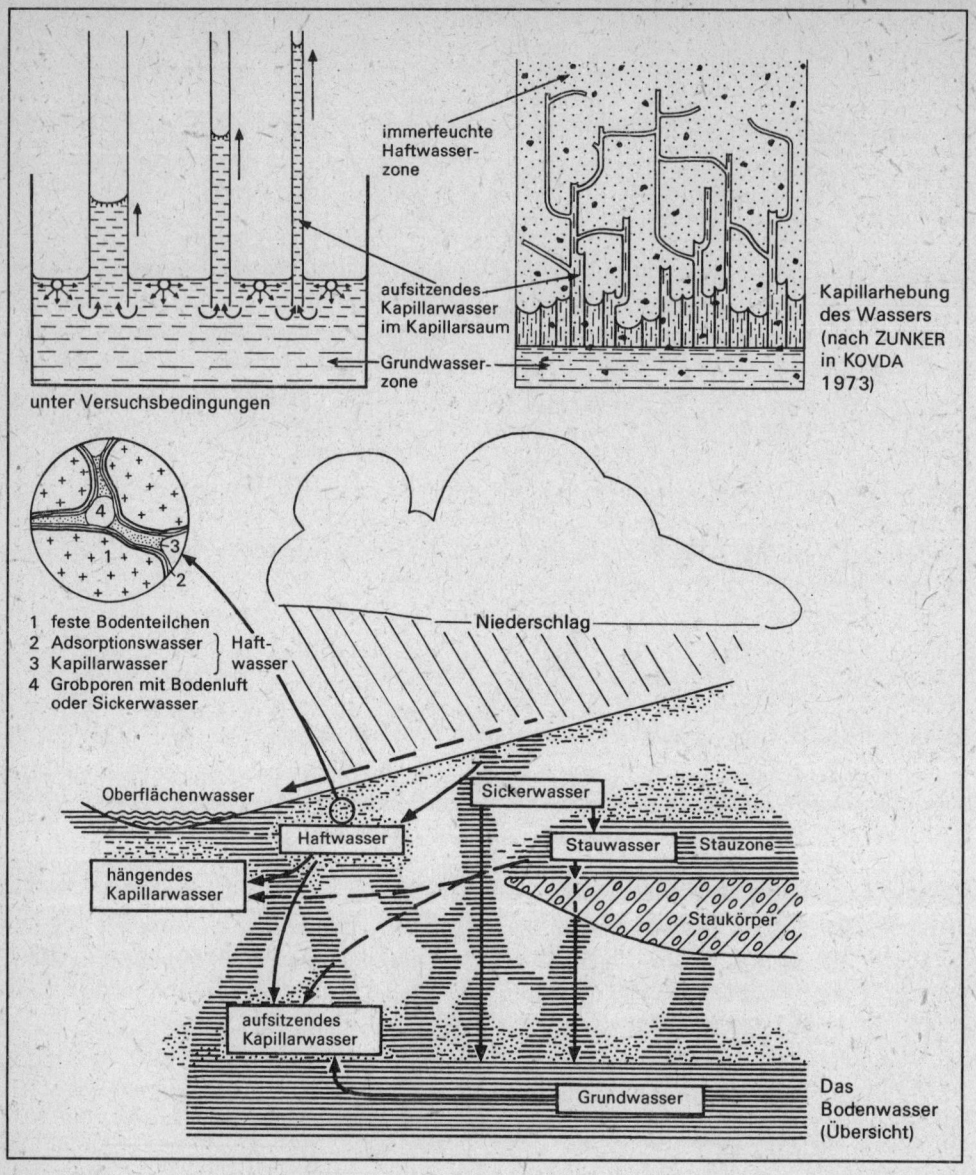

Abbildung 67
Das Wasser im Boden (vgl. Tabelle 23)

bildungsprozesse sind die unterschiedliche Tiefe des Grundwassers, sein Schwankungsbereich und Chemismus von besonderer Bedeutung.

Die entgegen der Schwerkraft vom Boden noch gebundene Wassermenge bezeichnet man als *Haftwasser*. Es setzt sich vor allem aus Adsorptions- und aus Kapillarwasser zusammen, wobei eine eindeutige Trennung zwischen beiden Bindungsarten nicht möglich ist. Das *Adsorptionswasser* wird durch starke Ladungskräfte an die Oberfläche der Bodenteilchen und Ionen gebunden und ist deshalb von den meisten Pflanzen nicht nutzbares, „totes" Wasser.

Tabelle 34
Prozentuale Zusammensetzung der Atmosphäre und der Bodenluft

	O_2	N_2	CO_2
Atmosphärische Luft	20,47	78,1	0,03
Bodenluft (15–30 cm Tiefe)	11–21	78–86	0,3–8,0

Das *Kapillarwasser* wird dagegen in den Kapillaren des Bodens (Porendurchmesser bis minimal 0,0002 mm) durch Adhäsion und Kohäsion, d. h. durch die kapillare Saugspannung, festgehalten. Das Kapillarwasser des Oberbodens, das aus Niederschlägen herrührt, wird als „hängendes", das Kapillarwasser des Kapillarraumes über dem Grundwasserspiegel als „aufsitzendes" Kapillarwasser bezeichnet. Je geringer der Durchmesser der Kapillaren ist, desto stärker wird das Wasser in ihnen festgehalten und desto größer ist auch der kapillare Aufstieg (Abbildung 67). Lehmige und tonige Böden sowie Böden mit krümelig-schwammigem Gefüge wie auch Löße, die reich an kapillaren Hohlräumen sind, vermögen deshalb auch mehr Wasser festzuhalten und zu speichern.

3.2.2.3. Gasförmige Bodenbestandteile (Bodenluft)

Die Bodenhohlräume werden von Wasser und Luft eingenommen. Je mehr Wasser in ihnen enthalten ist, desto geringer ist das jeweilige Luftvolumen. Die Beziehungen zwischen Poren-, Luft- und Wasservolumen, zwischen Wasser- und Luftkapazität werden aus Abbildung 63 deutlich. Die *Luftkapazität* bezeichnet das Bodenvolumen, das noch lufterfüllt ist, wenn der Boden bis zur Wasserkapazitätsgrenze mit Wasser aufgefüllt ist und keine wasserstauende Schicht den Abfluß nach unten verhindert. Sie hängt stark von der Textur (Korngrößenzusammensetzung) und dem Gefüge des Bodens ab.

Die Bodendurchlüftung vollzieht sich hauptsächlich auf dem Wege des Gasaustauschs zwischen Boden und Atmosphäre. Die Zusammensetzung der Bodenluft weicht z. T. sehr stark von derjenigen der Atmosphäre ab (vgl. Tabelle 34). Das erklärt sich durch die ununterbrochene Bildung von CO_2 infolge der Lebenstätigkeit der Bodenorganismen, durch die Oxydation der organischen Substanz des Bodens und durch den erschwerten Gasaustausch aus größeren Bodentiefen (Abbildung 68).

Hauptquelle des *Sauerstoffs* im Boden ist der der Atmosphäre, der, z. T. im Niederschlagswasser gelöst, in die Bodenhorizonte eindringt. Der Sauerstoffgehalt im Boden unterliegt deshalb deutlich jahreszeitlichen Schwankungen. Er ist in den Sommermonaten am höchsten, wenn die Durchlüftung des Bodens aufgrund des Rückgangs der Bodenfeuchte zunimmt, er ist im Winter und Frühjahr, wenn der Boden stark mit Feuchte gesättigt ist, gering. Die Bedeutung des Bodensauerstoffs besteht darin, daß er vor allem die Lebenstätigkeit der aeroben Bakterien und der Pilze gewährleistet, die die Zersetzung der organischen Ausgangsstoffe besorgen. Außerdem ist O_2 für die Wurzelatmung der höheren Pflanzen notwendig.

Das *Kohlendioxid* der Bodenluft entsteht ausschließlich durch bodeneigene Prozesse, vor allem bei der Lebenstätigkeit der Makro- und Mikroorganismen des Bodens. Bis zu einem Drittel des CO_2 der Bodenluft scheiden z. B. die Wurzeln der höheren Pflanzen aus. Die größte CO_2-Konzentration wird – entgegen der O_2-Dynamik – in größeren Bodentiefen erreicht (z. T. bis zu 14 %!), wobei die Verstärkung der biologischen Aktivität der Bodenorganismen im Sommer auch eine erhöhte CO_2-Produktion zur Folge hat.

Zahlreiche Maßnahmen der Bodenbearbeitung fördern die Durchlüftung des Bodens.

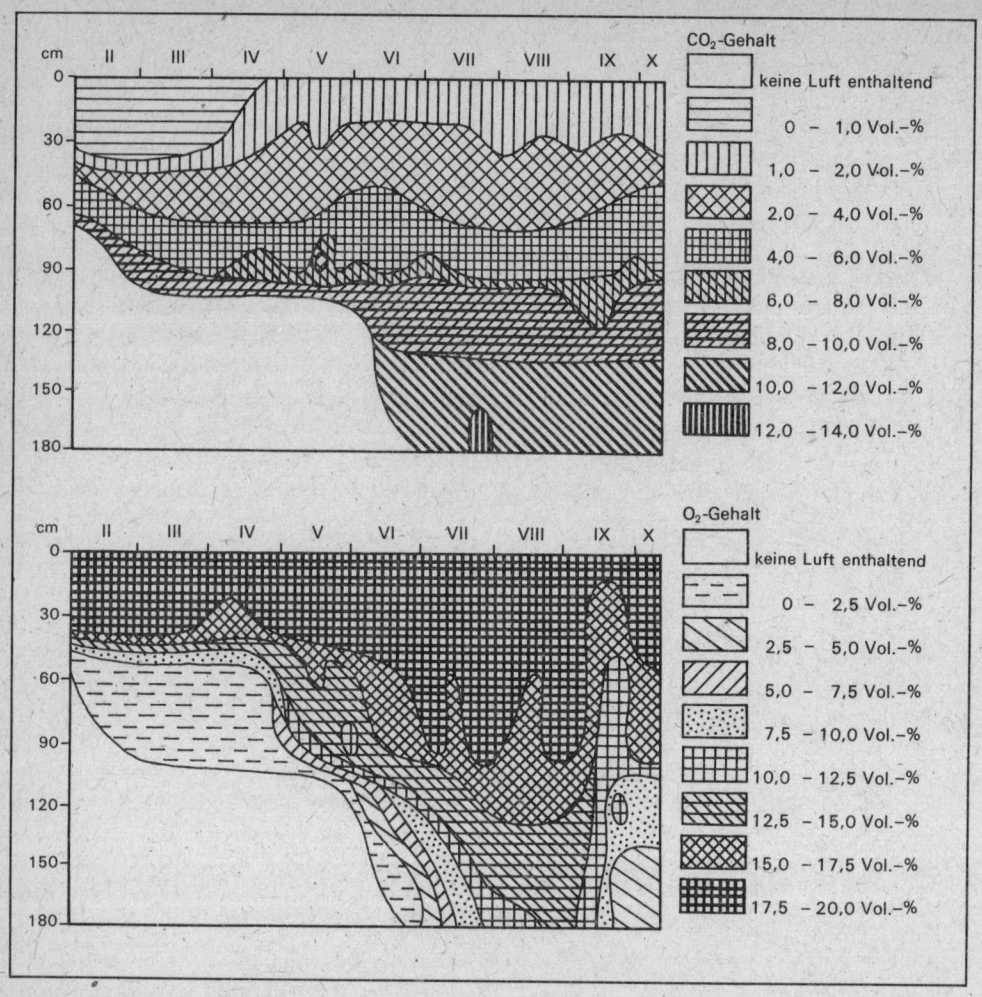

Abbildung 68
Jahreszeitliche Veränderung des CO_2- und O_2-Gehaltes der Bodenluft
(nach REMEZOV in KOVDA 1973)

3.2.3. Das Bodenprofil als Grundlage der Bodengliederung

Im Ergebnis der Wirkung bodenbildender Faktoren, der Synthese wichtiger neuer Substanzen (sekundäre anorganische und organische Stoffe, organo-minerale Komplexe) im Boden und verschiedener Umlagerungsprozesse, wie Bodenerosion, Bodendurchmischung und Filtrationsverlagerung, entsteht das aus verschiedenen Horizonten bestehende natürliche *Bodenprofil*. Die hierbei ablaufenden vielfältigen Vorgänge können in einem allgemeinen Schema der Bodenbildung dargestellt werden (Tabelle 35 – s. Beilage). Es kann davon ausgegangen werden, daß bei gleicher Ausprägung der Faktoren, welche die Bodenbildung beeinflussen, auch gleiche oder ähnliche Huminstoffe, Tonminerale oder andere Substanzen gebildet werden und auch gleiche oder ähnliche Verlagerungsprozesse ablaufen. So entstehen durch die Überprägung unterschiedlicher Substrate gleiche oder ähnliche Bodenprofile mit

Unterlagernde Schicht ab 30–40 bis 80–90 cm Tiefe aus	Deckschicht von 30–40 bis 80–90 cm Mächtigkeit aus							
	Torf	Kies, Sand	Salm	Löß, Schluff	Sandlehm	Lehm	Ton	Schutt, Felsgestein
Torf	Torf	sandüberdeckter Torf		lehmüberdeckter Torf			tonüberdeckter Torf	–
Kies, Sand (S, Sl)	Torftiefsand	Kies, Sand	Decksalm	Decklöß	Decksandlehm	Decklehm	Deckton	Schutt
Salm (lS)		Tiefsalm	Salm, Auensalm	Deckauenschluff	Deckauensandlehm	Deckauenlehm	Deckauenton	
Löß, Schluff (lU, Ul)				Löß / Auenschluff				
Sandlehm (SL, sL)	Torftieflehm	Sandtieflehm	Salmtieflehm	Löß-tieflehm	Sandlehm	Lehm	Ton	
Lehm (L)					Auensandlehm	Auenlehm	Auenton	
Ton (lT, uT, T)	Torftieflehm	Tiefton		Lößkerf	Lehmkerf / Auenlehmkerf			
Felsgestein	–	Bergsand	Bergsalm	Löß über Gestein	Sandlehm über Gestein, Bergsandlehm	Lehm über Gestein, Berglehm	Ton über Gestein, Bergton	Fels

Anmerkung:
Bei den stark umrandeten Typen tritt in Deck- und unterlagernder Schicht das gleiche Substrat auf. Es handelt sich also um ein weitgehend einheitliches, ungeschichtetes Material.

Tabelle 36
Übersicht über die wichtigsten Substrattypen (nach Lieberoth 1971)

ganz bestimmten „typischen" Abfolgen von Bodenhorizonten. Aus solchen typischen Abfolgen kann man den Typ der genetischen Bodenentwicklung ableiten, der durch den Bodentyp zum Ausdruck kommt. Für viele praktische Fragestellungen hat sich die Entwicklung von *Bodenformen* als nützlich erwiesen, einer *Kombination von Substrat- und Bodentypen.*

3.2.3.1. Substrate und Substrattypen

Die Bodensubstrate spielten in der älteren bodenkundlichen Literatur eine große Rolle. Die Böden wurden allein nach ihren Substraten eingeteilt und bewertet. Heute wissen wir, daß die Substrate zwar eine ganze Reihe von fruchtbarkeitsbestimmenden Eigenschaften der Böden beeinflussen, daß aber viele weitere Kriterien zur Kennzeichnung der Böden herangezogen werden müssen.

Unter *Substrat* wird das nach Körnung und lithologischem Charakter sowie nach der Schichtung gekennzeichnete Material verstanden, aus dem der Boden besteht bzw. in dem sich der Boden entwickelt hat. Substrate können dabei *ungeschichtet* (= oberhalb 0,8–1,2 m unter Flur einheitlich) oder *geschichtet* (= im Bereich von 0,3–0,4 bis 0,8–0,9 m existieren zwei oder mehr unterschiedliche sedimentäre Schichten) sein. Bei ungeschichteten Substraten wird nur der Charakter der Substrate, bei geschichteten werden außerdem Schichtfolge und Mächtigkeit der Schichten berücksichtigt. Häufig vorkommende einheitliche und geschichtete Substrate werden zu *Substrattypen* zusammengefaßt. Einen Überblick über wichtige Substrattypen vermittelt Tabelle 36 (vgl. auch Band 1 der Studienbücherei Geographie, S. 104f.).

Organische Auflagen

- Ol   Auflagestreu, Förna (englisch: litter; auch A_L, A_{00})
- Of   Vermoderungs-, Grobhumus-, Fermentationshorizont (auch A_F, A_{01})
- Oh   Feinhumus-, Humusstoffhorizont (auch A_H, A_{02})

Humushorizonte

- A   Humushorizont, ohne weitere Kennzeichnung
- (A)   Initialstadium eines Humushorizonts, schwach entwickelt, ohne sichtbaren Humusanteil, aber belebt
- Ah   Humushorizont (humoser Mineralbodenhorizont), nicht beackert
- Ap   Ackerkrume, Pflughorizont

Torfhorizonte

- T   Torfhorizont, ohne weitere Kennzeichnung
- Tv   Torfvererdungshorizont
- Ta   Torfbröckelhorizont
- Ts   Torfschrumpfungshorizont

Bleiche Zwischenhorizonte (Eluvialhorizonte, lateinisch, griechisch = auswaschen)

- E   Eluvialhorizont, ohne weitere Kennzeichnung
- Et   Fahlhorizont, Tonauswaschungshorizont (auch Ae, A_3)
- Es   Aschhorizont, Sesquioxidauswaschungshorizont (Ae, A_2)
- Eg   Naßbleichhorizont (Sesquioxidauswaschung und Naßbleichung)

Braune, schwarzbraune, graubraune, z. T. braunfleckige Zwischenhorizonte
(Verwitterungs- und Illuvialhorizonte, lateinisch = einschwemmen)

- B   brauner Zwischenhorizont, ohne weitere Kennzeichnung
- Bv   Braun-, Verbraunungs-, Verwitterunghorizont, auch (B)
- Bt   brauner Tonhäuthäutchenhorizont
- Bh   Humus-Orthorizont
- Bs   Sesquioxid-Orthorizont
- Bg   Marmorierungshorizont

Grundwasserbeeinflußte Horizonte, Gleyhorizonte (russisch = schlammig)

- G   Gleyhorizont, ohne weitere Kennzeichnung
- Go   Rostabsatz-, Oxydationshorizont
- Gr   grauer Gley-, Reduktionshorizont

Untergrundhorizonte

- C   unverändertes oder nur wenig verändertes anorganisches Ausgangsmaterial, aus dem der Boden entstanden ist
- D   anorganisches Material, aus dem der darüberliegende Boden **nicht** entstanden ist, z. B. unveränderter Geschiebemergel (D) unter Löß (C)

Weitere Horizonte bzw. Kennzeichnung des Ergebnisses horizontprägender Prozesse

- X   nicht näher bestimmbarer Horizont, vor allem bei begrabenen oder fossilen Böden
- Y   künstliche Aufschüttung (z. B. deponierter Abraum, Müll)
- M   Horizont aus verlagertem Bodenmaterial (z. B. Kolluvium)
- m   Verfestigungen im Profil (z. B. Sesquioxidbänke: Bms)
- k   Konkretionen im Profil (z. B. Kalkkonkretionen: Ccak, Eisen-Mangan-Konkretionen: Egk)

y	Gipsanreicherungen im Profil
z	Salzanreicherungen im Profil (z. B. Chloride, Glauber-Salz
g	Stauvernässung im Profil (z. B. Eg, Bg)
n	Alkalisierung im Profil (bei pH > 8; labiles Gefüge, oft säulig)
ca	Karbonatanreicherung im Profil (z. B. Cca)
a	Gefügeabsonderung im Profil (z. B. Ba – Gefügeumbildung bei Vega und Vegagleyen)
b	Bänderung im Profil (z. B. Bb = Braunbänderhorizont)
u	Rotfärbung im Profil (z. B. Bu = Rubefizierungshorizont – rot durch Hämatit)
i	Immissionseinfluß (z. B. Flugaschen in der Umgebung von Großfeuerungsanlagen: Ai)
w	Wurzelfilz (meist auf Grasland)

Durch Kombination dieser Symbole können polygenetische Horizonte gekennzeichnet werden (z. B. Etg, Bthg, Bsh, BgG). Die Intensität bestimmter horizontprägender Prozesse wird durch folgende Zeichen über bzw. an den Symbolen markiert: ¯ stark, ⁼ sehr stark, ' schwach, " sehr schwach (z. B. Bvg' = Braunhorizont, schwach stauvernäßt).

Tabelle 37
Symbole von Bodenhorizonten

3.2.3.2. Bodenhorizonte

Bodenhorizonte sind durch bodenbildende Prozesse entstandene, mit gleichen Merkmalen oder Eigenschaften (Hydromorphiegrad, Farbe, Substratausprägung, Humusgehalt und -qualität, Gefüge, besondere sekundäre Bildungen und Einschlüsse, Festigkeit, Kalkgehalt, Durchwurzelung o. ä.) ausgestattete, meist waagerecht angeordnete Zonen innerhalb des Bodenprofils. Sie dienen der „Diagnose" des Bodens und werden deshalb auch als *diagnostische Horizonte* bezeichnet. Bodenhorizonte muß man scharf von den Schichten der Gesteine unterscheiden, die im Ergebnis geologischer Prozesse entstanden sind. Allerdings können die Bodenhorizonte sich an geologische Schichten anlehnen, etwa an periglaziäre Perstruktionszonen oder an die Schichten der Grobdeckserien, da in diesen zumeist ganz spezielle Bedingungen für die Bodenbildung gegeben sind. In der internationalen Literatur ist es üblich, die einzelnen Bodenhorizonte entsprechend ihrer Lage im Proifil mit großen lateinischen Buchstaben zu bezeichnen und Kleinbuchstaben (früher auch Zahlen) zur weiteren Detaillierung zu verwenden (s. Tabelle 37). Neben diesem Kennzeichnungsprinzip sind auch andere üblich (vgl. BLUME und SCHLICHTING 1976). In der DDR sind von bodenkundlicher Seite für eine einheitliche Horizontansprache eindeutige diagnostische Merkmale für die einzelnen bodengenetischen Horizonte erarbeitet worden. Eine große Rolle spielt dabei ihr Hydromorphiegrad (vgl. Abbildung 69 und Band 1 der Studienbücherei Geographie, S. 106 f.).

3.2.3.3. Bodentypen

Bodentypen fassen durch eine charakteristische Horizontabfolge gekennzeichnete Böden zusammen, die im Laufe ihrer Entwicklung durch gleiche Stoffumwandlungs- und -verlagerungsprozesse gemeinsame Eigenschaften erworben haben. Sie sind immer nur aus den konkreten Bedingungen der Landschaft heraus, in der sie entstanden sind und deren integrierende Bestandteile sie sind, zu verstehen. Die Kenntnis der wichtigsten Bodentypen, ihrer Bildungsbedingungen und Verbreitung, ist demzufolge im Rahmen der geographischen Landschaftsanalyse und -darstellung ein dringendes Erfordernis.

Jeder Bodentyp zeichnet sich durch spezifische bodeneigene Merkmale aus und hebt sich dadurch von anderen Bodentypen mehr oder weniger deutlich ab. Wesentliches Erkennungs-

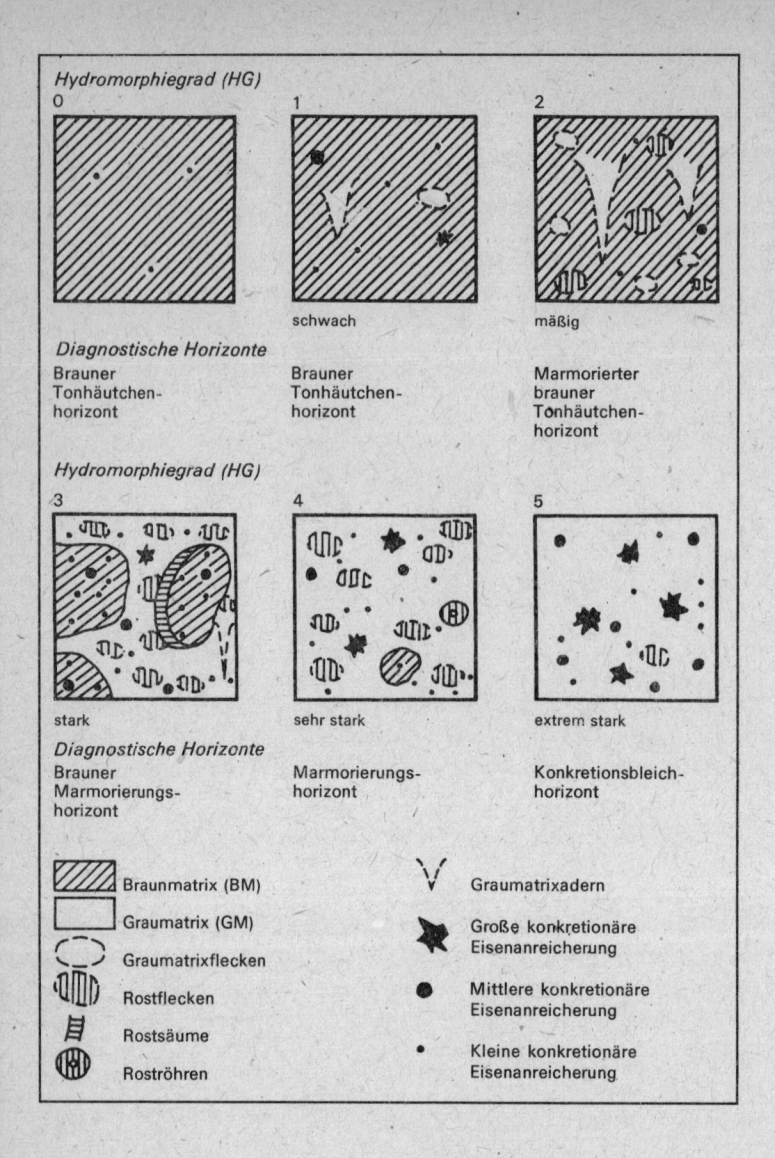

Abbildung 69 Hydromorphiegrad mineralischer Unterbodenhorizonte, dargestellt am Beispiel einiger Unterbodenhorizonte aus lehmig-sandigem, sandig-lehmigem, lehmigem und schluffigem Material (nach THIERE und MORGENSTERN 1970)

Hydromorphiegrad (HG)
- 0
- 1 schwach
- 2 mäßig

Diagnostische Horizonte
- Brauner Tonhäutchenhorizont
- Brauner Tonhäutchenhorizont
- Marmorierter brauner Tonhäutchenhorizont

Hydromorphiegrad (HG)
- 3 stark
- 4 sehr stark
- 5 extrem stark

Diagnostische Horizonte
- Brauner Marmorierungshorizont
- Marmorierungshorizont
- Konkretionsbleichhorizont

Legende:
- Braunmatrix (BM)
- Graumatrix (GM)
- Graumatrixflecken
- Rostflecken
- Rostsäume
- Roströhren
- Graumatrixadern
- Große konkretionäre Eisenanreicherung
- Mittlere konkretionäre Eisenanreicherung
- Kleine konkretionäre Eisenanreicherung

merkmal eines Bodentyps ist eine charakteristische *Horizontabfolge*. So sind z. B. innerhalb eines Bodenprofils von oben nach unten folgende Horizonte für nachstehende Bodentypen charakteristisch:

a) Humushorizont (Ah) – Braunhorizont (Bv) – Untergrund (C) = Bodentyp Braunerde
b) Humushorizont (Ah) – Fahlhorizont (Et) – Tonhäutchenhorizont (Bt) – Untergrund (C) = Bodentyp Fahlerde
c) Humushorizont (Ah) – Rostabsatzgleyhorizont (Go) – Grauer Gleyhorizont (Gr) = Bodentyp Gley

Durch fließende Übergänge bedingt, können sich in einem Boden auch Typenmerkmale verschiedener Böden widerspiegeln:

d) Humushorizont (Ah) – Braunhorizont (Bv) – schwach gefleckter Braunhorizont (Bvg') – Marmorierungshorizont (Bg) = Boden(sub-)typ Braunstaugley

e) Humushorizont (Ah) – Braunhorizont (Bv) – Rostabsatzgleyhorizont (Go) – Grauer Gleyhorizont (Gr) = Boden(sub-)typ Braungley

Aus der Vielfalt der Bodenbildungsfaktoren und deren räumlicher und zeitlicher Veränderlichkeit resultiert eine Vielzahl von unterschiedlichen Bodentypen, die in einer Bodensystematik übersichtlich geordnet werden müssen. Hierfür werden vor allem pedogenetische und/oder funktionale Kriterien herangezogen, die Böden mit gleichartiger Entstehung, verwandter Entwicklung und gleichen rezenten Prozessen (isogene Böden), Böden mit gleicher oder ähnlicher Merkmalsausprägung (isomorphe Böden) und Böden mit gleicher Funktion/Reaktion/Wirksamkeit (isofunktionale Böden) zusammenzufassen versuchen. Alle Kriterien gemeinsam lassen sich aber z. Z. noch nicht einem umfassenden Klassifikationssystem zugrundelegen. Meist werden deshalb kombinierte Systeme angewandt. Das System von MÜCKENHAUSEN (1962) faßt z. B. in der obersten Kategorie, der *Abteilung,* Böden mit gleicher Hauptrichtung der Perkolation (= Durchsickerung) zusammen. In der darunterliegenden Kategorie, der *Klasse,* wird in der Regel die generelle Horizontkombination, in der darauffolgenden Kategorie des *Typs* werden charakteristische Horizontabfolgen mit spezifischen Eigenschaften der Horizonte in den Vordergrund gestellt. Die weitere Unterteilung in *Bodensubtypen, -varietäten* und *-subvarietäten* erfolgt nach graduellen Modifikationen der Typen (Übergangstypen, unterschiedlicher Ausprägungsgrad u. ä.).

Aufgrund der Vielzahl unterschiedlicher Anschauungen über die Prinzipien der Bodensystematik und die Terminologie bei der Ansprache der Böden ist es ein großer Fortschritt, daß im Zuge der Erarbeitung der Weltbodenkarte eine einheitliche Legende entstanden ist, die 26 Bodenklassen und 114 Bodentypen ausweist und dem Kartenmaßstab 1:5 Mio entsprechend die Vielfalt der Bodenbildungen gut wiederzugeben in der Lage ist. Eine Zusammenstellung dieser Bodenklassen bietet Tabelle 38; sie zeigt zugleich das Vorkommen der entsprechenden Bodentypen im Bereich der DDR.

3.2.4. Bodenbildende Prozesse

3.2.4.1. Allgemeines

Die regionale Verteilung der Bodenklassen (Tabelle 38) läßt die verschiedenen Möglichkeiten der Gruppierung von Böden erkennen. So dominiert in den hydromorphen Histosols, Gleysols und Planosols Vergleyung, während die Ranker, Regosols, Lithosols, Rendzinen, Andosols und Vertisols sich durch substratbedingte Wesensmerkmale auszeichnen. Alle anderen Böden sind in vielfältiger Weise von bestimmten Klimaelementen abhängig, wie es auch durch die Abbildung 70 deutlich gezeigt wird. Diese Tatsache erklärt, daß viele Bodenbildungen in ganz bestimmten Klimazonen dominant auftreten. Bei erdweiter Betrachtung kann man deshalb bestimmten Klimazonen auch ganz bestimmte Böden zuordnen. Es sind *zonale Böden*, die durch *zonale horizontbildende Prozesse* entstanden sind. Daneben kommen in diesen Klimazonen allerdings noch Böden vor, die eine andere Genese aufweisen und deren Eigenschaften auch stark von denjenigen der zonalen Böden abweichen. Sie sind in starkem Maße von *nichtzonalen bodenbildenden Faktoren* abhängig. Der Klimaeinfluß ist bei ihnen untergeordnet. Es sind *intrazonale Böden,* die vor allem unter dem Einfluß unterschiedlicher Formen des Bodenwassers gebildet worden sind.

Neben den horizontbildenden Prozessen führen auch *horizontverwischende Prozesse* zu ganz bestimmten Bodentypen. Hierzu gehören u. a. die Kryoturbation (Substratbewegung durch wiederholtes Auftauen und Wiedergefrieren in periglazialen Gebieten), die Bioturbation (Durchwühlen und Durchmischen von Bodenmaterial durch Tiere), die Hydro-(oder Pelo-)turbation (Durchmischung infolge Quellungs- und Schrumpfungserscheinungen bei Wechselfeuchte) und nicht zuletzt auch die wirtschaftliche Tätigkeit des Menschen (Kultoturba-

Boden-abteilung	Bodenklasse	Merkmale (einschließlich Horizontkennzeichnung)	Charakteristische Bodentypen (+ mit Vorkommen in der DDR)
Hydromorphe Böden	Histosols (griechisch histos = Gewebe)	organische Böden (Anteil organischer Substanz 15%, mit anmoorigen Ah- oder T-Horizonten)	Anmoor (+) Niedermoor (+) Hochmoor (+)
	Gleysols (russisch = schlammig)	Böden mit Grundwassermerkmalen oberhalb 8–9 dm unter Flur (mit Go/Gr-Horizonten, aber ohne T-Horizonten)	Humusgley (+) Graugley (+) Braungley (+) Anmoorgley (+)
	Planosols	Staunässeböden mit tonarmem, naßgebleichtem Ober- über tonreicherem Unterboden (mit g-Horizont)	Staugley (+) Stagnogley (+)
	Fluvisols (lateinisch fluvius = Fluß)	braune bis schwarze Aueböden mit geringer Profildifferenzierung (mit hydromorphen Merkmalen erst in größerer Bodentiefe)	Vega (+) Tschernitza (+) Rambla, Paterna Borowina
Anhydromorphe Böden	Regosols	geringmächtige Ah/C-Böden aus karbonatfreiem Lockergestein	Regosol (+)
	Rankers (österreichisch Rank = Steilhang)	geringmächtige Ah/C-Böden aus karbonatfreiem Festgestein	Ranker (+)
	Rendzinas (polnisch = flachgründiger Kalkboden)	geringmächtige steinige Ahca/Cca-Böden aus Karbonat- und Gipsgestein	Rendzina (+) Pararendzina (+)
	Arenosols	Böden sandreicher Gesteine	
	Lithosols	Rohböden aus Festgesteinen mit (A)-Horizont	Syrosem (+)
	Andosols (japanisch ando = dunkler Boden)	dunkle tonreiche Ah/C-Böden aus Vulkanasche, humusreich (bis 30%), oftmals durch jüngere Aschen überdeckte fossile Horizonte	Andosol
	Vertisols (lateinisch vertere = wenden)	dunkle tonreiche Ahca/Cca-Böden mit intensiver Quellung und Schrumpfung (Hydroturbation)	Smonitza, Regur, Tirs, Black Cotton Soil
	Yermosols (spanisch yermo = Wüste)	feinmaterialreiche Wüstenböden, z. T. mit Kalk- und Gipskrusten	Aridisol, Yerma, Takyr
	Xerosols (griechisch xeros = trocken)	Böden der Halbwüsten, oft mit Kalk- und Gipshorizonten	Serosem
	Solontschaks (russisch = Salzboden)	Salzböden in ariden Gebieten (durch kapillaren Aufstieg salzhaltigen Grundwassers entstanden)	Solontschak, Szik, Zick, Weißalkaliboden
	Solonezs	Alkaliböden mit hoher Natriumsättigung	Solonez, Solod, Schwarzalkaliboden

Boden-abteilung	Bodenklasse	Merkmale (einschließlich Horizontkennzeichnung)	Charakteristische Bodentypen (+ mit Vorkommen in der DDR)
	Castanozems	rotbraune Ahca/Cca-Steppenböden	Kastanosem
	Czernozems (russisch = schwarzer Boden)	Schwarze Ah/Cca-Steppenböden (mit mächtigem Ah-Horizont) mit intensiver Bioturbation	Schwarzerde
	Phaeozems	schwarze, degradierte Ah-(Bth-)/Cca-Steppenböden (mit geringer-mächtigem Ah-Horizont)	Brunizem, Prärie-boden, Griserde (+), Schwarzerden Mitteleuropas (+)
	Luvisols (lateinisch eluere = auswaschen)	lessivierte Ah/Et/Bt-Böden mit (noch) hoher Basensättigung	Parabraunerde (+)
	Podzoluvisols/Greyzems	lessivierte Ah/Et/Bt-Böden mit geringer Basensättigung und stark verfahltem Et-Horizont	Fahlerde (+) Derno-podsol, Hellgraue Waldböden
	Cambisols (lateinisch cambiare = austauschen)	verlehmte und verbraunte Ah/Bv/C-Böden mit hoher Austauschkapazität	Braunerde (+), Burosem
	Podzols (russisch = Boden unter Asche)	podsolierte Böden mit grauem Horizont im Ober-, schwarzbraunem bis rostbraunem Horizont im Unter-boden (Ah/Es/Bsh bzw. Bsv)	Podsol (+), Braunpodsol (+), Rosterde (+)
	Acrisols (griechisch acros = stark [verwittert])	stark verwitterte, gelbbraune, rotbraune und rote Böden der humi-den und semihumiden Tropen (mit Rubefizierung) mit „Lehmgefüge"	Plastosol, Braun-lehm, Graulehm, Rotlehm
	Nitosols	lessivierte und rubefizierte gelb-braune, rotbraune und rote Böden der humiden Tropen mit geringer Austauschkapazität	(wie oben, aber gebleicht)
	Ferralsols	ferrallitisierte (Fe- und Al-Oxid-Anreicherung) gelbbraune, rotbraune und rote Böden der humiden und semihumiden Tropen	Laterit, Plinthit, Roterde (-latosol), Gelberde (-latosol)

Tabelle 38
Bodenklassen der Erde (nach der Legende der FAO-Weltbodenkarte)

Klima	nival	subpolar	humid/ kühl-gemäßigt	gemäßigt-kühl	mäßig-warm	wechselfeucht/ warm-heiß	dauer-feucht/ heiß	semihumid/ bis semiarid/heiß	semiarid/ warm-heiß	arid/heiß	extrem arid/ heiß
Zonale horizontverwischende Prozesse	——— Kryoturbation ———						——————— Bioturbation ———————			——— keine ———	
Zonale horizontbildende Prozesse (ohne hydromorphen Einfluß)	keine	Tundraboden- und Moorbildung				——— Lateritisierung ———					
				——— Lessivierung ———				——— Tschernosemierung ———	——— Serosemierung ———		
			Verbraunung		Rubefizierung						
	dauernd gefrorener Untergrund taut nicht auf	Oberfläche taut periodisch auf (Solifluktion)	Podsolierung								
Verbreitung [%]	10,8	3,5	11,0	3,3	7,4	11,0	8,2	6,6	9,4	8,8	
Intrazonale horizontverwischende Prozesse	keine					——— Hydroturbation ———					
Intrazonale horizontbildende Prozesse (mit hydromorphem Einfluß)			Hydromorphierung:			Stauvergleyung, Vergleyung, Auenboden-, Marsch-, Moorbildung					
			Solodierung			Solonezierung	Vertisolierung (Tirsifizierung)	Planosolierung („Wiesenprozesse")	Versalzung	Takyrierung	
									Solontschakierung		
Verbreitung [%]	–	3,0	8,6		2,2		3,4	2,0	0,8	–	

Tabelle 39
Bodenbildende Prozesse der Erde
(nach Blum und Ganssen 1972)

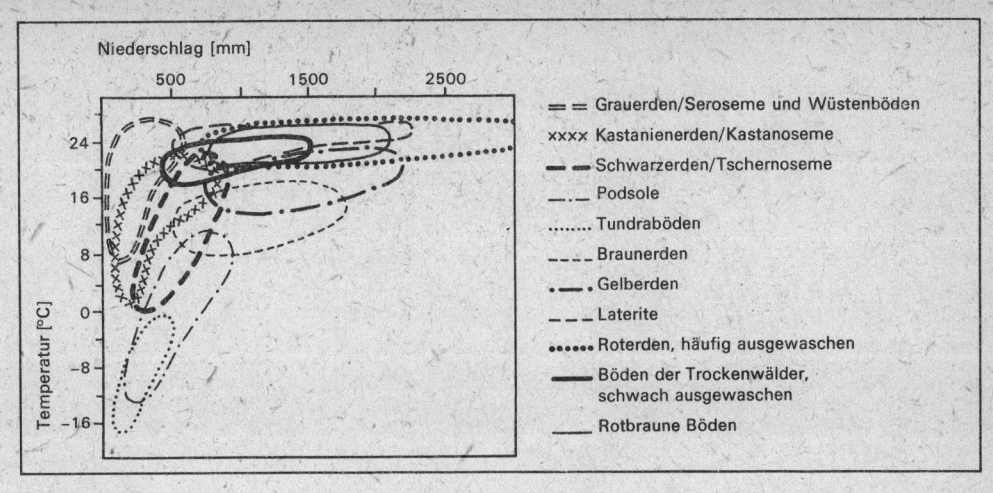

Abbildung 70
Beziehungen zwischen hydrothermischen Bedingungen und Bodenbildung
(nach VOLOBUEV in KOVDA 1973)

tion). Die meisten der bodenbildenden Prozesse auf der Erde lassen sich mehr oder weniger deutlich bestimmten Klimazonen zuordnen (Tabelle 39). Die durch diese Prozesse entstandenen Böden und ihre Vergesellschaftung *(Bodengesellschaften)* lehnen sich in ihrer Verbreitung gleichfalls an energetisch und hydrothermisch bedingten Zonen an (Abbildung 71).

3.2.4.2. Zonal gebundene Bodenbildungsprozesse

Bildungsprozesse arktischer bodenartiger Formen
In den arktischen und subarktischen Gebieten der Erde dominiert die physikalische Verwitterung und demzufolge die Bildung von Frostschutt. Sobald auch nur geringe oberflächige Auftauprozesse wirksam sind und Kryoturbation und Solifluktion wirksam werden können, kommt es zu einer Materialsortierung und zur Bildung sog. *bodenartiger Formen* („Frostmusterböden" – vgl. S. 112f). Hierzu gehören Steinringe und Steinnetze, die an Hängen infolge Solifluktion in Girlanden oder Steinstreifen übergehen können. Solchen bodenartigen Formen fehlen die eigentlichen Bodenhorizonte, das Bodenleben und die durch Umwandlungsprozesse entstandenen anorganischen und organischen Neubildungen der „echten" Böden.

Aufgrund des Fehlens von Wasser oder dessen Festlegung als Schnee und Eis sind viele nivale oder subpolare Gebiete absolut trocken (arid), so daß Verlagerungsvorgänge ausgeschlossen und Erhaltung oder sogar Neuentstehung von $CaCO_3$, Versalzung und Alkalisierung möglich sind.

Tundraboden- und Torfbildung
Für die Tundra ist das sommerliche Auftauen der obersten Bodenhorizonte typisch. Die spärliche Vegetation paßt sich hier an das rauhe Klima an und reicht entsprechend den äußeren Bedingungen von dürftigem Flechtenbewuchs über Torfmoose, Sträucher bis hin zu lichtem Waldbestand. Trotz allerdings recht geringer Mengen an produzierter Biomasse (0,5–1,0 t/ha) kommt es infolge des langsamen und geringfügigen biologischen Abbaus in diesen kalten Gebieten zu Anreicherungen organischer Substanz im Boden und deshalb zu

	Eis, Gletscher ohne Bodenbildungen
	Gesellschaften arktischer „bodenartiger" Formen
	Bodengesellschaften der Tundra
	Bodengesellschaften der Waldtundra
	Bodengesellschaften der Waldtundra-Bergwiesen
	Bodengesellschaften der Nadelwälder mit Rasenböden und Podsolen
	Bodengesellschaften der Laubwälder mit Braunerden
	Bodengesellschaften der Grassteppen mit Schwarzerden
	Bodengesellschaften der Trockensteppen mit Kastanosemen
	Bodengesellschaften der Halbwüsten mit Serosemen
	Bodengesellschaften der Wüsten mit hellen Serosemen
	Bodengesellschaften tropischer Wüsten mit fossilen Böden und „bodenartigen" Formen
	Bodengesellschaften tropischer Wüsten mit hellroten Böden
	Bodengesellschaften trockener Savannen
	Bodengesellschaften der Randtr. mit rotbraunen Böden

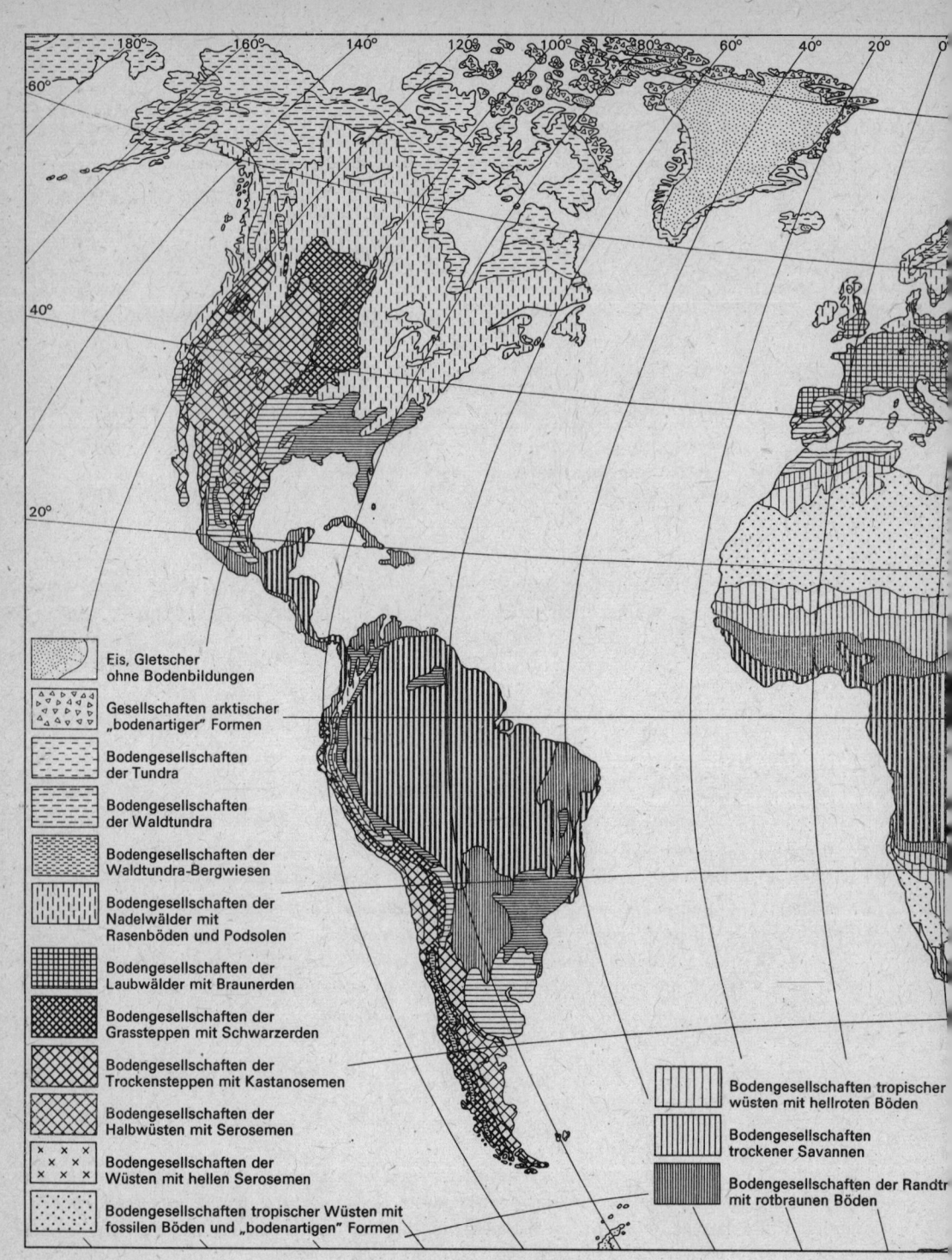

Abbildung 71
Die Bodengesellschaften der Erde (in Anlehnung an VOLOBUEV 1973)

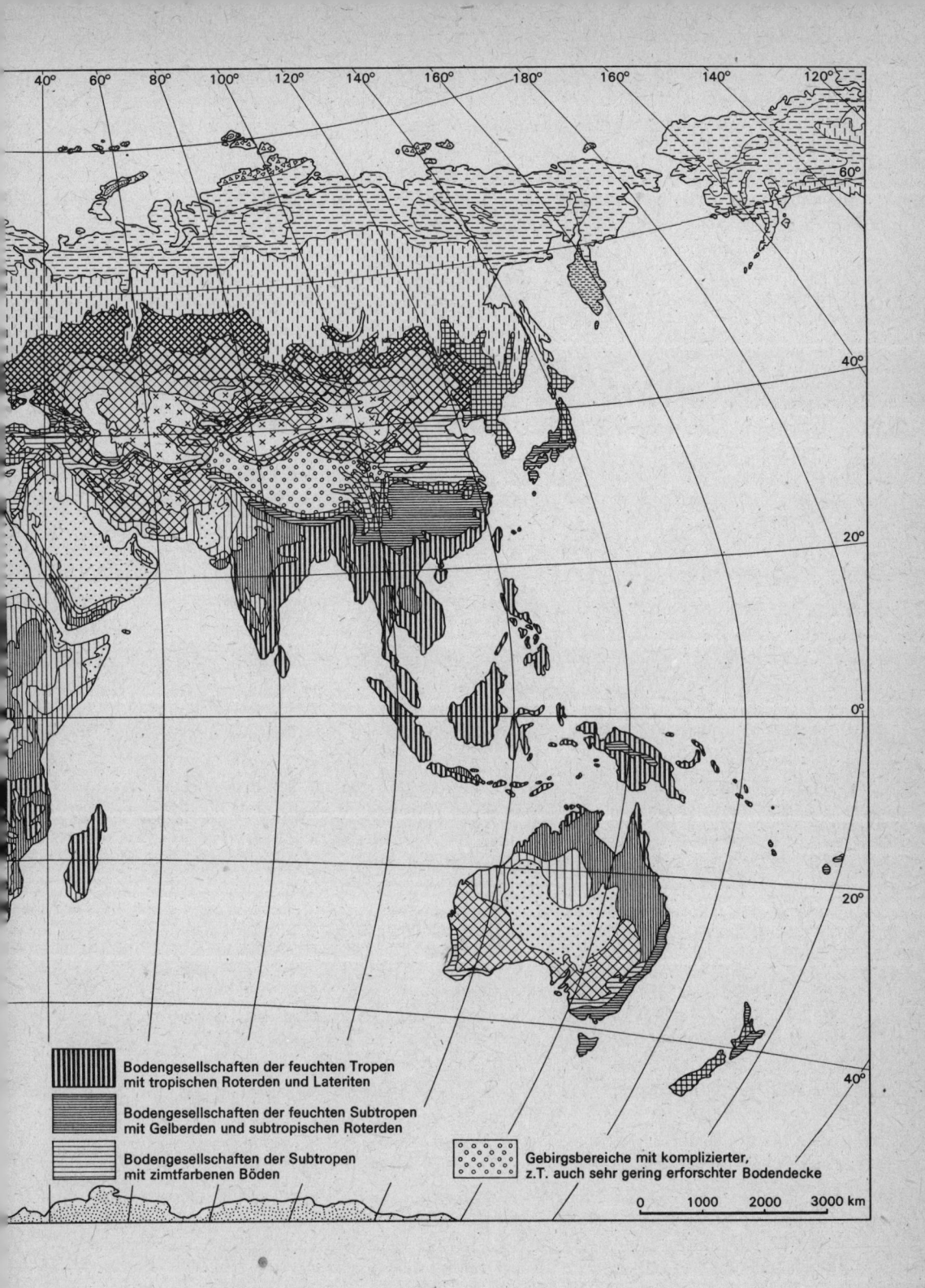

	Bodengesellschaften der feuchten Tropen mit tropischen Roterden und Lateriten
	Bodengesellschaften der feuchten Subtropen mit Gelberden und subtropischen Roterden
	Bodengesellschaften der Subtropen mit zimtfarbenen Böden
	Gebirgsbereiche mit komplizierter, z.T. auch sehr gering erforschter Bodendecke

„echten" Bodenbildungen. Der Bodenbildungsprozeß vollzieht sich unter Bedingungen der Überfeuchtung, des generellen Wärmemangels im Oberboden und ständiger Bodenkälte von unten nur in einer sommerlichen Auftauschicht von 30–50 cm, nur in wenigen Fällen in einer Schicht von 120–150 cm Mächtigkeit. Diese äußeren Bedingungen bestimmen die geringe Geschwindigkeit des biologischen Stoffkreislaufs, weil die Tätigkeit der Mikroorganismen durch geringe Temperaturen und geringe Durchlüftung gehemmt wird. Aus diesem Grunde bilden sich überall an der Oberfläche *Rohhumus-* oder *Torfhorizonte*. Der Permafrost wirkt im Sommer als Staukörper, so daß sich in anaerobem Milieu vor allem Eisenoxide in ihre reduzierte Form umwandeln. Äußerlich ist das bereits durch die vorherrschenden bläulichen und grauen Bodenfarben erkennbar. In besser durchlüfteten Bereichen des Bodenprofils vollziehen sich auch Oxydationsvorgänge (Bildung von Rostflecken). Durch diesen Vorgang werden *Tundragleye* mit der Horizontfolge [Ol – Of – Oh] – Gr gebildet. In Geländesenken mit einem ständigen Überschuß an stagnierender Feuchte vollzieht sich neben der Vergleyung auch die Vertorfung von humosem Material, so daß sich *Tundramoorgleye* (T – Go – Gr) oder auch typische *Moore* bilden. Bei besserer Feuchteableitung durch sandiges Material und in Hanglagen entstehen *Tundrapodsolgleye* [Ol – Of – Oh] – Es – Bs – Go – Gr. (Die detaillierte Besprechung der Bodenbildungsprozesse Vergleyung, Podsolierung und Vermoorung erfolgt in späteren Abschnitten.)

Sehr oft werden diese Böden durch kryogene, in Gebirgen und hängigen Lagen vor allem durch Solifluktionsprozesse zerstört. Ihre Verbreitung ist vorwiegend an die Zone der subarktischen Kältesteppen gebunden. Wegen der rauhen Bedingungen können diese Böden im wesentlichen nur durch Beweidung (Rentiere) genutzt werden. Eine andere landwirtschaftliche Erschließung ist sehr schwierig. Allerdings werden vor allem in der Sowjetunion immer größere Flächen auch dieser Böden kultiviert, wobei bei ihrer Auswahl für Gemüse- und Futterkulturen insbesondere die Exposition (Süd- und Südwesthänge), die Korngrößenzusammensetzung des Substrats (Sande, Lehmsande), der Schutz vor starken Winden und die Permafrostobergrenze von Bedeutung sind.

Podsolierung

Die Podsolierung vollzieht sich bei einer intensiven chemischen Verwitterung der Silikate unter wesentlichem Einfluß saurer Huminstoffe. Hierfür sind folgende äußere Bildungsbedingungen charakteristisch:

1. *Kühlfeuchtes Klima* – Erhöhte Niederschläge bei niedrigen Jahresmitteltemperaturen rufen eine starke allgemeine Bodendurchfeuchtung hervor. Dadurch ist im Boden ein ständiges oder zumindest periodisches Sickerwasserregime ausgebildet, wodurch alle löslichen oder beweglichen Bodenbildungsprodukte weggeführt werden *(Auswaschung)*.
2. *Vegetation mit sauren Zersetzungsprodukten* – Pflanzen, die bei der Zersetzung stickstoffarme, saure und aggressive Huminstoffe produzieren (Fulvosäuren!) und rohhumusartige Humusformen bilden, unterstützen in starkem Maße den Auswaschungsprozeß. Das sind vor allem Nadelhölzer und Zwergsträucher, wie sie in der borealen Nadelwaldzone dominieren.
3. *Leicht durchsickerbares, saures Ausgangssubstrat der Bodenbildung* – Die obengenannten Wirkungen werden durch bestimmte Eigenschaften des Ausgangsmaterials verstärkt, wobei insbesondere ein durchlässiges Filtergerüst (Sand, Kies u. ä.) sowie die Basenarmut des Materials hervorgehoben werden sollen.

Bei der Podsolierung können verschiedene Teilprozesse unterschieden werden, die allerdings ineinandergreifen. Mit dem Sickerwasser wird ein großer Teil der *feinsten Bodenteilchen* (Kolloide, Tonminerale) *mechanisch* verlagert. Die bei der Zersetzung der organischen Substanz gebildeten Fulvosäuren bewirken durch die freien Wasserstoffionen eine Herauslösung der

Alkali- (Na^+, K^+) und Erdkali- (Ca^{++}, Mg^{++}) Ionen aus den Kristallgittern der Silikate (siehe dazu auch Abschnitt 2.3.2.3. und 2.3.2.9.). Die dadurch hervorgerufene *Entbasung* verstärkt die Azidität noch weiter, so daß auch Fe- und Al-Ionen aus Kristallgittern primärer Silikate sowie aus den vorübergehend gebildeten Tonmineralen ausgetauscht werden können *(Tonmineralzerstörung)*. Insbesondere die dreiwertigen Al- und Fe-Ionen bilden mit organischen Säuren organo-minerale Komplexe (Chelate), die wasserlöslich sind und in größere Bodentiefen abwandern. Dort werden sie unter anderen äußeren Bedingungen wieder ausgefällt. Diese hier geschilderten Vorgänge werden durch die Analysedaten in Abbildung 72 verdeutlicht.

Im Ergebnis der geschilderten Verlagerungsvorgänge ergibt sich bei der Podsolierung ein Profilaufbau, der dadurch gekennzeichnet ist, daß unter einer rohhumusartigen Auflage ein an färbenden Huminstoffen und an Al- und Fe-Verbindungen stark verarmter, weißgrauer *Eluvialhorizont* (Auswaschungs-, Asch-, Bleichhorizont) vorhanden ist, der unterlagert wird von braunschwarzen bis rotbraunen *Orthorizonten* (Illuvial-, Einwaschungshorizonten). Der so entstandene Bodentyp mit dem Profil [Ol – Of – Oh] – (Ah) – Es – Bh – Bs – C heißt *Podsol* und zeigt einen charakteristischen morphologischen Aufbau (Abbildung 72).

Durch die Podsolierung werden somit Böden gebildet, die für die Kulturpflanzen eine Reihe von ungünstigen Eigenschaften aufweisen. Sie sind sauer, humusarm, weisen geringe Austauschkapazität auf und sind biologisch nur wenig aktiv.

Der Podsolbildungsprozeß verläuft oftmals nicht einheitlich, so daß mehrere Prozesse ineinandergreifen bzw. verschiedene Bereiche des Bodenprofils überprägen. Es kommen Braunpodsole, Gleypodsole, Staugleypodsole, Podsolranker u. a. vor. Bei einer Beackerung dieser Böden werden die oberen Horizonte in der Ackerkrume homogenisiert, so daß diese nicht mehr erkennbar sind. Außerdem beginnen durch Düngungsmaßnahmen auch andere Bodenbildungstendenzen wirksam zu werden. Solche Ackerböden mit dem Profil Ap – Bs(v) – C werden in der DDR als *Rosterden* bezeichnet.

Podsole und podsolartige Böden kommen aufgrund der starken Abhängigkeit von bestimmten klimatischen Faktoren vor allem in den höheren Mittelbreiten mit stärkerer Durchfeuchtung vor, z. B. in der sibirischen Taiga, in Nordosteuropa, im Nordwesten der USA und in Kanada. In der bodenkundlichen und bodengeographischen Literatur der UdSSR werden häufig „Dernopodsole" genannt, die allerdings nach der hier geschilderten Vorstellung nicht aus der Podsolierung, sondern aus dem Lessivierungsprozeß hervorgegangen sind. Dieser Umstand ins insbesondere bei der Interpretation von sowjetischen Bodenkarten zu berücksichtigen! Auf der südlichen Halbkugel fehlen Podsole weitgehend. In der DDR trifft man sie vorwiegend in den maritim beeinflußten Sandgebieten der Nordbezirke (z. B. Rostocker Heide, auf den Strandwällen, Haken und Nehrungen der Küste, in den Sandergebieten Mecklenburgs und Brandenburgs), weiterhin in den Heidegebieten der mittleren Bezirke und den höchsten Lagen des Harzes, des Thüringer Waldes und Erzgebirges vor allem als Braunpodsole. Infolge der ungünstigen Eigenschaften stocken auf Podsolen vor allem anspruchslose Nadelhölzer und zeigen ganz spezielle Ausprägung ihres Wurzelsystems (Abbildung 73).

Bei landwirtschaftlicher Nutzung geht die typische Horizontierung der Podsole verloren. Es können auch hier nur anspruchslosere Kulturen angebaut werden. Voraussetzung ist aber eine Aufkalkung, die Düngung mit mineralischen Nährstoffen und die Zufuhr organischer Substanz. Dadurch wird der Säuregehalt des Bodens vermindert, die Lebenstätigkeit der Mikroorganismen, vor allem die der Bakterien angeregt, und für die Zersetzung der organischen Substanz werden günstigere Bedingungen geschaffen. So ändert sich auch die Zusammensetzung der Huminstoffe, wobei vor allem der Anteil der Huminsäuren zunimmt.

Lessivierung

In verschiedenen humiden Klimaten vollziehen sich in den Böden Lessivierungsprozesse, d. h. zusammen mit dem nach unten gerichteten Sickerwasserstrom Verlagerungsvorgänge

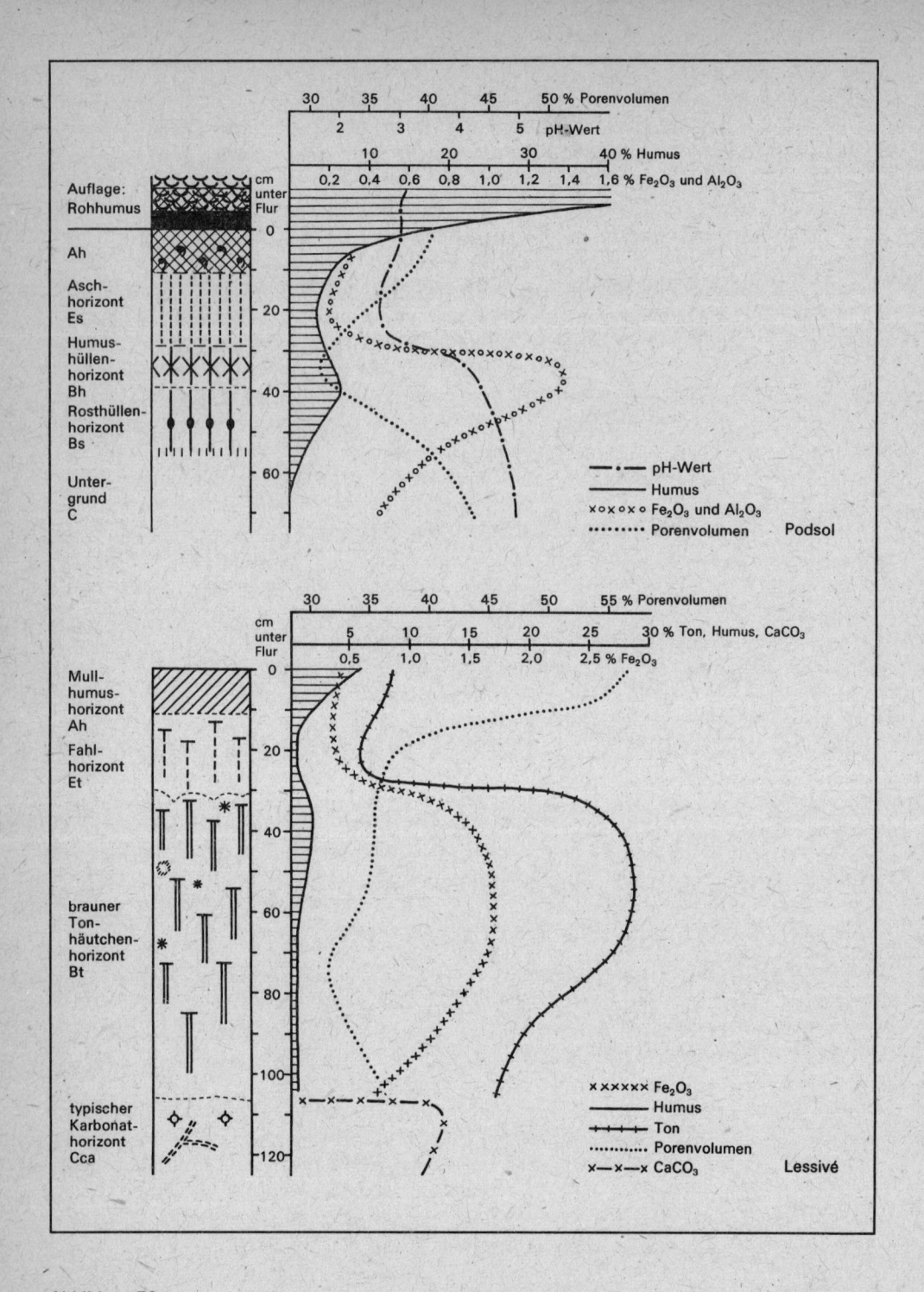

Abbildung 72
Diagnostische Horizonte und analytische Parameter ausgewählter Bodentypen:
Podsol, Lessivé, Braunerde, Schwarzerde

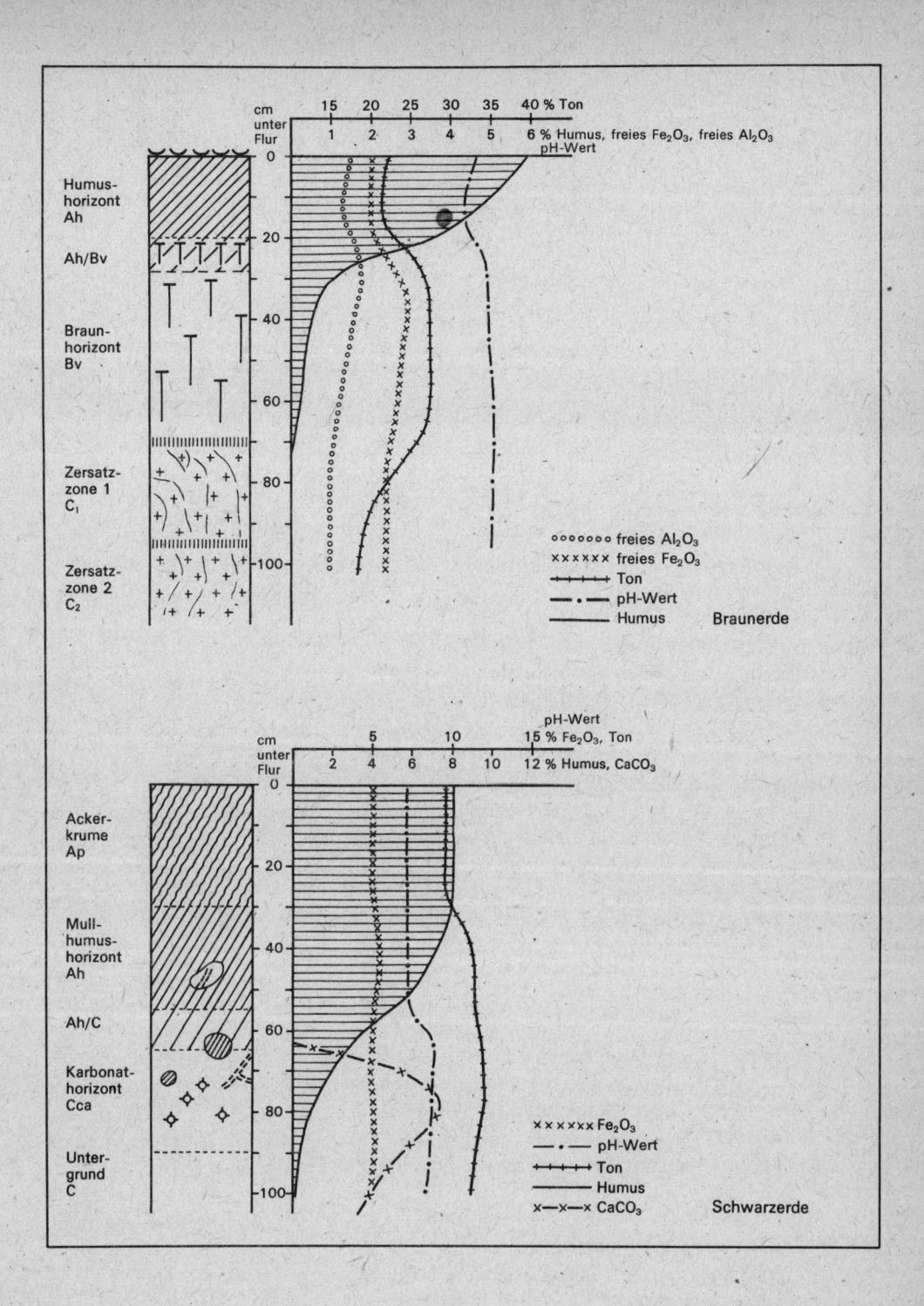

Braunerde

Humushorizont Ah	
Ah/Bv	
Braunhorizont Bv	
Zersatzzone 1 C_1	
Zersatzzone 2 C_2	

Legende:
- ○○○○○○ freies Al_2O_3
- ×××××× freies Fe_2O_3
- ++++++ Ton
- –·–·– pH-Wert
- ——— Humus

Schwarzerde

Horizont	
Ackerkrume Ap	
Mullhumushorizont Ah	
Ah/C	
Karbonathorizont Cca	
Untergrund C	

Legende:
- ×××××× Fe_2O_3
- –·–·– pH-Wert
- ++++++ Ton
- ——— Humus
- ×–×–× $CaCO_3$

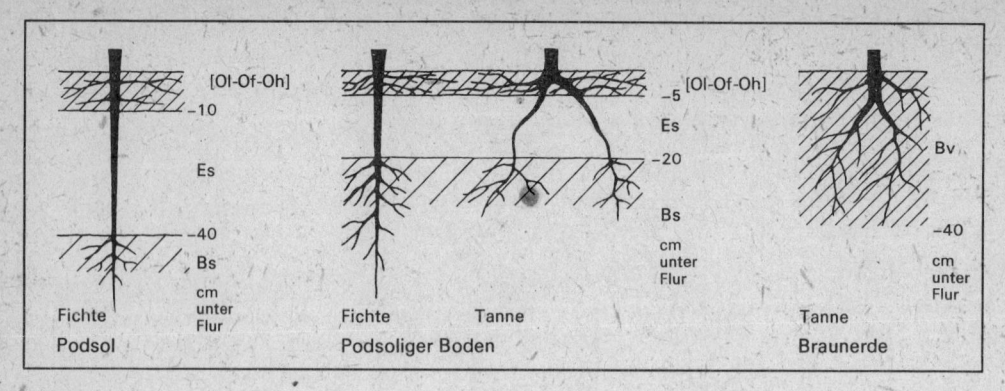

Abbildung 73
Das Wurzelsystem von Waldbäumen in Podsolen und Braunerden
(nach DUCHAUFOUR 1965)

von Tonteilchen und Tonmineralen und deren Ausfällung in größeren Bodentiefen. Sehr deutlich sind diese Lessivierungsvorgänge bei folgenden äußeren Bedingungen ausgeprägt:
1. *Vorhandensein von perkolationsfähigen, kalkhaltigen Lockermaterialien mit hohem Feinschluffanteil.* Das sind vor allem Löße und lößartige Materialien, kalkhaltige Feinsande und Geschiebemergel.
2. *Die klimatischen Bedingungen* können in weiten Grenzen schwanken, doch sind vor allem die mäßig warmen, humiden Gebiete mit einem zumindest periodisch ausgeprägten Sickerwasserregime für die Lessivierung günstig.

Bei der *Lessivierung*, die von verschiedenen Autoren auch als Tonverlagerung, *Tondurchschlämmung* oder Illimerisierung bezeichnet wird, laufen verschiedene Teilprozesse nacheinander und zugleich ab. Bei Vorhandensein höherer Sickerwassermengen vor allem im Frühjahr kommt es zuerst zu einer Auswaschung des im Boden vorhandenen Kalkes, wodurch dessen stabilisierende Wirkung im Oberboden verlorengeht und eine vorübergehende Hohlraumnachsackung oder ein Zusammensintern eintritt. Damit verbunden ist ein Absinken des pH-Wertes in den schwach sauren Bereich hinein. Der Kalk selbst wird in größeren Tiefen in Form von Kalkkonkretionen oder Myzelen wieder ausgefällt. Anschließend setzt eine Verbraunung ein, weil Tonminerale und Eisenoxidhydrate aus Primärsilikaten neugebildet werden. Durch Sickerwässer werden jetzt sowohl die bereits vorhandenen feinsten Bodenteilchen (Ton, Kolloide) als auch die neugebildeten Tonminerale und Eisenoxidhydrate verlagert und innerhalb des nächsten Horizontes wieder ausgefällt.

Der Oberboden verarmt deshalb in stärkerem Maße an Ton und Fe_2O_3, z. T. auch an Huminstoffen, so daß er eine fahlgraue Farbe annimmt (= *Fahlhorizont Et*). Im darunterliegenden Horizont kommt es infolge des Ton- und Eiseneintrages zu einer Verdichtung und somit auch zu einer Verringerung des Porenvolumens, zu einer intensiven Braunfärbung und zur Ausbildung von sichtbaren Tonhäutchen an den Kluftflächen (= *Brauner Tonhäutchenhorizont Bt*). Diese Verhältnisse gehen aus Abbildung 72 hervor. Die normale Horizontabfolge dieser Böden lautet: Ah – Et – Bt –Cca. Sie werden als *Fahlerden*, in schwächerer Ausprägung als *Parabraunerden* bezeichnet. Vielfach sind die Unterschiede zwischen beiden bei makroskopischer Betrachtung nicht deutlich genug herauszuarbeiten, so daß man sie zu dem Begriff *Lessivé* vereinigt hat.

Durch die Verarmung der Fahlerden an Tonsubstanz im Oberboden bedürfen diese bei Bewirtschaftung auch größerer Mineraldüngermengen und starker organischer Düngung. Da sie sauer sind, müssen sie ebenfalls reichlich mit Kalk versorgt werden. Die Gefügebildung bei Fahlerden ist nur schwach, deshalb neigen sie zum *„Verschlämmen"* (= Gefügezerstörung und Verdichtung) und an der Grenze von Ackerkrume zu Fahlhorizont zur Pflugsohlenbildung. Der Unterboden ist dagegen meist nährstoffreich: Höherer Tonanteil, größere Austauschkapazität und besseres Wasserspeichervermögen empfehlen den Anbau von Tiefwurzlern.

Durch die Bildung eines dichtgelagerten Untergrundes wird häufig eine ungehemmte Perkolation verhindert, und damit werden mehr oder weniger deutlich ausgeprägte Staueffekte erzeugt, die sich als Rost- und Grauflecken im Horizontaufbau widerspiegeln *(Fahlstaugleye)*. Auch Übergänge zur Braunerde und zum Podsol sind möglich. Besonders soll auf Fahlerden auf sandigem Material hingewiesen werden, bei dem der Bt-Horizont in viele kleine Bänder aufgelöst sein kann. Diese Bänder tragen entscheidend zu einer Verbesserung des Wasserhaushaltes bei. Im Übergangsbereich zu den Schwarzerden sind nicht nur tonige Substanzen, sondern in starkem Maße auch Humusbestandteile verlagert worden, so daß ein schwarzer Tonhäutchenhorizont ausgebildet ist. Solche Böden werden in der DDR als *Griserden*, in der Sowjetunion als *graue Waldböden* bezeichnet.

Bei globaler Betrachtung schließen sich die Fahlerden südlich an die Zone der Podsole an. Sie kommen also in ganz Eurasien vor, wobei sie in der Sowjetunion aufgrund der vorwiegend nach unten gerichteten Perkolation teils zu den Grauen Waldböden, teils auch zu den Pseudopodsolen gerechnet werden. Ihre räumliche Abgrenzung auf der Abbildung 71 unterblieb aufgrund ihrer starken Bindung an spezielle Substrate. Sie sind besonders im Norden und Nordosten der USA und in Kanada verbreitet. In Mitteleuropa kommen sie im Jungmoränengebiet, im Alpenvorland und in den mäßig durchfeuchteten Lößgebieten vor. In der DDR tragen große Gebiete der Geschiebelehmflächen im Norden, die Umrahmung des inneren Thüringer Beckens, die Leipziger Tieflandsbucht und das Nordsächsische Lößgebiet lessivierte Böden.

Verbraunung

Die Bezeichnung dieses Bodenbildungsprozesses geht auf die durch Brauneisen (Eisenoxidhydrat) hervorgerufene ocker- bis rotbraune Färbung des Bodenmaterials zurück. Die Verbraunung vollzieht sich vor allem unter ozeanisch getönten gemäßigt-kühlen, also humiden Klimabedingungen unter Laub- und Mischwäldern. Aus der Bodenfarbe und der Waldvegetation resultiert auch eine ältere Bezeichnung des so entstandenen Bodentyps als „Brauner Waldboden". Heute nennen wir die durch Verbraunung entstandenen Böden *Braunerden*. Bezüglich des Ausgangsmaterials können die unterschiedlichsten Substrate auftreten: silikatisch-quarzitische Gesteine und deren Umlagerungsprodukte, sandige pleistozäne Lockersedimente des Tieflands, aber auch kalkige und dolomitische Gesteine, wobei für letzteren allerdings eine etwas andersartige Dynamik charakteristisch ist (Braunlehm/Terra fusca).

Die durchgängig reichliche Durchfeuchtung des Bodens und die langandauernde frostfreie Zeit begünstigen einen relativ schnellen Zerfall des Kristallgitters der Primärsilikate (Hydrolyse) und die Bildung von sekundären Tonmineralen und *farbintensiven braunen Eisenoxidhydraten*. Diese Neubildungen und deren Verbleib im Boden sind für den Verbraunungsprozeß charakteristisch (Verlehmung = Erhöhung des Tongehaltes). Braunerden haben also stets einen gewissen Tongehalt, und die Eisenverbindungen verbleiben am Ort ihrer Entstehung. Es erfolgt im Gegensatz zur Podsolierung *keine Profildifferenzierung durch Ton- und Eisenverlagerungen* (Abbildung 72). Allerdings vollzieht sich eine Auswaschung der leichter löslichen Verwitterungs- und Bodenbildungsprodukte (u. a. Erdalkali-Ionen). Bei fortschreitender Verwitterung bleiben nur schwer verwitterbare Minerale und Quarz als grobkörniges Material zurück. Im Ergebnis der Verbraunung entsteht ein Bodenprofil, das einen Mullhumushorizont und darunter mit allmählichem Übergang ein oder zwei Braunhorizonte aufweist und dessen

Übergang in den C-Horizont wiederum mit breitem Übergangssaum erfolgt: Ah – Bv – Bv/C – C. In Abhängigkeit vom Ausgangssubstrat können sich basenreiche und basenarme Braunerden (= *Sauerbraunerden*) bilden. Erstere entstehen auf kalkhaltigen und kalziumsilikathaltigen Gesteinen und besitzen eine hohe Austauschkapazität. Sie sind nährstoffreich, bilden unter Wald stets Mull und zeigen gute Gefügeformen (Krümel). Unter Wald sind sie Standort für anspruchsvolle Laubhölzer, unter Acker zählen sie zu den ertragreichsten Böden. Die Sauerbraunerden entstehen u. a. auf basenarmen kristallinen Schiefern, sauren Eruptiva und Sandsteinen. Sie geben noch gute Waldböden ab, bei landwirtschaftlicher Nutzung können auch bei reichlicher Kalkung nur anspruchslose Kulturen angebaut werden (Kartoffel, Roggen, Hafer).

Unter spezifischen Bildungsbedingungen sind Übergänge von der typischen Braunerde zu Ranker, Rendzina, Parabraunerde, Staugley, Gley und Schwarzerde möglich.

Als besondere Erscheinung soll bei der Verbraunung auf die Bildung von *Braunlehmen* (Terra fusca, Braunplastosol) aus Kalken und Dolomiten hingewiesen werden. Die Bodentypenbezeichnung Braunlehm will nichts über eine Bodenart aussagen, vielmehr auf das plastische, dichte, leicht verschlämmbare und porenarme Gefüge hinweisen. Wichtigster Teilprozeß dieser besonderen Art Verbraunung ist die Entkarbonatisierung des Substrats, in dessen Ergebnis tiefgründig entkalkte Böden mit z. T. sauren Humusauflagen entstehen. Auch für sie sind Neubildungen von Tonmineralen und intensiv rotbraunen Eisenoxidhydraten charakteristisch, die allerdings nicht ausflocken, sondern beweglich gehalten werden und infolge starker Quellung alle Bodenhohlräume ausfüllen und verschließen können.

Wahrscheinlich ist der Braunlehm in Mitteleuropa ein Reliktboden aus einer früheren Bodenbildungsepoche.

Braunerden sind in ganz West- und Mitteleuropa verbreitet, in der Westukraine und im Fernen Osten der Sowjetunion, in Korea und Japan. In den USA kommen sie teilweise südlich der Großen Seen vor. Weiterhin sind sie in fast allen Gebirgen der niederen Mittelbreiten vorhanden, z. T. auch auf der Südhalbkugel (Neuseeland). In der DDR kommen Braunerden in den nördlichen und mittleren Bezirken in Vergesellschaftung mit Braunpodsolen auf mehr sandigen Substraten und in den südlichen und mittleren Höhenlagen bis etwa 700 m vorwiegend in Verbindung mit Staugleyen vor.

Tschernosemierung (Schwarzerdebildung)

Die Tschernosemierung ist ein Bodenbildungsprozeß, der vor allem für die humid-ariden Übergangsgebiete charakteristisch ist. Hier werden die Niederschläge geringer, die Verdunstung steigt an, und auch der Charakter der Vegetation ändert sich. Es dominieren die Grassteppen, die heute allerdings weitgehend beackert werden. In der Bodenbildung erlangen jetzt die „Rasenprozesse" mit der Humifizierung große Bedeutung. Obwohl die *Humusanreicherung* ein wesentlicher Prozeß bei allen Bodenbildungen ist, spielt er bei der Tschernosemierung die Hauptrolle.

Für die Tschernosemierung sind folgende äußere Bedingungen erforderlich:
1. Die klimatischen Verhältnisse müssen sich durch längere Winterkälte und durch heiße und trockene Sommer mit Frühsommerniederschlägen auszeichnen. Insgesamt liegen die Niederschlagsmengen bei etwa 350–450 mm/Jahr. Dadurch ist die Vegetationsentwicklung im Frühjahr und Frühsommer gewährleistet. Die noch verbleibenden geringen Sickerwassermengen können bis zu einem gewissen Grade noch $CaCO_3$, nicht aber schwerer lösliche Stoffe auswaschen. Des weiteren ist die Lebenstätigkeit der die Zersetzung der organischen Substanz besorgenden Mikroorganismen in den kalten (Bodengefrornis, Schneedecke) und trockenen Perioden (Feuchtemangel) stark eingeschränkt. Dadurch wird der Abbau organischer Stoffe bis zu CO_2, H_2O und NH_3 (Mineralisierung) verlangsamt und gleichzeitig der *Humifizierungsvorgang* (Aufbau von Huminstoffen) unterstützt.

Zwischen beiden Vorgängen herrscht bei der Tschernosemierung ein optimales Gleichgewicht.
2. Es muß *leicht zersetzliche Vegetation* in ausreichender Menge vorhanden sein. Die wurzelintensive Gras- und Krautvegetation der Steppe mit einem engen C/N-Verhältnis hinterläßt zwischen 80–90% ihrer Pflanzenrückstände im Bodeninnenraum, wo sie leicht angreifbar sind.
3. *Das Ausgangssubstrat* der Bodenbildung muß *basenreich* sein. Es ist meist ein kalkhaltiger Löß oder zumindest ein Lößderivat (= umgelagertes oder pedogen überprägtes Lößmaterial). Die deshalb herrschende neutrale Bodenreaktion hemmt die Freisetzung merklicher Mengen von Fe- und Al-Oxidhydraten aus Primärmineralen, die folglich auch nicht ausgewaschen werden können. Ihre Anteile im Ober- und Unterboden sind daher gleich.
4. Weitere Voraussetzung für die Tschernosemierung ist eine starke *organogene Bodendurchmischung*. Diese wird durch eine reiche Bodenfauna gewährleistet, die durch ihre Lebensvorgänge eine Horizontdurchmischung und teilweise -ausweitung besorgt. Gleichzeitig beeinflußt insbesondere die Regenwurmfauna die Krümelung des Bodens positiv.

Bei der Tschernosemierung vollziehen sich offensichtlich zwei *jahreszeitlich* deutlich *getrennte Vorgänge der Bodenentwicklung*: Im Frühjahr dringen mit Schmelzwässern und Niederschlägen größere Feuchtemengen in den Boden ein, die als Sickerwässer die Kalziumkarbonate fast vollständig lösen und in größere Tiefen verfrachten. Dort werden sie wieder ausgefällt. Die Vegetation erhält aufgrund günstiger bodenphysikalischer und -chemischer Verhältnisse einen deutlichen Entwicklungsimpuls. Mehrere Vegetationsaspekte folgen aufeinander, bis ab Mitte Juli die Pflanzen zu vertrocknen beginnen. Ab August ist die Steppe braungrau und trocken. Der Boden wird dann stark durchlüftet, aerobe Bedingungen dominieren. Eine Eisenverlagerung findet nicht statt. Die bei der Humifizierung entstehenden Huminsäuren bilden zu dieser Zeit mit Eisen und mit Tonmineralen organo-mineralische Komplexe und sind in dieser Form weitgehend vor einer mikrobiellen Zersetzung geschützt. So erklärt sich u. a. auch die Anhäufung größerer Humusmengen in Steppenbodenprofilen. Der Humus wird durch die Tätigkeit von Bodenwühlern einerseits und andererseits durch das ebenfalls der Zersetzung unterworfene reiche Wurzelsystem der Steppenpflanzen fast gleichmäßig auf das gesamte Bodenprofil verteilt. Oftmals erkennt man die intensive Tätigkeit der Bodenwühler am Vorhandensein verlassener unterirdischer Bauten, der Krotowinen.

Durch diese verschiedenen, nacheinander oder gleichzeitig ablaufenden Prozesse bildet sich ein Bodenprofil, das sich durch einen *mächtigen schwarzen Mullhumushorizont* auszeichnet und häufig einen Übergangshorizont und einen Karbonathorizont mit diffusen, myzelartigen oder konkretionären Kalkausscheidungen im Unterboden aufweist: Ah – Ah/Cca – Cca – C. Diesen Bodentyp nennt man *Schwarzerde* (Abbildung 72). Humusgehalt, Mächtigkeit des Ah-Horizontes und Kalkauswaschungstiefe sind unterschiedlich. Deshalb werden diese Kriterien u. a. in der Sowjetunion zur weiteren Unterteilung in Schwarzerde-Subtypen und -Varietäten genutzt.

Die regionale Verbreitung der Schwarzerde unterstreicht den zonalen Charakter des Tschernosemierungsprozesses. Schwarzerden nehmen den größten Teil der Ukraine, der Moldauischen SSR, des Mittelrussischen Steppengebietes, einen Teil des Wolgalandes und des südlichen Uralvorlandes, den südlichen Teil Westsibiriens, Nordkasachstan und den Voraltai ein. In Transbaikalien trifft man Schwarzerden noch in Beckenlandschaften. Auch Teile der Mandschurei, Nordchinas und der Mongolei sind schwarzerdebeckt. In Nordamerika sind es die Prärien der Great Plains und Südwestkanadas, in Südamerika die im Vergleich zur Nordhalbkugel nur kleinen Teile der ostargentinischen Pampa.

In Mitteleuropa gibt es Schwarzerden oder schwarzerdeähnliche Böden in der Magdeburger Börde, im östlichen Harzvorland, im Thüringer Becken, im Oberrheintalgraben und Mainzer Becken, im Nordböhmischen Trockengebiet, im Wiener und Oberungarischen Becken und in der Großen Ungarischen Tiefebene. Das sind Beckenlandschaften und Regenschattengebiete, deren Böden unter beträchtlich trockeneren Bedingungen als gegenwärtig eine Humusakkumulationsphase erlebten. Die Schwarzerden dieser Gebiete sind weitgehend reliktische Bildungen; ihr Alter erreicht etwa 5000 Jahre. Der Bildungszeitraum lag also in der Zeit des postglazialen Wärmeoptimums (Atlantikum, Boreal; Tabelle 25 – s. Beilage). Da die gegenwärtigen klimatischen Bedingungen hier von den „Normbedingungen" der Tschernosemierung abweichen, vor allem stärkere Durchfeuchtung und ausgeglicheneres Temperaturregime herrschen, sind diese Schwarzerden z.T. degradiert. Diese Degradierung äußert sich in einer Aufhellung des Ap-Horizonts, in Durchschlämmung und Verbraunung. Deshalb ist ihr Humusgehalt gegenüber den typischen Schwarzerden der Ukraine (8–10%) stark reduziert und macht nur noch 2–4% aus.

Auf Schwarzerden werden bei sachgemäßer Agrotechnologie, ausreichender Wasser- und Nährstoffversorgung landwirtschaftliche Höchsterträge erzielt.

Kastanosemierung

Beim allmählichen Übergang von der typischen Schwarzerdezone in niederschlagsärmere, noch sommertrockenere Gebiete (Trockensteppen) ändern sich z.T. die bodenbildenden Bedingungen beträchtlich, so daß auch gegenüber den Schwarzerden Abweichungen in der Dynamik und im Profilaufbau der Böden deutlich werden. Die Niederschläge verringern sich auf 250–350 mm pro Jahr, als Vegetation dominieren nur noch Kurzgrassteppen mit wenigen Kräutern (Stipa, Festuca, Artemisia u.a.) und demzufolge auch geringeren organischen Rückständen. *Humifizierung und Mineralisierung* laufen aufgrund rascher Erwärmung im Frühjahr innerhalb weniger Wochen, allerdings *mit hoher Intensität* ab. Ein typisches Sickerwasserregime ist nicht ausgebildet, so daß Karbonate bereits ab 30–40 cm Tiefe auftreten. Aufgrund des *geringen Anteils von Grauhuminsäuren* an den Huminstoffen ist die Bodenfarbe des Ah-Horizontes nicht mehr schwarz, sondern kastanien- bzw. zimtfarbig. Die Böden trocknen im Sommer stärker aus als die Schwarzerden. Oftmals treten in größerer Tiefe leichtlösliche Salze auf, die eine gewisse Salzdynamik bedingen (siehe auch Solonezierung). Die vor allem im Frühjahr deutliche Durchfeuchtung der Krume bedingt unter wesentlicher Teilnahme von Na^+ die *Peptisation* (Übergang in den Solzustand) *und Verlagerung von organischen und mineralischen Kolloiden* und deren Wiederausfällung (Koagulation) im kalziumreicheren nächsten Horizont. Dieser Bodenbildungsprozeß bedingt daher eine deutliche Differenzierung der Horizonte: Ah(Et) – Ah(Bt) – Cca – Cy, wobei der oberste Humushorizont locker, staubig-schluffig und kleinbröcklig, der darunterliegende dagegen tonreich, dicht und prismatisch ist und eine kräftig kastanienbraune Farbe aufweist. Die bräunliche Kastanienfarbe erhält der Boden nicht durch Eisendynamik, sondern durch das Vorhandensein von Ca im Humushorizont. Die schwache Solonezierung wirkt sich sehr negativ auf die physikalischen und chemischen Eigenschaften dieser Böden aus, die als *Kastanoseme* (Kastanienfarbene Böden, Kastanienerden) bezeichnet werden. Sie stehen in lockerer Verwandtschaft zu den *Zimtfarbenen und Grauzimtfarbenen Böden* mediterraner Gebiete.

Serosemierung (Karbonatisierung)

In Gebieten mit heißem und trockenem Klima, mit einem milden Winter und einem schwachen Niederschlagsmaximum im Frühjahr bzw. Spätwinter dominiert als Bodenbildungsprozeß die *Serosemierung*, die man hinsichtlich ihrer spezifischen Kalkdynamik auch als *Karbonatisierung* bezeichnen kann. Bezüglich der dominanten Bodenbildungsbedingungen können genannt werden:

1. Die klimatischen Bedingungen müssen etwa denjenigen der trockenheißen subtropischen Halbwüsten entsprechen, deren Niederschlagshöhe etwa zwischen 125 und 250 mm/Jahr liegt. Eine kurzzeitige Feuchteperiode liegt im Winter und Frühjahr.

2. Die Vegetation ist spärlich und besteht aus Ephemeren (nur kurzzeitig sich entwickelnde Pflanzen), Geophyten (krautartige Gewächse mit unterirdischen Überdauerungsorganen) und einjährigen Gräsern mit einer kurzen Vegetationszeit von Anfang März bis Mitte Mai. Einige Xerophyten (an trockene Standorte angepaßte Pflanzen) überdauern auch den heißen Sommer. Die organischen Rückstände auf und im Boden sind demzufolge gering.
3. Ausgangsmaterial der Bodenbildung sind Löße und lößartige Sedimente mit *relativ hohen Kalkgehalten.*

Die Bodenbildungsprozesse laufen besonders deutlich im relativ feuchten und warmen Frühjahr ab. Zu dieser Zeit entwickelt sich die Vegetation sehr rasch, die Lebenstätigkeit der Mikroorganismen wird angeregt, die pflanzlichen Rückstände werden humifiziert, und die Bildung sekundärer Tonminerale erhält einen schwachen Impuls. Die *Intensität dieser Prozesse* ist allerdings recht *gering* und nicht vergleichbar mit Bodenbildungsprozessen humider Zonen. Die äußeren Bedingungen gestatten auch kaum die Bildung von Ton-Humus-Komplexen, so daß im Laufe des nun folgenden langen und trockenen Sommers der *biologische Abbau der Huminstoffe (Mineralisierung)* rasch vonstatten gehen kann. Der Humusgehalt ist demzufolge außerordentlich gering (um 1%). Infolge der minimalen Niederschläge und einer nur kurzfristigen und nur oberflächigen Durchfeuchtung können die im Boden befindlichen Kalziumkarbonate nicht gelöst und weggeführt werden. Im Gegenteil, während der langandauernden und heißen Sommerperiode mit einer Aufheizung der oberen Bodenhorizonte kommt es durch aufsteigende Bodenlösung zur Auskristallisation der leicht löslichen Ca-Salze im oberen Profilteil und an der Oberfläche (z. T. Kalkkrusten). Die *Bodenreaktion* ist deshalb über das gesamte Profil basisch (pH 8,0–9,5). Im unteren Profilteil (100 cm und tiefer) beobachtet man z. T. Gipsadern und -kristalle ($CaSO_4$), in noch größeren Tiefen andere leicht lösliche Salze.

Von der hellen, fahlgrauen Bodenfarbe erhielt der so entstandene Bodentyp mit dem Profil Aca – Bca – (By) – C seine Bezeichnung *Serosem* (Grauer Boden der Halbwüste) oder *Xerosol* (Abbildung 74). Der Oberbodenhorizont ist humusarm (Schwarz- oder zumindest Graufärbung kaum feststellbar!) und kalkhaltig. Der darunterliegende Karbonatanreicherungshorizont zeichnet sich durch makroskopisch sichtbare Kalkadern und -füllungen aus und ist durch Kalk ziemlich fest „zementiert". Allerdings ist besonders auf Lößen die Bodenfauna reich entwickelt. Der unterschiedliche Humus- und Karbonatgehalt dient der weiteren Untergliederung des Bodentyps in Subtypen und Varietäten.

Seroseme sind im nördlichen und nordöstlichen Kaspitiefland, in den Vorgebirgen Mittelasiens bis maximal 1600 m ü. d. M. und im östlichen Transkaukasus verbreitet und umgeben mehr oder weniger deutlich alle Wüstengebiete der Erde. In Nordamerika sind Seroseme besonders in den Trockengebieten im Westen und Südwesten der USA, die bis nach Mexiko hineinreichen, vertreten.

Die landwirtschaftliche Nutzung ist aufgrund der extremen klimatischen Bedingungen stark eingeschränkt. Auf unbewässerten Flächen wird z. T. noch extensiver Ackerbau, meist aber nur nomadisierende Viehzucht betrieben. Bei Bewässerung (Baumwollanbau, Obst- und Weinkulturen) verstärken sich chemische und mikrobiologische Prozesse; es kommt zu einer stärkeren Verdichtung des Bodens und infolge des Auftrags humushaltiger Ton- und Schluffsubstanzen mit dem Bewässerungswasser zu einer Vergrößerung des Aca-Horizonts. Dadurch verändern sich die Bodenbildungstendenzen z. T. so grundlegend, daß man schon anthropogen geprägte „bewässerte Seroseme" in die Bodenklassifikation eingeführt hat.

Bildungsprozesse bodenartiger Formen in Wüstengebieten

In extremen Wüstengebieten kann es infolge Feuchtemangels, des Fehlens von Vegetation und demzufolge auch von organischer Bodensubstanz im echten Sinne keine bodenbildenden Prozesse geben.

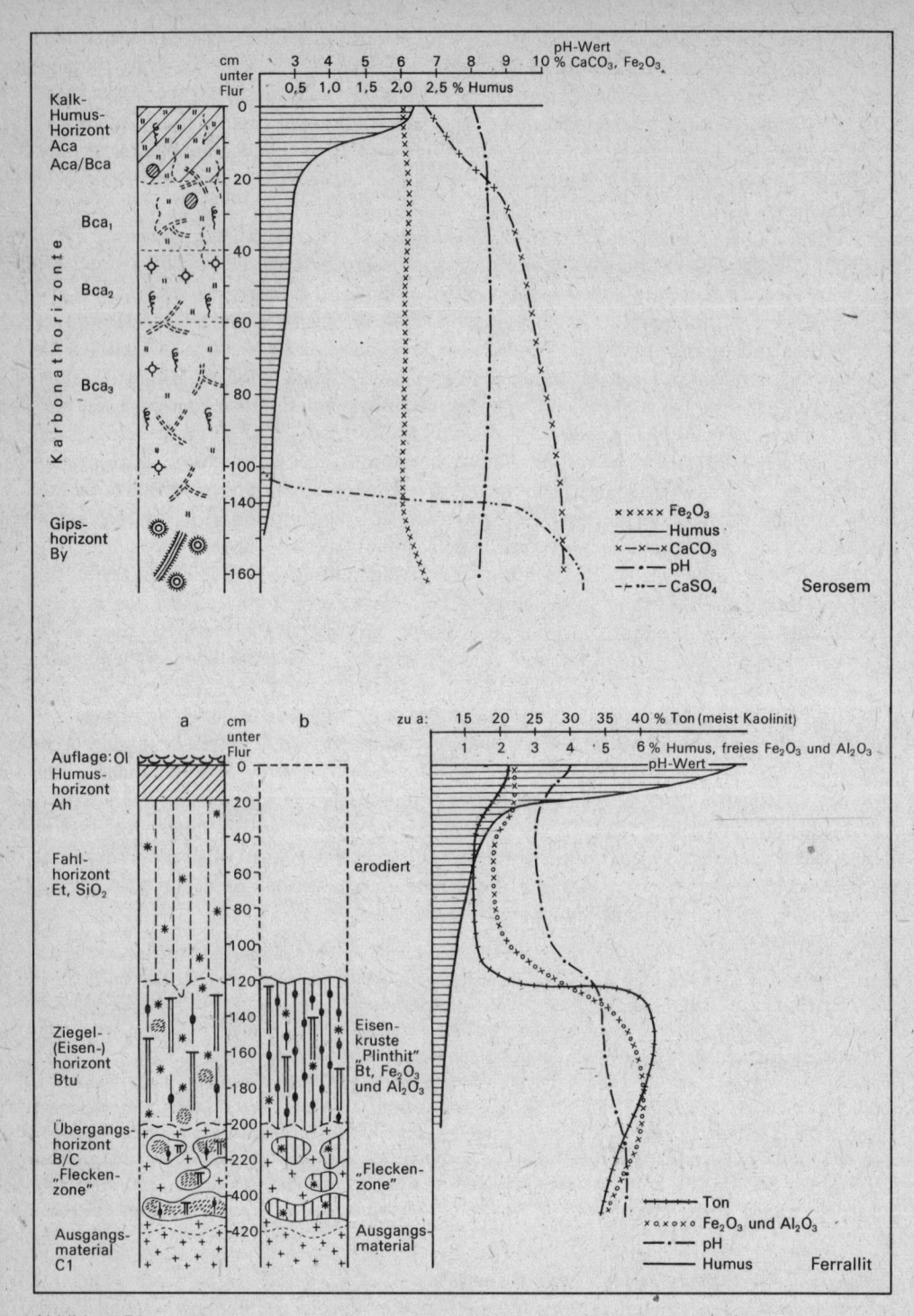

Abbildung 74
Diagnostische Horizonte und analytische Parameter ausgewählter Bodentypen:
Serosem, Ferrallit, Solonez, Solod

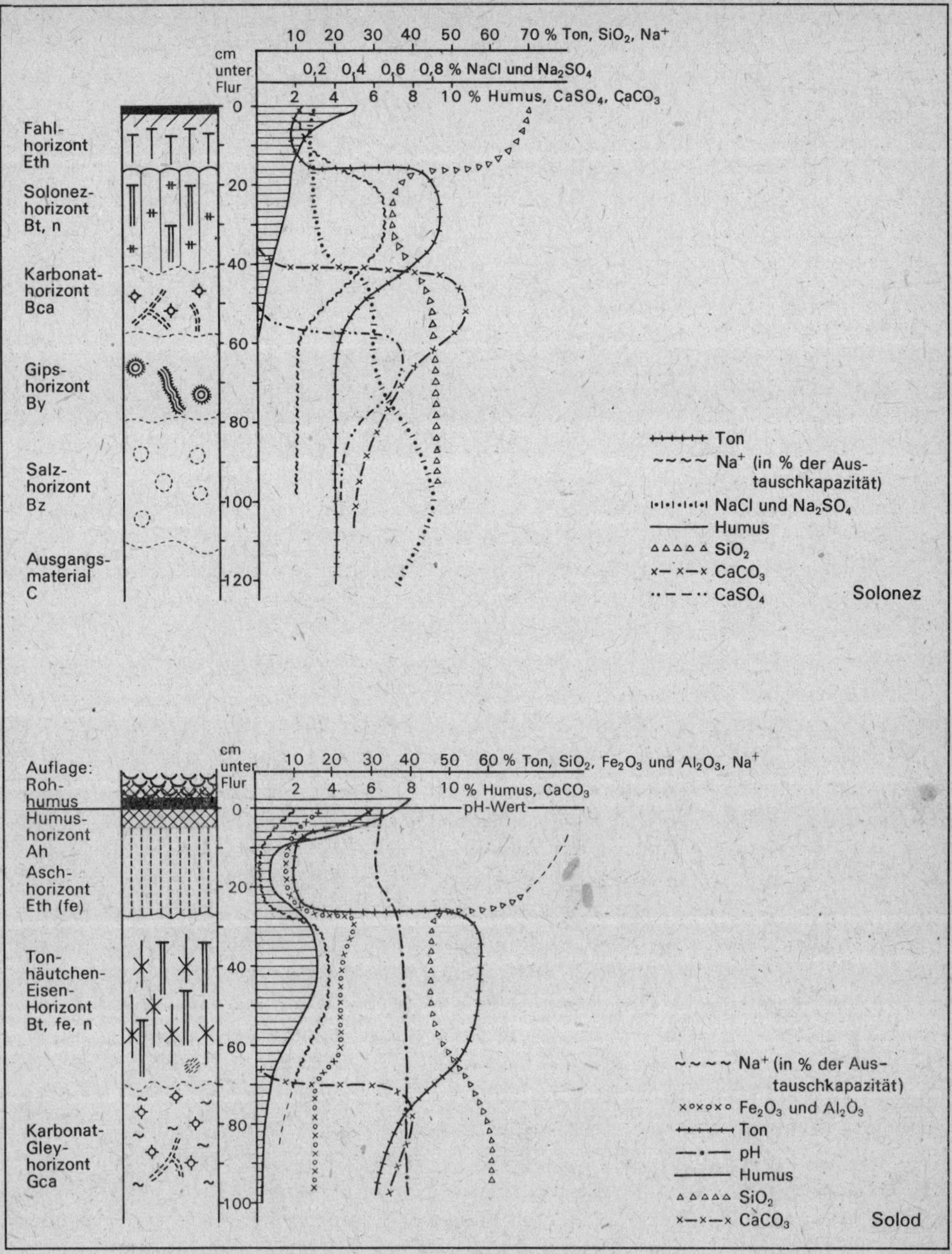

10 20 30 40 50 60 70 % Ton, SiO_2, Na^+
cm unter Flur
0,2 0,4 0,6 0,8 % NaCl und Na_2SO_4
2 4 6 8 10 % Humus, $CaSO_4$, $CaCO_3$
Fahl-horizont Eth
Solonez-horizont Bt, n
Karbonat-horizont Bca
Gips-horizont By
Salz-horizont Bz
Ausgangs-material C
0
20
40
60
80
100
120
Ton
Na^+ (in % der Austauschkapazität)
NaCl und Na_2SO_4
Humus
SiO_2
$CaCO_3$
$CaSO_4$
Solonez
cm unter Flur
10 20 30 40 50 60 % Ton, SiO_2, Fe_2O_3 und Al_2O_3, Na^+
2 4 6 8 10 % Humus, $CaCO_3$
pH-Wert
Auflage: Roh-humus
Humus-horizont Ah
Asch-horizont Eth (fe)
Ton-häutchen-Eisen-Horizont Bt, fe, n
Karbonat-Gley-horizont Gca
0
20
40
60
80
100
Na^+ (in % der Austauschkapazität)
Fe_2O_3 und Al_2O_3
Ton
pH
Humus
SiO_2
$CaCO_3$
Solod

Da aber große Gebiete trotzdem nicht völlig pflanzenleer sind, verstreut vorkommende Grasbüschel und Sträucher beobachtet werden können, sind vor allem in den Randwüsten schwache Humusfärbungen (maximal 0,5% Humus) im oberen Profil zu beobachten. Außerdem treten noch reichlich $CaCO_3$ und $CaSO_4$ auf. Da man zudem noch meist rötlich gefärbte Bodenreste, die im heutigen Klima nicht entstanden sein können, finden kann, spricht man von Wüstenrohböden („*Yerma*") mit fossilen Bodenresten. Örtlich treten in Senken noch bestimmte Salzböden auf. In den Gebieten, in denen bodenfreie Oberflächen dominieren (Dünen, Flugsandfelder, Kies- und Steinwüsten), gibt es keine „echten" Böden, sondern vorwiegend bodenartige Formen.

Rubefizierung („Rötung")
In den wechselfeuchten heißen (tropischen und subtropischen) Klimaten bedingen die jahreszeitlich differenzierten Feuchte- und Wärmeverhältnisse in Verbindung mit entsprechenden lithologischen Voraussetzungen unterschiedliche Bodenbildungsprozesse, die z. T. sowohl gleichzeitig als auch nacheinander ablaufen können. Als spezifische Bodenbildungsbedingungen solcher Böden müssen genannt werden:
1. Schroffer Wechsel von winterlicher Durchfeuchtung und sommerlicher Austrocknung bzw. deutlich ausgeprägtes wechselfeuchtes Mikroklima.
2. Vorhandensein von harten, an unlöslichen, silikatischen Rückständen sehr armen Kalken, die aber einen Überschuß an karbonatisch gebundenen Eisen aufweisen müssen.
(3. Fähigkeit des Kalkes zu kavernenhafter Verwitterung.)

In der *feuchten Jahreszeit* sind es vor allem *Dekarbonatisierungsvorgänge*, die zu einer Auslaugung der oberen Bodenhorizonte führen. Bei der Auflösung des Karbonatanteils wird das karbonatisch gebundene Eisen oxydiert (Rotfärbung!) und überzieht den meist stark tonigen Lösungsrückstand. Die feindisperse Verteilung des Eisenoxids hängt offensichtlich mit der Schutz- und Peptisationswirkung kolloidaler freier Kieselsäure zusammen, die während der Lösungsverwitterung der Kalke entsteht. Gleichzeitig kann der Boden *lessiviert*, d. h. in einen tonärmeren Ober- und in einen tonreicheren Unterboden differenziert werden. Diese Lessivierung vermag örtlich eine starke *Stauvergleyung* nach sich zu ziehen.

In der *trockenen Jahreszeit* führt die stärker werdende Verdunstung zu einer Erhöhung der Kalkkonzentration in der Bodenlösung (z. T. auch zu einer sekundären Kalzifizierung) und zu einem Ausfällen und irreversiblen Auskristallisieren der Eisenoxide (Hämatit!). Das sind die in flockig-krümeliger Form, oftmals auch schwammartig auftretenden Eisenverbindungen, die letztlich wohl auch die Ursache für das typische „Lehmgefüge" rubefizierter Böden darstellen.

Durch all diese Vorgänge erlangt der Boden seine rötliche Farbe. Oftmals unterliegt er auch einer intensiven erosiven Abtragung. Er wird unterschiedlich bezeichnet und kommt in verschiedenen Varianten als Hellroter Boden, als Roter Mediterraner (z. T. lessivierter) Boden, als Brauner oder Rotbrauner Boden der Dorn- und Trockensavannen und Trockenwälder, z. T. auch als Zimtfarbener Boden vor. Seine Profildifferenzierung ist unterschiedlich, meist folgen unter einem rötlichbraunen Ah-Horizont ein kalkfreier und schluffiger Übergangs-, anschließend ein Rubefizierungshorizont mit rotem „Zement" aus Eisenoxiden und zuletzt ein dichter, kalkreicher Horizont: Ah – A/E – Bu – Btu – Cca.

Derartige Böden trifft man häufig im zirkummediterranen Raum sowie in den Übergangsbereichen zu den ständig feuchten Tropen. In vielen Gebieten sind sie wahrscheinlich aber Reliktböden aus bedeutend wärmeren Epochen der geologischen Vergangenheit. Als Synonyma zu den genannten Bezeichnungen können gelten: Fersiallite, (Kalkstein-)Rotlehm, Terra rossa, Terra fusca, z. T. auch Braun- und Graulehme.

Ferrallitisierung

In den dauerfeucht-heißen Klimagebieten laufen ganzjährig intensive Verwitterungs- und Bodenbildungsprozesse ab, die tiefreichende Verwitterungsdecken und mächtige Bodenprofile hervorbringen können. Folgende speziellen Bildungsbedingungen müssen genannt werden:

1. Immer- (bis wechsel-)feuchtes tropisches Klima mit hohen Niederschlägen über das gesamte Jahr und hohen Durchschnittstemperaturen bei gleichzeitig geringer Temperaturschwankung. Dadurch herrschen intensive *chemische Verwitterung* und ein ausgesprochenes *Sickerwasserregime mit Auswaschungsvorgängen*.
2. *Schneller biologischer Stoffkreislauf* mit dominanter *Mineralisierung* der jährlich anfallenden organischen Substanz. Die als Nährstoffe wichtigen Mineralisierungsprodukte (besonders NH_3) werden der Vegetation sofort wieder zur Verfügung gestellt.
3. Bodenbildende Substrate können alle Gesteine sein, wobei sie auch in Form alter Verwitterungsrinden vorliegen können.

Durch die intensive chemische Verwitterung werden die Silikate zerstört, alle basisch wirkenden Kationen ausgewaschen und fast ausschließlich Kaolinite neugebildet. Neben Eisen werden auch Aluminiumoxide freigesetzt, Kieselsäure gelöst und letztere durch die reichlichen Sickerwässer weggeführt (Desilifizierung). Die Kieselsäure kann u. U. als sekundärer Quarz (Opal) wieder ausgefällt werden. Die Verwitterungsrückstände bestehen hauptsächlich aus sehr widerstandsfähigen Mineralien sowie aus den bereits genannten Sesquioxiden (Al_2O_3, Fe_2O_3), die im Gegensatz zu den Podsolierungsprozessen hier nicht verlagert werden. Im Laufe dieses Ferrallitisierungsprozesses reichern sich diese weniger löslichen Komponenten im Oberboden sogar relativ an, so daß sich das Verhältnis $SiO_2 : Al_2O + Fe_2O_3$ gleichzeitig ständig verringert. Aus diesem Grunde dient dieses Verhältnis zur Feststellung des „Reifeprozesses" von ferrallitischen Böden. Ist es < 2, gehören die Böden zu den *typischen Ferralliten* (stark ferrallitische Böden – Humus-Ferrallite, Eisenpanzer-Ferrallite); liegt es zwischen 2 und 3, dann haben wir *ferrallitähnliche Bildungen* (schwach ferrallitische und z.T. lessivierte Böden – Ferrite) vor uns. Als Synonyma für Bodentypen beider Gruppen werden auch folgende Bezeichnungen verwendet: Roterden, Gelberden, Latosol, Ferralsol, Oxisol. Der Charakter der ferrallitischen Bodenbildung hängt dabei in starkem Maße vom Ausgangsmaterial und von den Entwässerungsbedingungen ab.

Bei den Ferralliten unter tropischem Regenwald beobachtet man häufig folgenden Horizontaufbau: (Ol) – Ah – $E(t)SiO_2$ – Btu – B/C – $C_{1,2}$ (Abbildung 74).

Das Gesamtprofil kann > 10 m mächtig sein. Unter einer geringmächtigen Streu (Ol) folgt ein meist 20 cm mächtiger schwach saurer Humushorizont. Dann schließt sich ein 0,2–1,2 m mächtiger Fahlhorizont an, aus dem neben kaolinitischem Ton vor allem Kieselsäure ausgewaschen wird. Als Besonderheit kann dieser E-Horizont harte Eisenkonkretionen enthalten. Der B-Horizont (1,2–2 m) ist besonders dicht, enthält bis zu 50 % ziegelrot gefärbtes, sesquioxidreiches kaolinitisches Tonmaterial. Infolge Tongehalts und reichlicher Niederschläge ist dieser Horizont ständig wassergesättigt. Nur bei kurzzeitiger Austrocknung verfestigt er sich. Darunter folgt der mehrere Meter mächtige B/C-Übergangshorizont (Fleckenzone). Er ist ebenso feucht und tonreich, aber mit roten, grauen und ockerfarbenen Flecken durchsetzt. Der Eisengehalt ist geringer als im B-Horizont. Der C_1-Horizont mit beginnender Verwitterung kann ebenfalls sehr mächtig sein. Er enthält noch viele Primärminerale, die aber bereits im Zerfallprozeß stehen.

In besonderen Fällen vollziehen sich bei der Ferrallitisierung die Al_2O_3/Fe_2O_3-Anreicherungen im Boden, ihre Dehydratisierung sowie nachfolgende Verfestigung unter dem Einfluß der Sonnenstrahlung (Bildung von Eisenkonkretionen, -krusten oder -panzern). *Eisenpanzer* können durch Erosion der Oberbodenhorizonte mit Freilegung und nachfolgender Verfestigung der eisenreichen B-Horizonte, durch Akkumulation von Fe_2O_3 in Senken und am Hangfuß unter Einfluß von Grund- oder Hangwasser oder durch relative Anreicherung der Sesquioxide im Oberboden infolge des Abtransports leichter löslicher Bestandteile (z. B. SiO_2) entstanden sein.

Unter aktiver anthropogener Einwirkung, wie Brandrodung u. ä., vollzieht sich eine intensive *Degradierung* der Ferrallite. Nach der Rodung unterliegen die oberen lockeren Bodenhorizonte einem intensiven erosiven Abtrag. Dadurch werden die B-Horizonte freigelegt, und die Eisenkrustenbildung wird gefördert. Durch den Verlust des Humushorizonts durch Erosion geht gleichzeitig auch die Fähigkeit des Bodens verloren, größere Mengen an fruchtbarkeitsbestimmenden austauschbaren Kationen (Ca^{++}, K^+, P^{+++}) zu binden und in den ständigen biologischen Stoffkreislauf einfließen zu lassen. Die Folge aller dieser Erscheinungen ist eine rapide Abnahme der Fruchtbarkeit und eine irreversible Bodendegradierung. Aus diesem Grunde ist es zweckmäßig, bei fehlender Stoffzufuhr, z. B. durch Laven und Staub, den immergrünen tropischen Regenwald nicht zu zerstören, diesen nur sehr extensiv zu nutzen und Ackerbau nur sehr schonend zu betreiben. Eine Mineraldüngung, wie wir sie aus unseren Breiten kennen, wird durch das Fehlen von Sorptionsträgern kaum wirksam. Die Nährstoffe würden zu rasch wieder ausgewaschen. Man muß entsprechende Sorptionsträger durch organische Düngung (Stallmist, Grasaussaat u. ä.) – vermischt mit Basaltstaub – neu aufbauen. Fruchtbare vulkanische Ferrallite mit ständiger Stoffzufuhr gestatten dagegen bei entsprechender Bodenpflege den intensiven Anbau von tropischen Kulturen.

3.2.4.3. Intrazonale Bodenbildungsprozesse

Innerhalb der zonal angeordneten Böden treten auch Bildungen auf, die sich in ihrer Genese, ihrem Aufbau und ihrer Dynamik markant von den überwiegend klimabedingten Böden unterscheiden. Sie werden meist durch nichtklimatische Faktoren geprägt, von denen Gestein, Relief, zusätzlich zur Verfügung stehendes Wasser (Hang-, Grund- und Stauwasser), in letzter Zeit zunehmend auch der Mensch die wichtigsten sind. Diese intrazonalen Bodenbildungsprozesse vollziehen sich ihrerseits ebenfalls nicht völlig unabhängig von Klimaeinflüssen: Wir werden sehen, daß viele von ihnen ebenfalls in charakteristischer Weise an bestimmte Klimaräume gebunden sind.

Hydromorphierung
Unter *Hydromorphierung* faßt man alle diejenigen Bodenbildungsprozesse zusammen, bei denen *Zusatzwässer* unterschiedlichster Art eine bestimmte Rolle bei der Ausprägung der Böden spielen. Dabei sind insbesondere Reduktionsvorgänge und Oxidationsprozesse, Humusakkumulation und Moorbildung infolge überschüssiger Feuchte und gehemmter Mineralisierung hervorzuheben.

Eine *(Grund-)Vergleyung* findet in den Böden statt, bei denen infolge *Grundwasserbeeinflussung* ein Zutritt von Sauerstoff in den Bodenraum erschwert wird. Unter den so sich einstellenden anaeroben Verhältnissen können einige Verbindungen (insbesondere des Eisens) in die reduzierte Form übergehen und so lateral und vertikal verfrachtet werden. Die konkreten Formen der Vergleyung sind sehr vielgestaltig und hängen in starkem Maße von der Grundwassertiefe, vom Schwankungsbereich und vom Charakter der an der Bodenbildung beteiligten Wässer, vom Ausgangsmaterial und von der geochemischen Ausstattung des Grundwassereinzugsgebietes ab.

Tabelle 40
Bedeutung der Höhe des Grundwassers für die Ausprägung der Gleye

Grundwasserstand	Bodentyp	Horizont
sehr hoch	Anmoorgley	bis 40 cm T–AGo–Gr
hoch	Naßgley	AhGo–Gr
mittelhoch	typischer Gley	Ah–Go–Gr
wenig hoch	Semi-(Halb-)gleye, z. B.	
	Braungley	Ah–Bv–Go–Gr
	Schwarzgley	Ah–AhGo–Go–Gr
	Podsolgley	[Ol–Of–Oh]–Es–BhsGo–Go–Gr

Bei der Vergleyung vollziehen sich neben- oder nacheinander zwei unterschiedliche Teilprozesse. *Reduktion* findet in dem Bereich des Bodenprofils statt, der vollständig mit stehendem oder schwach fließendem, sauerstoffarmen Wasser gesättigt ist. Unter solchen anaeroben Bedingungen werden unter Mitwirkung von Mikroorganismen Fe- und Mn-Verbindungen zu löslichen zweiwertigen Substanzen reduziert und zum Teil weggeführt. Dieser Horizont (Grauer Gleyhorizont – Gr) nimmt deshalb graue, grünliche oder bläuliche Farben an.
Oxydation ist in der Regel in den etwas höher liegenden Profilteilen typisch, in die wenigstens zeitweise Luftsauerstoff eindringen kann. Die im Wasser gelösten Eisenverbindungen werden oxydiert und als braunes Fe (III)-Hydroxid ausgefällt. Oftmals kann es auch zur Bildung von festen Fe-Mn-Konkretionen oder zur Bildung von kompakten Raseneisensteinbänken (= Vererzung) kommen. Dadurch erhält dieser Horizont ein rostfleckiges Aussehen (Rostabsatz-Gleyhorizont-Go). Solche grundwassergeprägten Böden nennen wir *Gleye (Gleysols)*; sie haben folgende typische Horizontabfolge: Ah – Go – Gr.
Wesentlich für die Ausprägung der Gleye ist die Höhe des Grundwasserstandes. Es können sich deshalb bei zunehmender Höhenlage des Grundwasserstandes zur Bodenoberfläche hin *Semi- (Halb-), typische, Naß-* und *Anmoorgleye* bilden (vgl. Tabelle 40).
Gleye kommen im Gesamtgebiet der DDR in Tälern und Senken mit höherem und wenig schwankendem Grundwasser vor. Auch in den Nachbarländern und darüber hinaus in den meisten Klimazonen der Erde (außer in den Gebieten mit Dauerfrost und meist auch außerhalb der Halb-, Rand- und Vollwüsten) finden wir Gleye. Allerdings sind sie in den subpolaren Bereichen infolge nur kurzfristigen Auftauens über der Permafrostschicht im allgemeinen sehr flachgründig (*Tundragleye* bzw. *Frostgleye*). In höheren Mittelbreiten sind Gleye häufig mit Moorgleyen und Mooren vergesellschaftet.
Gleye sind in der Regel Grünlandböden. Sollen sie ackerbaulich genutzt werden, ist eine Grundwasserregulierung erforderlich. Unter Wald sind sie vorzugsweise mit Eschen, Pappeln und Erlen bestanden. Aber auch andere anspruchsvolle Laubhölzer finden bei hoher Basensättigung gute Wuchsbedingungen.
Im Gegensatz zur (Grund-)Vergleyung wird die *Stauvergleyung* nicht durch Grundwasser, sondern durch *gestautes Sickerwasser* hervorgerufen. Verursacher meist nur zeitweiliger Stauwässer kann entweder ein durch Lessivierung *verdichteter Bodenhorizont* (Bt) oder ein *primär dichtgelagertes lehmig-toniges Substrat* sein. Weiterhin gehört zu den Bildungsbedingungen ein niederschlagsreiches und nicht zu warmes Klima, damit bei geringer Verdunstung größere Wasseransammlungen im Boden möglich werden. Schließlich unterstützen auch *muldige oder ebene Lagen* mit gehemmtem Wasserabfluß, Verebnungsflächen, horizontale Substrat- oder Gesteinsschichtung die Stauvergleyung.

Ein deutlicher *Wechsel zwischen Austrocknung und Vernässung* ist bei diesen Böden charakteristisch.

Das versickernde Niederschlagswasser wird von einem Staukörper geringer Permeabilität am weiteren Sickern gehemmt und demzufolge die darüberliegende Stauzone „überstaut". In dieser nassen Phase werden – ähnlich der Vergleyung – unter Mitwirkung anaerober Mikroorganismen vorwiegend Fe und Mn reduziert und unter Teilnahme von organischen Säuren z. T. lateral oder vertikal verlagert. Dadurch tritt eine weitgehende *Aufhellung* oder sogar Bleichung *der Stauzone* ein. Die restlichen noch gelösten Fe- und Mn-Verbindungen fallen am Ende der Vernässungsphase bei Luftzutritt z. T. als Fe-Mn-Konkretionen wieder aus. Im Sommer trocknet der Boden stark aus (Aufbrauch durch Vegetation, Verdunstung u. a.) und wird dann steinhart. Entsprechend der konkreten Bodenbildungsfaktoren kann bei den einzelnen Böden die Dauer der Trocken-, Naß- und Frischphase allerdings unterschiedlich lang sein. Diese Böden werden *Staugleye (Planosols)* genannt. Als Synonyma werden weiterhin verwendet: Pseudogley, gleyartiger Boden, marmorierter Boden und nasser Waldboden.

Der Staugley zeigt die charakteristische Horizontabfolge Ah – (Bv, Bvs) – Eg – Bg – Cg.

Durch das deutliche Bodenwechselklima (Austrocknung – Vernässung) finden abwechselnd Reduktions-, Oxydations- und Verlagerungsvorgänge statt. Die Staugleye haben meist schlechte Struktureigenschaften. In nassem Zustand sind sie strukturlos und oft breiartig, in trockenem polyedrisch-prismatisch, teils plattig und zeigen Schwundrisse.

Typisch ist die häufige starke Versauerung bei pH-Werten um 4. Böden mit intensiver Stauvergleyung im Oberboden, langer Naßphase und Akkumulation von Feuchthumus werden als *Humusstaugleye* (Stagnogleye) bezeichnet. Staugleye kommen sehr häufig nicht in ihrer typischen Form, sondern als Übergangsbildung vor: *Braun-, Schwarz-, Fahlstaugleye* u. a. Auch Übergänge zu den Gleyen *(Amphigleye)* kommen vor.

Ein besonderer stauwasserbeeinflußter Boden der Mittelbreiten ist der im Maisgürtel der USA (im Gebiet der Prärieböden oder Bruniseme) anzutreffende *Planosol* mit tiefsitzendem Staukörper und demzufolge nachhaltigem Wasservorrat. Er stellt eine Art stauvergleyte lessivierte Schwarzerde dar.

Staugleye können überall in der DDR vorkommen. Insbesondere trifft man sie aber in den stärker beregneten Lößgebieten (z. B. in Mittel- und Nordsachsen und auf den Randplatten des Thüringer Beckens), in unteren und mittleren Teilen der Mittelgebirge, auf Altmoränenplatten und in stärker maritim beeinflußten Jungmoränengebieten im Norden der DDR.

Für die Nutzung von Staugleyen ist die Regulierung des Wasserhaushaltes erste Voraussetzung. Bei Waldböden ist Vollumbruch, Einpflügen groben organischen Materials, Kalkung, Tieflockerung und Grabenentwässerung erforderlich. Ackerböden werden mittels Tonrohren, in den letzten Jahren bevorzugt durch Plasterohre, Folien- und Maulwurfdränung entwässert, tief gelockert, gekalkt und gedüngt. Schließlich wird durch Gründüngung mit sperrigen Pflanzen und durch den Anbau von Tiefwurzlern einer neuerlichen Verdichtung entgegengewirkt. Damit wird allerdings das Problem nicht gelöst, daß im Sommer der Boden zu trocken ist. Eine gut dosierte Beregnung ist daher angebracht.

Marschbildung

In Küstengebieten mit Ebbe-Flut-Wirkung und entlang der in diesen Bereichen einmündenden Flüsse werden im Watt sandige und tonig-schlickige, oft organische Substanz (Schlick) enthaltende Sedimente abgesetzt, die salzhaltig und wegen ihres Gehalts an Schnecken- und Muschelschalen auch kalkhaltig sind. Nach Eindeichung und Nutzung vorwiegend durch Grünland und Sonderkulturen bilden sich aus ihnen Marschböden, d. h. grundwassernahe Böden, deren ehemals mit den Gezeiten schwankender Grundwasserstand heute immer stärker künstlich geregelt wird. Nach dem Wegfall der Meeresüberflutung setzt eine langsame Belüftung und Salzauswaschung (Entsalzung) ein, so daß Grünlandnutzung möglich wird (Jungmarsch). In bereits länger unter Nutzung stehenden Marschen wird der Boden entkalkt und bei stärkerem Luftzutritt verbraunt (Altmarsch).

An der schleswig-holsteinischen bzw. niedersächsischen Nordseeküste der BRD werden die Marschböden wie folgt untergliedert:

1. Sand- oder Schlickwatt des Vorlandes	keine täglichen Überflutungen mehr	
2. Salz- oder Vorlandmarsch	Überflutung nur noch bei stärkeren Sturmfluten	
– – – Eindeichung – – –	langsame Ensalzung –	
3. Kalk- oder Seemarsch	entsalzt, kalkhaltig	Dränung erforderlich (sehr gute Acker- und Grünlandböden)
4. Klei- oder Brackmarsch	im oberen Profilteil entkalkt, beginnende Versauerung und Gefügeverschlechterung	bei Ackernutzung Dränung und Tiefpflügen (gute Acker- und sehr gute und gute Grünlandböden)
5. Knick- oder Knick-Brackmarsch (Knick = dichter, kalkfreier Marschbodenhorizont)	entkalkt, verdichtet, tonreicher Unterboden mit prismatischem Gefüge	für Ackernutzung wegen ungünstigen Bodengefüges und/oder hoher Grundwasserstände wenig geeignet, hoher Meliorationsaufwand
6. Humusmarsch	feucht: > 20 % organisches Material	in Abhängigkeit von der Feuchtestufe, mittlere bis gering- und minderwertige Grünlandböden, kaum weidefähig
7. Moormarsch	20–40 cm Marsch über Moor	

An den Mündungen großer Flüsse spricht man von *Flußmarschen*. Marschböden kommen u. a. an der Nordseeküste von Dänemark bis in die Niederlande vor, in China (Reisanbau an der Küste) und an den Küsten Neuseelands und Südamerikas. In tropischen Küstengewässern sind die Mangroveböden den Marschen entfernt verwandt.

Auenbodenbildung
Wichtigster Prozeß der Auenbodenbildung ist die *Sedimentation von Auensedimenten* bei Überflutung der Auen größerer Flüsse und Bäche. Dieses Material ist entsprechend den Sedimentationsbedingungen schwach geschichtet und besteht aus unterschiedlichen Korngrößen (sandig, schluffig oder tonig) und unterschiedlichen Humusbeimengungen. In Abhängigkeit vom Herkunftsgebiet der Sedimente entstehen dabei autochthone (Material ist frisches Gesteinszerreibsel) oder allochthone Auenböden (Material als verfrachtetes Bodensediment). In Mitteleuropa sind mehrere Akkumulationsphasen von Auenmaterial nachgewiesen worden, von denen der Jüngere Auelehm eindeutig den großen mittelalterlichen Rodungen und den dadurch intensivierten Bodenerosionsprozessen (vgl. Abschnitt 2.3.3.3.) zugeordnet werden kann. Auenböden weisen *starke Grundwasserschwankungen* auf. Im Sommer liegt der Grundwasserspiegel sehr tief (2–4 m unter Flur), der Boden kann deshalb gut durchlüftet werden. Oxydations- und Reduktionsflecken werden nicht gebildet. Der höchste Grundwasserstand tritt in der Regel im Frühjahr ein, aber die relativ hohe Fließgeschwindigkeit des Grundwassers gewährleistet auch in dieser Periode eine genügende Zufuhr gelösten Sauerstoffs. Auenböden waren vor der Regulierung der Flüsse durch ein Nebeneinander von Bodenbildung und Sedimentation gekennzeichnet. Heute sind viele Flüsse eingedeicht, so daß eine ständige Sedimentation unterbunden wurde und die Bodenbildungsprozesse voll wirksam werden können. Als *Auenböden (Fluvisols)* wurden bisher folgende Typen beschrieben:
a) *Rambla*:
Auenrohboden aus frisch aufgelandetem Material und mit fehlender oder ganz geringer Humusbildung. Profil (Ah) – C – G.

b) *Paternia*:
Junger Auenboden mit deutlicher Humusbildung auf meist kalkfreien Sedimenten.
Profil Ah – C – G

c) *Borovina*:
Junger Auenboden mit deutlicher, allerdings geringmächtiger Humusanreicherung auf kalkreichen Flußsedimenten.
Profil Ahca – Ca – G

d) *Vega*:
Entwickelter Auenboden auf braunen Bodensedimenten, die in ihren Herkunftsgebieten bereits einer Bodenentwicklung ausgesetzt waren, aber erodiert wurden.
Profil Ah – Ba – C(G) – G

e) *Tschernitza*:
Auenboden auf schwarzen, humusreichen Bodensedimenten.
Profil Ah – Aha – C(G) – G.

Moorbildung

Bei *dauernder Vernässung* eines Bodens durch gestautes Niederschlagswasser oder sehr hoch anstehendes Grundwasser bilden sich sehr bald anaerobe Verhältnisse heraus, so daß besondere Bedingungen für die Zersetzung organischen Materials geschaffen werden. Infolge *stark verzögerter Humifizierung und Mineralisierung organischer Stoffe* werden halbzersetzte Pflanzenreste angereichert, Zersetzungsprodukte werden nicht weggeführt, sondern verbleiben an Ort und Stelle, so daß sich dadurch die Lebensbedingungen der Mikroorganismen immer mehr verschlechtern und ihre Existenz bald gänzlich unmöglich wird. Außerdem führt die schwere Zersetzbarkeit der Pflanzenrückstände zu einer allmählichen *Akkumulation halbzersetzter organischer Stoffe*, deren Mächtigkeit ständig zunimmt und schließlich *Torfhorizonte* (T) ergibt. Von Torf wird dann gesprochen, wenn mehr als 30% organisches Material vorhanden ist und die Mächtigkeit mehr als 20 cm beträgt. Bei Moorbildung (Vermoorung) ergibt sich die Horizontgliederung $T_1 – T_2 \ldots T_n – $ (D oder DGr). Nach Meliorationsarbeiten werden die T-Horizonte durch Vermullung, Vererdung und Schrumpfung – beginnend von oben – stark verändert. Dabei entsteht die Profilabfolge Tm – Tv – Ts – T …

Im Unterschied zur Humifizierung geht ein bedeutender Teil organischer Verbindungen und der darin enthaltenen mineralischen Elemente nicht in den Stoffkreislauf des Bodens ein. Dadurch verlangsamt sich der biologische Kreislauf mehr und mehr. Die ebenfalls sehr langsam ablaufende Mineralisierung organischer Stoffe wird von der Bildung einer Reihe vorwiegend gasförmiger Verbindungen begleitet: Methan, Schwefelwasserstoff, Ammoniak u. a. Bei intensiver Vermoorung wird die Mächtigkeit der Torfhorizonte so stark, daß der untere Abschnitt aus dem Bereich der Bodenbildung herauswächst und sich bezüglich der oberen Horizonte ein besonderes organogenes Ausgangsmaterial ergibt.

Hinsichtlich ihrer Entstehung und ihrer Eigenschaften werden Nieder-, Übergangs- und Hochmoore (Histosols) unterschieden. *Niedermoore* werden bei hoch anstehendem Grundwasser in Talniederungen und Senken gebildet. Die Eigenschaften der Niedermoore werden stark vom Chemismus des Grundwassers geprägt (basen- und stickstoffreiche Niedermoore, saure und stickstoffarme Niedermoore). Solange das Grundwasser den Boden beherrscht, ist kaum normales Bodenleben möglich. Erst bei Grundwassersenkung kann der Boden als Grünland genutzt werden (sog. Schwarzkultur). Soll eine Beackerung erfolgen, muß eine etwa 15 cm mächtige Sandschicht aufgebracht werden (Sanddeckkultur).

Sobald das Niedermoor über das nährstoffhaltige Grundwasser hinauswächst, siedeln sich weniger anspruchsvolle Pflanzen an. So kann sich eine Zwischenform zwischen Hoch- und

Niedermoor bilden, das sog. *Übergangsmoor*. Es kann sich aber auch auf nassen und sauren Mineralböden entwickeln, auf denen Birken, Fichten und Kiefern mit vielen Zwergsträuchern, Moosen und Flechten wachsen, wobei Torfmoose (Sphagnum) allmählich in den Vordergrund treten.

Bei hohen Niederschlägen, hoher Luftfeuchtigkeit und geringer Verdunstung siedeln sich auf nasser, basenarmer Unterlage anspruchslose Torfmoore und Wollgräser (Eriophorum) an, die viel Wasser zu speichern in der Lage sind. Dadurch wird Luft aus den obersten Bodenhorizonten verdrängt, und in dem sich nun einstellenden anaeroben Milieu vertorft die organische Substanz. Die Eigenschaften der so entstehenden, auf abgestorbener Pflanzensubstanz weiter wachsenden *Hochmoore (Histosols)* werden durch die Nässe geprägt. Sie sind zudem stark sauer.

Während die Moorböden in den subpolaren Regionen der Tundra weitgehend klimatisch begründet sind (zonale Moorböden in ebenem Gelände mit geringer Verdunstung und z. T. gefrorenem Untergrund), stellen diese Moore in Mitteleuropa weitgehend intrazonale Bildungen inmitten Podsolen oder Braunerden dar, bei denen örtliche Senken, ausgesprochen saure Ausgangsmaterialien und in den Mittelgebirgen auch höhere Niederschläge als spezifische Bildungsbedingungen angesehen werden müssen. In den Hochgebirgen der niederen Breiten kommen Moorböden in den klimatisch entsprechend geprägten Höhenstufen ebenfalls vor.

Solonezierung und Solodierung
Die durch Solonezierung und Solodierung entstandenen Böden treten in verschiedenen, durch ausgesprochene Trockenperioden geprägten Klimazonen auf. Für ihre Genese spielen allerdings das Relief und die mineralisierten Oberflächen- und Grundwässer eine besondere Rolle.

Diese Mineralisation der Gewässer hängt mit den in den Steppengebieten dominierenden bodenbildenden Prozessen zusammen. Bei Tschernosemierung und Kastanosemierung werden nur schwer lösliche organische Verbindungen und neutrale Bodenlösungen erzeugt. Somit treten auch nur einfache wasserlösliche anorganische Verbindungen (u. a. $NaCl$, $CaCl_2$, Na_2SO_4, Na_2CO_3, $CaCO_3$) in den Boden- und Oberflächenwasserkreislauf ein.

Für die *Solonezierung* müssen hauptsächlich folgende äußeren Bedingungen gegeben sein:
1. Innerhalb des Sorptionskomplexes müssen *peptisierende Na-Ionen* vorhanden sein. Diese verdrängen weitgehend die Ca-Ionen aus dem Sorptionsträger, so daß es zu einer Sättigung der Bodenkolloide mit Na^+ kommt (1). Die natriumgesättigten Kolloide können bei Durchfeuchtung (Niederschläge, Bewässerung) hydrolysiert werden (2), wobei es infolge der Bildung von Na_2CO_3 zu einer Erhöhung des pH-Wertes bis zu 10 oder 11 kommt. Diese Kolloide werden labil, werden dispergiert und gehen in den Solzustand über.

$$(1)\ [Kolloid] \diagdown^{Ca^{++}}_{Mg^{++}} + 4\,NaCl \rightarrow [Kolloid] \begin{matrix} Na^+ \\ Na^+ \\ Na^+ \\ Na^+ \end{matrix} + CaCl_2 + MgCl_2$$

$$(2)\ [Kolloid] \diagdown^{Na^+}_{Na^+} + H_2O + CO_2 \rightarrow [Kolloid] \diagdown^{H^+}_{H^+} + Na_2CO_3$$

Außerdem werden durch die Basen eine Reihe von Verbindungen gelöst. Auf diese Weise kommt es nicht allein zu einer Peptisation der Kolloide (Gelzustand → Solzustand), sondern auch zu einer *Zerstörung von Ton-Humus-Komplexen* und zu einer raschen *Mineralisierung von humosen Substanzen*.

2. Zumindest zeitweise muß eine nach unten gerichtete Perkolation von Sickerwasser möglich sein, die zu einem *Abtransport von Kolloiden und deren Zerfallprodukten* in größere Bodentiefen führt. Das wird vor allem durch Zusatzwässer vom Hang her ermöglicht. Dadurch vollzieht sich eine Auswaschung von tonigen und humosen Substanzen, von Fe- und Na-Verbindungen aus den oberen 10–15 cm und ein *Koagulieren und Wiederausfällen* im sog. Solonezhorizont infolge Vorhandenseins von NaCl, Na_2SO_4, $CaSO_4$ und Karbonaten.

3. Schließlich wird die Solonezierung noch durch einen häufigen *Wechsel von Austrocknung und Durchfeuchtung* gefördert.

Im Ergebnis der bodenbildenden Vorgänge (Peptisation, Verlagerung, Koagulation) bilden sich neben dem Ah-Horizont zwei weitere, deutlich voneinander unterscheidbare Horizonte heraus: Während der Eluvial-Horizont von einem großen Teil der Kolloide entblößt ist, ein plattig bis blättriges Gefüge aufweist, infolge des weitgehenden Abtransports von färbenden Eisenoxiden und Huminsäuren aufgehellt wurde und insgesamt eine relative Anreicherung von Quarz und amorphem SiO_2 anzeigt, ist der Illuvial-Horizont immer sehr dicht, im trockenen Zustand fest verbacken und bei Durchfeuchtung stark quellfähig und fast wasserundurchlässig. Durch die eigenartigen physikalischen und chemischen Eigenschaften dieses Horizontes hat sich ein deutlich ausgeprägtes säuliges bis prismatisches Gefüge herausgebildet, auf dessen Absonderungsflächen Tonhäutchen auftreten. Infolge reichlichen Vorkommens von Eisenkolloiden ist dieser Horizont braun. Darunter liegen noch weitere Horizonte mit Anreicherungen verschiedenster, von oben ausgewaschener Salze. Es entsteht als Bodenprofil: Ah – Eth – Bt, n – Bca – By – Bz – C (Abbildung 74). Sehr oft steht auch der Grundwasserspiegel ziemlich hoch an (Gleyhorizonte!). Diese Böden werden als *Soloneze (Schwarzalkaliböden*, ungarisch: Szik) bezeichnet. Sie haben für die Kulturpflanzen eine Reihe ungünstiger Eigenschaften (hohe Alkalität, ungünstige Wasserhaushaltseigenschaften) und sind demzufolge wenig fruchtbar.

An meliorativen Maßnahmen sind Gipsung und Wässerung (zur Verdrängung des Na aus dem Sorptionskomplex durch Ca), Aufbringen physiologisch saurer Mineraldünger und N-Anreicherung empfehlenswert.

Soloneze kommen in Depressionen von trockenen Steppengebieten vor, so z. B. in den Trockensteppen der UdSSR, der USA und Kanadas, in Ungarn, Rumänien, Australien, in den Trockengebieten Afrikas und im nordwestlichen Gran Chaco Südamerikas.

Eine Degradation der Soloneze führt zur *Solodierung* der Böden. Die so entstandenen Böden *(Solode)* sind selten, kommen aber besonders in der Waldsteppe- und nördlichen Steppenzone vor. Ihre Genese wird durch folgende charakteristische Züge geprägt: Der Bt-Horizont der Soloneze wird bei fortschreitender Solonezierung noch stärker verdichtet, so daß es in feuchteren Jahreszeiten zu extremen Stauerscheinungen kommt. Filtrationsvorgänge in den Boden sind weitgehend ausgeschlossen, der Boden wird überstaut, und lange Zeit steht Wasser in den Senken. Unter diesen Bedingungen ist u. a. die Entwicklung von Diatomeen (Kieselalgen) möglich, die ihre zweischaligen verkieselten Panzer nicht nur aus gelöster Kieselsäure aufbauen, sondern dafür auch Primärminerale anzugreifen vermögen. So kommt es zu einem weitgehenden Zerfall von primären und sekundären Aluminiumsilikaten nicht allein im Eluvial-, sondern auch im obersten Teil des Illuvialhorizontes. Nach dem Absterben und

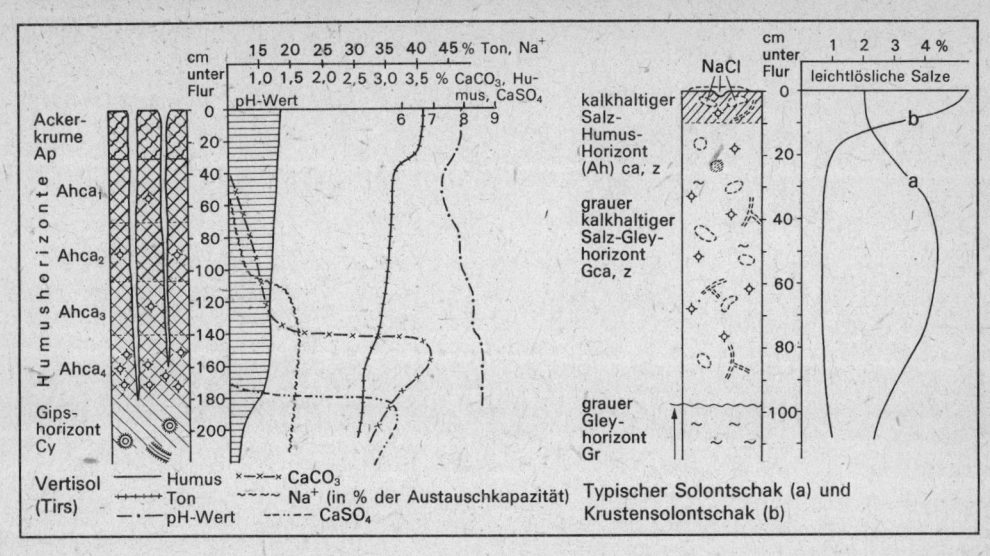

Abbildung 75
Diagnostische Horizonte und analytische Parameter ausgewählter Bodentypen: Vertisol, Solontschak

dem Mineralisieren der organischen Diatomeenreste verbleiben die verkieselten Skelette im Boden, kristallisieren um und bilden schließlich Chalzedon oder sogar sekundären Quarz im Oberboden. Gleichzeitig werden unter anaeroben Verhältnissen organische Säuren und freies Fe und Mn gebildet, die beide zum Aufbau von organo-mineralischen Komplexen befähigt sind und in dieser Form wanderungsfähig werden. Aus diesem Grunde haben die Solode unter einer stark sauren Rohhumusdecke einen ausgeprägten aschfarbenen Eluvialhorizont (tonfrei, stark quarzhaltig, schwach sauer), der von einem dichten Illuvialhorizont (stark tonig, mit Humus- und Eisenausfällungen) unterlagert wird. Ihre Horizontabfolge ist Ol – Ah – Eth(fe) – Bt, fe, n – Gca (Abbildung 74).

Aus der geschilderten Genese wird deutlich, daß die Solodierung ein der Podsolierung sehr ähnlicher Bodenbildungsvorgang ist. Gleichzeitig ist eine gewisse Staugleydynamik an der Bodenbildung beteiligt.

Vertisolierung (Tirsifizierung)
In mäßig durchfeuchteten, grasbedeckten Savannengebieten der Nord- und Südhalbkugel vollzieht sich in Senken, auf abflußgehemmten Platten und an Unterhängen unter stark wechselfeuchtem Bodenklima und unterstützt durch basenreiches Ausgangssubstrat die *Vertisolierung*. Die hier entstandenen Böden werden als *Vertisole, Tirse* und *tirsartige Böden* bezeichnet. Es sind schwarze, schwarzgraue oder dunkelbraune Böden mit hohem Gehalt an Tonmineralen (vor allem Montmorillonite, z. T. Kaolinite). Im Untergrund sind sie oft kalk- oder natriumsalzhaltig. Aufgrund der dunklen Färbung wurden sie ursprünglich als tropische und subtropische Schwarzerden bezeichnet, unterscheiden sich allerdings von echten Steppenschwarzerden in vielen Eigenschaften. Vor allem zeigen sie hinsichtlich der erforderlichen Niederschläge eine hohe Variabilität. Sie kommen sowohl in Gebieten mit 250 als auch mit 2000 mm/Jahr vor. Entscheidend ist die jahreszeitliche Verteilung der Niederschläge. So müssen Trocken- und Feuchteperioden deutlich voneinander getrennt sein, damit ein wechselfeuchtes Bodenklima entstehen kann. Außerdem fehlt in den genannten Gebieten die

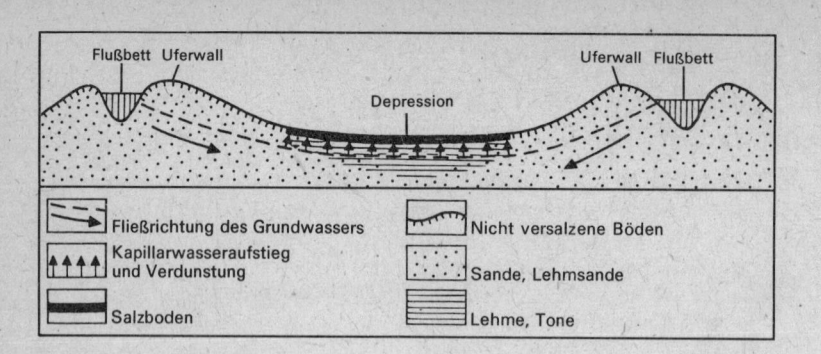

Abbildung 76
Salzanreicherung in Deltadepressionen
(nach KOVDA 1973)

Winterkälte. Vertisole kommen in ganzjährig warmen Klimaten vor! Im Gegensatz zu echten Schwarzerden mit zoogener Durchmischung und Krümel- oder Schwammgefüge vollzieht sich in Vertisolen infolge der Quellung der Tonminerale in der Feuchtphase häufig eine hydrogene Durchmischung („self mulching effect", Hydroturbation). In der Trockenperiode entstehen Trockenrisse bis 2 m und tiefer, in die durch Wasser und Wind Bodenmaterial eingespült oder eingeweht wird. So ist das tiefe Eindringen von Humus und das Fehlen gut ausgeprägter Horizonte erklärbar. Diese Böden zeigen über das Gesamtprofil basische Reaktionen. Trotz der intensiven tiefreichenden schwarzen Farbe ist der Humusgehalt nur gering (0,5–1,5 %). Das hängt weitgehend mit den besonderen Formen der organischen Stoffe (dunkle und schwer lösliche Humine) und ihren Bindungen an Tonminerale zusammen. Das Bodenprofil eines Vertisols, Ap – Ahca$_{1-4}$ – Cy, zeigt Abbildung 75. Trotz des geringen Humusgehaltes, der außerordentlichen Schwere des Bodens und der Rißbildung sind diese Böden in ihrer Mehrzahl fruchtbar.

Sie sind unter verschiedenen Namen bekannt: black cotton soils oder Regure (Indien), Tirs (Marokko), Badob (Sudan), Firki oder Flej (Kenia) und Toska (Argentinien). Daneben trifft man sie in Mexiko, Uruguay, Australien, Indonesien und Burma. In Europa kommen sie als Smonitza in Bulgarien, Jugoslawien und Albanien vor. Aus der BRD wurden ähnliche Böden aus dem Nördlinger Ries und aus Rheinhessen beschrieben.

Versalzung (Solontschakierung und Takyrierung)
In den ariden Trockengebieten der Subtropen, in denen salzhaltiges Grundwasser in nicht geringen Tiefen ansteht, kommt es durch kapillaren Aufstieg der Bodenwässer und deren Verdunstung zu einem *Auskristallisieren von Salzen (NaCl)* an der Oberfläche. Auf diese Art und Weise entstehen *Solontschake* (Weiße Salzböden). Die günstigsten Entstehungsbedingungen weisen abflußlose oder abflußgehemmte Gebiete auf, Niederterrassen, große Flußdeltas und Küstengebiete (Abbildung 76). Die morphologischen und chemischen Eigenschaften dieser Böden hängen vom Mineralbestand der Grundwässer, von der Grundwassertiefe und vom Grundwasserregime ab. Hiernach kann man Subtypen herausarbeiten. Wenn z. B. das Grundwasser innerhalb eines Jahres nur schwach schwankt und der kapillare Wasseranstieg ununterbrochen stattfinden kann, konzentrieren sich die ausgefällten Salze im obersten Horizont und an der Oberfläche. Es bildet sich ein *Krusten-Solontschak*.

Bei stark schwankendem Grundwasserspiegel oder extremer Aufheizung der Oberfläche kommt es neben einer Salzanreicherung im Oberboden und an der Oberfläche bereits zu einer Salzausfällung im mittleren Profilteil. Dabei entstehen *Typische Solontschake*. Sobald die kapillare Feuchte nicht die Oberfläche erreicht und die Salze bereits in tieferliegenden Horizonten auskristallisieren, haben wir einen Tiefsolontschak vor uns. Wenn in den Grundwässern Soda gelöst ist, werden sog. Sodasolontschake gebildet usw. Bezüglich der beteiligten Salze gibt es Natriumsulfat-, Natriumchlorid-, Natrium-/Magnesiumchlorid-, Kalziumchlorid-, Magnesiumchlorid-, Sulfat-Chlorid-Soda-, Chlorid-Sulfat-, Chlorid-Sulfat-Nitrat-Solontschake. Die Solontschakprofile (Ah) ca, z – Gca, z – Gr zeigt Abbildung 74.

Da die Kulturpflanzen diese Salze nicht oder nur schlecht vertragen, sind die Solontschake kulturfeindlich und erfordern eine Reihe von Meliorationsmaßnahmen. An erster Stelle steht eine Grundwassersenkung und damit eine Unterbrechung des kapillaren Wasseraufstiegs. Außerdem sollte eine starke Bewässerung mit möglichst salzarmem Wasser zur Auswaschung der Salze erfolgen. Diese Wässer müssen anschließend in einem speziellen Kanalsystem (Kollektoren) schadlos abgeführt werden können. Die Bewässerungsmengen selbst sollten nicht allzu reichlich sein, damit es nicht zu einem erneuten Grundwasseranstieg kommen kann.

Solontschake kommen in Europa in den trockensten Teilen der iberischen Halbinsel und im südosteuropäischen Donauraum vor, weiterhin in Kleinasien, in Mittel- und Zentralasien, im Küstengebiet Ostchinas, in den ariden Gebieten Afrikas, Australiens und Südamerikas. In der Niloase von Ägypten werden aufgrund der alljährlichen Überschwemmungen mit salzarmem Überflutungswasser die in den Trockenzeiten auskristallisierten Salze weggeführt, so daß trotz jahrtausendealter Bodenkultur die Bodenfruchtbarkeit erhalten werden konnte.

In abflußlosen Senken und in den tiefsten Bereichen von Vorgebirgsebenen arider Gebiete werden bei Starkregen viel Wasser und mit ihm Ton- und z. T. auch Humusteilchen eingeschwemmt. Diese tonreichen Substrate trocknen allerdings rasch aus und werden dann von einem polygonalen Trockenspaltensystem durchzogen. Diesen Vorgang bezeichnet man als *Takyrierung*, die so entstandenen Formen als *Takyre*. Von vielen Wissenschaftlern wird die Takyrierung nicht als Bodenbildungsprozeß anerkannt, sondern höchstens als Prozeß der Herausbildung von bodenartigen (Boden-)Formen in Wüstengebieten. Den Takyren fehlen Bodenhorizonte. Sie weisen kein Bodenleben und keine Neubildung „echter" Böden auf (Tonminerale, Huminstoffe). Takyre sind weitgehend vegetationslos. Es kommen höchstens blaugraue Algen, einzelne Ephemeren und einjährige *Salsola*-Arten vor. Unter einer 8–10 cm mächtigen fahlgrauen, grobporigen, außerordentlich dichten und tonigen Kruste mit Trockenrissen folgt ein bräunlicher schuppig-plattiger Tonhorizont, der häufig versalzt ist (solontschakiert) und vor allem Gips enthält. Er ist höchst wasserundurchlässig.

Takyre kommen vor allem in den abflußlosen Beckenlandschaften Mittelasiens, aber auch in anderen ariden Gebieten vor. Eine Nutzung ist nur bei Bewässerung möglich.

Gesteinsgeprägte Bodenbildungen
Im Rahmen intrazonaler Bodenbildungen spielen Gestein und Relief eine bedeutende Rolle. Extreme Gesteinseigenschaften (karbonatisch, quarzitisch) oder ständige Erosion an Hängen stehen in vielen Fällen innerhalb des Komplexes von bodenbildenden Faktoren an erster Stelle und prägen die auf diesen Substraten sich entwickelnden Böden. Diese zeichnen sich durch gehemmte Bodenentwicklung und schwache Profildifferenzierung aus.

Anfangsstadien der Bodenentwicklung [= *Rohböden* mit (A)-C-Profilen] zeigen nur schwach entwickelte Humushorizonte oder sind bei zu kaltem oder zu trockenem Klima bodenartigen Formen eng verwandt. Sie werden in Böden aus Festgesteinen *(Lithosole)* und aus Lockergesteinen *(Regosole)* untergliedert. Neben den Rohböden der Wüsten und Halbwüsten *(Yerma)* und denjenigen nivaler und subpolarer Klimate *(Råmark)* sind für die gemäßigten Breiten vor allem die *Syroseme* interessant, die sich rasch zu anderen Böden weiterentwickeln und nur durch Erosion im Rohbodenstadium verbleiben. Aus Syrosemen entwickeln sich A-C-Böden mit voll ausgebildetem Humushorizont. Der Chemismus der Ausgangsgesteine ist die Grundlage für eine weitere Untergliederung.

Ausgangssubstrate für die Bildung von *Rendzinen* (= *Humuskarbonatböden)* sind Kalk- und Sulfat- (z. B. Gips-)gesteine. Unterschiedliche Gesteinsarten und Abwandlungen klimatischer Art führen zur Herausbildung charakteristischer Subtypen. Zur *Rendzinierung* sind folgende äußere Bedingungen erforderlich:

1. Der Kalkanteil des stark zerkleinerten Ausgangssubstrats muß auf biologischem oder mechanischem Wege mit organischen Stoffen und dem silikatischen Gesteinsanteil vollständig vermischt werden. Eine solche Vermischung ist besonders bei lockeren Kalkgesteinen und innerhalb des Kolluviums am Hangfuß (vgl. Abbildung 56) leicht möglich. Auf dichten und sehr harten Kalken vollzieht sich dieser Prozeß sehr langsam (= Entwicklung flachgründiger Rendzinen).
2. Im Bergland des gemäßigten Klimas sind Rendzinen hauptsächlich an Hangbereiche gebunden. Besonders typisch sind sie auf den Kolluvien der Unterhänge ausgeprägt, während am Oberhang schwach entwickelte Rendzinen oder gar erosiv beeinflußte Lithosole auftreten.

Das Verhalten der Kalkgesteine gegenüber der Verwitterung wirkt sich in besonderem Maße auf den Prozeß der Bodenbildung aus. Während aus kalkhaltigen Sandsteinen die Karbonate sehr leicht ausgewaschen werden und ein lockeres sandiges Substrat entsteht, das leicht der Rendzinierung und später der Verbraunung unterliegt, ist für Kalkmergel eine schnelle mechanische Verwitterung mit Bildung einer lockeren Masse karbonathaltigen Tons mit hohem Kalkanteil charakteristisch. Die Verwitterung tonarmer, harter, kristalliner Kalke verläuft wiederum anders. Da in ihnen der silikatische Anteil sehr gering ist, vergeht bis zur Herausbildung eines entsprechend mächtigen humushaltigen Bodenhorizontes lange Zeit. Außerdem wird der sich entwickelnde Boden durch erosive Vorgänge meist wieder in seiner Mächtigkeit dezimiert bzw. umgelagert.

Auch die Vegetation beeinflußt die Rendzinierung in entscheidendem Maße. Sobald die sich bei ihrer Zersetzung bildenden organischen Säuren in größerem Umfang auftreten und möglicherweise die Kalziumvorräte im Boden begrenzt sind, vollzieht sich der Dekarbonatisierungsprozeß sehr rasch. Sind die Verhältnisse aber umgekehrt, dann werden die organischen Stoffe in unlösliche Formen überführt und so stabilisiert. Die Huminsäuren bilden mit Tonmineralen sehr widerstandsfähige Komplexe, die durch reichlich vorhandene Karbonate vor mikrobiellem Angriff geschützt werden.

Auf diese Art und Weise können sich außerordentlich viele Subtypen von Rendzinen herausbilden. Die *Typische Rendzina* weist folgende Horizontabfolge auf: Ahca – Cca. Das Bodenprofil ist insgesamt nur geringmächtig. Man trifft Rendzinen nur auf Gesteinen, die sowohl karbonat- als auch tonreich sind. Beides ist für die Herausbildung von Kalkmull als Humusform typischer Rendzinen erforderlich. Der 10–30 cm mächtige Humushorizont ist dunkelgrau bis schwarzbraun (6–8 % Humusgehalt, häufig auch bedeutend mehr) und weist viele Kalkbruchstücke auf. Sein Gefüge ist bröcklig bis krümelig. Der pH-Wert liegt am Neutralpunkt oder überschreitet ihn. Kennzeichnend ist eine rege biologische Tätigkeit mit vielen Regenwürmern. Der Horizont ist stark durchwurzelt und enthält stabile Ton-Humus-Komplexe. Allerdings trocknet der Boden rasch aus. Der C-Horizont besteht aus Kalktrümmern oder festem Gestein.

Bei der Rendzinierung ist unter mitteleuropäischen Verhältnissen – hervorgerufen durch zunehmende Verwitterung in Verbindung mit Dekarbonatisierung und Dekalzinierung mit Profilvertiefung – folgende Entwicklungsreihe rekonstruierbar: Rohboden/Primärrendzina (1) → Rendzina (2) → Braunrendzina/brunifizierte Rendzina (3) → Kalkbraunerde (4) → Braunerde (5) → Parabraunerde (6).

A-C-Böden, die aus karbonatisch-silikatischen Mischgesteinen (Löß, Geschiebemergel, Kalkschotter, Kalksand u. a.) hervorgegangen sind, werden als Pararendzinen bezeichnet. Unter gemäßigt-humiden Klimabedingungen stellen Pararendzinen nur ein kurzlebiges Stadium in der Entwicklungsreihe Rohboden/Primärrendzina (1) → Pararendzina (2) → Braunpararendzina (3) → Kalkbraunerde (4) → Braunerde (5) → Sauerbraunerde (6) → Podsolbraunerde (7) dar. In stark erosionsbeeinflußten Agrargebieten, in denen ständig frisches, karbonathaltiges Ausgangsmaterial freigelegt wird, sind derartige Böden weit verbreitet.

Bodenbildungen mit ausgeprägtem A-Horizont auf silikatischen, kalkfreien Substraten werden als *Ranker* (Tiroler Volksausdruck) bezeichnet (Profil: Ah – C). Ranker entwickeln sich im Laufe fortschreitender Verwitterung und Pflanzenbesiedlung aus einem Rohboden und stellen meist – wenn ständige Bodenerosion ausgeschlossen ist – ein kurzlebiges Entwicklungsstadium dar. Die Weiterentwicklung wird in erster Linie durch das Ausgangsgestein und von der Vegetation bestimmt:

Typischer Ranker ↗ Braunranker ⟶ Braunerde
　　　　　　　　　↘ Podsolranker ⟶ Podsol.

Die Eigenschaften der Ranker werden vom Ausgangsgestein geprägt. Ranker auf festen Gesteinen sind flachgründig, stark steinig und weisen nur geringes Wasserspeichervermögen auf. Bei Lockergesteinen bestimmt das Substrat mit seiner unterschiedlichen Korngrößenzusammensetzung in wesentlichem Maße die physikalischen und chemischen Eigenschaften der Böden. Nur in wenigen Gebieten bilden Ranker das Klimaxstadium der Bodenbildung (u. a. im semiariden, im extrem atlantischen sowie im kühl-humiden Klima der Hochgebirge). Land- und forstwirtschaftliche Nutzung bringen aufgrund der geringen natürlichen Fruchtbarkeit dieser Böden nur mäßige Erträge.

3.2.4.4. Anthropogene Bodenbildung und -umformung

Der Boden ist heute meist kein reines natürliches Objekt mehr. Er wird bewirtschaftet und weicht deshalb vom „reinen Naturboden" mehr oder weniger stark ab. *Der Mensch hemmt oder beschleunigt die Bodenentwicklung durch Kulturmaßnahmen* und gibt ihr oft sogar eine völlig andere Richtung. Selbst die Waldböden unterliegen einer Beeinflussung durch den Menschen. Das Ziel solcher anthropogenen Bodenumformungen ist die bessere Nutzung des Ertragspotentials der Böden für gärtnerische, land- und forstwirtschaftliche Produktion zur Befriedigung der Bedürfnisse der Menschen. Der Umfang der Verbreitung der bearbeiteten Böden auf der Erde wird durch Abbildung 77 deutlich.

Der Mensch kann auf die verschiedenste Art und Weise in die Prozesse der Bodenbildung eingreifen. Er kann z. B. die Faktoren der Bodenbildung ändern. Dabei ist wohl die *Änderung des Faktors Vegetation* flächenhaft am bedeutendsten. Durch Waldrodung, Waldweide, Schaffung von reinen Nadelholzforsten, Grünlandwirtschaft in den Talauen und Niederungen, Ackernutzung u. v. a. wird über die Änderung der Vegetation und entsprechende Kulturmaßnahmen die *Bodentierwelt* radikal *verändert* und das *Mikroklima* der bodennahen Luftschicht und des Bodens selbst stark *beeinflußt*. Verminderung der Transpiration und Erhöhung der Versickerung und der Auswaschung sind neben anderen Effekten zu nennen. Umfangreich sind die *Eingriffe des Menschen in den Bodenwasserhaushalt*. Neben Erhöhung des Niederschlages (Beregnungsanlagen) kann die Höhe des Grundwassers durch entsprechende Maßnahmen optimal „eingestellt" oder überflüssiges Stauwasser durch Dränanlagen abgeführt werden. Durch *Reliefausgleich* (Terrassierung, Hohlformverfüllung u. ä.) kann die Wirkung des

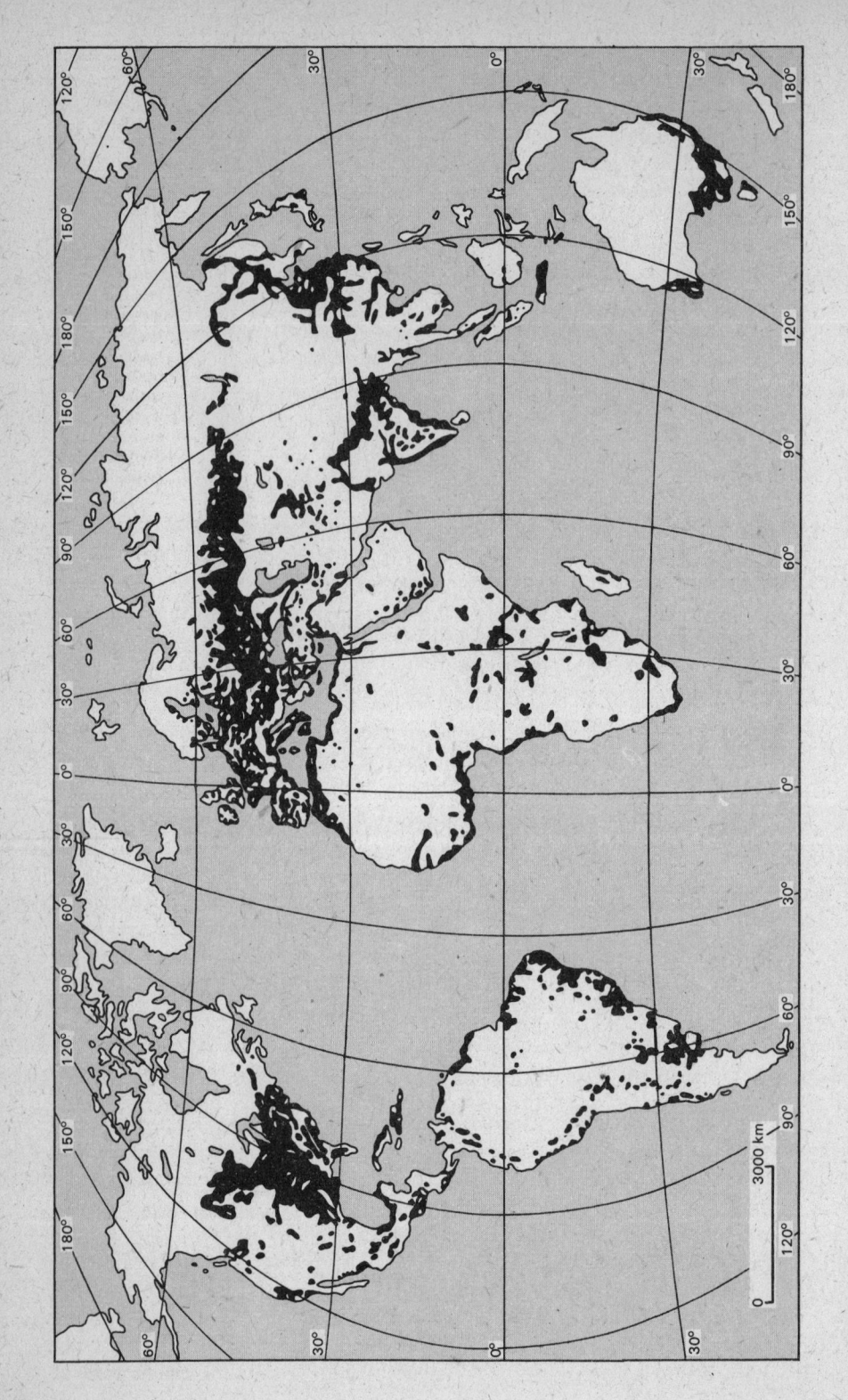

Abbildung 77
Landwirtschaftlich, gärtnerisch und obstbaulich genutzte Böden der Erde
(nach Angaben der FAO, aus GLAZOVSKAJA 1973)

Dimension	Bodensystematik						
		Pedon →	Sub-varietät/ Varietät →	Subtyp/ Typ →	Typengruppe →	Klasse →	Formation/ Abteilung
topisch	Bodengeographie	Polypedon Pedotop (Pedotopgefüge)	qualitative Modifikationen von Bodentypen	Böden mit charakteristischen Horizontabfolgen	Zusammenfassungen von Böden mit bestimmten Horizontabfolgen	Böden mit ähnlichen Horizontabfolgen	Böden mit gleicher Hauptrichtung der Perkolation bzw. mit gleichen Haupttendenzen des bodenchemischen und biologischen Stoffkreislaufs
chorisch		Pedomikrochore Pedomesochore Pedomakrochore					
regionisch		Pedorayon Pedoprovinz Pedozone Pedogeoregion					
geosphärisch		pedobioklimatischer Gürtel					

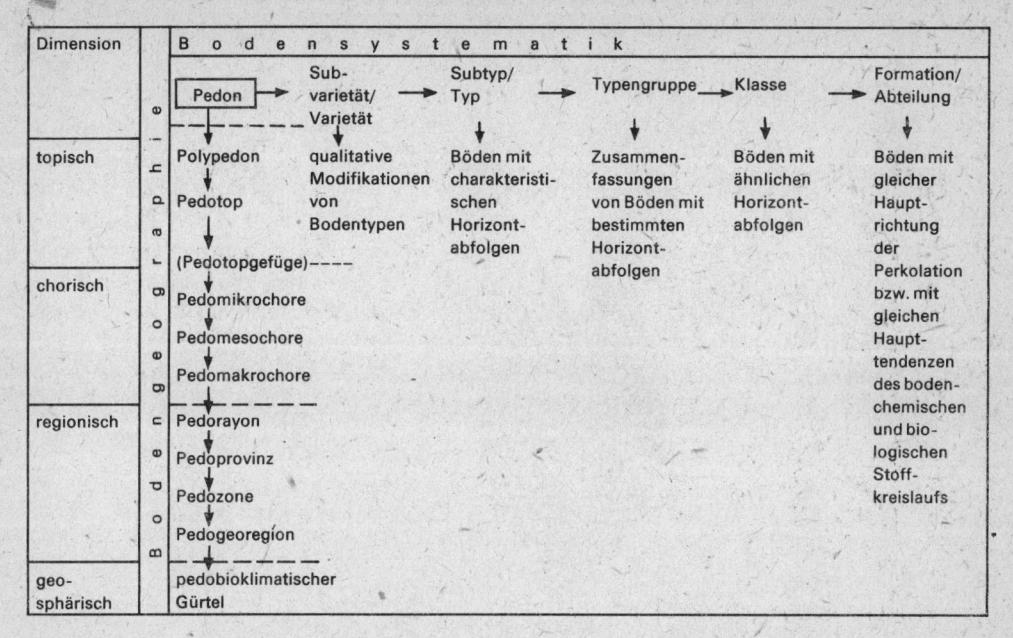

Tabelle 41
Beziehungen zwischen bodensystematischen und bodengeographischen Einheiten

Reliefs aufgehoben oder zumindest abgeschwächt werden. Selbst das Gestein als Ausgangsmaterial der Bodenbildung vermag der Mensch in gewissem Grade zu verändern, indem er z. B. Moore abtorft oder übersandet, sandige Böden mit tonigen Substraten (z. B. Bentoniten) oder mit Schlick überdeckt und damit reaktionsfähigeres Material schafft. Unter Umständen kann man hierzu auch die Bodenkalkung und -düngung rechnen, da hierdurch die Kationenaustauschfähigkeit des Substrats gesteigert und der natürlichen Versauerung entgegengewirkt wird. Völlig neue Gesteine werden z. B. bei der Wiederurbarmachung und Rekultivierung von Kippen und Halden des Braunkohlentagebaus bereitgestellt. Selbst durch die Zufuhr von Sedimentationsstaub aus anthropogenen Luftverunreinigungen können Intensität und Richtungen von Bodenbildungsprozessen nachdrücklich verändert werden. So können z. B. die Podsolierungsprozesse durch die Sedimentation kalkhaltiger Stäube weitgehend unterbrochen werden. An Stelle stark saurer Rohhumusdecken findet man bis auf pH 8 aufgekalkte Humusformen. Böden in Straßennähe werden durch Bauschutt, kalkhaltige Stäube sowie durch Streusalze nachhaltig beeinflußt und weisen vielfach Kalkbraunerde-Dynamik auf.

Neben der Änderung einzelner Faktoren der Bodenbildung greift der Mensch umgestaltend in das Gesamtprofil des Bodens ein und *verändert die Horizontierung.* Bei der Inkulturnahme von Podsolen und Braunpodsolen, für die unter Wald z. B. eine Rohhumusauflage und starke Versauerung charakteristisch waren, werden Humusauflage und meist auch Aschhorizont in einer Ackerkrume homogenisiert und durch Kalkung entsäuert. Damit werden die Bodenbildungsprozesse in andere Richtungen gelenkt.

Solchen Veränderungen unterliegen unter humiden Klimabedingungen bei schonender Bodennutzung die meisten Ackerböden. In ihnen ist durch den Aufbau Ca- und Mg-reicher Sorptionsträger, eines stabilen Krümelgefüges und N-reicher Huminsäuren und durch die Schaffung eines ausgeglichenen Wasser- und Lufthaushaltes sowie durch die Gewährleistung einer ausreichenden Nährstoffversorgung die Bodenfruchtbarkeit nachhaltig erhöht worden.

Daneben kann es allerdings zu wirtschaftsbedingten Bodendevastierungen und -degradierungen kommen, wenn falsche Wirtschaftsmaßnahmen erfolgen und rücksichtslose Bodennutzung. Dadurch werden die Böden derartig geschädigt (u. a. Verschlechterung der Huminstoffe, Kationenauswaschung, sekundäre Podsolierung, Verdichten, Versalzung, Alkalisierung), daß Ertragsminderungen, oft auch Ertragslosigkeit, die Folge sind. Solche Verminderungen der Bodenfruchtbarkeit treten als Folge sowohl bodenverändernder (z. B. Degradierung von Braunerden in Podsole infolge Verheidung und Raubbau am Wald), abtragender (z. B. wirtschaftsbedingter Erosion) als auch versalzender oder alkalisierender Prozesse ein (z.B. Entstehung von Salz- und/oder Alkaliböden aus ursprünglich salz- und alkalifreien Böden in ariden Gebieten, meist als Folge unrichtiger Bewässerung). Es ist deshalb notwendig, die Böden bei ihrer Nutzung nicht als weitgehend unabhängige Gebilde zu betrachten, sondern in jedem Falle die jeweils sehr verschieden gestalteten Umweltverhältnisse in den einzelnen Landschaftszonen der Erde mit zu berücksichtigen, durch die sie entstanden sind und durch die sie ihre spezifischen Eigenschaften erlangt haben. Die Böden sind so zu nutzen, daß keine Gefährdung der Bodenfruchtbarkeit eintreten kann, sondern daß die bestehende Fruchtbarkeit erhalten oder vermehrt wird.

3.3. Die räumliche (areale) Struktur der Bodendecke

3.3.1. Allgemeine Wesenszüge und Gliederungsmerkmale der Bodenhülle

Die mit ihren terrestrischen und subhydrischen Böden sowie bodenartigen Bildungen die Erdkruste überziehende Bodenhülle zeigt sich als Durchdringungskörper mehrerer Teilsphären der Landschaftshülle. Der Boden ist ein Produkt der Umwandlung der obersten Lithosphäre in bestimmten erdgeschichtlichen Zeiträumen und bildet sich in Abhängigkeit von den Bildungsfaktoren Gestein, Klima, Wasser, Relief, Tierwelt (einschließlich Bodenfauna), Vegetation und Mensch heraus. Die obere Grenze des Bodens ist durch das Relief gegeben, als untere Grenze ist die Untergrenze der Einwirkung bodenbildender Prozesse, d. h. im wesentlichen der beginnende C-Horizont, anzunehmen.

Mit der regionalen Wandlung der Landschaftshülle und ihrer Genese, aktuellen Dynamik sowie der räumlichen Differenzierung der bodenprägenden Einflußfaktoren wandelt sich auch der Charakter des Bodens selbst. Im kleinräumigen Wechsel können z. B. – substratwechselbedingt – Kalkschuttrendzinen unmittelbar an Lößfahlerden oder – bodenwasser- und reliefbedingt – Lößstaugleye an Lößfahlerden grenzen. In der großregionalen Abfolge der Klimazonen gehen die Bereiche dominierender Podsolierung in die der Verbraunung und Lessivierung und die der Schwarzerdebildung über, wobei sich innerhalb solcher zonaler Großabfolgen erhebliche gesteins-, relief-, bodenwasser-, lokalklima-, vegetations- und nutzungsbedingte subordinierte Differenzierungen zeigen.

Der genannte gesetzmäßige Wandel der Bodendecke veranlaßt die zur wissenschaftlichen Klärung der Struktur und Genese der Bodendecke und für die land- und forstwirtschaftliche optimale Nutzung derselben notwendigen Frage nach den räumlichen (arealen) Gliederungs- und Ordnungsprinzipien der Bodendecke. Durch Herausarbeiten von arealen, bodengeographischen Einheiten verschiedener inhaltlicher Ausstattung und innerer Gliederung, Komplexitäts- und Heterogenitätsstufen, Größendimensionen und Lagebeziehungen zu den bodenbildenden Faktoren und damit verschiedenartiger Genese im Verlauf der Landschaftsentwicklung wird versucht, darauf eine Antwort zu finden. Hervorzuheben sind dabei insbesondere zwei Richtungen der bodengeographisch-räumlichen Analyse der Bodendecke (Tabelle 41).

Die topologisch-chorologische Richtung fragt nach den einfachsten räumlichen Grundbausteinen der Bodendecke und ihrer Aggregierung mit benachbarten Einheiten unter den Aspekten landschaftsgenetischer und -ökologischer Verwandtschaft sowie nach den Gesetzmäßigkeiten der Vergesellschaftung zu hierarchisch übergeordneten komplexen und damit zugleich heterogenen Arealen bzw. Raumeinheiten der Bodendecke. Derartige heterogene Areale stellen je nach dem Aggregierungsgrad chorische Einheiten unterer oder oberer hierarchischer Ordnungsstufe dar (vgl. Band 6 Studienbücherei Geographie – Kapitel 1.).

Die regionische Richtung fragt nach der Bindung aller innerhalb topischer und chorischer Bodeneinheiten auftretenden Böden an gemeinsame Bodenbildungsbedingungen während der Landschaftsgenese, wie sie vor allem durch biotisch-klimatische Faktoren und geomorphologisch-geologische (morphostrukturelle) Faktoren gegeben sind. Dieses Vorgehen ist vergleichbar mit der Herausarbeitung der unterschiedlichen Fazies der Gesteine oder der Reliefformen in der Geologie und der Geomorphologie.

Entsprechend der linienhaft-abrupten oder großräumig-kontinuierlichen Abwandlung der Bodenbildungsfaktoren – Gesteinsgrenzen, Reliefgrenzen oder Nutzungsgrenzen können im Bereich einiger Meter liegen, großklimatische Wandlungen im Raum vollziehen sich über breite Übergangsräume in der Größenordnung von vielen Kilometern – treten die Grenzen zwischen den ausgeschiedenen bodengeographischen Regionaleinheiten als scharfe Grenzen oder als breite Grenzsäume auf. Diese Tatsache muß neben anderen bei der Bodenkartierung beachtet werden.

3.3.2. Die topologisch-chorologische Raumgliederung der Bodendecke

Bei der Übertragung der am einzelnen Bodenprofil gewonnenen Erkenntnisse auf die Fläche bedient sich die Bodengeographie der Vorstellung vom Pedon. Als *Pedon* wird ein Ausschnitt aus der Bodendecke mit hexagonalem Grundriß angesehen, dessen laterale Ausdehnung genügend groß ist, um alle typbestimmenden (genetischer Bodentyp mit charakteristischen Horizontfolgen und Substrattyp, d. h. Gesamttyp der Bodenform) und alle für die gegebene Lokalität lokal-individuellen Bodenmerkmale (Varietäten und Subvarietäten des Typs bzw. Subtyps) zu zeigen. Bei welliger Ausbildung der Bodenhorizontgrenzen sind mindestens zwei Schwankungszyklen derselben einzubeziehen, damit die Variationsbreite der Ausprägung der Horizonte innerhalb des konkret an der Lokalität vorhandenen Bodens erfaßt wird (s. Abbildung 78). Die natürliche seitliche Ausdehnung desselben Bodens greift in der Regel über die Grenzen des Pedons hinaus, dessen nach obigen Gesichtspunkten begrenzte Fläche je nach der Art des Bodens $1-30$ m^2 groß sein kann.

Durch das Übergreifen der für ein bestimmtes Pedon charakteristischen Bodenmerkmale auf eine größere Fläche mit gleicher Ausstattung ergibt sich das *Polypedon*, ein elementares Bodenareal, in dem die Bodenmerkmale auf den untersten bodensystematischen Ebenen (Varietät, Subvarietät) im wesentlichen einheitlich sind und das von andersartigen Polypedons oder bodenfreien Bereichen umgrenzt wird.

Wegen ihrer meist geringen Flächengröße und stark zerlappten Grundrißgestalt sind Polypedons in der Regel auch bei sehr großmaßstäbiger Erkundung und praxisbezogener Kartierung schwer darstellbare Gebilde. Lokale Variationen der Profilausprägung und damit verbunden nicht im Einklang mit wesentlichen Bodenbildungsfaktoren (z. B. Arealgrenzen

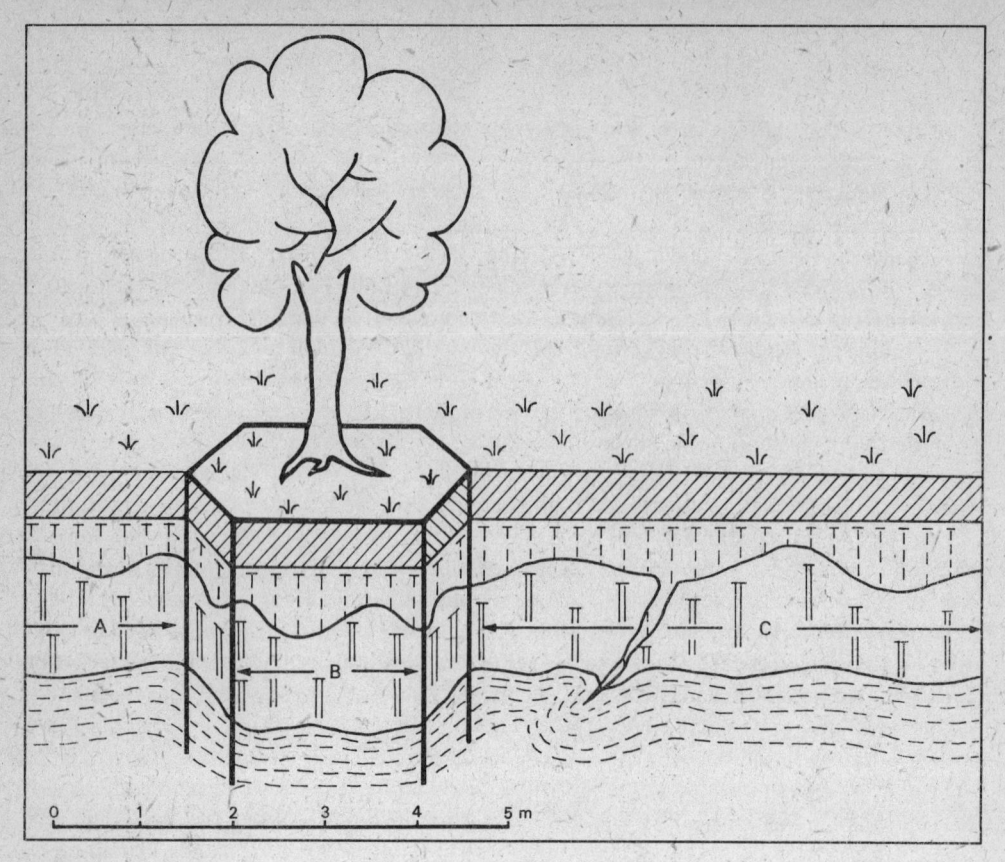

Abbildung 78
Schema eines Pedons

wichtiger typprägender Relief-, Substrat-, Lokalklima-, Vegetationsgesellschaften) befindliche Grenzverläufe können der Herausarbeitung klarer Beziehungen bzw. Arealkongruenzen zwischen Bodenstruktur und -genese und Landschaftsdynamik hinderlich sein.

Als bodengeographische räumliche Grundeinheit wird daher der *Pedotop* verwendet. Als solcher ist ein arealer Ausschnitt aus der Bodendecke (z. B. Lößfahlerde auf Plateau mit geringfügigen Einschlüssen schwach stauvergleyter Partien) zu verstehen, der durch ein Polypedon charakterisiert wird und entweder nur aus diesem (monomorphe Pedotope) oder zusätzlich aus flächenhaft untergeordnet auftretenden abweichenden, formal stark ähnlichen und ökologisch verwandten Polypedons (als Einschlüsse oder Randstreifen) besteht (polymorphe Pedotope – Abbildung 79). Damit ist der Pedotop als bodengeographische Grundeinheit eine im wesentlichen einheitliche (quasi homogene) Arealeinheit mit gleichem Ressourcencharakter, deren Arealgrenzen mit denen bodenbildender Einflußfaktoren kongruent sind und deren Fläche praktisch nicht mehr sinnvoll unterteilbar ist. Die Kennzeichnung der Pedotope erfolgt vorrangig durch die topprägende Bodenform, die Lagebeziehungen und Arealausdehnung des Tops, durch seine genetische Entwicklung und aktuelle Dynamik.

Als räumliche Assoziation sind mehrere ähnliche oder auch stärker unterschiedliche, jedoch in höherem oder geringerem Maß geoökologisch verwandte Pedotope zu *Pedochoren* ag-

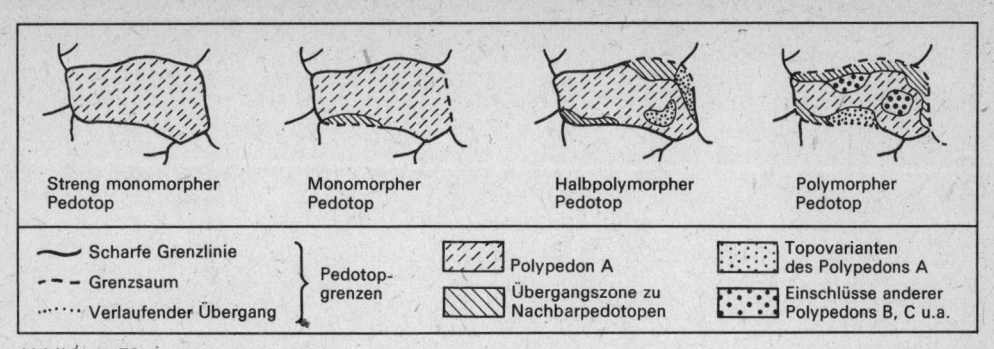

Abbildung 79
Mono- und polymorphe Pedotope
(nach HAASE und SCHMIDT 1971)

gregiert. *Pedotopgefüge* (Elementargefüge, Nanochore) sind die chorische Arealeinheit unterster Ordnung. Sie vereinen solche Pedotope, die vor allem aufgrund der Substrat- und Reliefbedingungen und starker genetischer Zusammenhänge durch lateralen Stoffaustausch miteinander verbunden und benachbart angeordnet sind, allerdings aber auch stärkere relief- und substratbedingte Kontraste hinsichtlich der Bodenwasserverhältnisse aufweisen können. Als Beispiele (Abbildung 80) können die Decklöß-Schwarzerde-Löß-Rendzina-/Kolluviallöß-Schwarzerde-Gesellschaft einer schwach reliefierten Platte (= *Plattengefüge*) ebenso dienen wie die Sandlehm-Schwarzerde-/Amphigley-Gesellschaft eines Tälchens (= *Senkengefüge*) oder die Bergsalm-Braunerde-/Decklöß-Fahlerde-Gesellschaft eines Hanges (= Hanggefüge).

Gleiche und durch übergeordnete genetische Rahmenbedingungen verwandte chorische Einheiten unterer Ordnung und Pedotope treten zu Pedochoren höherer Ordnungsstufe zusammen (Mikro-, Meso-, Makrochoren). So bauen regelhaft sich wiederholende Platten- und Senkengefüge der oben genannten Art die Pedochore höherer Ordnung eines lößbedeckten, zertalten Plateaus auf, an die sich als benachbarte Pedochore gleicher höherer Ordnung die eines das Plateau überragenden zertalten Berges mit Lößschleier und durchragendem Grundgebirge und typischem Wechsel von Hang- und Senkengefügen anschließen mag. Die Genese des Plateaus und seine Lößbedeckung sind in Verbindung mit den gleichartigen klimatischen Verhältnissen die gemeinsamen Rahmenbedingungen für die Pedochore.

Für die *Kennzeichnung der chorischen Bodeneinheiten* (vgl. SCHMIDT u. a. 1974) sind die Charakteristika der sie aufbauenden Tope und subordinierten chorischen Einheiten (Inhalts- bzw. Inventarkennzeichnung), die Kennzeichnung des Arealgefüges und die der Lagebeziehungen sowie die der Arealausdehnung und Genese der gesamten Chore wichtig. Bei der Inventarkennzeichnung werden die auftretenden Bodenformen als dominierende, genetisch und ökologisch wesentliche *Leitbodenformen* und als Begleitbodenformen unterschieden. Dabei ist der Kontrast (Hydromorphiekontrast, Substratkontrast) innerhalb der Chore bzw. zwischen ihren Bodenformen ein wichtiges Merkmal. Die Kennzeichnung der arealen Struktur umfaßt die der qualitativen (Mosaik, Gefügemuster) und die der quantitativ faßbaren Merkmale (Mensur). So wird das *Mosaikgefüge* nach dem Grundtyp der lateralen Beziehungen zwischen den arealen Baueinheiten der Chore (z.B. Substrat- oder Wassertransporte) in Platten-, Senken- und Hanggefüge (s. Abbildung 80) eingeteilt. Nach der Konfiguration der Grundrisse und der Anordnung der Bauelemente lassen sich konzentrische, gefiederte bzw. dendritische, gestreifte u. a. Muster unterscheiden (vgl. Abbildungen 31 und 80), die sich den genannten drei Grundtypen zuordnen lassen und Ausdruck der Landschaftsgenese sind. Der

Gefügegrundtypen

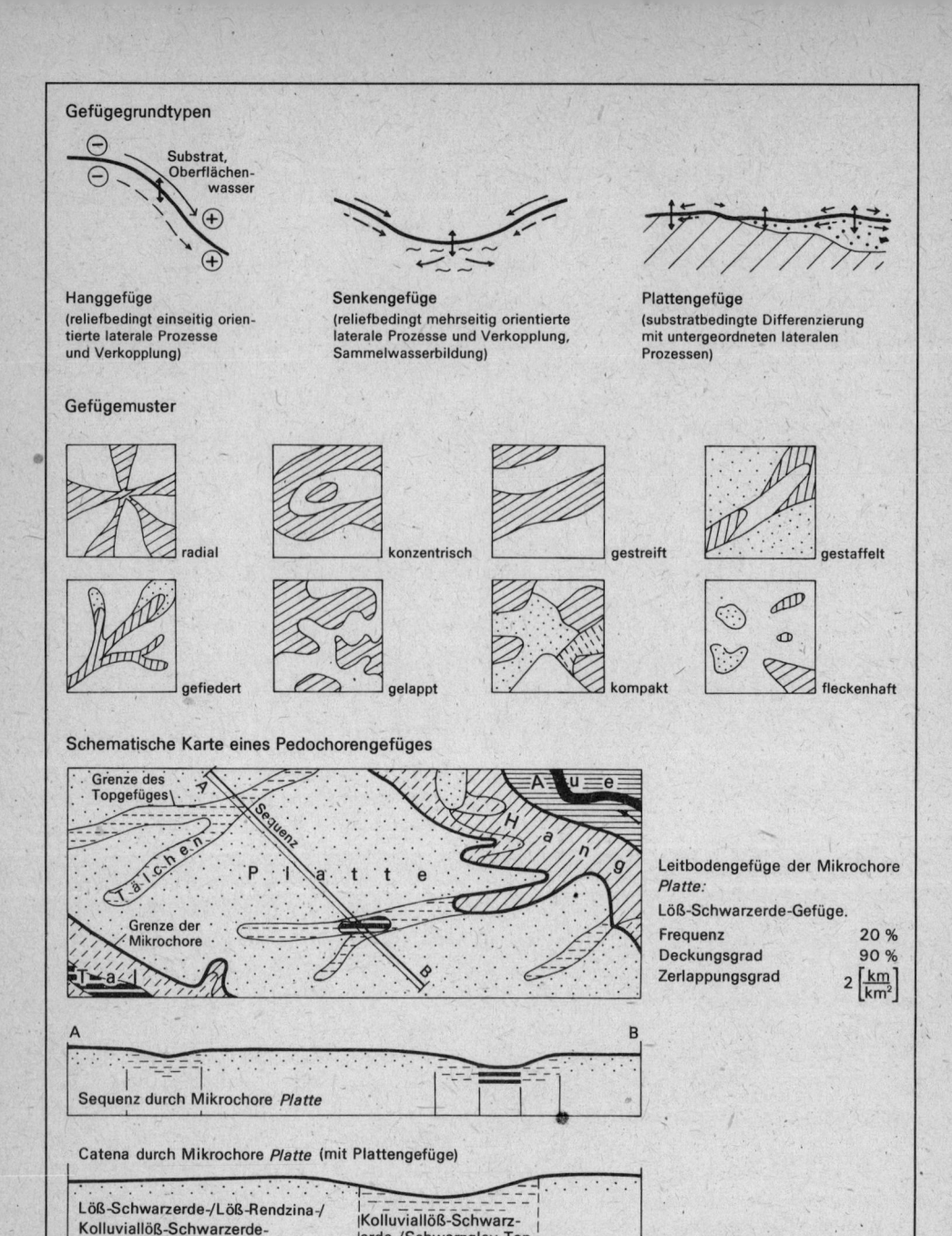

Hanggefüge
(reliefbedingt einseitig orientierte laterale Prozesse und Verkopplung)

Senkengefüge
(reliefbedingt mehrseitig orientierte laterale Prozesse und Verkopplung, Sammelwasserbildung)

Plattengefüge
(substratbedingte Differenzierung mit untergeordneten lateralen Prozessen)

Substrat, Oberflächenwasser

Gefügemuster

radial — konzentrisch — gestreift — gestaffelt

gefiedert — gelappt — kompakt — fleckenhaft

Schematische Karte eines Pedochorengefüges

Grenze des Topgefüges
Tälchen
Sequenz
Platte
Hang
Aue
Grenze der Mikrochore

Leitbodengefüge der Mikrochore *Platte:*
Löß-Schwarzerde-Gefüge.
Frequenz 20 %
Deckungsgrad 90 %
Zerlappungsgrad 2 $\left[\frac{km}{km^2}\right]$

Sequenz durch Mikrochore *Platte*

Catena durch Mikrochore *Platte* (mit Plattengefüge)

Löß-Schwarzerde-/Löß-Rendzina-/Kolluviallöß-Schwarzerde-Topgefüge (Plattengefüge)

Kolluviallöß-Schwarzerde-/Schwarzgley-Topgefüge (Senkengefüge)

Abbildung 80
Areales Gefüge der regionalen Bodeneinheiten

Zerlappungsgrad (Grenzlänge pro Fläche) präzisiert als quantitatives Maß die grundrißliche Arealgliederung. Als *Mensurmerkmale* werden die Frequenz (= Häufigkeit; Abundanz = absolute, Dominanz = relative Häufigkeit), der Deckungsgrad (Flächenanteil), die durchschnittliche Flächengröße und die Verbreitungsdichte (durchschnittlicher Flächenanteil pro km^2) der die Chore aufbauenden subordinierten Einheiten (Pedotope, Pedochoren unterer Ordnung) benutzt.

Bodensequenz und *Bodencatena* (s. Beilage) sind als Mittel zur Erkundung und Darstellung raumstruktureller Merkmale pedochorischer Areale von besonderer Bedeutung. Bodensequenzen sind streifenartige räumliche Abfolgen von Böden, bodenbildenden Faktoren und lateralen Beziehungen in nicht unterbrochener realer topographischer Kontinuität. Die regelhafte Abfolge der Böden und Bodendynamik beispielsweise einer Chore mit typischem Hanggefüge mit reliefabhängig gravitationsbestimmten, positionsgebundenen Prozessen („*Toposequenz*") kann so ebenso konkret exemplarisch erfaßt werden wie großräumige Wandlungen durch klima- und reliefexpositionsabhängige Änderungen der Strahlung, Temperatur und der Niederschläge. Die Beilage zeigt Bodensequenzen aus der Umgebung von Halle. Die Bodencatena bietet als Ableitung (Abstraktion) aus mehreren konkreten Bodensequenzen die allgemeine, typische bzw. normhafte lineare Abfolge von Baueinheiten innerhalb einer chorischen Einheit der Bodendecke. Sie ist ein verallgemeinernder schematischer Profilschnitt, der die regelhafte Verkettung in verschiedenen Abschnitten einer Pedochore zusammenfassend zum Ausdruck bringt. Bodencatenen sind damit wesentliche methodische Hilfsmittel zur Abbildung der typischen Verkettung in Pedochoren. Musterhaft sind derartige Bodenablagerungen bei SEMMEL (1983) wiedergegeben.

3.3.3. Die regionische Ordnung der bodengeographischen Areale

So wie unter humid-gemäßigten mitteleuropäischen Bedingungen mit Bodenbildungstendenzen zur Verbraunung und Lessivierung zugleich auch Grundwasserböden, rendzinaartige u. a. Böden auftreten, kommen solche Abweichungen von der klimatischen Generaltendenz auch in den anderen Klimabereichen vor. Das Gemeinsame mitteleuropäischer Kalksteingebiete ist die Rendzinierungstendenz, daneben treten Verbraunung, Auenbodenbildung u. a. auf. Die regionische Ordnung der chorischen (und topischen) Einheiten der Bodendecke geht von den biotisch-klimatischen und den relief-/gesteinsbezogenen Gemeinsamkeiten und damit auch gemeinsamen landschaftsgenetischen Grundzügen aus, die sich vor allem im Inventar (Leitbodenformen und ihre Frequenz) ausdrücken.

Als Grundeinheit der regionalen Gliederung und Ordnung wird die *Pedoregion* (Pedorayon) verwendet, die durch eine charakteristische, zugleich biotisch-klimatisch wie lithologisch-geomorphologisch bedingte „Normbödenbildung" auf großen Arealanteilen dieser Raumeinheit gekennzeichnet ist. Für die Schwarzerderegion des Harzvorlandes mit ihren spezifischen Klima-, Substrat- und Reliefverhältnissen und ihrer Landschaftsgenese tritt die Schwarzerde als Leitbodentyp, als Normboden, auf. Arealgefüge und Inventar der Regionen werden durch die entsprechende Kennzeichnung der in ihnen auftretenden typischen chorischen und topischen Einheiten und ihrer Leit- und Begleitbodenformen charakterisiert.

Das Prinzip der Regiongliederung der Bodendecke läßt sich am Beispiel der DDR wie folgt darstellen. Die unterschiedliche Landschaftsgenese in Verbindung mit unterschiedlicher tektonischer Entwicklung und Reliefgenese führte zu charakteristischen Unterschieden bei den pedologisch relevanten Gesteins- und Reliefverhältnissen: Mittelgebirge mit Grobschuttdecken; mehr oder weniger lößüberdeckte Plateaus und Schichtstufengebiete der Trias und zertalte Plateaus des Erzgebirgsvorlandes; löß- und sandlößüberdeckte Moränen- und Terrassenplatten und Becken im mittleren Bereich; flache treibsandüberdeckte glazifluviale Niederungen und Platten, Moränenplatten und -hügelländer im glazial geprägten Tiefland. Geringe Maritimität im Lee von Thüringer Wald und Harz und im Osten des Tieflandes und stärkere Maritimität in den oberen und Kammlagen der Mittelgebirge seit den frühen postglazialen Bodenbildungsphasen bis heute sowie Grundwassereinfluß in den Niederungen bedingen weitere spezifische Bodenbildungstendenzen. Im Kreuzungsraum der Grenzen dieser Merkmalsareale befinden sich die Bodenregionen der DDR, von denen die Fahlerde-/Staugleyregionen der küstennahen Moränenplatten, die Fahlerderegionen der Endmoränengebiete, die Podsolregionen der Sanderplatten, die Grundgleyregionen der großen Niederungen, die Schwarzerderegionen des Harzvorlandes und des Thüringer Beckens, die Fahlerde-/Staugleyregion des Erzgebirgsvorlandes, die Fahlerderegion der östlichen Lößplatten, die Rendzinaregionen der Kalkstein- und Gipsgebiete und die Braunerde- und Braunpodsolregionen der Mittelgebirge vorrangig zu nennen sind (Bezeichnung nach den Normböden). Trotz ihrer relativ geringen Höhe zeigen die Mittelgebirge der DDR Höhenstufendifferenzierungen, die an die rezente Klimahöhenstufung und die mit pleistozän-kaltzeitlichen Klimaverhältnissen verbundene Höhenzonierung der periglaziären Decksedimente geknüpft sind. So lassen sich die untere Löß-Staugleystufe, die Berglehm-Braunerdestufe und die obere Berglehm-Braunpodsolstufe deutlich unterscheiden.

Überwiegend nach klimazonalen Aspekten lassen sich die bodengeographischen Raumeinheiten (Choren, Regionen) zu *Pedozonen* zusammenfassen. Spezifische Ausprägung der Strahlung und der hygrothermischen, vor allem der thermischen Verhältnisse und damit auch der Vegetation sowie der Stoffumlagerungs- und -umwandlungsprozesse führen zu zonenspezifischen Bodenbildungsprozessen und zonentypischen Böden (vgl. Abschnitt 3.3.2.) mit relativ hohem Deckungsgrad, die zusammen mit anderen Böden das Inventar der Regionen dieser Zonen bestimmen.

Als *Pedoprovinzen* werden großräumige bodengeographische Einheiten zusammengefaßt, die sich durch den in starkem Maße meridionalen Wandel von maritim zu kontinental geprägten Gebieten ergeben. Spezifische thermische und vor allem hygrische Bedingungen führen zu charakteristischen Leitbodenbildungen.

Großregionale Einheiten, die sowohl nach Kriterien der Zonalität als auch nach solchen der Provinzialität begrenzt sind, können als Pedogeoregionen bezeichnet werden (z. B. mäßig kontinentaler Bereich der Schwarzerden mit geringerer Humusmächtigkeit und stärkerer Degradierung, hochkontinentaler Bereich der Schwarzerden).

Die Gebirge als charakteristische morphostrukturelle Einheiten der Erdkruste weisen starke Abweichungen vom Prinzip der Zonalität und Provinzialität auf. Diese Abweichungen sind vor allem bedingt durch ihre biotisch-klimatischen Höhenstufen und durch die Dominanz steiler Hänge mit kräftigen Abtragungsvorgängen wie auch durch das Zurücktreten feinkörniger Lockersedimente als Ausgangssubstrate der Bodenbildung. Vergleichbar mit der planetarischen Zonalität der Böden zeigen Gebirge mit vorhandener klimatischer Höhenzonierung *zonenartige Pedo-Höhenstufen* mit entsprechenden Leittendenzen der Bodenbildung und Normböden. Die Abfolge Lößfahlerde–Braunerde–Sauerbraunerde–Podsol–Ranker vom Fuß zur Kammregion der Hohen Tatra bietet ein Beispiel für eine derartige Höhenzonierung. Luv-Lee-Effekte schaffen den Provinzen vergleichbare Differenzierungen innerhalb der Höhenstufen, so daß in großen Gebirgen auch pedogeoregionartige Einheiten ausscheidbar sind. Die Differenzierung der Böden der Gebirge innerhalb der Höhenstufen nach charakteristischen relief- und gesteinsabhängigen Bildungsbedingungen führt zu regionartigen Einheiten mit spezifischen Bodengesellschaften.

4. Literaturverzeichnis

ANDREAE, B.
  Die Bodenfruchtbarkeit in den Tropen. Hamburg, Berlin [West] 1965.
ASHGIREI, G. B.
  Strukturgeologie. Berlin 1963.
Atlas Deutsche Demokratische Republik. Lieferung I. u. II. Karten 2, 3, 4, 5, 6. Gotha/Leipzig 1976/77 u. 1981.
Atlas der Erdkunde. Gotha/Leipzig 1975.
Atlas der Geologie. Mannheim 1968.
Atlas Počv SSSR. Moskva 1974.
BARSCH, H.
  Bodengeographie. T. I: Bodenkundliche Grundlagen. Potsdam 1975. (Lehrbriefe f. d. Fernstudium d. Lehrer)
BASENINA, N. V. [Hrsg.]
  Geomorfologičeskoe kartirovanie. Moskva 1977.
BAUMANN, L., und G. TISCHENDORF
  Einführung in die Metallogenie. Leipzig 1976.
BEISER, A., und K. B. KRAUSKOPF
  Introduction to Earth Science. New York 1975.
BELOUSOV, V. V.
  Osnovy geotektoniki. Moskva 1975.
BILLWITZ, K., R. DIEMANN und S. SLOBODDA
  Methodik der Bodenprofilaufnahme und Vegetationsanalyse. Eine Einführung in boden- und vegetationskundliche Geländeübungen in der Grundstudienrichtung Diplomlehrer für Geographie. Potsdam 1984.
BLACK, C. A.
  Soil – plant relationships. New York 1968.
BLEI, W.
  Erkenntniswege zur Erd- und Lebensgeschichte – Ein Abriß. Wiss. Taschenbücher 219. Berlin 1981.
BLUM, W. E., und R. GANSSEN
  Bodenbildende Prozesse der Erde, ihre Erscheinungsformen und diagnostischen Merkmale in tabellarischer Darstellung. Die Erde, 103, 1972, 1, S. ....
BLUME, H.-P., und E. SCHLICHTING
  Zur Bezeichnung von Bodenhorizonten. Zschr. f. Pflanzenernährung u. Bodenkunde, 1976, 6, S. 739–747.
BÖGLI, A.
  Karsthydrographie und physische Speläologie. Berlin [West], Heidelberg, New York 1978.
BRINKMANN, R. u. a. [Hrsg.]
  Lehrbuch der Allgemeinen Geologie. Bd. I: Festland – Meer. 2. Aufl. Stuttgart 1974. Bd. II: Tektonik. Stuttgart 1972. Bd. III: Magmatismus – Umbildung der Gesteine. Stuttgart 1967.
BRINKMANN, R.
  Brinkmanns Abriß der Geologie. Bd. 1: Allgemeine Geologie. 13. Aufl., neubearb. v. W. ZEIL. Stuttgart 1984.
BRINKMANN, R.
  Brinkmanns Abriß der Geologie. Bd. 2: Historische Geologie. 12./13. Aufl., neubearb. v. K. KRÖMMELBEIN. Stuttgart 1986.
BRUNNER, H.
  Geomorphologie. T. 1 u. 2. Potsdam 1973 u. 1975. (Lehrbriefe f. d. Fernstudium d. Lehrer)
BUBNOFF, S. v.
  Einführung in die Erdgeschichte. Berlin 1956.
BUBNOFF, S. v.
  Grundprobleme der Geologie. Berlin 1956.
BÜDEL, J.
  Das natürliche System der Geomorphologie. Würzburg 1971. (Würzburger Geographische Arbeiten; 34)
BÜLOW, K. v.
  Geologie für Jedermann. Leipzig 1956.
CLOOS, H.
  Einführung in die Geologie. Berlin 1936.

CREUTZBURG, N., und K. A. HABBE
Klimatypen der Erde (Karte 1:50 Mio).
In: BLÜTHGEN, J.: Allgemeine
Klimageographie. Berlin [West] 1964.

DEMEK, J. (Hrsg.)
Handbuch der geomorphologischen
Detailkartierung. Wien 1976.

DEMEK, J., C. EMBLETON und
H. KUGLER (Hrsg.)
Geomorphologische Kartierung in mittleren
Maßstäben. Gotha 1982. (Erg.-H. Nr. 282 zu
Peterm. Geogr. Mitt.)

DI GLERIA, J. H., A. KLIMES-SZMIK und
M. DVORACSEK
Bodenphysik und Bodenkolloidik. Jena 1962.

DOBROVOL'SKIJ, V. V.
Geografija počv s osnovami počvovedenija.
Moskva 1968.

DUCHAUFOUR, P.
Précis de pédologie. Paris 1965.

DUCHAUFOUR, P.
L'évolution des sols (Essai sur la dynamique
des profils). Paris 1968.

DUCHAUFOUR, P.
Atlas écologique des sols du monde.
Paris, New York, Barcelona, Milano 1976.

DÜRING, P. H. (Hrsg.)
Geologisches Arbeiten. Bd. I: Grundlagen,
Bd. II: Untersuchungen.
Leipzig 1985

EHWALD, E.
Einige philosophische Probleme in der
Bodenkunde. Sitz.-Ber. d. Dt. Ak. d. Land-
wirtschaftswiss., 13, 1964, 8.

EHWALD, E.
Leitende Gesichtspunkte einer Systematik
der Böden der DDR als Grundlage der land-
und forstwirtschaftlichen Standortgliederung.
Sitz.-Ber. d. Dt. Ak. d. Landwirtschaftswiss.,
15, 1966, 18.

EISSMANN, L.
Das Quartär in der Leipziger Tieflands-
bucht und angrenzender Gebiete um Saale und
Elbe. Berlin 1975. (Schr.-R. f. geol. Wiss.; 2)

Die Entwicklungsgeschichte der Erde.
Brockhaus Nachschlagewerk Geologie. 5. Aufl.,
Leipzig 1981.

FAIRBRIDGE, R. W. (Hrsg.)
The encyclopedia of geomorphology.
New York, Amsterdam, London 1968.

FIEDLER, H. J.
Methoden der Bodenanalyse. Bd. 1.
Dresden 1973.

FIEDLER, H. J., und H. REISSIG
Lehrbuch der Bodenkunde. Jena 1964.

FINNERN, H.
Die Böden der Marsch. Mitt. d. Dt. Bodenkdl.
Ges., 22, 1975, ...

FRIDLAND, V. M.
O strukture (stroenii) počvennogo pokrova.
Počvovedenie, Moskva 1965, 4, S. 15–28.

GANSSEN, R.
Grundsätze der Bodenbildung. Ein Beitrag zur
theoretischen Bodenkunde. Mannheim 1965.

GANSSEN, R.
Bodengeographie mit besonderer
Berücksichtigung der Böden Mitteleuropas.
Stuttgart 1972.

GERASIMOV, I. P. und JU. A. MEŠČERJAKOV
Rel'ef Zemli. Moskva 1967.

GLAZOVSKAJA, M. A.
Počvy mira. Bd. 1 u. 2. Moskva 1972 u. 1973.

GLAZOVSKAJA, M. A.
Počvy zarubežnych stran.
Geografija i sel'skochozjajstvennoe
ispol'zovanie. Moskva 1975.

GLAZOVSKAJA, M. A.
Obščee počvovedenija i geografija počv.
Moskva 1981.

GLAZOVSKAJA, M. A., und S. V. GOLOVENKO
Osnovy počvovedenija i geografija počv.
Moskva 1974.

GREGORY, K. J., und D. E. WALLING
Drainage basin. Form and process.
London 1973.

GRUMBT, E.
Beziehungen zwischen Sedimentationsprozeß
und Gefüge in klastischen Sedimenten. Ber.
dt. Ges. f. geol. Wiss., A 16, 1971,
3–5, S. 297–314.

Grundriß der Geologie der DDR. Bd. 1:
Geologische Entwicklung des Gesamt-
gebietes. Berlin 1968.

GUILCHER, A.
Coastal and submarine morphology.
London 1958.

HAASE, G.
Pedon und Pedotop. Bemerkungen zu
Grundlagen der regionalen Bodengeographie.
In: H. BARTHEL (Hrsg.): Landschafts-
forschung. Gotha/Leipzig 1968, S. 57–76.
(Erg.-H. Nr. 271 zu Peterm. Geogr. Mitt.)

HAASE, G.
Die Arealstruktur chorischer Naturräume.
Peterm. Geogr. Mitt., 120, 1976, 2,
S. 130–135.

HAASE, G., I. LIEBEROTH und R. RUSKE
Sedimente und Paläoböden im Lößgebiet.
In: H. RICHTER u. a. (Hrsg.): Periglazial
– Löß – Paläolithikum im Jungpleistozän
der Deutschen Demokratischen Republik.
Gotha/Leipzig 1970, S. 99–212. (Erg.-H.
Nr. 274 zu Peterm. Geogr. Mitt.)

HAASE, G., und R. SCHMIDT
Bodenregionen in der DDR. Archiv f. Acker-
und Pflanzenbau und Bodenkunde, 15, 1971,
1, S. 885–895

HAGEDORN, J., und H. POSER
Räumliche Ordnung der rezenten geomorphologischen Prozesse und Prozeßkombinationen
auf der Erde. Göttingen 1974. (Abh. d. Ak.
d. Wiss. Göttingen, math.-phys. Kl., III.
F.; 29)

HENDL, M., J. MARCINEK und E. J. JÄGER
Allgemeine Klima-, Hydro- und Vegetations-
geographie. Gotha/Leipzig 1978.
(Studienbücherei. Geographie f. Lehrer; 4)

HOHL, R.
Unsere Erde – Eine moderne Geologie. 3. Aufl.,
Leipzig 1983.

JAKUCS, L.
Morphogenetics of karst regions.
Budapest 1977.

JUBELT, R., und P. SCHREITER
Gesteinsbestimmungsbuch. 7. Aufl., Leipzig
1984.

KATZUNG, G.
Zyklizität und Rhythmizität sedimentärer
Abfolgen. Ber. dt. Ges. d. geol. Wiss.,
A 16, 1971, 3–5, S. 265–295.

KEIL, K.
Geotechnik. Halle 1960.

KETTNER, R.
Allgemeine Geologie. Bd. 1–4. Berlin 1958
und 1960.

KLENGEL, K. J.
Frost und Baugrund. Berlin 1968.

KÖSTER, E., und H. LESER
Geomorphologie V. Bd. I. Labormethoden.
Braunschweig 1967.

KOVDA, V. A.
Osnovy učenija o počvach. Bd. 1 u. 2.
Moskva 1973.

KRAUS, E. C.
Die Entwicklungsgeschichte der Kontinente
und Ozeane. Berlin 1971.

KRUMBIEGEL, G., und H. WALTHER
Fossilien – Urkunden vergangenen Lebens.
3. Aufl. Leipzig 1984

KUBIENA, W.
Bestimmungsbuch und Systematik der Böden
Europas. Stuttgart 1953.

KUGLER, H.
Die geomorphologische Reliefanalyse als
Grundlage großmaßstabiger geomorpholo-
gischer Kartierung. Leipzig 1964.
(Wiss. Veröff. d. Dt. Inst. f. Länderkunde,
N.F.; 21/22)

KUGLER, H.
Die geomorphologische Reliefcharakteristik
im Atlas DDR. Geogr. Berichte 22, 1977,
3, S. 187–197.

KUGLER, H. u. a.
Interpretation von Fernerkundungsdaten für
Geomorphologische Landschaftsanalyse.
Dresden 1983. (Geofernerkundung; 7. Lehr-H.)

KUNDLER, P.
Die Waldbodentypen der Deutschen Demokratischen Republik. Radebeul 1965.

LAATSCH, S.
Dynamik der mitteldeutschen Mineralböden.
Dresden, Leipzig 1957.

LESER, H.
Feld- und Labormethoden der
Geomorphologie.
Berlin [West] u. a. 1977.

LESER, H., und W. PANZER
Geomorphologie. Braunschweig 1981.
(Das Geographische Seminar).

LIEBEROTH, I.
Die Klassifizierung der Substrate als
Grundlage für eine bessere agrochemische
Beurteilung der Böden in der DDR. In:
Spomenica uz 70 god. Prof. Gračanina. Zagreb
1971.

LIEBEROTH, I.
Bodenkunde. Berlin 1982.

LIEBEROTH, I. u. a.
Hauptbodenformenliste mit Bestimmungs-
schlüssel für die landwirtschaftlich
genutzten Standorte in der DDR. Eberswalde
1973.

LIEDTKE, H.
Die nordischen Vereisungen in Mitteleuropa.
Bonn–Bad Godesberg 1975.
(Forsch. z. dt.
Landeskunde; 204).

LINCK, G., und H. JUNG
Grundriß der Mineralogie und Petrographie.
Jena 1960.

LIVEROVSKIJ, JU. A.
Počvy SSSR. Moskva 1974.

LOBOVA, E. V., und A. V. CHABAROV
   Počvy. Moskva 1983.
LOUIS, H., und K. FISCHER
   Allgemeine Geomorphologie. 4. Aufl.
   Berlin [West] 1979. (Lehrbuch d. Allgemeinen
   Geographie; 1)
MC ALESTER, A. L., und E. A. HAY
   Physical Geology – Principles and
   Perspectives. Englewood Cliffs, New Jersey
   1975.
MACDONALD, G. A.
   Volcanoes. Englewood Cliffs, New Jersey
   1972.
MACHATSCHEK, F.
   Geomorphologie. 10. Aufl. Stuttgart 1973.
MANIA, D., und H. STECHEMESSER
   Jungpleistozäne Klimazyklen im Harzvorland.
   In: Periglazial – Löß – Paläolithikum im
   Jungpleistozän der DDR. Gotha/Leipzig 1970,
   S. 39–55. (Erg.-H. Nr. 274 zu Peterm. Geogr.
   Mitt.)
MARKOW, K. K. u. a.
   Einführung in die allgemeine physische
   Geographie. Gotha/Leipzig 1971.
METZ, K.
   Lehrbuch der tektonischen Geologie.
   Stuttgart 1967.
Mineralische Grundwasser- und Staunässeböden,
   ihre Kennzeichnung, Gliederung und
   Melioration. Tagungsmaterial Rostock.
   Bodenkundl. Ges. d. DDR.
   Berlin 1970.
MOORE, J. G.
   The tropospheric temperature lapse rate.
   Archiv f. Met., Geophysik u. Bioklimat.,
   Ser. A, Bd. 9. Wien 1956, S. 468–470.
MORGENSTERN, H., und J. THIERE
   Horizonte stauvernäßter Kulturböden.
   Albrecht-Thaer-Archiv, 14, 1970, 7, S. ....
MÜCKENHAUSEN, E.
   Entstehung, Eigenschaften und Systematik
   der Böden der Bundesrepublik Deutschland.
   Frankfurt/M. 1962.
MÜCKENHAUSEN, E.
   Die Bodenkunde und ihre geologischen,
   geomorphologischen, mineralogischen und
   petrologischen Grundlagen. Frankfurt/M.
   1975.
MÜLLER, G. (federf. Hrsg.)
   Bodenkunde. Berlin 1980.
NEEF, E.
   Die theoretischen Grundlagen der Land-
   schaftslehre. Gotha/Leipzig 1967.

NEUMANN, R.
   Geologie für Bauingenieure. Berlin 1964.
PAECH, H. J.
   Einführung in die Geologie. Potsdam 1975.
   (Lehrbriefe f. d. Fernstudium d. Lehrer)
PESCHEL, A.
   Natursteine. Leipzig 1977.
PLASS, W. u. a.
   Über Smonice-Vorkommen in Rheinhessen.
   Mitt. d. Dt. Bodenkundl. Ges., 22, 1975.
PRASOLOV, L. I.
   Genezis, geografija i kartografija počv.
   Moskva 1978.
RITTMANN, A.
   Die Vulkane und ihre Tätigkeit. 3. Aufl.,
   Stuttgart 1981.
RODE, A.
   Das Wasser im Boden. Berlin 1959.
RÖSLER, H. J.
   Lehrbuch der Mineralogie.
   2. Aufl. Leipzig 1981.
ROZANOV, B. G.
   Genetičeskaja morfologija počv. Moskva 1975.
RUSKE, R.
   Stand der Erforschung des Quartärs in den
   Bezirken Halle und Magdeburg. Zschr. f.
   geol. Wiss., 1, 1973, 9. S. ....
SCHEFFER, F., und R. SCHACHTSCHABEL
   Lehrbuch der Bodenkunde. Stuttgart 1976.
SCHMIDT, R. u. a.
   Richtlinie für die mittelmaßstäbige
   landwirtschaftliche Standortkartierung.
   Eberswalde-Finow 1974.
SCHNEIDER, G.
   Erdbeben. Stuttgart 1975.
SCHROEDER, D.
   Bodenkunde in Stichworten. Kiel 1978.
SCHULZ, W.
   Gliederung des Pleistozäns in der Umgebung
   von Halle. Berlin 1962. (Geologie, Bei-H. 36)
ŠČUKIN, I. S.
   Obščaja geomorfologija. Bd. 1 u. 2.
   Moskva 1960.
SEIM, R.
   Minerale. 2. Aufl. Leipzig 1987.
SEMMEL, A.
   Grundzüge der Bodengeographie. Stuttgart
   1983.
SIMONOV, JU. G.
   Regional'nyj geomorfologičeskij analizis.
   Moskva 1972.
SPINAR, Z. V.
   Leben in der Urzeit. Leipzig 1975.

SPIRIDONOV, A. I.
  Geomorfologičeskoe kartografirovanie.
  Moskva 1975.
STRAHLER, A. N.
  The earth sciences. New York 1973.
SUDO, N. M.
  Geologie für alle. Moskau,
  Leipzig 1976.
TGL 24300/05. Standortaufnahme von Böden.
TGL 23989.
  Unterirdisches Wasser; Terminologie,
  Formelzeichen und Einheiten.
THIERE, J., und H. MORGENSTERN
  Hydromorphiemerkmale stauvernäßter Böden.
  Albrecht-Thaer-Archiv, 14, 1970, 5, S. ...
TRICART, J.
  Principes et méthodes de la géomorphologie.
  Paris 1965.
TRICART, J., und A. CAILLEUX (Hrsg.)
  Traité de Géomorphologie. Bd. 1–12.
  Paris 1969 ff.
VERSTAPPEN, H. TH.
  Remote sensing in Geomorphology.
  Amsterdam, Oxford,
  New York 1977.
VERSTAPPEN, H. TH.
  Applied Geomorphology. Amsterdam, Oxford,
  New York 1983.
VIETE, G. u. a.
  Geologie. Freiberg 1960.
VILENSKIJ, D. G.
  Geografija počv. Moskva 1961.
VOLOBUEV, V. R.
  Sistema počv mira. Baku 1973.
WAGENBRETH, O.
  Geologisches Kartenlesen und Profilzeichnen.
  Leipzig 1958.

WAGENBRETH, O.
  Technische Gesteinskunde.
  2. Aufl., Berlin 1975.
WEBER, H.
  Die Oberflächenformen des festen Landes.
  Leipzig 1967.
WEIßE, R.
  Gesteinskunde und Gesteinsansprache für
  Geographen. Potsdam 1968. (Lehrbriefe f.
  d. Fernstudium d. Lehrer)
WILHELMY, H.
  Geomorphologie in Stichworten.
  T. I–IV.
  Wien 1972–1975.
WOLDSTEDT, P.
  Das Eiszeitalter. Bd. 1: Die allgemeinen
  Erscheinungen des Eiszeitalters. Stuttgart
  1961.
WOLDSTEDT, P.
  Norddeutschland und die angrenzenden
  Gebiete im Eiszeitalter. Stuttgart 1974.
ZARUBA, Q., und V. MENCL
  Ingenieurgeologie. Berlin 1963.
ZIEGLER, P. A.
  Geological Atlas of Western and Central
  Europe. Amsterdam 1982.
ZOL'NIKOV, V. G.
  Počvy i prirodnye zony Zemli. Leningrad
  1970.
ZONN, S. V.
  Počvoobrazovanie i počvy subtropikov i
  tropikov. Posobie po počvovedeniju
  primenitel'no k subtropikam i tropikam.
  Moskva 1974.
ZVONKOVA, T. V.
  Prikladnaja geomorfologija.
  Moskva 1970.